SOLUTIONS MANUAL

ENGINEERING FLUID MECHANICS

Solutions Manual

ENGINEERING FLUID MECHANICS
Third Edition

John A. Roberson
Clayton T. Crowe
Washington State University, Pullman

HOUGHTON MIFFLIN COMPANY BOSTON

Dallas Geneva, Illinois
Hopewell, New Jersey Palo Alto

Printed in the U.S.A.

ISBN: 0-395-36360-8

ABCDEFGHIJ-A-93210/8987654

CONTENTS

NOTES TO INSTRUCTORS

Instructors often feel the need to exchange ideas about course content and novel ways of teaching it. For this reason we thought it may be of interest to you to know about how we have taught fluid mechanics at WSU.

Course Procedure

Currently at WSU the basic fluid mechanics course is offered each semester to students in agricultural, civil and mechanical engineering. We have about 100 students in the lecture sessions that meet twice a week. (We would prefer to have smaller lecture sessions, however budget restraints have forced us into large sections.) One day a week T.A.'s meet with students in smaller groups (tutorial sessions) to assist students with difficult problems and to administer a short quiz. Also, the T.A.'s are available at all times to answer questions on a one-to-one basis. Eight or nine problems are assigned each week and the T.A.'s score selected problems. Three examinations are given during the semester and a final examination is given at the end.

Course Content

All students take Chapters 1 through 11 and Chapter 13. Also, depending upon the instructor's preference Chapter 14 may be included in the course. For the last week of the course the class is divided into two groups. One group is composed of the M.E. students and the other group includes Ag.E's and C.E.'s. The M.E's take the chapter on Compressible Flow (Ch. 12) and the other group takes Flow in Open Channels (Ch. 15).

Ways in Which Chapter 16 Might be Used

We envision that Chapter 16 could be used as a regular part of a fluid mechanics course or for special situations. For example, it might be used in the following ways:

A. Some colleges offer fluid mechanics in a two quarter sequence (3 hours each quarter). For such a program, the chapter could be offered on a regular basis in the second course.

B. For instructors who wish to introduce potential flow theory, Chapter 16 contains that along with an introduction to computational procedures for solving potential flow problems.

C. Utilize it in a special self-study type of minicourse for gifted students. Students might earn a semester's hour credit for such a study.

D. Include the chapter as part of a more advanced course in fluid mechanics. It would be especially appropriate for an "intermediate fluid mechanics" course.

E. Some students will be exposed to computational fluid mechanics in their jobs after graduation. Self-study of Chapter 16 would be very valuable to them.

Use of Films

We often use films to reveal the physical aspects of certain types of flow phenomena. The films that we find to be very instructional are:

Surface tension in fluid mechanics
Flow visualization
Cavitation
Turbulence
Form drag, lift and propulsion

The first four of these were produced under the direction of the National Committee for Fluid Mechanics Films (NCFMF) and are available from:

Encyclopaedia Britannica Educational Corp.
425 N. Michigan Avenue
Chicago, IL 60611

The last film was produced at the University of Iowa and is available from:

Bureau of Audio-Visual Instruction
University of Iowa
Iowa City, Iowa 52240

Other films are also available from both of these sources. Also, the MIT Press[1] has published notes on the films produced under NCFMF.

Overhead Transparencies

It is often convenient to use overhead transparencies to assist in giving lectures. In this manual we have included enlarged copies of figures which we thought instructors might use. Instructors can make acetate transparencies directly from these copies. We hope that we have included the copies that you wish to use.

We would appreciate hearing from any of you who use this book, in hopes that you will share your experiences and give us your opinions about the book, so that future editions may be improved.

1. Illustrated Experiments in Fluid Mechanics, The NCFMF Book of Film Notes, MIT Press, Cambridge, MA, 1972.

2-1 $\rho = \frac{P}{RT} = \frac{140{,}000}{R(39 + 273)} = \frac{462.0}{R}$ kg/m^3

From Table A-2: R_{air} = 287 J/kgK

R_{He} = 2,077

R_{CO_2} = 189

Then $\rho_{air} = \frac{462.0}{287} = \underline{\underline{1.61 \text{ kg/m}^3}}$

$\rho_{He} = \frac{462.0}{2{,}077} = \underline{\underline{0.222 \text{ kg/m}^3}}$

$\rho_{CO_2} = \frac{462.0}{189} = \underline{\underline{2.44 \text{ kg/m}^3}}$

2-2 $\rho_{CO_2} = \frac{P}{RT} = \frac{300{,}000}{189(60 + 273)} = 4.767$ kg/m^3

Then $\gamma_{CO_2} = \rho_{CO_2} \times g = 4.767 \times 9.81 = \underline{\underline{46.764 \text{ N/m}^3}}$

2-3 $\rho_{He} = \frac{P}{RT} = \frac{300{,}000}{2{,}077(60 + 273)} = 0.434$ kg/m^3

Then $\gamma_{He} = \rho_{He} \times g = 0.434 \times 9.81 = \underline{\underline{4.255 \text{ N/m}^3}}$

2-4 Assume average pressure based on elevation = (5,280/2) ft.

Then $P \approx 14.7 - \frac{5{,}280}{2} \times 0.00242 \times 32.2/144 = 13.3$ psia

Assume T = 50°F

Then $\rho = \frac{P}{RT} = \frac{13.3 \times 144}{1{,}716(50 + 460)} = 0.00223$ slugs/ft^3

Mass = $\rho ¥ = 0.00223 \times (5.280)^3 = \underline{\underline{3.28 \times 10^8 \text{ slugs}}}$

$3.28 \times 10^8 \times 32.2 = \underline{\underline{1.06 \times 10^{10} \text{ lbm}}}$

$1.06 \times 10^{10} \times 0.4536 = \underline{\underline{4.80 \times 10^9 \text{ kg}}}$

2-5 $\rho_{air} = \frac{P}{RT} = \frac{103,000}{287(10 + 273)} = 1.268 \text{ kg/m}^3$

$\rho_{water} = 1,000 \text{ kg/m}^3$ Then $\frac{\rho_{water}}{\rho_{air}} = \frac{1,000}{1.268} = \underline{\underline{788}}$

2-6. $\rho = p/RT$

$p_{abs.} = 200 \text{ psia x } 144 \text{ psf/psi} = 28,800 \text{ psf}$

$R = 1,555 \text{ ft-lbf/(slug - °R)}$

$T - 460 + 50 = 510°R$

$\rho = 28,800/(1,555 \times 510) = 0.0363 \text{ slugs/ft}^3$

or $\gamma = \rho g = 0.0363 \times 32.2 = 1.69 \text{ lbf/ft}^3$

then $W_{air} = 1.169 \text{ lbf/ft}^3 \times 4 \text{ ft}^3 = 4.68 \text{ lbf}$

$W_{total} = \underline{\underline{104.68 \text{ lbf}}}$

2-7 $\rho_{air} = \frac{P}{RT} = \frac{345,000}{287(38 + 273)} = \underline{\underline{3,865 \text{ kg/m}^3}}$

$\gamma_{air} = \rho_{air} \times g = 3,865 \times 9.81 = \underline{\underline{37.918 \text{ N/m}^3}}$

2-8. $\rho = p/RT$

$R_{CO_2} = 189 \text{ J/kgK}$ (from Table A-2)

$p = 400 \text{ kN/m}^2$

$T = 20 + 273 = 293 \text{ R}$

Thus $\rho = 400 \times 10^3/ (189 \times 293) = 7.22 \text{ kg/m}^3$

$\gamma = \rho g = 7.22 \text{ kg/m}^3 \times 9.81 \text{ m/s}^2 = \underline{\underline{70.86 \text{ N/m}^3}}$

$\mu = 1.7 \times 10^{-5} \text{ N·s/m}^2$ (from Fig. A-2)

$\nu = \mu/\rho = 1.7 \times 10^{-5}/(7.22) = \underline{\underline{2.35 \times 10^{-6} \text{ m}^2/\text{s}}}$

2-9. Mass and Weight are extensive properties; the remaining properties are intensive.

2-10. $c_p/c_v = k \qquad c_p - c_v = R$

$c_p/c_v - c_v/c_v = R/c_v$

$k - 1 = R/c_v; \quad c_v = \underline{\underline{R/(k-1)}}$

$c_p = R + c_v = R + R/(k-1) = \underline{\underline{kR/(k-1)}}$

2-11 Water:

$\mu_{70} = 4.04 \times 10^{-4} N\cdot s/m^2$
$\mu_{10} = 1.31 \times 10^{-3} N\cdot s/m^2$ } from Table A-5

$\Delta\mu = \mu_{70} - \mu_{10} = \underline{\underline{-9.06 \times 10^{-4}\ N\cdot s/m^2}}$

$\rho_{70} = 978\ kg/m^3$
$\rho_{10} = 1{,}000\ kg/m^3$ } from Table A-5

$\Delta\rho = \rho_{70} - \rho_{10} = \underline{\underline{-22\ kg/m^3}}$

Air:

$\mu_{10} = 2.04 \times 10^{-5}\ N\cdot s/m^2$
$\mu_{10} = 1.76 \times 10^{-5} N\cdot s/m^2$ } from Table A-3

$\Delta\mu = \underline{\underline{+0.28 \times 10^{-5} N\cdot s/m^2}}$

$\rho_{70} = 1.03\ kg/m^3$
$\rho_{10} = 1.25\ kg/m^3$ } from Table A-3

$\Delta\rho = \underline{\underline{0.22\ kg/m^3}}$

2-12 $\Delta\nu_{air,10\to 60} = (1.89 - 1.41) \times 10^{-5} = \underline{\underline{4.8 \times 10^{-6} m^2/s}}$

2-13.	Oil (SAE 10W)	kerosene	water
$\mu(N\cdot s/m^2)$	$\underline{\underline{3.6 \times 10^{-2}}}$ (Table A-4)	$\underline{\underline{1.4 \times 10^{-3}}}$ (Fig. A-2)	$\underline{\underline{6.8 \times 10^{-4}}}$ (Table A-5)
$\rho(kg/m^2)$	870		993
$\nu(m^2/s)$	$\underline{\underline{4.1 \times 10^{-5}}}$	$\underline{\underline{1.7 \times 10^{-6}}}$ (Fig.A-2)	$\underline{\underline{6.8 \times 10^{-7}}}$

2-14. $\mu_{air,20°C} = 1.81 \times 10^{-5} N\cdot s/m^2; \quad \nu = 1.51 \times 10^{-5} m^2/s$

$\mu_{water,20°C} = 1.00 \times 10^{-3} N\cdot s/m^2; \quad \nu = 1.00 \times 10^{-6} m^2/s$

$\mu_{air}/\mu_{water} = \underline{\underline{1.81 \times 10^{-2}}}; \qquad \nu_{air}/\nu_{water} = \underline{\underline{15.1}}$

2-15 $du/dy = 10/((1/4)/12)s^{-1}$; $\mu = 1.4 \times 10^{-3}$ lb-s/ft^2

Then $\tau = \mu du/dy = 1.4 \times 10^{-3} \times 10 \times 48 = \underline{\underline{0.672 \text{ lb/ft}^2}}$

2-16. $\mu_{air} = 1.76 \times 10^{-5}$ N·s/m^2 (Table A-3)

$\mu_{water} = 1.31 \times 10^{-3}$ N·s/m^2

$\rho_{air} = p/RT = 103{,}000/(287 \times 283) = 1.268$ kg/m^3

$\rho_{water} = 1{,}000$ kg/m^3

Then $\nu_{air} = \mu_{air}/\rho_{air} = (1.76 \times 10^{-5})/1.27 = \underline{\underline{1.39 \times 10^{-5} \text{m}^2/\text{s}}}$

$\nu_{water} = (1.31 \times 10^{-3}/1{,}000) = \underline{\underline{1.31 \times 10^{-6} \text{m}^2/\text{s}}}$

2-17. $u = 100y(0.1 - y) = 10y - 100y^2$

$du/dy = 10 - 200y$

$(du/dy)_{y=0} = 10s^{-1}$ $\quad (du/dy)_{y=0.1} = -10s^{-1}$

$\tau_0 = \mu du/dy = (3 \times 10^{-5}) \times 10 = \underline{\underline{3 \times 10^{-4} \text{lb/ft}^2}}$

$\tau_{0.1} = \underline{\underline{-3 \times 10^{-4} \text{lb/ft}^2}}$

y	u
0	0
0.02	0.16
0.04	0.24
0.06	0.24
0.08	0.16
0.10	0

2-18. $V = ((dp/dx)/2\mu)(By - y^2)$; $\quad B = 0.05$m

$dp/dx = 1{,}600$N/m^2; $\quad y = 0.012$; $\mu = 6.2 \times 10^{-1}$N·s/m^2

Then $V_{12mm} = (1{,}600/(2 \times 0.62))(0.05 \times 0.012 - (0.012)^2)$

$V_{12mm} = \underline{\underline{0.588 \text{ m/s}}}$

Shear stress: $\tau = \mu dV/dy$ where $dV/dy = (1/2\mu)(dp/dx)(B - 2y)$

$\tau_0 = (1{,}600/2)(0.05) = \underline{\underline{40\text{N/m}^2}}$

$\tau_{12} = (1{,}600/2)(0.05 - 2 \times 0.012) = \underline{\underline{20.8\text{N/m}^2}}$

2-19 $\tau = \mu dV/dy$

$W/(\pi d\ell) = \mu V_{fall}/[(D-d)/2]$

$V_{fall} = W(D-d))/(2\pi d\ell\mu)$

$V_{fall} = 20(0.5 \times 10^{-3})/(2\pi \times 0.1 \times 0.2 \times 3.5 \times 10^{-1}) = \underline{\underline{0.23 \text{ m/s}}}$

2-20 $\Sigma F_z = 0$

$-W + F_\tau = ma$

$-W + \pi d \ell \mu V/[(D-d)/2] = W/g\ a$

$-W + (\pi \times 0.1 \times 0.2 \times 3.5 \times 10^{-1} V)/(0.5 \times 10^{-3}/2) = Wa/9.81$

Substituting $V = 0.5$ m/s and $a = 14$ m/s^2 and solving yields $\underline{\underline{W = 18.1\text{ N}}}$

2-21. Assume linear velocity distribution: $dV/dy = V/y = \omega r/y$

$\tau = \mu dV/dy = \mu\omega r/y$

$\tau_2/\tau_3 = (\mu \times 1 \times 2/y)/(\mu \times 1 \times 3/y) = 2/3 = \underline{\underline{0.667}}$

$V = \omega r = 2 \times 0.03 = \underline{\underline{0.06\text{ m/s}}}$

$\tau = \mu dV/dy = 0.01 \times 0.06/0.002 = \underline{\underline{0.30\text{N/m}^2}}$

2-22 $\tau = \mu\ dV/dy$

$\tau = \mu\omega r/y$

$= (0.01\text{ N}\cdot\text{s/m}^2) \times (2\text{ rad/s}) \times r/(0.002\text{ m}) = 10\text{ rN/m}^2$

$d\text{ Torque} = r\tau dA$

$= r(10r)2\pi r dr = 20\pi r^3 dr$

$$\text{Torque} = \int_0^{0.04} 20\pi r^3 dr = 20\pi\ r^4/4 \Big|_0^{0.04}$$

$\text{Torque} = \underline{\underline{4.02 \times 10^{-5}\text{N}\cdot\text{m}}}$

2-23 $\tau = \mu\ dV/dy$

$\tau = \mu\ r\omega/s$

On an elemental strip of area of radius r the differential shear force will be $\tau\ dA$ or $\tau(2\pi r dr)$. The differential torque will be the product of the differential shear force and the radius r

or $dT_{\text{one side}} = r[\tau(2\pi r dr)]$

$= r[(\mu r\omega/s)(2\pi r dr)]$

$= (2\pi\mu\omega/s)r^3 dr$

$dT_{\text{both sides}} = (4\pi\mu\omega/s)r^3 dr$

$$T = \int_0^{D/2} (4\pi\mu\omega/s)r^3 dr = \underline{\underline{(1/16)\pi\mu\omega D^4/s}}$$

2-24 $E = -\Delta p/(\Delta \forall/\forall)$

$2.2 \times 10^9 = -3 \times 10^6/(\Delta \forall/1{,}000)$

Therefore, $\Delta \forall = (3 \times 10^6 \times 1{,}000)/(2.2 \times 10^9) = 1.36$ cc

Volume after pressure applied $= \forall - \Delta \forall = \underline{\underline{998.64 \text{ cc}}}$

2-25. $E = -\Delta p/(\Delta \forall/\forall)$

$2.2 \times 10^9 = -\Delta p/(-1/100)$

$\Delta p = 2.2 \times 10^7 \text{N/m}^2 = \underline{\underline{22 \text{ MN/m}^2 \text{(increase)}}}$

2-26. $\Sigma F = 0$

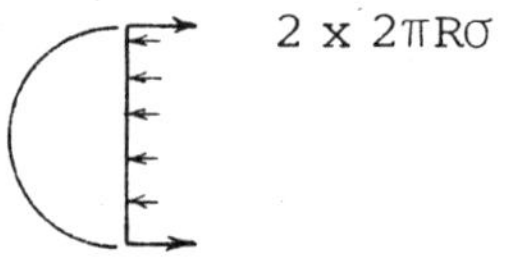

$\Delta p \pi R^2 - 2(2\pi R\sigma) = 0$

$\Delta p = \underline{\underline{4\sigma/R}}$; $\Delta p_{3\text{mm rad.}} = 4 \times 7.3 \times 10^{-2} \text{N/m} / 0.003 \text{ m} = \underline{\underline{97.3 \text{ N/m}^2}}$

Note: Effect of thickness, t, is assumed negligible.

2-27. $\Delta h = 4\sigma/(\gamma d) = 4 \times 0.005/(62.4 \times d) = 3.21 \times 10^{-4}/d$ ft

$d = 1/4$ in. $= 1/48$ ft; $\Delta h = 3.21 \times 10^{-4}/(1/48) = 0.0154$ ft $= \underline{\underline{0.185 \text{ in.}}}$

$d = 1/8$ in. $= 1/96$ ft; $\Delta h = 3.21 \times 10^{-4}/(1/96) = 0.0308$ ft $= \underline{\underline{0.369 \text{ in.}}}$

$d = 1/32$ in. $= 1/384$ ft; $\Delta h = 3.21 \times 10^{-4}/(1/384) = 0.123$ ft $= \underline{\underline{1.48 \text{ in.}}}$

2-28. $\Sigma F_y = 0$

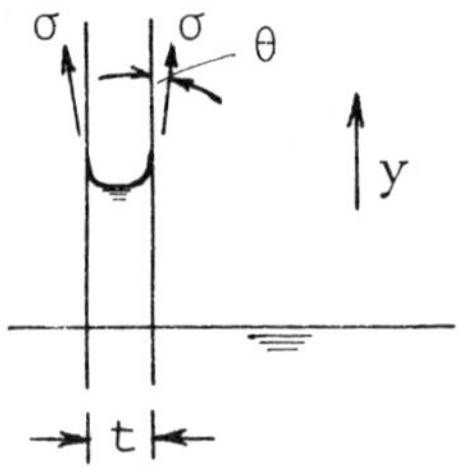

$2\sigma\ell - h\ell t\gamma = 0$

$h = 2\sigma/\gamma t$

$\sigma = 7.3 \times 10^{-2} \text{N/m}$

$h = 2 \times 7.3 \times 10^{-2}/(0.0005 \times 9{,}810) = 0.0298\text{m} = \underline{\underline{29.8 \text{ mm}}}$

2-29. Solution is similar to that for P2-26 except that only one surface exists here.

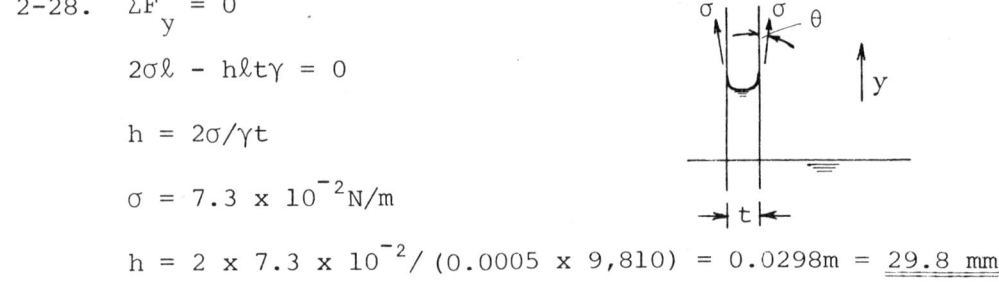

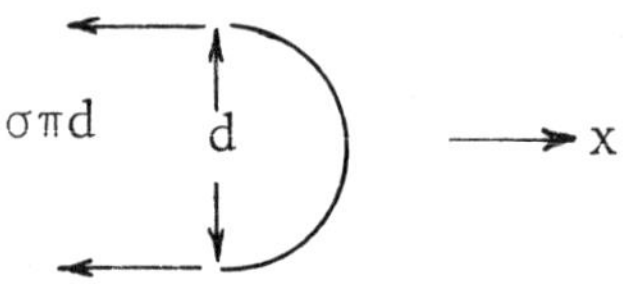

$\Delta p \pi R^2 - 2\pi R\sigma = 0$

$\Delta p = 2\sigma/R$

$\Delta p = 2 \times 7.3 \times 10^{-2}/(0.5 \times 10^{-3}) = \underline{\underline{292 \text{ N/m}^2}}$

2-30. $100 - (101 - 69)/3.1 = \underline{\underline{89.7°\text{C}}}$

3-1. $p = 20/(\pi/4) \times (1)^2 = 25.46$ psi $= 175.4$ kPa

% gage error $= (26 - 25.46) \times 100/25.46 = \underline{\underline{2.10\%}}$

3-2. $F = 80\pi \times (15 \times 10^{-2})^2 = \underline{\underline{5.65 \text{ kN}}}$

3-3. $F = pA = 80 \times 10^3 \times 1 \times 2.2 = 176{,}000 \text{ N} = \underline{\underline{176 \text{ kN}}}$

3-4. F per bolt at A-A $= p(\pi/4)D^2/20$

Assume same force per bolt at B-B

$p(\pi/4)D^2/20 = p(\pi/4)d^2/n$

$n = 20 \times (d/D)^2 = 20 \times (1/2)^2 = \underline{\underline{5}}$

3-5. $p_1 - \gamma\Delta z = p_2$

or $p_2 = 100\text{N}/A - 0.85 \times 9{,}810 \text{ N/m}^3 \times 2 \text{ m}$

$= [100\text{N}/((\pi/4) \times (0.05)^2)] - 16{,}677 \text{ N/m}^2$

$= 34.25$ kPa

$F_2 = p_2A_2 = 34{,}250 \times (\pi/4) \times (0.10)^2$

$= \underline{\underline{269\text{N}}}$

3-6. $p = \gamma\Delta z = 9{,}790 \times 50 = 489{,}500 \text{ N/m}^2 = \underline{\underline{489.5 \text{ kPa}}}$

$p_{50}/p_{atm} = (489.5 + 101.3)/101.3 = \underline{\underline{5.83}}$

3-7. $\Delta p = \gamma h$; $h = \Delta p/\gamma = 98 \times 10^3/9{,}810 = \underline{\underline{9.99\text{m}}}$

3-8. $p = (\gamma h)_{water} + (\gamma h)_{kerosene}$

$= 9{,}790 \times 80 \times 10^{-2} + 8{,}010 \times 1 = 15{,}842 \text{ N/m}^2$

$= \underline{\underline{15.84 \text{ kPa}}}$

3-9. $p = 10 \times 8{,}630 = 86{,}300$ Pa = $\underline{86.3 \text{ kPa}}$

3-10. $\gamma = p/h = 73.6 \times 10^3/5 = 14.72$ kN/m^3

Sp. gr. = $14.72/9.81 = \underline{1.50}$

3-11.

$$\rho = \rho_{water}(1 + 0.01d)$$

$$\text{or} \quad \gamma = \gamma_{water}(1 + 0.01d)$$

$$dp/dz = -\, dp/dd = -\, \gamma$$

$$\text{Then } dp/dd = \gamma_{water}(1 + 0.01d)$$

$$\text{Integrating: } p = \gamma_{water}(d + 0.01d^2/2) + C$$

$$p_{gage} = 0 \text{ when } d = 0;\ C = 0$$

$$\text{Then } p_{d=10m} = \gamma_{water}\ (10 + 0.01 \times 10^2/2)$$

$$= \underline{103.0 \text{ kPa}} \text{ for } \gamma_{water} = 9{,}810\text{N/m}^3$$

3-12 Assume the rod will be oriented with its axis vertical as shown. Then considering the forces on the rod in the vertical direction we have:

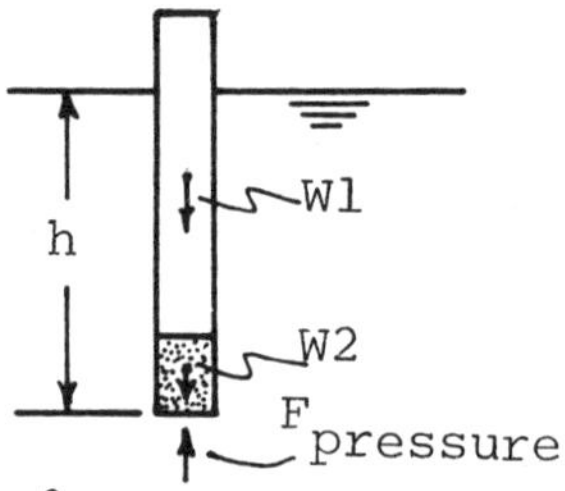

$$-W_1 - W_2 + pA_{rod} = 0$$

$$-0.2\gamma_W \times 3A_{rod} - 3\gamma_W \times 1 \times A_{rod} + \gamma_W \times (h + 0.005h^2)A_{rod} = 0$$

Dividing through by $\gamma_W A_{rod}$ and solving the quadratic equation

yields $\underline{h = 3.54 \text{ m}}$

3-13. $0 + 4_{H_2O} + 3 \times 3\gamma_{H_2O} = p_{max}$

$$p_{max} = 13 \times 9{,}810 = 127{,}530 \text{ N/m}^2 = \underline{127.5 \text{ kPa}}$$

Maximum pressure will be at the bottom of the liquid with a S of 3.

$$F_{CD} = pA = (127{,}530 - 1 \times 3 \times 9{,}810) \times 1 \text{ m}^2 = \underline{98.1 \text{ kN}}$$

3-14. $\Delta p = \gamma h = 10{,}070 \times 6 \times 10^3$

$$E_v = \Delta p/(d\rho/\rho)$$

$$(d\rho/\rho) = \Delta p/E_v = (10{,}070 \times 6 \times 10^3)/(2.2 \times 10^9) = 27.46 \times 10^{-3} = \underline{2.75\%}$$

3-15. For standard atmosphere $T_{sea\ level} = 288\ K = 15°C$

$p = p_0[(T_0 - \alpha(z-z_0))/T_0]^{g/\alpha R} = 101.3[(288 - 6.5\ (z-z_0))/288]^{g/\alpha R}$

where $g/\alpha R = 9.81/(6.5 \times 287) = 5.26$

Then $p_{1,500} = 101.3[(288 - 6.5(1.5))/288]^{5.26} = 84.5\ kPa$

And $p_{3,000} = 101.3[(288 - 6.5(3.0))/288]^{5.26} = 70.1\ kPa$

From Table A-5, $T_{boiling,\ 1,500\ m} \approx \underline{\underline{95°C}}$ (interpolated);

$T_{boiling,\ 3,000\ m} \approx \underline{\underline{90°C}}$

3-16. $p = p_0[(T_0 - \alpha(z-z_0))/T_0]^{g/\alpha R}$

$= 101[((273 + 25) - 6.5(6-0))/(273 + 25)]^{9.81/(6.5 \times 10^{-3} \times 287)}$

$= \underline{\underline{48.3\ kPa}}$

3-17. $p_0 = 101.3\ kPa$

$$p_B = p_0\left(\frac{T_0 - \alpha(z-z_0)}{T_0}\right)^{g/\alpha R}$$

$$= 101.3\left(\frac{(273 + 15) - 6.5 \times 10^{-3}(4,000 - 0)}{(273 + 15)}\right)^{\frac{9.81}{6.5 \times 10^{-3} \times 287}}$$

$= 61.59\ kPa$

$p_c = 101.3\ [(288 - 6.5 \times 10^{-3}(2,000 - 0))/288]^{5.259}$

$= \underline{\underline{79.46\ kPa}}$

$p_A = 101.3 + 9.810 \times 100 = \underline{\underline{1,082.3\ kPa}}$

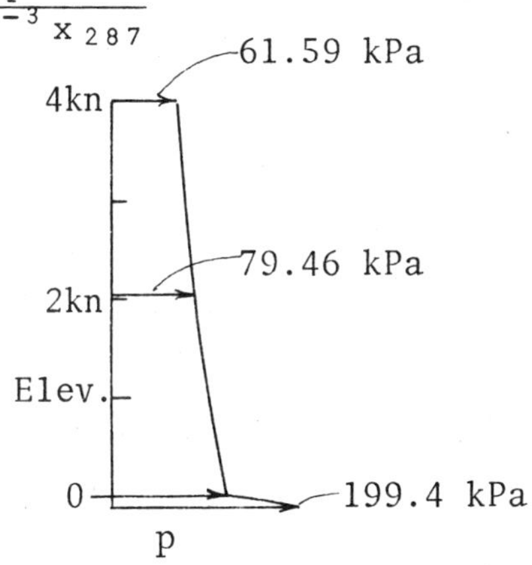

3-18. $p = p_0[(T_0-\alpha(z-z_0))/T_0]^{g/\alpha R}$

$= 14.7[(520 - 3.566 \times 10^{-3}(20,000-0))/520]^{32.2/3.566 \times 10^{-3} \times 1,715}$

$= 6.76\ psia$

$p_a = 101[(288-6.5 \times 10^{-3}(6,096-0))/288]^{9.81/6.5 \times 10^{-3} \times 287}$

$p_a = \underline{\underline{46.4\ kPa}}$ abs.

3-19 Assume $b\forall\rho$ = constant where b = breath rate, $\forall$ = volume per breath, and ρ = mass density of air. Assume point 1 is sea level and point 2 is 18,000 ft elevation.

Then $b_1\forall_1\rho_1 = b_2\forall_2\rho_2$

$$b_2 = b_1(\forall_1/\forall_2)(\rho_1/\rho_2)$$

Assuming $\forall_1 = \forall_2$, then $b_2 = b_1(\rho_1/\rho_2)$ but $\rho = (p/RT)$

Thus, $b_2 = b_1(p_1/p_2)(T_2/T_1)$

$p_2 = p_1(T_2/T_1)^{g/\alpha R}$; $p_1/p_2 = (T_2/T_1)^{-g/\alpha R}$

Then $b_2 = b_1(T_2/T_1)^{1-g/\alpha R}$

when b_1 = 16 breaths per minute and T_1 = 59°F = 519°R

$T_2 = T_1 - \alpha(z_2 - z_1) = 519 - 3.566 \times 10^{-3}(18,000-0) = 454.8°R$

$b_2 = 16(454.8/519)^{1-32.2/3.566 \times 10^{-3} \times 1,715}$ = 28 breaths per minute

---

3-20. $p = p_0[(T_0 - \alpha(z - z_0))/T_0]^{g/\alpha R}$

$75 = 95[(283-6.5(z-1))/283]^{9.81/(6.5 \times 10^{-3} \times 287)}$

z = 2.91 km

$T = T_0 - \alpha(z - z_0) = 10 - 6.5(2.91-1) = \underline{-2.41°C}$

3-21. $p = p_0[(T_0 - \alpha(z - z_0))/T_0]^{g/\alpha R}$

$10 = 13.6[((70+460) - 3.566 \times 10^{-3}(z-2,000))/(70+460)]^{32.2/3.566 \times 10^{-3} \times 1,715}$

z = 10,430 ft

3-22. $T = T_0 - \alpha(z - z_0) = 519 - 3.566 \times 10^{-3}(5,280 - 0) = \underline{500°R}$

$= 288 - 6.5 \times 10^{-3}(1,609 - 0) = \underline{278°K}$

$p = p_0(T/T_0)^{g/\alpha R} = 14.7(500/519(^{5.261} = \underline{12.1 \text{ psia}}$

$p_a = 101.3(278/288)^{9.81/(6.5 \times 10^{-3} \times 287)} = \underline{83.4 \text{ kPa}}$

$\rho = p/RT = (12.1 \times 144)/(1,715 \times 500) = \underline{0.00203 \text{ slugs/ft}^3}$

$\rho = 83,400/(287 \times 278) = \underline{1.05 \text{ kg/m}^3}$

3-23. Volume added is shown in the figure below. First get pressure at bottom of piston:

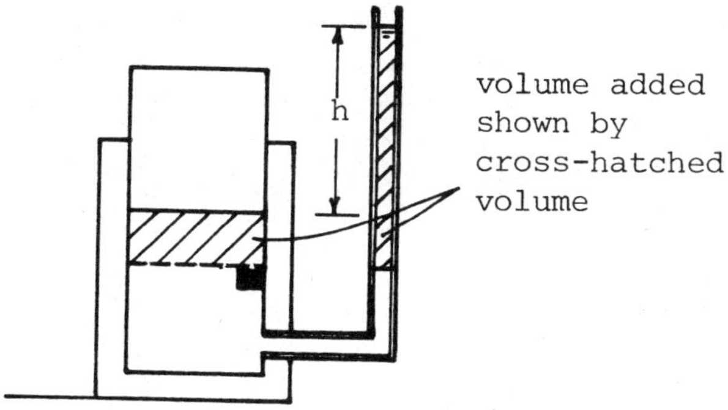

$p_pA_p = 10$ lbf

$p_p = 10/A_p$

$= 10/((\pi/4) \times 4^2)$

$= 0.796$ psig $= 114.6$ psfg

Then $114.6 \text{ psfg} = \gamma_{oil}h$

or $h = 114.6/(62.4 \times 0.85) = 2.161 \text{ ft} = 25.93 \text{ in.}$

Finally $V_{added} = (\pi/4)(4^2 \times 1 + 1^2 \times 26.93)$

$= \underline{33.7 \text{ in.}^3}$

3-24. $p_A - \gamma_W \times h_W - 0.88\, \gamma_W \times h_o = 0$

$p_A = \gamma_W(h_W + 0.88\, h_o)$

$= 9{,}810 \text{ N/m}^3 (4\text{m} + 2.64 \text{ m})$

$= \underline{65.1 \text{ kPa}}$

3-25. $p_v + \gamma_{Hg}h = p_{atm}$

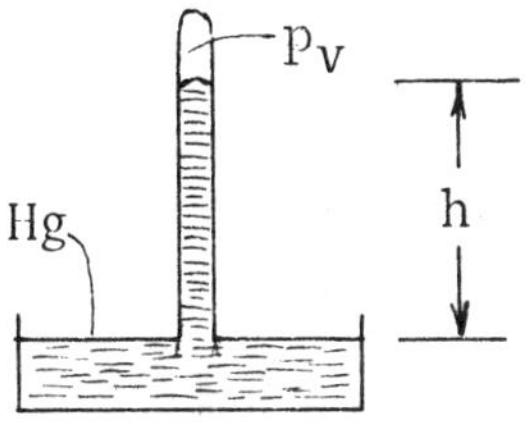

$h = (p_{atm} - p_v)/\gamma_{Hg}$

Assume $p_{v_{Hg}} = 0$

$h = (98{,}000 - 0)/133{,}000 = 0.737 \text{ m} = \underline{737 \text{ mm}}$

3-26. $\gamma_w = 9{,}732 \text{ N/m}^3$; $\sigma_w = 7.3 \times 10^{-2}\text{N/m}$; $p_{water\ vapor} = 7{,}380 \text{ N/m}^2$

Part of the 10 m column of water is due to surface tension. Solve for that part and subtract it from 10 m column to get atmospheric pressure:

$\Delta h_{surface\ tension} = 4\sigma/\gamma d$ (from sec. 2-7 in text)

$= 4 \times 0.073 \text{ N/m}/(9{,}732 \text{ N/m}^3 \times 0.002\text{m})$

$= 0.015$ m

Then $p_{vap.} + (10.0 \text{ m} - 0.015 \text{ m}) \times 9{,}732 \text{ N/m}^3 = p_{atm.}$

$p_{atm.} = 7{,}380 \text{ N/m}^2 + 97{,}174 \text{ N/m}^2 = 104{,}554\text{N/m}^2 = \underline{104.5 \text{ kPa abs.}}$

3-27. $0 + (2/12) \times 847 - 3 \times 62.3 = p_A$

$p_A = \underline{-45.7\text{ psf}} = \underline{-0.317\text{ psig}}$

3-28. $p_A = 9{,}810\ (1 \times 13.55 - 1.5 + 1.3 \times 0.9) = 129{,}700\ \text{N/m}^2 = \underline{129.7\text{ kPa}}$

3-29. $\Delta h_{\text{surface tension}} = 4\sigma/(\gamma d) = (4 \times 7.3 \times 10^{-2})/(9{,}810 \times 1 \times 10^{-3})$

$= 0.0298\text{ m} = 2.98\text{ cm}$

$p_A = \gamma h = 9{,}810(10 - 2.98) \times 10^{-2} = \underline{689\text{ Pa}}$

3-30 $p_B = 50 \times (3/5) \times 10^{-2} \times 20 \times 10^3 - 10 \times 10^{-2} \times 20 \times 10^3 - 50 \times 10^{-2} \times 10 \times 10^3$

$p_B = -1{,}000\text{ Pa} = \underline{-1.00\text{ kPa}}$

3-31. $(\pi/4)\ D^2_{\text{tube}} \times \ell = (\pi/4)\ D^2_{\text{cistern}} \times (\Delta h)_{\text{cistern}}$

$(\Delta h)_{\text{cistern}} = (1/8)^2 \times 50 = 0.781\text{ cm}$

$p_{\text{cistern}} = (\ell \sin 10° + \Delta h)\rho g$

$= (50 \sin 10° + 0.781) \times 10^{-2} \times 800 \times 9.81 = \underline{743\text{ Pa}}$

3-32. $\Delta h = (1/10)^2 \times 2 = 0.02\text{ ft}$

$p_{\text{cistern}} = (2 \sin 10° + 0.02)50 = \underline{18.36\text{ psf}}$

3-33. $\Delta h_{\text{cistern}} = (0.5/10)^2 \times 20 = \underline{0.05\text{ cm}}$

$p_{\text{cistern}} = (20 \sin\alpha + \Delta h)\gamma_{\text{oil}}$

$500 = (20 \times 10^{-2} \sin\alpha + 0.05 \times 10^{-2}) \times 0.85 \times 9{,}810$

$\sin\alpha = 0.297;$ $\quad \underline{\alpha = 17.3°}$

3-34. $p_A = 62.4(3 \times 1 - 1 + 2) = 249.6\text{ psf} = \underline{1.733\text{ psi}}$

$p_A = 9{,}810 \times (3 \times 0.305 - 0.305 + 2 \times 0.305)$

$= 11{,}968\text{ Pa} = \underline{11.968\text{ kPa}}$

3-35. $p_A = 1.31 \times 847 - 4.59 \times 62.4 = \underline{\underline{823.2 \text{ psf}}} = \underline{\underline{5.72 \text{ psi}}}$

$p_A = 0.40 \times 1.33 \times 10^5 - 1.40 \times 9{,}810 = \underline{\underline{39.5 \text{ kPa}}}$

3-36. (1): $y_L + y_R = 1/3$ ft

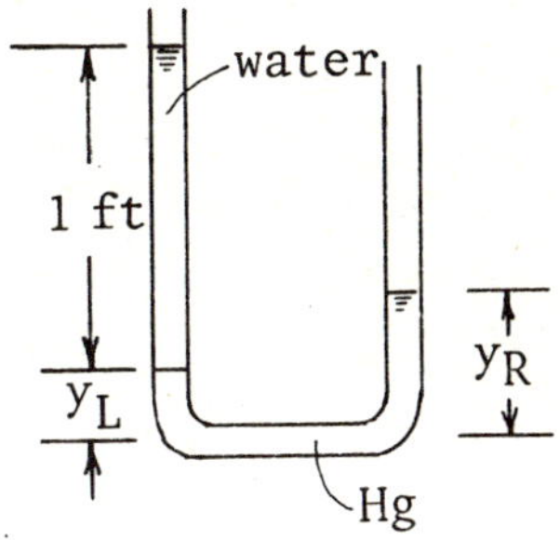

$0 + (1 \times 62.4) + (y_L \times 847) - (y_R \times 847) = 0$

(2): $y_L - y_R = -0.0737$ ft

(1) + (2): $2y_L = 0.333 - 0.0737$ $y_L = \underline{\underline{0.130 \text{ ft}}}$

$y_R = 0.333 - y_L = 0.333 - 0.130 = \underline{\underline{0.203 \text{ ft}}}$

$p_{max} = 0.203 \times 847 = \underline{\underline{172 \text{ psf}}}$

3-37. $(34 - 10) \times 10^{-2} \times 9{,}810 = 30 \times 10^{-2} \times 9{,}810 \times S$

$\underline{\underline{S = 0.80}}$

3-38.

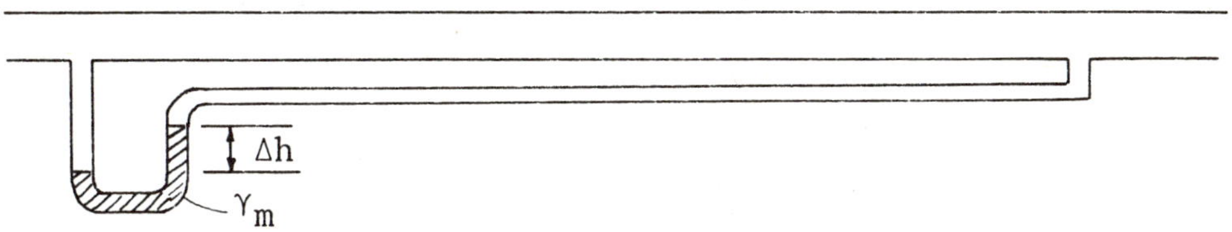

Use a manometer fluid heavier than water. The specific weight of the manometer fluid is identified as γ_m.

Then $\Delta h_{max} = \Delta p_{max}/(\gamma_m - \gamma_{H_2O})$.

If the manometer fluid is carbon-tetrachloride ($\gamma_m = 15{,}600$),

$\Delta h_{max} = 60 \times 10^3/(15{,}600 - 9{,}810) = 10.36$ m ---(too large).

If the manometer fluid is mercury ($\gamma_m = 133{,}000$),

$\Delta h_{max} = 60 \times 10^3/(133{,}000 - 9{,}810) = 0.487$ m ---(O.K.).

Assume the manometer can be read to $\pm$ 2 mm.

Then % error $= \pm 2/487 = \pm 0.004 = \pm 0.4\%$

The probable accuracy near 1 kPa is about $\underline{\underline{99.6\%}}$

3-39. $p_A + (4 + 2)\, 62.4 \times 0.8 + 3 \times 62.4 - (3 + 2) 62.4 \times 0.8 = p_B$

$p_A - p_B = -237 \text{ psf} = \underline{\underline{-1.65 \text{ psi}}}$

3-40. $p_A + (3+1)9,810 \times 0.8 + 2 \times 9,790 - (2+1)\ 9,810 \times 0.8 = p_B$

$p_A - p_B = -27,430$ Pa = $\underline{\underline{-27.43 \text{ kPa}}}$

3-41. $(1 + 3)51 + z \times 180 - (z + 3)62.37 = 2 \times 144$

$z = \underline{\underline{2.31 \text{ ft}}}$

3-42. $(0+3)51 + z \times 847 - (z+3)62.4 = 3 \times 144$

$z = \underline{\underline{0.594 \text{ ft}}}$

3-43. $(0+1)8,010 + z \times 133,000 - (z+1)9,810 = 10,000$

$z = 0.0958$ m = $\underline{\underline{95.8 \text{ mm}}}$

3-44. $p_A = (0.25 + 0.3 \times 13.6 - 0.7)9,810 = 35,610$ Pa = $\underline{\underline{35.6 \text{ kPa}}}$

3-45. $p_A = (0.9 + 0.6 \times 13.6 - 1.8 \times 0.8 + 1.5)9,810 = 89,470$ Pa = $\underline{\underline{89.47 \text{ kPa}}}$

3-46. $p_A = (90 + 60 \times 13.6 - 180 \times 0.8 + 150) \times (1/12) \times 62.4 = 4,742$ psf = $\underline{\underline{32.93 \text{ psi}}}$

3-47. $p_A - 1 \times 0.85 \times 9,810 + 0.5 \times 0.85 \times 9,810 = p_B$

$p_A - p_B = 4,169$ Pa = $\underline{\underline{4.169 \text{ kPa}}}$

$(p_A/\gamma + z_A) - (p_B/\gamma + z_B) = (4,169/0.85 \times 9,810) - 1 = \underline{\underline{-0.50 \text{ m}}}$

3-48. Initial condition:

$$150,000 \text{ N/m}^2 - \gamma_{Hg}h = 100,000$$

$$\gamma_{Hg}h = 50,000 \text{ N/m}^2 \qquad (1)$$

Final condition:

$$300,000 \text{ N/m}^2 - K\gamma_{Hg}h = 100,000 \text{ N/m}^2 \qquad (2)$$

Solving Eqs. (1) and (2) for K yields K = 4

The final deflection will be $\underline{\underline{4h}}$

3-49. $50,000 \text{ N/m}^2 + \gamma_{oil} \times 1\text{m} = 58,530 \text{ N/m}^2$

$$\gamma_{oil} = 8,530 \text{ N/m}^2$$

3-49 (continued)

Therefore $S = (8{,}530\ N/m^2)/(9{,}810\ N/m^2) = \underline{\underline{0.87}}$

$p_c = 58{,}530 + \gamma_{oil} \times 0.5 + \gamma_{water} \times 1$

$= 58{,}530 + 8{,}530 \times 0.5 + 9{,}810$

$= 72{,}605\ N/m^2 = \underline{\underline{72.6\ kPa}}$

3-50. Neglect the change of pressure due to the column of air in the tube.

Then $p_{gage} - (d - 1)\gamma_{liquid} = 0$

$30{,}000 - ((d - 1) \times 0.85 \times 9{,}810) = 0$

$d = (30{,}000/(0.85 \times 9{,}810)) + 1 = \underline{\underline{4.60m}}$

3-51. $F = \bar{p}A = 10 \times 9{,}810 \times 4 \times 4 = 1{,}569{,}600\ N = 32.8 \times 62.4 \times 13.1 \times 13.1 = 351{,}238\ lbf$

$y_{cp} - \bar{y} = \bar{I}/\bar{y}A = (4 \times 4^3/12)/(10 \times 4 \times 4) = 0.133\ m$

$= (13.1 \times 13.1^3/12)/(32.8 \times 13.1 \times 13.1) = 0.436\ ft$

$F_{block} = 1{,}569{,}600 \times 0.133/2 = \underline{\underline{104{,}378\ N}}$

$= 351{,}238 \times 0.436/6.55 = \underline{\underline{23{,}380\ lbf}}$

3-52. $F = \bar{p}A = 5 \times 150 \times (10 \times 1) = 7{,}500\ lbf$

$y_{cp} = \bar{y} + \bar{I}/\bar{y}A = 5 + (1 \times 10^3)/(12 \times 5 \times 10) = 6.67\ ft$

$F_{TIE} = 2 \times F \times y_{cp}/h = 2 \times 7{,}500 \times 6.67/10 = \underline{\underline{10{,}000\ lbf}}$

3-53. $F = \bar{p}A = (3 + 4.5)9{,}810 \times 9 \times 9 = 5{,}960{,}000N$

$y_{cp} = \bar{y} + \bar{I}/\bar{y}A = 7.5 + 9 \times 9^3/(12 \times 7.5 \times 9 \times 9) = 8.40m$

$F_{hinge} = F(d - y_{cp})/h = 5{,}960{,}000(12 - 8.40)/9 = 2{,}384{,}000N = \underline{\underline{2{,}384\ kN}}$

3-54 $F = (5 + 4 \sin 30°)9{,}810 \times 8 \times 4 = 2{,}197{,}440N$

$y_{cp} - \bar{y} = \bar{I}/\bar{y}A = 4 \times 8^3/(12 \times (5/\sin 30° + 4) \times 8 \times 4) = 0.381\ m$

$F_A = 2{,}197{,}440 \times (4 + 0.381)/(8 \cos 30°) = \underline{\underline{1.390\ MN}}$

3-55. $F = (7 + 2.5)62.4 \times 10 \times 6 = 35{,}568$ lbf

$y_{cp} - \bar{y} = (6 \times 10^3)/(12 \times 19 \times 10 \times 6) = 0.439$ ft

$F_A = (35{,}568 \times 5.439)/(10 \cos 30°) = \underline{\underline{22{,}338 \text{ lbf}}}$

3-56. $F = \bar{p}A = (0.4 + 0.4)9{,}810 \times 0.9 \times 0.8 \times 1.2 = 6{,}781$ N

$y_{cp} - \bar{y} = \bar{I}/\bar{y}A = 1.2 \times 0.8^3/(12 \times 0.8 \times 0.8 \times 1.2) = 0.067$ m

$M = 6{,}781 \times (0.4 - 0.067) = \underline{\underline{2{,}260 \text{ N}\cdot\text{m}}}$

3-57. $F = \bar{p}A = (5 + 2.5)9{,}810 \times 4 \times 5/\sin 60° = 1{,}700$ kN

$y_{cp} - \bar{y} = 4 \times (5/\sin 60°)^3/(12 \times (7.5/\sin 60°)(4 \times 5/\sin 60°)) = 0.321$ m

$T = 0.321 \text{ m} \times 1{,}700 \text{ kN} = \underline{\underline{545 \text{ kN}\cdot\text{m}}}$

3-58. $F = \bar{p}A = (12 + 6)62.4 \times 5 \times 12/\sin 60° = 77{,}820$ lbf

$y_{cp} - \bar{y} = \bar{I}/\bar{y}A = 5 \times (12/\sin 60°)^3/(12 \times (18/\sin 60°)(5 \times 12/\sin 60°))$

$= 0.770$ ft

$T = 0.770 \times 77{,}820 = \underline{\underline{59{,}906 \text{ ft-lbf}}}$

3-59. $F = \bar{p}A = (2 + 2.5)9{,}810 \times 5\sqrt{2} \times 2 = 624{,}304$ N

$y_{cp} - \bar{y} = \bar{I}/\bar{y}A = (2 \times 7.071^3)/(12 \times 6.36 \times 2 \times 7.071) = 0.655$ m

$F = 624{,}304 \times (5\sqrt{2}/2 + 0.655)/5\sqrt{2} = \underline{\underline{369{,}982 \text{ N}}}$

3-60. Either a vertical plane gate or a tainter gate could be used. In any case, the horizontal component of hydrostatic force acting on the gate would be at least this much:

$F_{horiz.} = \bar{p}A$

$= 10 \times 62.4 \times 20 \times 30 = \underline{\underline{374{,}400 \text{ lbf}}}$

Many design details such as location, lift mechanism etc, depending upon what is desired by the instructor.

3-61. $y_{cp} - \bar{y} = 0.55\ell - 0.5\ell = 0.05\ell$

$0.05 = \bar{I}/\bar{y}A = \ell \times \ell^3/(12 \times (h + \ell/2)\ell^2)$

$h = \underline{\underline{1.167\ell}}$

3-62. $F_{vert.} = 2 \times 62.4 \times 2 \times 10 = 2,496$ lbf

$F_{horiz.} = \bar{p}A = 4 \times 62.4 \times 4 \times 10 = 9,984$ lbf

$y_p - \bar{y} = \bar{I}/\bar{y}A = 10 \times 4^3/(12 \times 4 \times 4 \times 10) = 0.333$ ft

$\Sigma M_A = 0$

$1 \times 2,496 + 2.333 \times 9,984 - 2R_C = 0$

$R_C = \underline{\underline{12,896 \text{ lbf}}}$

3-63. $F = \bar{p}A$

$= 7 \times 62.4 \times \pi \times 5^2 = 34,306$ lbf

$y_p - \bar{y} = \bar{I}/\bar{y}A = (\pi r^4/4)/(7 \times \pi r^2) = 0.893$ ft

$\Sigma M_{pivot} = 0$

$34,306 \times 0.893 - 5 F_{stop} = 0$

$F_{stop} = \underline{\underline{6,126 \text{ lbf}}}$

3-64. $F = \bar{p}A = (1 + 1.5)9,810 \times 1 \times 3\sqrt{2} = 104,050$

$y_{cp} - \bar{y} = \bar{I}/\bar{y}A = 1 \times (3\sqrt{2})^3/(12 \times (2.5 \times \sqrt{2})(1 \times 3\sqrt{2})) = 0.424$ m

Overturning moment $M_1 = 90,000 \times 1.5 = 135,000$ N•m

Restoring moment $M_2 = 104,050 \times (3\sqrt{2}/2 - 0.424) = 176,606$ N•m$>M_1$

So the gate will stay.

3-65. $F = (4 + 3.535)62.4 \times (3 \times 7.07\sqrt{2}) = 14,103$ lbf

$y_{cp} - \bar{y} = 3 \times (7.07\sqrt{2})^3/(12 \times 7.535\sqrt{2} \times 3 \times 7.07\sqrt{2}) = 0.782$ ft

Overturning moment $M_1 = 18,000 \times 7.07/2 = 63,630$ N•m

Restoring moment $M_2 = 14,103(7.07\sqrt{2}/2 - 0.782) = 59,476$ N•m$<M_1$

So the gate will fall.

3-66. $F = \bar{p}A = (h + 2h/3)\gamma(Wh/\sin 60°)/2 = 5\gamma Wh/3\sqrt{3}$

$y_{cp} - \bar{y} = \bar{I}/\bar{y}A = W(h/\sin 60°)^3/(36 \times (5h/(3 \sin 60°)) \times (Wh/2\sin 60°))$

$= h/(15\sqrt{3})$; $\Sigma M = 0$

$R_T h/\sin 60° = F[(h/(3 \sin 60°)) - (h/15\sqrt{3})]$

$R_T/F = \underline{\underline{3/10}}$

3-67. $F = \bar{p}A = (1 + 6)9{,}810 \times 0.5 \times 4 \times 9 = 1.236$ MN

$y_{cp} - \bar{y} = \bar{I}/\bar{y}A = (4 \times 9^3)/(36 \times 7 \times 0.5 \times 4 \times 9) = 0.643$ m

$P = 1{,}236{,}060 \times (3 - 0.643)/9 = \underline{323.7 \text{ kN}}$

3-68. $dF = pdA = \gamma_0(1 + kd/d_0)d\,d(d)W$

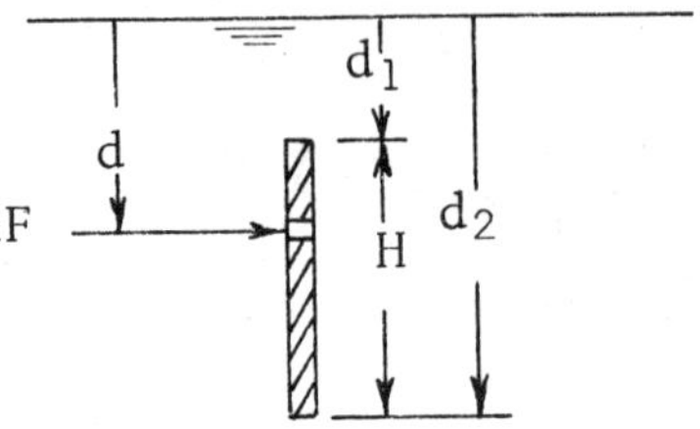

$$F = \gamma_0 W \int_{d_1}^{d_2} d(1 + kd/d_0)d(d)$$

$F = \gamma_0 W[1/2(H + 2d_1H) + (k/3d_0)(H^3 + 3d_1d_2H)]$

or $F = \underline{\gamma_0 W[1/2(d_2^2 - d_1^2) + (k/3d_0)(d_2^3 - d_1^3]}$

When $d_1 = 0$ $\quad F = \gamma_0 W(H^2/2 + kH^3/3d_0)$

Since the specific weight increases with the increase in depth, the location of the center of pressure will be <u>located below</u> that for constant density liquid.

3-69. a) $F_{Hydr} = \bar{p}A = (0.25\ell + 0.5\ell \times 0.707) \times \gamma x W\ell = 0.6036\ W\ell^2$

$y_{cp} - \bar{y} = \bar{I}/\bar{y}A = (W\ell^3/12)/(((0.25\ell/0.707) + 0.5\ell) \times W\ell)$

$y_{cp} - \bar{y} = 0.0976\ell$; $\Sigma M_{hinge} = 0$

Then $-0.707R_A\ell + (0.5\ell + 0.0976\ell) \times 0.6036\ W\ell^2 = 0$

$\underline{R_A = 0.510\gamma W\ell^2}$

b) The reaction here will be less because if one thinks of the applied hydrostatic force in terms of vertical and horizontal components, the horizontal component will be the same in both cases, but the vertical component will be less because there is less volume of liquid above the curved gate.

3-70. Equivalent depth of liquid for 3 psi = $(3 \times 144)/(0.8 \times 62.4) = 8.65$ ft

$F = \bar{p}A = (8.65 + 2 + 5)(62.4 \times 0.8)(5 \times 10) = 39{,}072$ psf

$y_{cp} - \bar{y} = \bar{I}/\bar{y}A = (5 \times 10^3)/(12 \times 15.65 \times 5 \times 10) = 0.532$ ft

$P = 39{,}072 \times (5 + 0.532)/10 = \underline{21{,}616 \text{ lbf}}$

3-71. Equivalent depth of liquid for 40 kPa = $40{,}000/(0.8 \times 9{,}810) = 5.10$m

$F = (5.10 + 1 + 1.5)(0.8 \times 9{,}810)(3 \times 1) = 178{,}860$N

$y_{cp} - \bar{y} = \bar{I}/\bar{y}A = (1 \times 3^3)/(12 \times 7.60 \times 3 \times 1) = 0.099$ m

$p = 178{,}860(1.5 + 0.099)/3 = \underline{95{,}314 \text{ N}}$

3-72. The gate will be on the verge of opening when the line of action of the resultant hydrostatic force, $F_{Hyd.}$, passes through the hinge point. Also, this $F_{Hyd.}$ will be located 2/3 down the gate surface. Therefore, this problem can be solved largely by trigonometry:

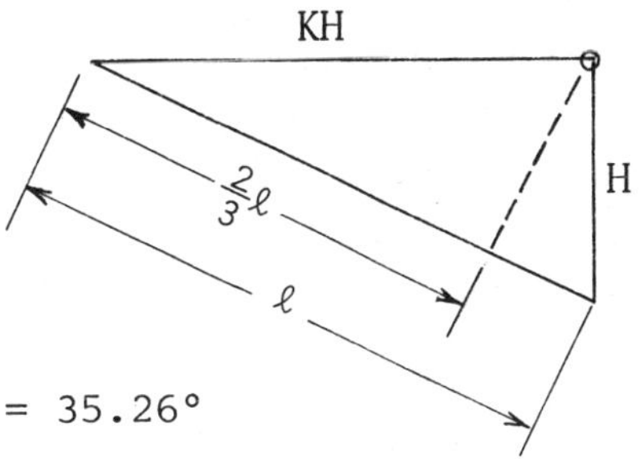

$(2/3)\ell = KH \cos\theta$ (1)

and $\ell \cos\theta = KH$ (2)

Solving Eqs. (1) and (2) for θ yields $\theta = 35.26°$

Also, $\tan\theta = H/(KH) = 1/K$

or $K = \cot\theta = \cot(35.26°) = \underline{\underline{\sqrt{2}}}$

3-73. $F = \bar{p}A = (1.5/2)24{,}000 \times (1.5/\sin 60°) = 31{,}177\text{ N}$

$y_{cp} - \bar{y} = \bar{I}/\bar{y}A = 1 \times (1.5/\sin 60°)^3/(12 \times (1.5/2 \sin 60°) \times (1.5/\sin 60°))$

$= 0.2887\text{ m}$

$M = 31{,}177 \times (1.5/2 \sin 60° - 0.2887) = 18{,}000\text{ N·m/m} = \underline{\underline{18\text{ kN·m/m}}}$

3-74. A simple check shows that d will have to be less than 4 m. Thus

$F_{Hydrostatic} = \bar{p}A = 1/2\ d \times 9{,}810 \times 2\ d = 9{,}810\ d^2\text{N}$

The hydrostatic force will act 2/3 d below water surface; therefore the momentum will be (4 - (1/3)d) below the hinge.

$\Sigma M_{Hinge} = 0$

$5 \times 60{,}000 - (4 - (1/3)d)(9{,}810\ d^2) = 0$

Solving for d yields $\underline{\underline{d = 3.23\text{m}}}$

3-75. The hydrostatic force acting on the gate will be:

$F = \bar{p}A = (3 \times 9{,}810) \times (2 \times 4) = 235{,}440\text{ N}$

$y_p - \bar{y} = \bar{I}/\bar{y}A$

$= (2 \times 4^3/12)/(3 \times 2 \times 4) = 0.444\text{N}$

$\Sigma M_{Hinge} = 0$

$W \times 5 - 235{,}440 \times 2{,}444 = 0$

$W = \underline{\underline{115{,}100\text{ N}}}$

3-76. $y_p = (2/3) \times (8/\cos 45°) = 7.54\text{m}$

Point B is (8/cos 45°)m - 3.5 m = 7.81 m along the gate from the water surface; therefore, the gate is unstable.

3-77. $F_{AB,\text{hydrostatic}} = \bar{p}_{AB}A_{AB} = (h/2)\gamma h = \gamma h^2/2$

$F_{BC,\text{hydrostatic}} = \bar{p}_{BC}A_{BC} = \gamma h \times 4 \text{ ft}$

$\Sigma M_B = 0$

$-(\ h^2/2)(h/3) + \gamma h \times 4 \text{ ft} \times 2 \text{ ft} = 0$

$h = \underline{6 \text{ ft}}$

3-78. $F = \bar{p}A = 1 \times 9{,}810 \times 2 \times 1 = 19{,}620 \text{ N}$

$y_{cp} - \bar{y} = \bar{I}/\bar{y}A = (1 \times 2^3)/(12 \times 1 \times 2 \times 1) = 0.33 \text{ m}$

Weight $W = 19{,}620 \times (1 - 0.33)/2.5 = 5{,}258 \text{ N}$

Volume $\mathcal{V} = 5{,}258/(23{,}600 - 9{,}810) = \underline{0.381 \text{ m}^3}$

3-79. $F = 2.5 \times 62.4 \times 2 \times 5 = 1{,}560 \text{ lbf}$

$y_{cp} - \bar{y} = (2 \times 5^3)/(12 \times 2.5 \times 2 \times 5) = 0.833 \text{ ft}$

$W = 1{,}560(2.5 - 0.833)/6.25 = 416 \text{ lbf}$

$\mathcal{V} = 416/(150 - 62.4) = \underline{4.74 \text{ ft}^3}$

3-80. $F_{\text{buoy.}} = \gamma\mathcal{V}$

$= (\gamma\pi \times 2^2/4)(h-4) = \gamma\pi(h-4)$

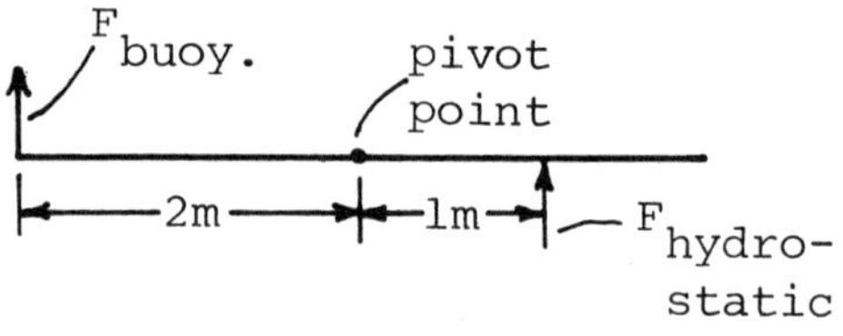

$F_{\text{hydrostatic}} = \gamma h \times 2$

$-\gamma\pi(h-4) \times 2 + \gamma h \times 2 \times 1 = 0$

$h = 4\pi/(\pi-1) = \underline{5.87\text{m}}$

3-81. The horizontal component of force acting on the walls is the same for each wall. However, walls A-A' and C-C' have vertical components that will require greater resisting moments than the wall B-B'. If one thinks of the vertical component as a force resulting from buoyancy, it can be easily shown that there is a greater "buoyant" force acting on wall A-A' than on C'C'. Thus, wall A-A' will require the greatest resisting moment.

3-82. $W_{in\ air} = 650\ N = \forall\gamma_{block}$ (1)

$W_{in\ water} = 500\ N = \forall(\gamma_{block} - \gamma_{water})$ (2)

$\gamma_{water} = 9,810\ N/m^3$ (3)

Solving Eqs. (1),(2), and (3) yield:

$\underline{\underline{\forall = 0.0153\ m^3}}$

$\underline{\underline{\gamma_{block} = 42,510\ N/m^3}}$

3-83. $\forall(\gamma - \gamma_0) = \forall(\gamma - 9,810 \times 0.8) = 55$

$\forall(\gamma - \gamma_{Hg}) = \forall(\gamma - 133,000) = -45$

Equating $\forall$'s, $\gamma = \underline{\underline{76,682\ N/m^2}}$

$\forall = \underline{\underline{7.99 \times 10^{-4} m^3}}$

$W = \underline{\underline{61.3\ N}}$

sp.gr. $= \underline{\underline{7.82}}$

3-84. $\forall\gamma = 912\ N$

$\forall(\gamma - 9,810) = 609\ N$

$\forall = (912 - 609)/9,810 = \underline{\underline{0.0309\ m^3}}$

3-85. The same relative volume will be unsubmerged whatever the orientation; therefore,

$$\frac{\forall_{u.s.}}{\forall_s} = \frac{hA}{LA} = \frac{LA_{u.s.}}{LA}$$

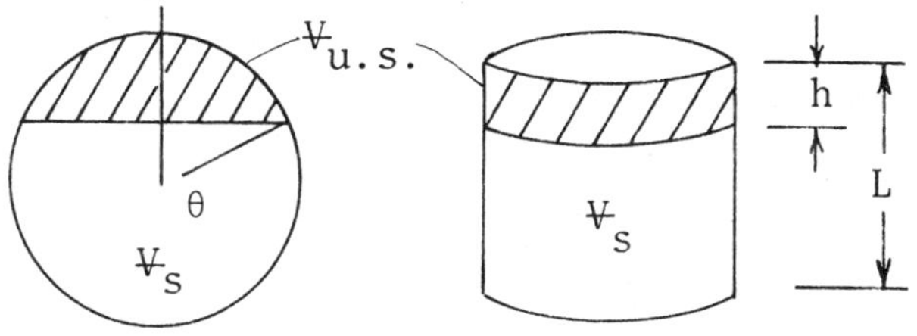

or $h/L = A_{u.s.}/A$

Also, $\cos\theta = 5'/10' = 0.50$

$\theta = 60°$ and $2\theta = 120°$

So $A_{u.s.} = (1/3)\pi R^2 - R\cos 60° R \sin 60°$

Therefore $h/L = R^2\left[((1/3)\pi) - \sin 60° \cos 60°\right]/\pi R^2 = \underline{\underline{0.195}}$

3-86. $\Sigma F_y = 0$

$-30,000 - 4 \times 1,000L + 4 \times (\pi/4) \times 1^2 \times (10,000(L-1)) = 0$

$\underline{\underline{L = 2.24\ m}}$

3-87. Assume the block will sink a distance y into the fluid with S = 1.2.

$\Sigma F_y = 0$

$- Wgt + pA = 0$

$- (6L)^2 \times 3L \times 0.8\gamma_{water} + (L \times \gamma_{water} + y \times 1.2\gamma_w)\ 36L^2 = 0$

$y = 1.167L$

so $\underline{d = 2.167L}$

3-88. $\Sigma M_A = 0$

$- Wgt_{wood} \times (0.5L \cos 30° + F_{buoy.} \times (5/6)L \cos 30° = 0$

$-\gamma_{wood} \times AL \times (0.5L \cos 30°) + ((1/3)AL\gamma_{H_2O}) \times (5/6)L \cos 30° = 0$

$\gamma_{wood} = (10/18)\gamma_{H_2O}$

$= \underline{5,450\ N/m^3}$

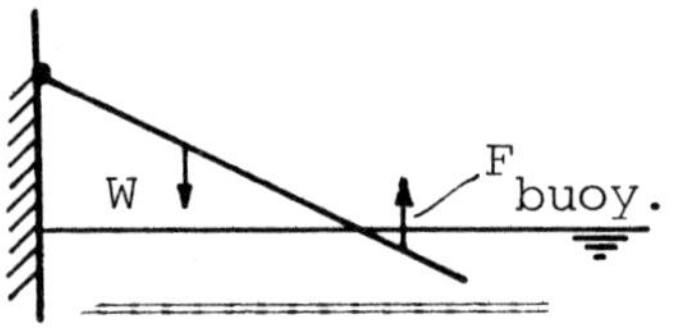

3-89. Pond level will be less than before because the boat rises by a volume of water eaual to the weight of the anchor but the anchor displaces only its volume so the water level in the pond will drop.

3-90. Draft = $(40,000 \times 2,000)/40,000\gamma = (2,000/\gamma)$ ft

Since γ of salt water is greater than γ of fresh water, the ship will take a greater draft in fresh water.

$(2,000/62.4) - (2,000/64.1) = \underline{0.85\ ft}$

3-91. $\Sigma F_V = 0;\quad F_B - F_S - F_W - F_C = 0$

$F_S = F_B - F_W - F_C$

$= (4/3)\pi(0.6)^3 \times 10,070 - 1,600 - 4,500$

$= \underline{3,011\ N\ \text{of scrap}}$

3-92. Assuming standard atmospheric temperature condition:

$T = 519 - 3.566 \times 10^{-3} \times 15,000 = 465.5°R$

$\rho_{air} = (8.3 \times 144)/(1,715 \times 465.5)$

$= 0.001497\ slugs/ft^3$

$\rho_{He} = (8.3 \times 144)/(12,429 \times 465.5)$

$= 0.000207\ slugs/ft^3$

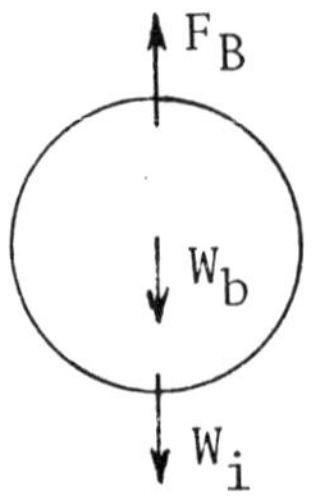

3-92. (Continued)

$\Sigma F = 0 = F_L - F_b - F_i$

$= (1/6)\pi D^3 g(\rho_{air} - \rho_{He}) - \pi D^2(0.01) - 10$

$= D^3 \times 16.88(14.97 - 2.07)10^{-4} - D^2 \times 3.14 \times 10^{-2} - 10$

$D = \underline{\underline{8.22 \text{ ft}}}$

3-93. $F_V = 1 \times 9{,}810 \times 1 \times 1 + (1/4)\pi \times (1)^2 \times 1 \times 9{,}810 = \underline{\underline{17{,}515 \text{ N}}}$

$x = M_0/F_V$

$= 1 \times 1 \times 1 \times 9{,}810 \times 0.5 + 1 \times 9{,}810 \times \int_0^1 \sqrt{1 - x^2}\, x dx/17{,}515$

$= \underline{\underline{0.467 \text{ m}}}$

3-94. $F_H = \bar{p}A = (1 + 0.5)9{,}810 \times 1 \times 1 = \underline{\underline{14{,}715 \text{ N}}}$

$y_{cp} = \bar{y} + \bar{I}/\bar{y}A$

$= 1.5 + (1 \times 1^3)/(12 \times 1.5 \times 1 \times 1) = \underline{\underline{1.555 \text{ m}}}$

3-95. $F_R = \sqrt{(14{,}715)^2 + (17{,}515)^2} = \underline{\underline{22{,}876 \text{ N}}}$

$\tan\theta = 14{,}715/17{,}515; \quad \theta = \underline{\underline{40°2'}}$

3-96. $F_H = pA = (b/2)\gamma b = \gamma b^2/2$

$F_V = \gamma[ab - \int_0^a kx^3 dx] \times 1$

$= \gamma(ab - ka^4/4)$

$F = \sqrt{F_H^2 + F_V^2} = \underline{\underline{\gamma\sqrt{(b^4/4) + (ab - ka^4/4)^2}}}$

$y_{cp} = \bar{y} + \bar{I}/\bar{y}A = (b/2) + \dfrac{1 \times b^3}{12 \times (b/2) \times b \times 1} = \underline{\underline{\dfrac{2}{3}b}}$

$x_{cp} = M_0/F_V = \dfrac{\int_0^a \gamma(b - kx^3) \times dx}{\gamma(ab - ka^4/4)}$

$= (10ab - 4\,ka^4)/(20b - 5\,ka^3) = \underline{\underline{\dfrac{2}{5}a}}$

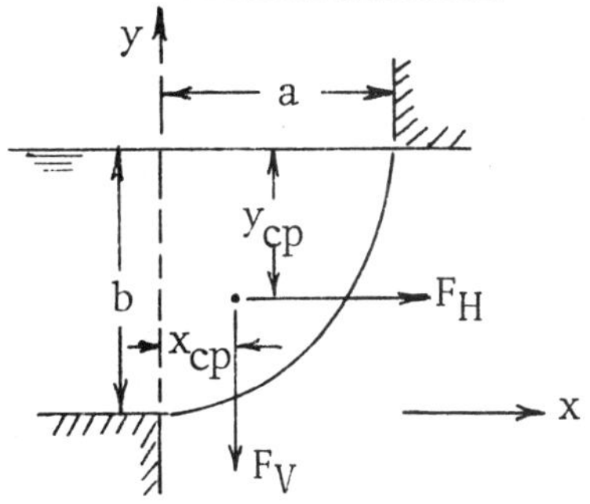

3-97. $F_H = \bar{p}A = -2.5 \times 50 \times (3 \times 1) = \underline{\underline{375 \text{ lbf}}}$

$F_V = \forall\gamma = (1 \times 3 + \pi 3^2 \times 1/4)50 = 503.4 \text{ lbf}$

$y_{cp} = 2.5 + 1 \times 3^3/(12 \times 2.5 \times 1 \times 3) = \underline{\underline{2.8 \text{ ft above the water surface}}}$

3-98. $\Sigma F_y = 0$

$F_B - W_{H_2O} - 600 + pA = 0$

$F_B = 600 + 1.2 \times 62.4\pi/4(2 \times 4 + 8 \times 0.25) - 1.2 \times 62.4 \times 10\pi \times 4/4$

$= \underline{\underline{-1,164 \text{ lbf}}}$

3-99. $F_B = 5,000 + 1.2 \times 9,810\pi/4(1 \times 1 + 4 \times 1/16) - 1.2 \times 9,810 \times 5 \times (1)^2\pi/4$

$= \underline{\underline{-29,671 \text{ N}}}$

3-100. $W_{H_2O} = (2/3)\pi 4^3 \times 62.4 + 8 \times (\pi/4) \times (2/4)^2 \times 62.4$

$= \underline{\underline{8,462 \text{ lbf}}}$

$W_{dome} = 1,300 \text{ lbf}$

$F_{Pressure} = 12 \times 62.4 \times \pi \times (4)^2 = 37,639 \text{ lbf}$

$F_{bolt} = F_{pressure} - W_{H_2O} - W_{dome}$

$= 37,639 - 8,462 - 1,300 = \underline{\underline{27,877 \text{ lb downward}}}$

3-101. $\Sigma F_z = 0$

$p_{bottom}A_{bottom} + F_{bolts} - W_{H_2O} - W_{dome} = 0$

where $p_{bottom}A_{bottom} = 4{\cdot}8 \times 9,810 \times \pi \times 1.6^2 = 378.7$ KN

$W_{H_2O} = 9,810(4 \times (\pi/4) \times 0.2^2 + (2/3)\pi \times 1.6^3)$

$= 85.4$ kN

Then $F_{bolts} = -378.7 + 85.4 + 6 = \underline{\underline{-287.3 \text{ kN}}}$

3-102. $p_b = 10 \times 144 - 3 \times 1.5 \times 62.4 \times 1.5 = \underline{\underline{1,019 \text{ psf}}}$

$F_p = p_bA = 1,019\pi \times 3^2 = 28,811 \text{ lbf}$

$W_\ell = (2\pi/3)3^3 \times 62.4 \times 1.5 = 5,293 \text{ lbf}$

$\Sigma F_V = 0; \quad F_d + F_p - W_d - 1,000 = 0$

$F_d + 28,810 - 5,293 - 1,000 = 0; \quad F_d = \underline{\underline{-22,518 \text{ lb}}}$

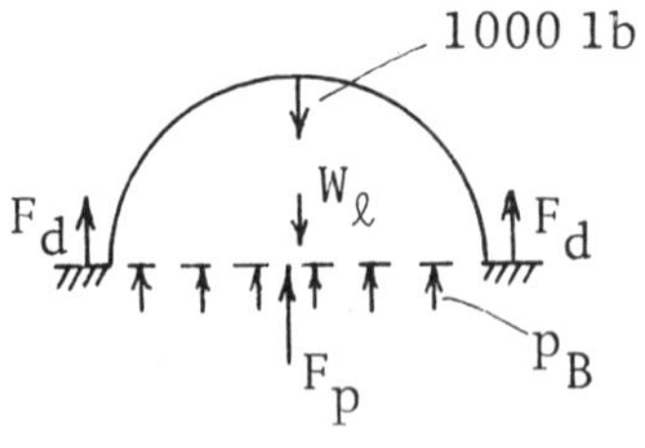

3-103. $p_b = 70{,}000 - 1.5 \times 9{,}810 \times 1.5 = 47{,}928$ Pa

$F_b = 47{,}928\pi \times 1 = 150{,}570$ N

$W_d = (2/3)\pi(1)^3 \times 9{,}810 \times 1.5 = 30{,}820$ N

$F_d + 150{,}570 - 30{,}820 - 5{,}000 = 0$

$F_d = \underline{\underline{-114{,}750 \text{ N}}}$

3-104. $F_H = \bar{p}A = (3+2)62.4 \times \pi(2)^2 = \underline{\underline{3{,}921 \text{ lbf}}}$

3,921 lbf will act horizontally to the left to hold the dome in place.

$y_{cp} - \bar{y} = \bar{I}/\bar{y}A = (\pi 2^4/4)/(5\pi 2^2) = 0.2$ ft

$F_V = (1/2)(4\pi r^3/3)\gamma_w = 4\pi 2^3 \times 62.4/6 = \underline{\underline{1{,}046 \text{ lbf}}}$

To be applied downward to hold the dome in place.

3-105. $F_H = (1+1)9{,}810 \times \pi \times (1)^2 = 61{,}640 \text{ N} = 61.64$ kN

61.64 kN force will act horizontally to the left to hold the dome in place.

$(y_{cp} - \bar{y}) = \bar{I}/\bar{y}A = (\pi \times 1^4/4)/(2\pi \times 1^2) = 0.125$ m

$F_V = (1/2)(4\pi \times 1^3/3)9{,}810 = 20{,}550 \text{ N} = \underline{\underline{20.55 \text{ kN}}}$

To be applied downward to hold the dome in place.

3-106. $F_B = \text{Wt.}$

$(\pi/4) \times ((1)^2 \times 6 + (0.25)^2 \times 2)/(12)^3) \times 62.4 \times (\text{sp.gr.}) = 0.194$

sp. gr. = $\underline{\underline{1.117}}$

3-107. When only the bulb is submerged;

$F_B = \text{Wt.}$

$(\pi/4)[(0.02)^2 \times (0.08)] \times 9{,}810 \times (\text{sp.gr.}) = 0.035 \times 9.81$

sp.gr. = $\underline{\underline{1.39}}$

When the full stem is submerged;

$(\pi/4)(0.02)^2 \times (0.08) + (0.01)^2 \times (0.08)9{,}810 \times (\text{sp.gr.})$

$= 0.035 \times 9.81$

sp.gr. = $\underline{\underline{1.114}}$; Range $\underline{\underline{1.114 \text{ to } 1.39}}$

3-108. Draft = 400,000/(50 x 20 x 62.4) = 6.41 ft<8 ft

$GM = I_{00}/\forall - CG$

$= \left[(50 \times 20^3/12)/(6.41 \times 50 \times 20)\right] - (8 - 3.205)$

$= 0.40$ ft

Will float stable

3-109. draft = 1 x 8,000/9,810 = 0.8155 m

$C_{from\ bottom} = 0.8155/2 = 0.4077$ m

G = 0.500 m; CG = 0.500 - 0.4077 = 0.0922 m

$GM = (I/\forall) - CG$

$= ((\pi R^4/4)/(0.8155 \times \pi r^2)) - 0.0922$

$= 0.077$ m $- 0.0922$ m, (negative)

Thus, block is unstable with axis vertical.

3-110. Draft = 5,000/9,810 = 0.5097 m

$GM = I_{00}/\forall - CG$

$= [(\pi \times 0.5^4/4)/(0.5097 \times \pi \times 0.5^2)] - (0.5 - 0.5097/2)$

$= -0.122$ m , negative

So will not float stable with its ends horizontal.

3-111. $GM = I_{00}/\forall - CG$

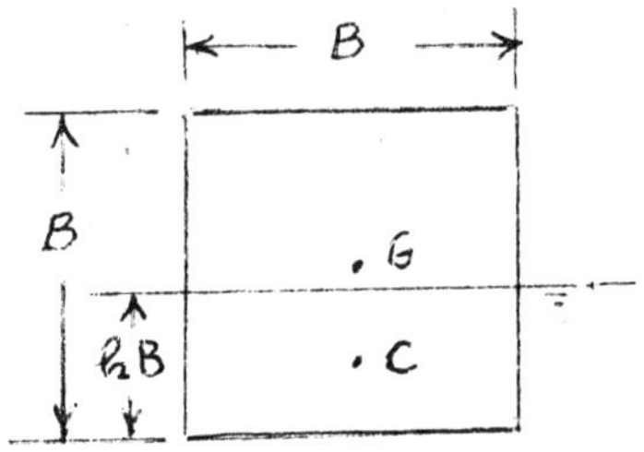

$GM = (LB^3/12)/(kB^2L) - ((B/2) - (kB/2))$

Condition for impending instability is when GM = 0

Then solve for k with GM = 0.

$0 = (1/12k) - (1/2)(1 - k)$

$k^2 - k + 1/6 = 0$ Solve by quadratic equation

k = 0.211 and 0.789

The block will be stable for $0.211 < S_{block} < 0.789$

3-112. $GM = I_{00}/\forall - CG$

$= (3H(2H)^3/(12 \times H \times 2H \times 3H)) - H/2$

$= -H/6$

Not stable about longitudinal axis

$GM = (2H \times (3H)^3/(12 \times H \times 2H \times 3H)) - H/2$

$= +H/4$, positive

Stable about tranverse axis

3-113. With the given assumptions, this is an undamped system where the applied force varies linearly with displacement; therefore, harmonic vibration will occur which has the following solution:

$f = \sqrt{k/m}/(2\pi)$ where k is the proportionality constant between force and displacement ($k = F/x$).

Here $m = 500 \text{ kg/m}^3 \times \forall = 500 \text{ LA}$

and $F = 9{,}810 \text{ Ax}$; $k = 9{,}810 \text{ A N/m}$

therefore $f = \sqrt{(9{,}810 \not{A}/500 \text{ L}\not{A})}/2\pi$

$f = \sqrt{(19.62/L)}/2\pi = \sqrt{19.62/0.2}/2\pi = 1.58 \text{ Hz}$

4-1. Non-uniform; steady or unsteady.

4-2. Non-uniform, unsteady; unsteady, uniform.

4-3. (a) Unsteady, non-uniform.

(b) Local and convective acceleration.

4-4.

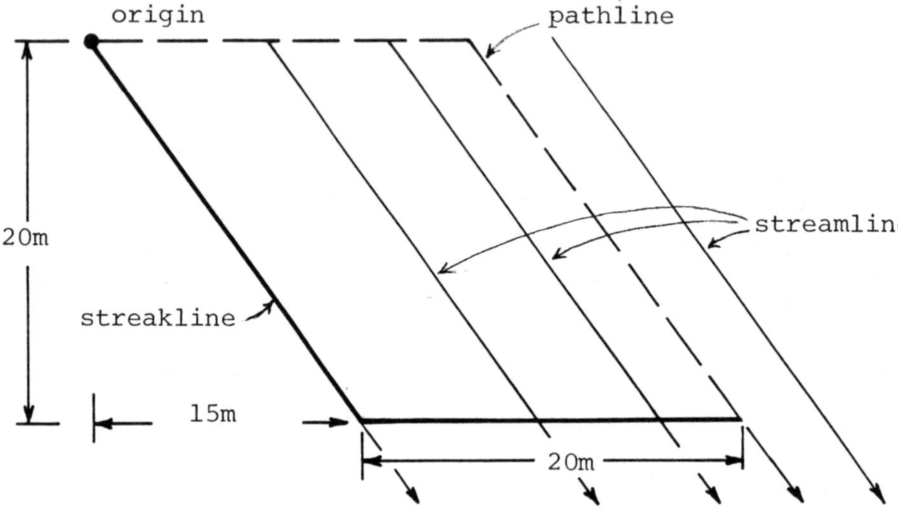

4-5.

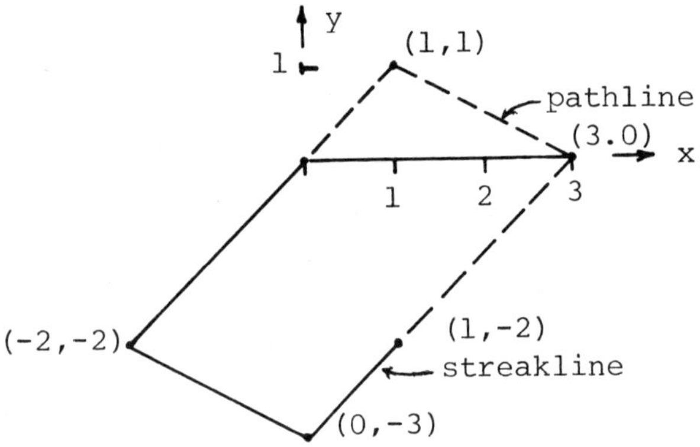

4-6.

			pathline coor's	
t	u	v	x	y
1s	5m/s	- 2m/s	5m	- 1m
2	5	- 4	10	- 4
3	5	- 6	15	- 9
4	5	- 8	20	-16
5	5	-10	25	-25

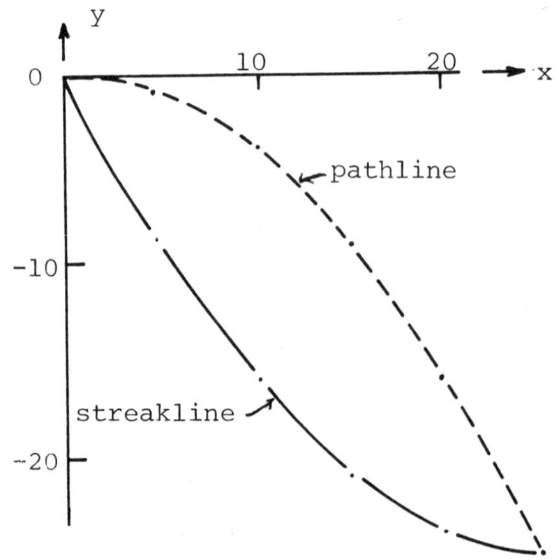

4-7. a. Two dimensional

b. One dimensional

c. One dimensional

d. Two dimensional

e. Three dimensional

f. Three dimensional

g. Two dimensional

4-8. $V = Q/A = 0.4/(\pi \times 0.3 \times 0.3/4) = \underline{5.66\ m/s}$

4-9. $Q = VA = 13 \times \pi \times 1 \times 1/4 = \underline{10.21\ cfs}$

$= 10.21 \times 449 = \underline{4{,}584\ gpm}$

4-10. $Q = VA = 3 \times \pi \times 1 \times 1/4 = \underline{2.356\ m^3/s}$

$= 2.356 \times (1/0.3048)^3 = \underline{83.21\ cfs}$

4-11. $\rho = p/RT = 200{,}000/(287 \times 293) = \underline{2.378\ kg/m^3}$

Mass flow rate $= \rho VA = 2.378 \times 20 \times (\pi \times 0.08 \times 0.08/4)$

$= \underline{0.239\ kg/s}$

4-12. Assume $p_{atm} = 101$ kPa

$\rho = p/RT = (101 + 150)10^3/((518) \times (273 + 15)) = 1.682\ kg/m^3$

Mass flow rate $= \rho VA = 1.682 \times 10 \times \pi \times 0.5 \times 0.5 = \underline{13.21\ kg/s}$

4-13. $\rho = p/(RT)$; $R = 2{,}077$ J/kgK and $T = 273 + 13 = 286$ K

$\rho = 160{,}000/(2{,}077 \times 286) = 0.269\ kg/m^3$

$\dot{m} = \rho VA$

$A = \dot{m}/(\rho V)$

$= (0.01\ kg/s)/((0.269\ kg/m^3) \times 30 m/s)$

$= 0.001239 m^2$

$d = \underline{3.97\ cm}$

4-14. $V = Q/A = (1{,}000/60 \times 60)/(1 \times 0.20) = \underline{1.389\ m/sec}$

4-15. $Q = \int_A VdA = \int_0^{r_0} V2\pi r dr$, $V = V_{max} - 3r/r_0$

$$Q = \int_0^{r_0} (V_{max} - (3r/r_0))2\pi r\,dr = 2\pi r_0^2((V_{max}/2) - (3/3))$$

$= 2\pi \times 2.25((15/2)-(3/3)) = \underline{91.9 \text{ cfs}}$

$= 91.9 \times 449 = \underline{41{,}260 \text{ gpm}}$

4-16. $Q = 2\pi r_0^2((V_{max}/2)-(2/3))$ (See problem 4-15 for derivation)

$= 2\pi \times 1((8/2)-(2/3)) = 20.94 \text{ m}^3/\text{s}$

$V = Q/A = 20.94/(\pi \times 1) = \underline{6.67 \text{ m/s}}$

4-17. $Q = V \times A = 12 \times 2 \cos 30° \times 10 = \underline{208 \text{ m}^3/\text{s}}$

4-18. $Q = V \times A = 15 \times 4 \cos 30° \times 25 = \underline{1{,}299 \text{ cfs}}$

4-19. $Q = \forall/t = (20{,}000/9{,}790)/(12 \times 60) = \underline{2.837 \times 10^{-3} \text{m}^3/\text{s}}$

4-20. $\Sigma V_p A_p = V_{rise} \times A_{rise}$

$200 \times V_p \times (2 \times 2) = (6/60) \times (900 \times 85)$

$V_{port} = \underline{9.56 \text{ ft/s}}$

4-21. $q = \int_0^d u_{max}(y/d)^n dy = u_{max} d/(n+1)$

$= 3 \times 1.2/((1/6) + 1) = 3.09 \text{ m}^3/\text{s}$

$V = 3.09/1.2 = \underline{2.57 \text{ m/s}}$

4-22. $Q = \int VdA$ where $V = 3y$ ft/s, $dA = xdy = 0.5\,ydy$ ft^2

$q = \int_0^1 (3y) \times (0.5\,ydy)$

$= 1.5\,y^3/3 \Big|_0^1 = \underline{0.50 \text{ cfs}}$

4-23. $V/V_c = ((r_0^2 - r^2)/r_0^2)^n$

$$V = V_c(1 - (r/r_0^2)^n)$$

Then $Q = \int VdA$

$$= \int V_c(1 - (r/r_0)^2)^n 2\pi r dr$$

$$= -\pi r_0^2 V_c \int (1 - (r/r_0)^2)^n (-2r/r_0^2) dr$$

This is in the form of $K\int u^n du = (Ku^{n+1})/(n+1)$

Thus $Q = -\pi r_0^2 V_c (1 - (r/r_o)^2)^{n+1}/(n+1) \Big|_0^1$

$Q = \underline{\underline{(1/(n+1))V_c \pi r_0^{\,2}}}$ $\qquad$ $V = Q/A = \underline{\underline{(1/(n+1))V_c}}$

4-24.

r/r_0	$1-(r/r_0)^2$	V(m/s)
0	1.00	12.0
0.2	0.96	11.5
0.4	0.84	10.1
0.6	0.64	7.68
0.8	0.36	4.32
1.0	0.00	0.0

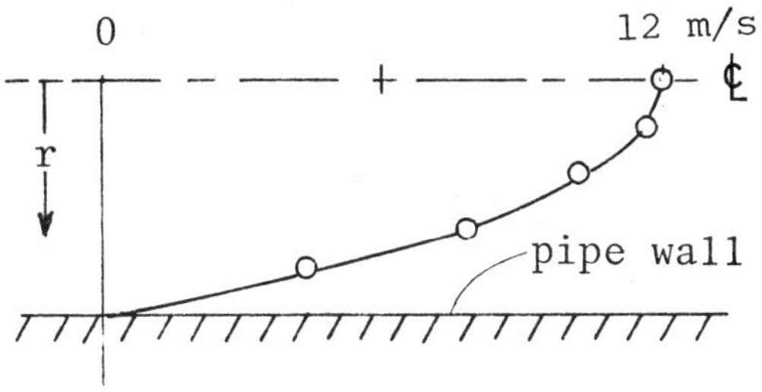

From solution to Prob. 4-23 $V = (1/(n+1))V_c$

$V = (1/2)V_c = \underline{\underline{6 \text{ m/s}}}$

4-25. $V = Q/A = (100/(62.37 \times 60))/(\pi \times (1/12)^2) = \underline{\underline{1.22 \text{ ft/s}}}$

4-26. $V = Q/A = (1{,}000/(998 \times 60))/(\pi \times 0.20 \times 0.20/4) = \underline{\underline{0.532 \text{ m/s}}}$

4-27. $Q = 4{,}765/(62.37 \times 8 \times 60) = \underline{\underline{0.159 \text{ cfs}}}$

$= 0.159 \times 449 = \underline{\underline{71.5 \text{ gpm}}}$

4-28. $Q = VA = 9(\pi/4)(4/12)^2 = \underline{\underline{0.785 \text{ cfs}}}$

$= 0.785 \times 449 = \underline{\underline{353 \text{ gpm}}}$

$= 0.785 \times 1.94 = \underline{\underline{1.52 \text{ slugs/s}}}$

4-29. (a) Steady. (b) Two-dimensional. (c) No. (d) Yes--see representative vectors below:

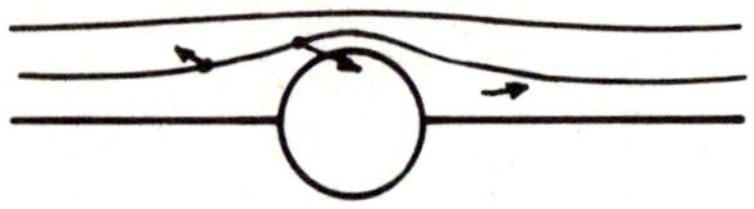

(e) $V_A n_A = V_C n_C$ where n = spacing between streamlines

Then $V_C = V_A(n_A/n_C) = 10(2/1) = \underline{\underline{20\ ft/s}}$

4-30. $a_x = udu/dx + du/dt$

$= U_0(1 - r_0^3/x^3)d/dxU_0(1 - r_0^3/x^3) + d/dtU_0(1 - r_0^3/x^3)$

$= U_0^2(1 - r_0^3/x^3)(3r_0^3/x^4) + 0$

$= \underline{\underline{(3U_0^2 r_0^3/x^4)(1 - r_0^3/x^3)}}$

4-31. $\Sigma\rho \underline{V}\cdot\underline{A} = -d/dt\int_{c.v.} \rho d\forall$

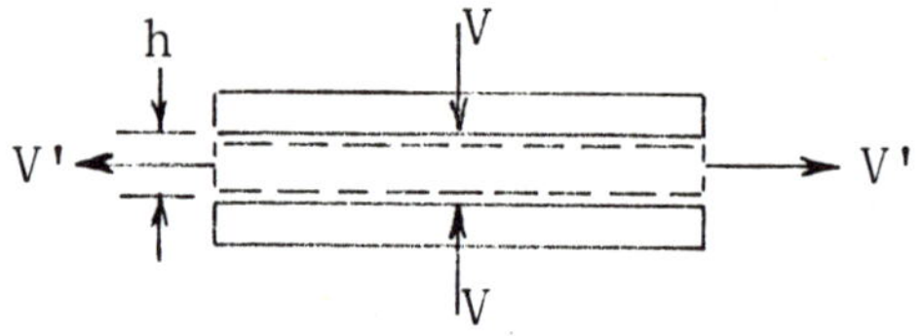

$-2\rho VA + \rho' V' A' = 0$ but $\rho = \rho'$

$2VA = V'A'$

$V' = 2VA/A' = 2V(\pi D^2/4)/(\pi Dh) = VD/2h = Vr/h$

$a_c = V'\partial/\partial r(V')$

$= Vr/h\ \partial/\partial r(Vr/h) = V^2r/h^2 = \underline{\underline{V^2D/2h^2}}$

4-32. $V_{sect} = \pi R^2(2V)/(2\pi Rh) = RV/h$ but $h = h_0 - 2Vt$

so $V_{sect} = RV/(h_0 - 2Vt)$

$\partial V/\partial t = \partial/\partial t[RV(h_0 - 2Vt)^{-1}] = RV(-1)(h_0 - 2Vt)^{-2}(-2V)$

$\partial V/\partial t = 2RV^2/(h_0 - 2Vt)^2$ but $h_0 - 2Vt = h$

so $\partial V/\partial t = 2RV^2/h^2 = \underline{\underline{DV^2/h^2}}$

4-33. $Q = Q_0 - Q_1 t/t_0 = 0.985 - 0.5t$

$\partial V/\partial s = +2\text{m/s/m}$ (given)

$V = Q/A = (0.985 - 0.5 \times (1/2))/((\pi/4) \times 0.5^2) = \underline{\underline{3.743 \text{ m/s}}}$

$a_\ell = \partial V/\partial t = \partial/\partial t(Q/A) = \partial/\partial t((0.985 - 0.5t)/((\pi/4) \times 0.5^2))$

$= -0.5/((\pi/4) \times 0.5^2) = \underline{\underline{-2.546 \text{ m/s}^2}}$

$a_c = V\partial V/\partial s = 3.743 \times 2 = \underline{\underline{+7.487 \text{ m/s}^2}}$

4-34. $a_c = VdV/ds$

where $dV/ds = (V_{tip} - V_{base})/L$

$V_{tip} = Q/A_{tip} = 0.40/((\pi/4)(1/12)^2) = 73.34$ ft/s

$V_{base} = Q/A_{base} = 8.149$ ft/s

$dV/ds = (73.34 = 8.149)/1.5 = 43.46 \text{ s}^{-1}$

$V_{midway} = 8.149 \text{ ft/s} + 43.46 \text{ s}^{-1} \times (9/12) \text{ ft} = 40.74$ ft/s

then $a_c = VdV/ds = 40.74 \text{ ft/s} \times 43.46 \text{ s}^{-1} = 1{,}770 \text{ ft/s}^2$

$a_\ell = \underline{\underline{0}}$

4-35. $a_\ell = \partial V/\partial t$; $V = Q/A$ and $Q = 2t$

then $a_\ell = \partial/\partial t(2t/A)$

$= (2/A)\partial/\partial t(t) = 2/A \text{ ft/s}^2$

From solution to Prob. 4-34: $V_{mid.} = 40.74$ ft/s

Therefore $A_{mid} = Q/V = 0.40 \text{ ft}^3\text{/s}/40.74 \text{ ft/s} = 0.00982 \text{ ft}^2$

Finally $A_\ell = 2/A = 2/0.00982 = \underline{\underline{204 \text{ ft/s}^2}}$

4-36. $V = q/b = (q_0/t_0)2t/b$ but $b = B - (1/2) B (x/4B)$

$V = (q_0/t_0)(2t)/(B - (1/2)B(x/4B))$

$a_{local} = \partial V/\partial t = (q_0/t_0)(2)/(B - (1/2)B(x/4B))$

then when $x = 2B$

$a_{local} = 2(q_0/t_0)/(B - (1/2)B(1/2)) = 2(q_0/t_0)/(3/4 \text{ B})$

$a_{local} = \underline{\underline{(8/3)(q_0/t_0)/B}}$

4-37. $V = (q_0/t_0)2t/(B - (1/8)x)$

$a_{conv} = V\partial V/\partial x = V(q_0/t_0)2t(-1)(-1/8)/(B - (1/8)x)^2$

$a_{conv} = (1/8)(q_0/t_0)^2 4t^2/(B - (1/8)x)^3$

when $x = 2B$

$a_c = (1/2)(q_0/t_0)^2 t^2/((3/4)B)^3 = \underline{\underline{32/27\ (q_0/t_0)^2 t^2/B^3}}$

4-38. $a_\ell = \partial V/\partial t = \partial/\partial t[2t/(1-0.5x/L)^2] = 2/(1-0.5x/L)^2$

$= 2/(1-0.5 \times 0.5L/L)^2 = \underline{\underline{3.56\ \text{ft/s}^2}}$

$a_c = V(\partial V/\partial x) = [2t/(1-0.5x/L)^2]\ \partial/\partial x\ [2t/(1-0.5x/L)^2]$

$= 4t^2/((1-0.5x/L)^5 L) = 4(3)^2/((1-0.5 \times 0.5L/L)^5\ 4)$

$= \underline{\underline{37.93\ \text{ft/s}^2}}$

4-39. $V_r = Q/A = Q/(2\pi rh)$

$a_c = V_r \partial V_r/\partial r$

$= (Q/(2\pi rh))(-1)(Q)/(2\pi r^2 h) = -Q^2/(r(2\pi rh)^2)$

When $D = 0.1\text{m}$, $r = 0.20\text{m}$, $h = 0.01\text{m}$, and $Q = 0.380\text{m}^3/\text{s}$

$V_{pipe} = Q/A_{pipe} = 0.380/((\pi/4) \times 0.1^2) = \underline{\underline{48.38\ \text{m/s}}}$

Then $a_c = -(0.38)^2/((0.2)(2\pi \times 0.2 \times 0.01)^2) = \underline{\underline{-4{,}572\ \text{m/s}^2}}$

4-40. $a_\ell = \partial V/\partial t = \partial/\partial t(Q/(2\pi rh))$

$a_\ell = \partial/\partial t(Q_0(t/t_0)/(2\pi rh))$

$a_\ell = (Q_0/t_0)/2\pi r h$

$a_{\ell;2,3} = (0.1/1)/(2\pi \times 0.20 \times 0.01) = \underline{\underline{7.957\ \text{m/s}^2}}$

$a_c = -Q^2/(r(2\pi rh)^2)$ (from solution to P.4-39)

at $t = 2\text{s}$, $Q = 0.2\ \text{m}^3/\text{s}$

$a_{c,2s} = -1{,}266\ \text{m/s}^2$

$a_{2s} = a_\ell + a_c = 7.957 - 1{,}266 = \underline{\underline{-1{,}259\ \text{m/s}^2}}$

$a_{c,3s} = -2{,}850\ \text{m/s}^2$

$a_{3s} = -2{,}850 + 7.957 = \underline{\underline{-2{,}842\ \text{m/s}^2}}$

4-41.

Case (a)

1) $\beta = \underline{\underline{1}}$

2) $dB_{syst}/dt = \underline{\underline{0}}$

3) $\Sigma\beta\rho\underline{V}\cdot\underline{A} = \Sigma\rho\underline{V}\cdot\underline{A}$

$= -2 \times 10 \times 1.5$

$= \underline{\underline{-30 \text{ slugs/s}}}$

4) $d/dt\int_{cv} \beta\rho d\forall = \underline{\underline{+30 \text{ slugs/s}}}$

Case (b)

1) $\beta = \underline{\underline{1}}$

2) $dB_{syst}/dt = \underline{\underline{0}}$

3) $\Sigma\beta\rho\underline{V}\cdot\underline{A} = \Sigma\rho\underline{V}\cdot\underline{A}$

$= 2 \times 1 \times 2$

$-1 \times 2 \times 2 = \underline{\underline{0}}$

4) $d/dt\int_{cv} \beta\rho d\forall = \underline{\underline{0}}$

4-42. 1) $\beta = \underline{\underline{1.0}}$

2) $dB_{syst}/dt = \underline{\underline{0}}$

3) $\Sigma\beta\rho\underline{V}\cdot\underline{A} = \Sigma\rho\underline{V}\cdot\underline{A}$

$\Sigma\rho\underline{V}\cdot\underline{A} = (1.5 \text{ kg/m}^3)(-10\text{m/s})(\pi/4) \times (0.04)^2\text{m}^2$

$+ (1.5 \text{ kg/m}^3)(-6\text{m/s})(\pi/4) \times (0.04)^2\text{m}^2$

$+ (1.2 \text{ kg/m}^3)(6 \text{ m/s})(\pi/4) \times (0.06)^2\text{m}^2$

$= \underline{\underline{-0.00980 \text{ kg/s}}}$

4) Because $\Sigma\beta\rho\underline{V}\cdot\underline{A} + d/dt \int\beta\rho d\forall = 0$

Then $d/dt \int\beta\rho d\forall = - \Sigma\beta\rho\underline{V}\cdot\underline{A}$

or $\underline{\underline{d/dt \int\beta\rho d\forall = +0.00980 \text{ kg/s (mass is increasing in tank)}}}$

4-43. Rate at which liquid is displaced $= V_{up}(D^2-d^2)(\pi/4)$

$V_{down} \times \pi d^2/4 = V_{up}(D^2 - d^2)\pi/4$

$2d^2 = D^2 \quad ; \quad D = \sqrt{2}d \qquad (1)$

but $y/D = 24d/2d \quad ; \quad D = y/12 \qquad (2)$

Eliminate D between Eqs. (1) & (2); $\underline{\underline{y = 12\sqrt{2}d}}$

4-44. Apply continuity equation

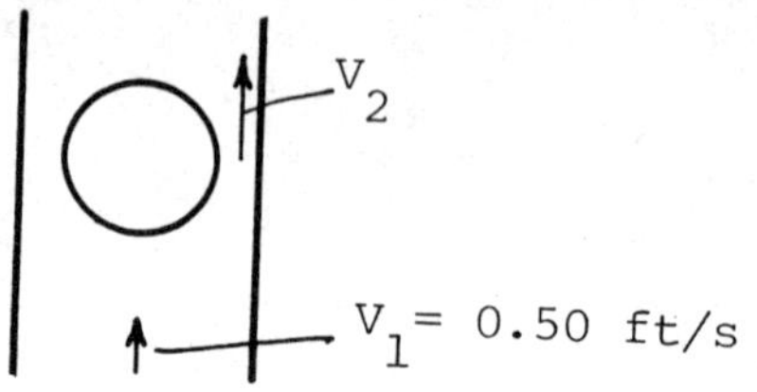

$-\partial/\partial t\int_{cv} \rho dV = 0 = \Sigma \rho \underline{V}\cdot\underline{A}$

$A_1V_1 = A_2V_2$ (velocities relative to sphere)

$(\pi \times 1.15^2/4) \times 0.5 = V_2\pi(1.15^2 - 1^2)/4;\ V_2 = 2.05$ fps

True velocity $V = 2.05 - 0.5 = \underline{1.55\text{ ft/s}}$

4-45. $V_1 = Q/A_1 = 1.5/(0.3 \times 0.5) = \underline{10.0\text{ m/s}}$

$V_2 = 1.5/(0.15 \times 0.4) = \underline{25\text{ m/s}}$

4-46. $A_1V_1 = A_2V_2$

$V_2 = V_1D_1^2/D_2^2 = 6 \times (36/28)^2 = \underline{9.92\text{ ft/s}}$

4-47. $V = 0.3/(\pi/4)(0.2^2 + 0.15^2) = 6.11$ m/s

$Q_{20\text{ cm}} = VA_{20} = 6.11 \times (\pi \times 0.1 \times 0.1) = \underline{0.192\text{ m}^3/\text{s}}$

$Q_{15\text{ cm}} = VA_{15} = 6.11 \times (\pi \times 0.075 \times 0.075) = \underline{0.108\text{ m}^3/\text{s}}$

4-48. $Q = 449$ gpm $= 1$ cfs

$V_8 = Q/A_8 = 1/(\pi \times 0.667 \times 0.667/4) = \underline{2.862\text{ fps}}$

$V_6 = Q/A_6 = 1/(\pi \times 0.5 \times 0.5/4) = \underline{5.093\text{ fps}}$

4-49. $V_B = (V_AA_A - V_CA_C)/A_B$

$= [(6 \times \pi \times 4 \times 4/4) = (4 \times \pi \times 2 \times 2/4)]/(\pi \times 4 \times 4/4)$

$= \underline{5.00\text{ m/s}}$

4-50. $V_2 = (\rho_1A_1V_1)/(\rho_2A_2) = (\rho_1D_1^2V_1)/(\rho_2D_2^2)$

$= (2.0 \times 1.0 \times 1.0 \times 25)/(1.6 \times 0.6 \times 0.6) = \underline{86.8\text{ m/s}}$

4-51. Inflow $= 10 \times \pi \times 2 \times 2/144 = 0.8727$ cfs

Outflow $= (7 \times \pi \times 3 \times 3/144) + (4 \times \pi \times 1.5 \times 1.5/144) = 1.571$ cfs

<u>Tank is emptying</u>

$V_{fall} = Q/A = (1.571 - 0.8727)/(\pi \times 3 \times 3) = \underline{0.0247\text{ fps}}$

4-52. Refer velocities to moving plate, then $V_R = 3V_0/2$

$Q_{plate} = AV_R = AV_0(3/2) = (3/2)Q_{jet} = (3/2) \times (8) = \underline{12.0\text{ cfs}}$

4-53. Assuming steady flow,

$\Sigma\rho \underline{V}\cdot\underline{A} = 0$

$-\rho_A V_A A_A - \rho_B V_B A_B + \rho_C V_C A_C = 0$

$\rho_C V_C A_C = 0.95 \times 1.94 \times 3 + 0.85 \times 1.94 \times 1 = \underline{\underline{7.18 \text{ slugs/s}}}$

Assuming incompressible flow,

$V_C A_C = V_A A_A + V_B A_B = 3 + 1 = 4$ cfs $\quad V_C = Q/A = 4/(\pi/4(1/2)^2) = \underline{\underline{20.4 \text{ ft/s}}}$

$\rho_C = 7.18/4 = 1.80 \text{ slugs/ft}^3 \quad S = 1.80/1.94 = \underline{\underline{0.925}}$

4-54. $\rho_{O_2} = p/RT = 200{,}000/(260 \times 373) = 2.06 \text{ kg/m}^3$

$\rho_{CH_4} = 200{,}000/(518 \times 373) = 1.03 \text{ kg/m}^3$

$V_{exit} = (2.06 \times 5 \times 3 + 1.03 \times 5 \times 1)/(2.2 \times 3) = \underline{\underline{5.46 \text{ m/s}}}$

4-55. $\dot{m} = d/dt(\rho\forall) = (\forall/RT)(dp/dt)$

$(1/p)(dp/dt) = -(0.68A\sqrt{RT})/\forall$

$\ell n(p_0/p) = (0.68A\sqrt{RT}t)/\forall$

$A = (\forall/0.68t\sqrt{RT})\ell n(p_0/p)$

$= (0.5/0.68 \times 3 \times 3{,}600)(1{,}716 \times 520)^{-0.5}\ell n(44/39)$

$= \underline{\underline{8.69 \times 10^{-9} \text{ ft}^2}} = \underline{\underline{1.25 \times 10^{-6} \text{in.}^2}}$

4-56. From problem 4-55:

$t = (\forall/0.68A\sqrt{RT})\ell n(p_0/p)$

$= 0.1\ \ell n(10/5)/(0.68(\pi/4)(1.5 \times 10^{-4})^2\sqrt{260 \times 291}) = 21{,}000$ s

$= \underline{\underline{5 \text{ hr.} 50 \text{ min.}}}$

4-57. From example 4-9:

$t = (2A_T/\sqrt{2g}\ A_2)(h_1^{1/2} - h^{1/2})$

$= (2 \times \pi \times 0.6 \times 0.6/4)(\sqrt{3} - \sqrt{0.3})/(\sqrt{2 \times 9.81}\,\pi \times 0.03 \times 0.03/4)$

$= \underline{\underline{214 \text{ s}}}$

4-58. $Q = -A_T(dh/dt)$; $dt = -A_T dh/Q$

where $Q = \sqrt{2gh}\, A_j = \sqrt{2gh}\,(\pi/4)d_j^2$

$A_T = (\pi/4)(d + C_1 h)^2 = (\pi/4)(d^2 + 2\,dC_1 h + C_1^2 h^2)$

$dt = -(d^2 + 2dC_1 h + C_1 h^2)dh/(\sqrt{2g}\, h^{1/2} d_j^2)$

$$t = -\int_{h_0}^{h} (d^2 + 2dC_1 h + C_1^2 h^2)dh/(\sqrt{2g}\, h^{1/2} d_j^2)$$

$$t = (1/(d_j^2\sqrt{2g}))\int_{h}^{h_0} (d^2 h^{-1/2} + 2dC_1 h^{1/2} + C_1^2 h^{3/2})dh$$

$$t = (2/(d_j^2\sqrt{2g}))\left[d^2 h^{1/2} + (2/3)dC_1 h^{3/2} + (1/5)C_1^2 h^{5/2}\right]_h^{h_0}$$

$$t = (2/(d_j^2\sqrt{2g}))\left[(d^2(h_0^{1/2} - h^{1/2}) + (2/3)dC_1(h_0^{3/2} - h^{3/2}) + (1/5)C_1^2(h_0^{5/2} - h^{5/2}))\right]$$

Then for $h_0 = 1$ m, $h = 0.20$ m, $d = 0.20$ m, $C_1 = 0.4$, and $d_j = 0.05$ m

$t = 18.4$ s

4-59. $\partial u/\partial x + \partial v/\partial y = (-2Cx/(y^2+x^2)^2) - (2C(y^2-x^2)(2x)/(y^2+x^2)^3)$

$-(2Cx/(y^2+x^2)^2) + (4Cxy(2y)/(y^2+x^2)^3)$

$= 0$ Continuity is satisfied

$\partial u/\partial y - \partial v/\partial x = (2Cx/(y^2+x^2)^2) - (2C(y^2-x^2)2y/(y^2+x^2)^3)$

$+ (2Cy/(y^2+x^2)) - (4Cxy(2x)/(y^2+x^2)^3)$

$= 0$ The flow is irrotational

4-60. $(\partial u/\partial x) + (\partial v/\partial y) + (\partial w/\partial z) = U(3x^2+y^2) + U(3y^2+x^2) + 0$

$\neq 0$ Continuity is not satisfied

4-61. $(\partial u/\partial y) - (\partial v/\partial x) = U - 0$

$\neq 0$ Flow is not irrotational

4-62. $u = xt + 2y \qquad V = xt^2 - yt$

Check for irrotationality:

$\partial u/\partial y = 2 \; ; \; \partial v/\partial x = t^2 \qquad \partial u/\partial y \neq \partial v/\partial x$ Therefore,

the flow is rotational.

Determine acceleration:

$a_x = u\partial u/\partial x + v\partial u/\partial y + \partial u/\partial t$

$a_x = (xt + 2y)t + 2(xt^2 - yt) + x$

$a_y = u\partial v/\partial x + v\partial v/\partial y + \partial v/\partial t$

$= (xt + 2y)t^2 + (xt^2 - yt)(-t) + (2xt - y)$

$\underline{a} = ((xt+2y)t + 2t\,(xt-y) + x)\underline{i} + (t^2(xt+2y) - t^2(xt-y) + (2xt-y))j$

Then for x = 1m, y = 1m, and t = 1s the acceleration is:

$\underline{a} = ((1+2) + 0 + 1)\underline{i} + ((1+2) + 0 + (2-1))j$ m/s

$\underline{a} = 4\underline{i} + 4\underline{j}\ \text{m/s}^2$

4-63. $\partial u/\partial x + \partial v/\partial y = -3xy/(x^2+y^2)^{5/2} + 3xy/(x^2+y^2)^{5/2}$

$= 0$ Continuity is satisfied

$\partial u/\partial y - \partial v/\partial x = -3y^2/(x^2+y^2)^{5/2} + 1/(x^2+y^2)^{3/2}$

$-3x^2/(x^2+y^2)^{5/2} + 1/(x^2+y^2)^{3/2}$

$\neq 0$ Flow is not irrotational

4-64. $u = Axy$

$\partial u/\partial x + \partial v/\partial y = 0$

$Ay + \partial v/\partial y = 0$

$\partial v/\partial y = -Ay$

4-64. (continued)

$$V = (-1/2)Ay^2 + C$$

for irrotationality

$$\partial u/\partial y - \partial v/\partial x = 0$$

$$Ax - \partial v/\partial x = 0$$

$$\partial v/\partial x = Ax$$

or $$V = 1/2\ Ax^2 + C(y)$$

If we let $C(y) = -1/2\ Ay^2$ then the equation will also satisfy continuity

$$V = 1/2\ A(x^2 - y^2)$$

4-65. $\rho_e = 10{,}000/((415 \times (2{,}000 + 273)) = 0.0106\ kg/m^3$

$$V_e = V_m \rho_m A_m/(\rho_e A_e) = 0.01 \times 1{,}800 \times (\pi/4)(0.1)^2/(0.0106 \times (\pi/4)(0.08)^2)$$

$$= 2{,}653\ m/s$$

4-66. $A_g = \pi DL + 2\ (\pi/4)(D_0^2 - D^2)$

$$= \pi \times 0.12 \times 0.4 + (\pi/2)(0.2^2 - 0.12^2) = 0.191\ m^2$$

$$\rho_e = V_g \rho_g A_g/(V_e A_e) = 0.012 \times 2{,}000 \times 0.191/(2{,}000 \times (\pi/4) \times (0.20)^2)$$

$$= 0.073\ kg/m^3$$

4-67. $\rho_p \dot{r} A_g = \dot{m}$

$$\rho_p a p_c^n A_g = 0.65\ p_c A_t/\sqrt{RT_c}$$

$$p_c^{1-n} = (a\rho_p/0.65)(A_g/A_t)(RT_c)^{1/2}$$

$$p_c = (a\rho_p/0.65)^{1/(1-n)}(A_g/A_t)^{1/(1-n)}(RT_c)^{1/(2(1-n))}$$

$$p_c = 3.5\ (1+0.20)^{1/(1-0.3)} = 4.541\ MPa$$

4-68. $d/dt(\rho V) + 0.65\ p_c A_v/\sqrt{RT_c} = 0$

$$\forall\ d\rho/dt + \rho d\forall/dt + 0.65\ p_c A_v/\sqrt{RT_c} = 0$$

4-68. (continued)

$$d\rho/dt = -\rho/\forall \; d\forall/dt - 0.65 \; p_c A_v/\forall\sqrt{RT_c}$$

$$\forall = (\pi/4)(0.1)^2(0.1) = 7.854 \times 10^{-4} m^3$$

$$(d\forall/dt) = -(\pi/4)(0.1)^2(30) = -0.2356 \; m^3/s$$

$$\rho = p/RT = 300{,}000/(350 \times 873) = 0.982 \; kg/m^3$$

$$d\rho/dt = (-0.982/7.854 \times 10^{-4}) \times (-0.2356) - 0.65 \times 300{,}000$$

$$\times 1 \times 10^{-4}/(7.854 \times 10^{-4} \times \sqrt{350 \times 873})$$

$$= \underline{\underline{249.7 \; kg/m^3 \cdot s}}$$

5-1. $(\partial p/\partial s) = -\rho a_s = -1{,}000 \times 3 = \underline{\underline{-3{,}000\ N/m^3}}$

5-2. $\partial/\partial \ell (p + \gamma z) = -\rho a_\ell$

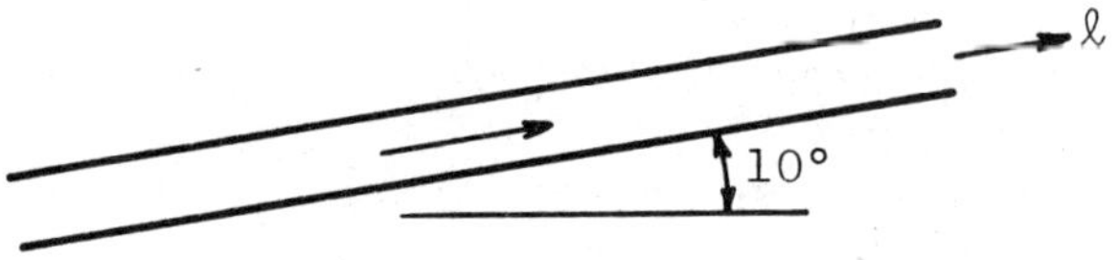

$\partial p/\partial \ell + \gamma \partial z/\partial \ell = -\rho a_\ell$

$\partial p/\partial \ell = -\rho a_\ell - \gamma \partial z/\partial \ell$

$= -(\gamma/g) \times (-0.20g) - \gamma \sin 10°$

$= \gamma(0.20 - 0.174)$

$= \underline{\underline{0.026\gamma}}$

5-3. $\partial(p + \gamma z)/\partial z = -\rho a_z = -(\gamma/g) \times 0.20g$

$\partial p/\partial z + \gamma = -0.20\gamma$

$\partial p/\partial z = \gamma(-1 - 0.20) = 0.8 \times 62.4(-1.20) = \underline{\underline{-59.9\ lbs/ft^3}}$

5-4. $(\partial p/\partial s) = -\rho a_s = -1{,}000 \times 6 = -6{,}000\ N/m^3$

$p_{upstream} = 70{,}000 + 6{,}000 \times 100 = 670{,}000\ Pa = \underline{\underline{670\ kPa}}$

5-5. $\partial/\partial s\ (p+\gamma z) = -\rho a_s$; $-\Delta(p+\gamma z) = 1.94 \times 10 \times a_s$

$-(p_2 - p_1) - \gamma(z_2 - z_1) = 19.4 a_s$

$a_s = (8 \times 144 - 62.4 \times 10)/19.4 = \underline{\underline{27.2\ ft/s^2}}$

5-6. $\partial/\partial z(p+\gamma z) = -\rho a_z$

$\Delta(p+\gamma z) = -\rho a_z \Delta z$

$(p+\gamma z)_{at\ water\ surface} - (p+\gamma z)_{at\ piston} = -\rho a_z (z_{surface} - z_{piston})$

$p_{atm} - p_v + \gamma(z_{surface} - z_{piston}) = -12\rho a_z$

$-14.7 \times 144 - 0 + 62.4(12) = -12 \times 1.94\ a_z$

$a_z = \underline{\underline{-123.1\ ft/s^2}}$

5-7. $d/dx(p + \gamma z) = -\rho a_x$

but z = const.; therefore,

$dp/dx = -\rho a_x$

$a_x = a_{convective} = vdv/dx$

$= (35\ ft/s)(50\ ft/s/ft) = 1{,}750\ ft/s^2$

Finally $dp/dx = -(1.94\ slug/ft^3) \times (1{,}750\ ft/s^2) = \underline{-3{,}395\ psf/ft}$

5-8. Let y = vertical dimension in the duct

Then $V_x = q/y$ where $y = b - 0.1x$; $V_x = 0.2t/(b - 0.1x)$

$a_{local} = \partial V_x/\partial t = 0.2/(b - 0.1x)$; At point A $x = -1$

So $a_{local} = 0.2/0.3 = 0.667\ m/s^2$

$a_{conv} = V_x \partial V_x/\partial x$; $\partial V_x/\partial x = \partial/\partial x[q(b - 0.1x)^{-1}]$

$\partial V_x/\partial x = 0.1q/(b - 0.1x)^2 = 0.1 \times 0.2t/(b - 0.1x)^2$

and $V_x \partial V_x/\partial x = [0.2t/(b - 0.1x)][0.1 \times 0.2t/(b - 0.1x)^2]$

$a_{conv} = 0.004t^2/(b - 0.1x)^3$

$= 0.5926\ m/s^2$ for $t = 2s$ and $x = -1m$

Then $a_{tot} = 0.5926\ m/s^2 + 0.667\ m/s^2 = 1.260\ m/s^2$

$\partial p/\partial x = -\rho a_x = -1{,}000 \times 1.260 = \underline{-1{,}260\ Pa/m}$

5-9. From solutions to Probs. 4-36 and 4-37:

$a = (8q_0/3t_0 B) + (32t^2 q_0^2/(27B^3 t_0^2))$

Then for $q_0 = 0.20\ m^3/s$, $t_0 = 0.1s$, $t = 0.5s$, and $B = 0.40\ m$

$a = 31.85\ m/s^2$

Then $\partial p/\partial x = -\rho a_\ell$

$= -(1{,}000\ kg/m^3)(31.85\ m/s^2)$

$= \underline{-31.85\ kPa/m}$

5-10. From the solution to Prob. 4-33 the acceleration is

$a_\ell + a_c = (-2.546 + 7.487)\,m/s^2$

Therefore $dp/dx = -\rho a_x$

$= -\rho(-2.546 + 7.487)$ Pa/m

$= \underline{-4.94\rho \text{ Pa/m}}$

5-11. $V = Q/A = 0.03\,t/\pi r^2$; $r = D_0/2 - x/20 = 0.05(1-x)$

$V = 0.03\,t/(\pi \times 0.0025(1-x)^2) = 3.820\,t(1-x)^{-2}$

$a_{conv} = V\partial V/\partial x = (3.820\,t)^2(1-x)^{-2} \times (-2) \times (1-x)^{-3}(-1)$

$= 29.18\,t^2(1-x)^{-5}$

at t = 2s and x = 0.30m $a_{conv} = \underline{\underline{694.5\ m/s^2}}$

$a_{local} = \partial V/\partial t = 3.820(1-0.3)^{-2} = \underline{\underline{7.796\ m/s^2}}$

$(dp/dx)_{accn} = -\rho a_x = -1.6 \times 1{,}000(694.5 + 7.796) = -1{,}124\ kN/m^3$

$(dp/dz) = 1.124 - 9.810 \times 1.6 = \underline{\underline{1.108\ kN/m^3}}$

$(dp/dx)_{accn} = -\rho[116.7\ (1-x)^{-5} + 3.820\ (1-x)^{-2}]$

$p = +\rho[29.18\ (1-x)^{-4} + 3.820\ (1-x)^{-1}] + c$

at x = 0.6 m, p = 0

$c = 1{,}000 \times 1.6\ [29.18\ (1-0.6)^{-4} + 3.820\ (1-0.6)^{-1}] = 1.839$ MPa

$p_A = -1{,}000 \times 1.6\ [29.18\ (1-0.3)^{-4} + 3.820\ (1-0.3)^{-1}]$

$+ 1{,}839{,}000 - 9{,}810 \times 1.6 \times 0.3$

$= 1{,}631{,}000$ Pa $= \underline{\underline{1.631\ MPa}}$

5-12. $h_0 + V_0^2/2g = h + V^2/2g$ where $h = P/\gamma + z$ $p = p_0 = 0$

$z_0 + V_0^2/2g = z + V^2/2g = z + (A_0/A)^2(V_0^2/2g)$

$(A_0/A)^2 = (z_0 - z + V_0^2/2g)/(V_0^2/2g)$;$(D_0/d)^4 = (z_0 - z + V_0^2/2g)/(V_0^2/2g)$

$\underline{\underline{d = D_0 \times [V_0^2/2g/(z_0 - z + V_0^2/2g)]^{1/4}}}$

5-13. $(\partial P/\partial r) = -\rho a_r = -1.4 \times (-4{,}572) = \underline{\underline{6{,}401\ N/m^3}}$

$a = -Q^2/(4\pi^2h^2r^3)$, $(\partial p/\partial r) = (\rho Q^2/4\pi^2h^2)r^{-3}$

5-13. (Continued)

Integrating $p = -(\rho Q^2/8\pi^2 h^2) r^{-2} + c$

At $r = r_0$, $p = p_{atm}$, So $c = p_{atm} + (\rho Q^2/8\pi^2 h^2) r_0^{-2}$

$p = p_{atm} + (\rho Q^2/8\pi^2 h^2)(r_0^{-2} - r^{-2})$

$p = 100{,}000 + (1.4 \times 0.380 \times 0.380/(8\pi^2 \times 0.01 \times 0.01))(0.5^{-2} - 0.2^{-2})$

$= 99{,}462$ Pa $= 99.46$ kPa absolute

or $p_A = \underline{-538 \text{ Pa gage}}$

5-14. $\tan\alpha = a_x/g$, $a_x = g \tan\alpha = 9.81 \times 3/4 = \underline{7.357 \text{ m/s}^2}$

5-15. $(dp/dz) = -\rho(g + a_z) = -1.1 \times 1.94\ (32.2 - 1.4g) = 27.5$ psf/ft

$p_B - p_A = -27.5 \times 4 = \underline{-110.0 \text{ psf}}$

$p_C - p_B = \rho a_x L = 1.1 \times 1.94 \times 0.9g \times 3 = 185.5$ psf

$p_C - p_A = 185.5 - 110.0 = \underline{75.5 \text{ lbf/ft}^2}$

5-16. $(dp/dz) = -1.5 \times 1{,}000\ (9.81 - 6.54) = -4{,}905 \text{ N/m}^3$

$p_B - p_A = 4{,}905 \times 3 = 14{,}715$ Pa $= \underline{14.71 \text{ kPa}}$

$p_c - p_B = \rho a_x L = 1.5 \times 1{,}000 \times 9.81 \times 2 = 29{,}430$ Pa

$p_c - p_A = 29{,}430 + 14{,}715 = 44{,}145$ Pa $= \underline{44.15 \text{ kPa}}$

5-17. $\tan\alpha = a_x/g = 8.02/32.2 = 0.2491$

$\tan\alpha = h/9$, $h = 9 \tan\alpha = 9 \times 0.2491 = 2.242$ ft

Maximum depth $= 7 - 2.242 = \underline{4.758 \text{ ft}}$

5-18. (1st part) $\tan\alpha = a_x/g$

$= (1/3)\ g/g$

$= 1/3$

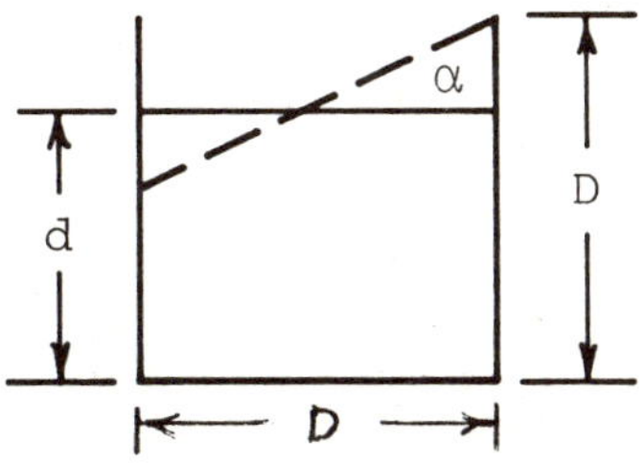

$\tan\alpha = 1/3 = (D-d)/(0.5D)$

thus $d = D - (1/6)D = (5/6)D$

Tank can be 5/6 full without spilling

5-18. (2nd part) $\tan\alpha = 1/3$

Then $1/3 = a_n/g$

$a_n = (1/3)g$

$V^2/r = (1/3)g$

or $V = \sqrt{(1/3)gr}$

$= \underline{\underline{12.8\ m/s}}$

5-19. $\tan\theta = a_s/g = 1$

area of air space $= 1/2\ell^2 = 4 \times 1$

$\ell^2 = 8\ ;\ \ell = \sqrt{8}\ m$

$p_{max}/\gamma = 4 - \sqrt{8} + 3 = 4.17\ m$

$p_{max} = \underline{\underline{34.77\ kPa\ gage}}$

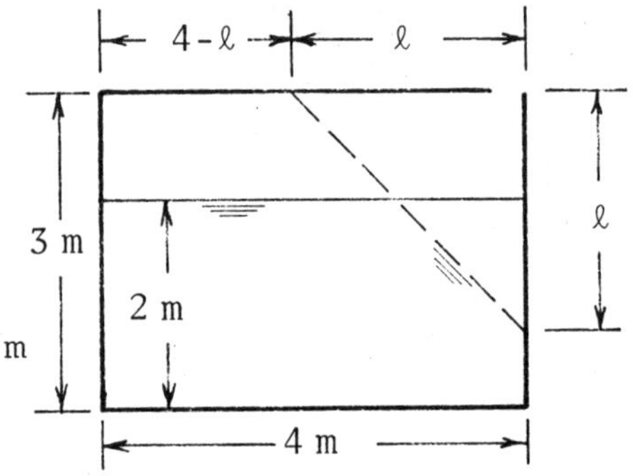

5-20. $-(V_A^2/2g) + (p_A/\gamma) + z_A = -(V_B^2/2g) + (p_B/\gamma) + z_B$

$\omega = V/r = 20/1.5 = 13.33$ rad/sec; $V_B = \omega r = 13.33 \times 2.5 = 33.33$ ft/sec

$p_B = \gamma[(V_B^2 - V_A^2)/2g + z_A - z_B] + p_A$

$= 0.8 \times 62.4\ [(33.33^2 - 20^2)/2 \times 32.2 + 0 - 1] + 30$

$= 531\ psf = \underline{\underline{3.69\ psi}}$

5-21. Let point C be at the center bottom of the tank.

Then $p_B/\gamma - V_B^2/2g = p_C/\gamma - V_C^2/2g$

$(p_B - p_C)/\gamma = V_B^2/2g$

$p_B - p_C = r^2\omega^2 \times (\gamma/2g) = 12{,}500\ Pa$

$p_C - p_A = 2\gamma + \rho a_z \ell$

$= 2 \times 9{,}810 + 1{,}000 \times 4 \times 2$

$= 27{,}620\ Pa$

Then $p_B - p_A = 40{,}120\ Pa = \underline{\underline{40.1\ kPa}}$

5-22. $(p_1/\gamma) + z_1 - (V_1^2/2g) = (p_2/\gamma) + z_2 - (V_2^2/2g)$

$0 + 0 - (16.06 \times d)^2/(2 \times 32.2) = 0 + (1 + d) - (16.06 \times 10/12)^2/(2 \times 32.2)$

$d = 0.553$ ft $\quad z_2 = \underline{\underline{1.553 \text{ ft}}}$

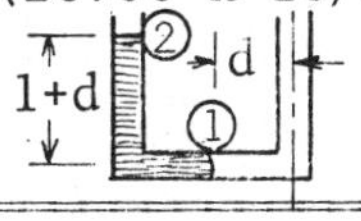

5-23. $(P_1/\gamma) + z_1 - (V_1^2/2g) = (P_2/\gamma) + z_2 - (V_2^2/2g)$

$0 + 0 - (16.06d)^2/(2 \times 9.81) = 0 + (0.4 + d) - (16.06 \times 0.3)^2/(2 \times 9.81)$

$d = 0.209$ m $\quad z_2 = 0.4 + 0.209 = \underline{\underline{0.609 \text{ m}}}$

5-24. $h_1 - V_1^2/2g = h_2 - V_2^2/2g$

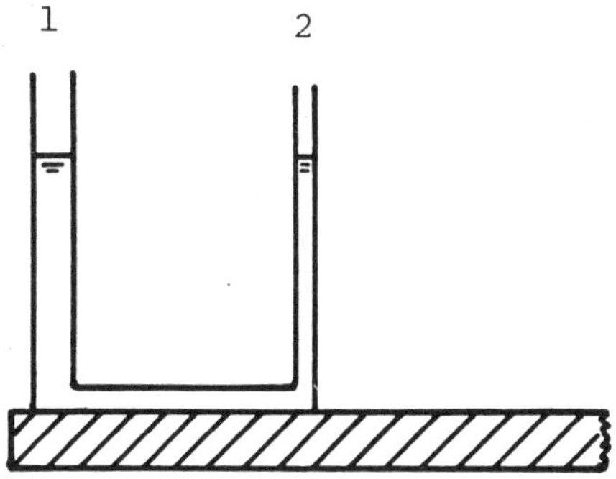

$h_1 - h_2 = V_1^2/2g - V_2^2/2g$

$= r_1^2\omega^2/2g - r_2^2\omega^2/2g$

$= (\omega^2/2g)(r_1^2 - r_2^2)$

$= (16/(2 \times 9.81))(0.4^2 - 0.2^2)$

$h_1 - h_2 = 0.0978$ m $= 9.79$ cm

Because of the different tube sizes a given increase in elevation in tube (1) will be accompanied by a fourfold decrease in elevation in tube (2).

Then $h_1 - h_2 = 5\Delta z$

where Δz = increase in elevation in (1)

$\Delta z = 9.79 \text{ cm}/5 = 1.96$ cm

Decrease in elevation of liquid in small tube $= 4\,\Delta z = 7.83$ cm

Final elevation in small tube $= 20 \text{ cm} - 7.83 \text{ cm} = \underline{\underline{12.17 \text{ cm}}}$

5-25. Speed of piezometer liquid surface $V_p = \omega r = 15 \times 3 = 45$ fps

$P/\gamma + z - V^2/2g = p_p/\gamma + z_p - V_p^2/2g$

$P = \gamma[(V^2 - V_p^2)/2g + (z_p - z)] + p_P$

$= 62.4\ [(0 - 45 \times 45)/(2 \times 32.2) + 2.5 - 0] + 0$

$= \underline{\underline{-1{,}806 \text{ psf}}} = \underline{\underline{-12.54 \text{ psi}}}$

5-26. $(p_1/\gamma) + z_1 - (V_1^2/2g) = (p_2/\gamma) + z_2 - (V_2^2/2g)$

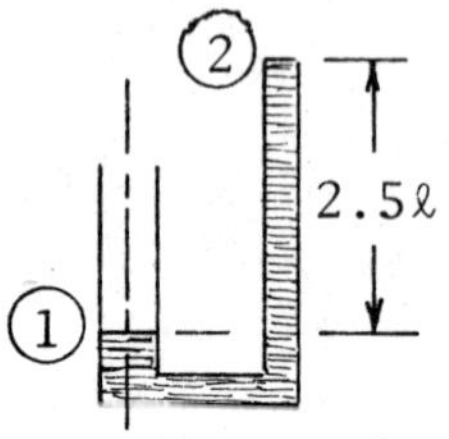

$0 + 0 - 0 = 0 + 2.50\ell - \omega^2\ell^2/2g$

$\omega = \sqrt{5.0\ g/\ell}$ rad/s

5-27. $p/\gamma + z - V^2/2g =$ Constant

Consider z at liquid surfaces where $p_{gage} = 0$. Then

$z_\ell - V_\ell^2/2g = z_r - V_r^2/2g$ where z_ℓ is mercury surface level in left tube, etc. $\ell - r_\ell^2\omega^2/2g = 3\ell - r_r^2\omega^2/2g$

$\omega^2/2g = 1/\ell$. Then for $\ell = 3$ in. $= 0.25$ ft

$\omega = \sqrt{2g/0.25} = 16.05$ rad/s

Change in volume of Hg in left tube is same as in right tube.

Or $\forall_\ell = \forall_r$

$\Delta z_\ell\ \pi d^2/4 = \Delta z_r \pi (2d)^2/4$

$\Delta z_\ell = 4\Delta z_r$

Also $\Delta z_\ell + \Delta z_r = 2\ell$

$4\Delta z_r + \Delta z_r = 2 \times 0.25$ ft

$\Delta z_r = 0.5$ ft$/5 = 0.10$ ft

Mercury level in large tube will drop 0.10 ft from its original level.

5-28. $z_1 - (r_1^2\omega^2/2g) + (p_1/\gamma) = z_2 - (r_2^2\omega^2/2g) + (p_2/\gamma)$

$0 - (\overline{1.5 \times 62.8}^2/2 \times 32.2) + (p_1/62.4) = 0 - 0 + 0$

$p_1 = 8{,}598$ psf $= 59.7$ psi, $F = p_1 A = 59.7 \times \pi \times (0.25)^2 = 11.7$ lb

---

5-29. $p_1 = 9{,}810 \times (\overline{0.5 \times 62.8}^2/(2 \times 9.81)) = 492{,}980$ Pa

$F = p_1 A = 492{,}980 \times \pi \times (0.005)^2 = 38.7$ N

5-30. $z_\ell - (r_\ell^2\omega^2/2g) = z_r - (r_r^2\omega^2/2g)$

$\omega = [2g(z_r - z_\ell)/(r_r^2 - r_\ell^2)]^{1/2}$

$= [2g(\ell - 0)/(4\ell^2 - \ell^2)]^{1/2} = \underline{\underline{\sqrt{2g/3\ell}}}$

5-31. a) rotation at 5 rad/sec

$z_\ell - z_r = -r_r^2\omega^2/2g = -25\ell^2/2g$ (1)

$z_\ell + z_r = 1.4\ell$ (2)

Solving Eqs. (1) and (2) for $\ell = 0.30$ m yields

$z_\ell = \underline{\underline{15.3 \text{ cm}}}$ and $z_r = \underline{\underline{26.7 \text{ cm}}}$

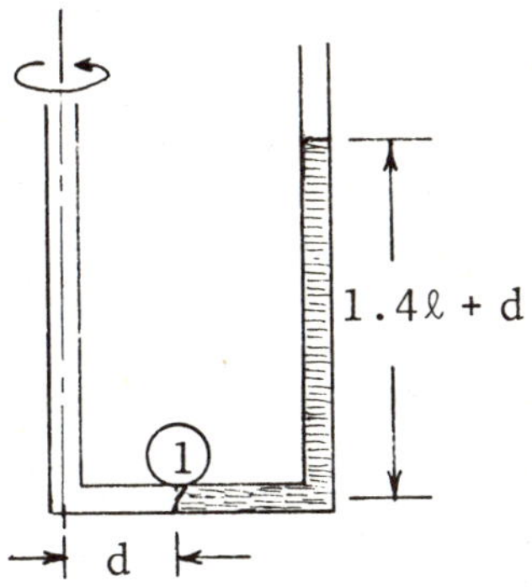

b) rotation at 15 rad/s

$z_1 - V_1^2/2g = z_2 - V_2^2/2g$ where $V_1 = d\omega$ and $V_2 = \ell\omega$

Then $z_1 - z_2 = (\omega^2/2g)(d^2 - \ell^2)$ (3)

Also $z_2 - z_1 = 1.4\ell + d$ (4)

Solving Eqs. (3) and (4) for $\ell = 0.30$ yields $d = 0.1915$m

Thus $z_2 - z_1 = 1.4\ell + d = 1.4 \times 0.3 + 0.1915 = \underline{\underline{0.612 \text{ m}}}$

5-32. $(p_A/\gamma) + z_A - (\omega^2 r_A^2/2g) = (p/\gamma) + z - (\omega^2 r^2/2g)$

For $\omega = 10$ rad/sec

$p_A = 2 \times 9{,}810(0.32 - 10 \times 10 \times 0.64 \times 0.64/2 \times 9.81)$

$= -34{,}680 \text{ Pa} = \underline{\underline{-34.68 \text{ kPa}}}$

$p_B = 0.32 \times 2 \times 9{,}810 = 6{,}278 \text{ Pa} = \underline{\underline{6.278 \text{ kPa}}}$

Now for $\omega = 20$ rad/sec

$p_A = 2 \times 9{,}810\ (0.32 - 20 \times 20 \times 0.64 \times 0.64/(2 \times 9.81))$

$= -157{,}560$ Pa $= -157.6$ kPa; not possible; liquid will vaporize

Therefore, $p_A = p_V \approx -101$ kPa assuming $p_V = 0$ abs.

5-32. (Continued)

To get p_B visualize the liquid as shown in Fig.

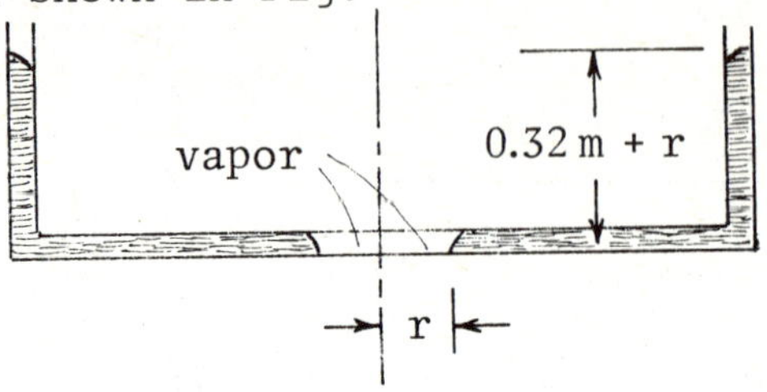

Now $p_r/\gamma - V_r^2/2g = p_B/\gamma - V_B^2/2g$

where $p_r = p_V \approx -101$ kPa

Then $-101{,}000/2 \times 9{,}810 - r^2\omega^2/2g$

$= (0.32 + r) - (0.64)^2\omega^2/2g$

$- 5.148 - 400\ r^2/2g = 0.32 + r - 8.351$ (1)

Solving Eq. (1) for r yields $r = 0.352$ m

Therefore, $p_B = (0.32 + 0.352) \times 2 \times 9{,}810 = 13{,}184$ Pa $=$ 13.18 kPa

---

5-33. When the water is on the verge of spilling from the open tube, the air volume in the closed part of the tube will have doubled. Therefore, get the pressure in the air volume with this condition.

$p_i \forall_i = p_f \forall_f$

where i and f refer to initial and final conditions

$p_f = p_i \forall_i / \forall_f = 101$ kPa $\times$ 1/2

$p_f = 50.5$ kPa, abs $= -50.5$ kPa, gage

Now write Eq. 5-8 (from text) between water surface in leg A-A to water surface in open leg after rotation.

$p_A/\gamma + z - V^2/2g = p_{open}/\gamma + z_{open} - V^2_{open}/2g$

$- 50.5 \times 10^3/9{,}810 + 0 - 0 = 0 + 6\ell - (6\ell)^2\omega^2/2g$

$\omega = \sqrt{2g(5.148 + 6\ell)/(36\ell^2)}$

$= \sqrt{2 \times 9.81(5.148 + 0.6)/(0.36)} =$ 17.7 rad/s

5-34. $\partial p/\partial r + \gamma(\partial z/\partial r) = -\rho r\omega^2$

$\partial p/\partial z = -\gamma - \rho r\omega^2$

when $z = -1$ m

$\partial p/\partial z = -\gamma - \rho\omega^2 = -\gamma - 25\rho = -\gamma(1 + 25/g)$

$= -9{,}810\ (1 + 2.548) =$ -34.8 kPa/m

5-34. (Continued)

when z = + 1 m

$\partial p/\partial z = -\gamma + 25\rho = -9{,}810\ (1 - 2.548) = \underline{15.186\ \text{kPa/m}}$

$(\partial p/\partial z)_0 = \underline{-9.810\ \text{kPa/m}}$

5-35. Below the axis both gravity and acceleration cause pressure to increase with decrease in elevation; therefore, the maximum pressure will occur at the bottom of the cylinder. Above the axis the pressure initially decreases with elevation (due to gravity); however, this is counteracted by acceleration due to rotation. Where these two effects completely counter-balance each other is where the minimum pressure will occur ($\partial p/\partial x = 0$). Thus, above the axis:

$\partial p/\partial z = 0 = -\gamma + r\omega^2\rho$ minimum pressure condition

Solving: $\underline{r = \gamma/\rho\omega^2}$; $\underline{p_{min}\ \text{occurs at}\ z = +\gamma/\rho\omega^2}$

Then $p_{max} - p_{min} = \Delta p_{max} = (\rho\omega^2/2)(r_0^2 - r^2) + \gamma(r_0 + r)$

where r_0 = radius of cylinder

$r = (\gamma/\rho\omega^2)$ = radius to point of minimum pressure

$$\Delta p_{max} = (\rho\omega^2/2)[r_0^2 - (\gamma/\rho\omega^2)^2] + \gamma[r_0 + (\gamma/\rho\omega^2)]$$

$$\underline{\Delta p_{max} = \rho\omega^2 r_0^2/2 + \gamma r_0 + \gamma^2/(2\rho\omega^2)}$$

5-36. From solution to P5-35

p_{min} occurs at $z = \gamma/\rho\omega^2 = g/\omega^2$ where $\omega = (20\ \text{ft/s})/2.5\ \text{ft} = 8\ \text{rad/s}$

Then $z_{min} = 32.2/(8)^2 = \underline{0.503\ \text{ft}}$ above axis

$$\Delta p_{max} = 1.94 \times 8^2 \times 2.5^2/2 + 62.4 \times 2.5 + 62.4^2/(2 \times 1.94 \times 8^2)$$

$$\Delta p_{max} = \underline{560\ \text{lbs/ft}^2}$$

5-37. $(p_1/\gamma) + (V_1^2/2g) + z_1 = (p_2/\gamma) + (V_2^2/2g) + z_2$

$p_1 = p_2 + \gamma[(V_2^2 - V_1^2)/2g + z_2 - z_1] = 0$

$+ 62.4\ (-225/2 \times 32.2 + 15) = 718\ \text{psf} = \underline{4.99\ \text{psi}}$

5-38. $p_2 = \gamma(z_1 - V_2^2/2g) = 9{,}810(15 - 64/2 \times 9.81) = 115{,}150\ \text{Pa} = \underline{115.15\ \text{kPa}}$

5-39. $p_A - p_B = \gamma[(V_B^2 - V_A^2)/2g - z_A] = 62.4\ [(400 - 64)/2 \times 32.2 - 1] = \underline{263.2 psf}$

5-40. $V_1A_1 = V_2A_2$; $V_2 = V_1(D/d)^2 = 5 \times (4/2)^2 = 20$ ft/s

$p_1/\gamma + V_1^2/2g = V_2^2/2g$

$p_1 = \gamma(V_2^2/2g - V_1^2/2g) = 363$ psf

Then $F_{piston} = p_1A_1 = 363\ (\pi/4) \times (4/12)^2 = \underline{31.7 \text{ lb}}$

5-41. $p_1/\gamma + V_1^2/2g + z_1 = p_j/\gamma + V_j^2/2g + z_j$

where 1 and j refer to conditions in pipe and jet, respectively

$V_1 = Q/A_1$

$= 30/((\pi/4) \times 1.0^2) = 38.2$ ft/s

$V_jA_j = V_1A_1$; $V_j = V_1A_1/A_j$

$V_j = 38.2 \times 4 = 152.8$ ft/s

Also $z_1 = z_j$ and $p_j = 0$

Then $p_1/\gamma = (V_j^2 - V_1^2)2g$

$p_1 = \gamma(V_j^2 - V_1^2)/2g$

$= 62.4(152.8^2 - 38.2^2)/64.4$

$= \underline{21,209 \text{ psf}}$

$= \underline{147.3 \text{ psi}}$

5-42. $p_0 + \rho V_0^2/2 = p_x + \rho V_x^2/2$

$p_0 = 0$ gage

$p_x = (\rho/2)(V_0^2 - V_x^2)$

$V_x = u = U_0(1 - r_0^3/x^3)$

Then $V_{x=r_0} = U_0(1-1) = 0$

$V_{x=1.1r_0} = U_0(1-1/1.1^3) = 7.46$ m/s

$V_{x=2r_0} = U_0(1-1/2^3) = 26.25$ m/s

Finally $p_{x=r_0} = (1.2/2)(30^2-0) = \underline{540 \text{ Pa, gage}}$

5-42. (Continued) $p_{x=1.1r_0} = (1.2/2)(30^2-7.46^2) = \underline{507 \text{ Pa,gage}}$

$p_{x=2r_0} = (1.2/2)(30^2-26.25^2) = \underline{127 \text{ Pa,gage}}$

5-43. Write the Bernoulli equation from the duct to the jet leaving the slot. Assume that the jet does not contract significantly after leaving the slot.

$$p_1/\gamma + V_1^2/2g + z_1 = p_2/\gamma + V_2^2/2g + z_2$$

But $V_1A_1 = V_2A_2$

$V_1 = V_2A_2/A_1 = V_2 \times 1/2$

Also $z_1 = z_2$ and $p_2 = 0$. Now eliminate V_1 :

$$p_1/\gamma + (1/2)^2V_2^2/2g + z_1 = V_2^2/2g$$

Solve for V_2 : $V_2^2/2g(1-(1/4)) = p_1/\gamma$

$$V_2 = \sqrt{(p_2/\gamma)/(3/4)}\ \sqrt{2g}$$

$$q = V_2A_2 = V_2B/2 = B/2\sqrt{(p_2/\gamma)/(3/4)}\ \sqrt{2g}$$

$$q = (0.20/2)\sqrt{(100{,}000/9{,}810)/(3/4)}\ \sqrt{2 \times 9.81} = \underline{1.63 \text{ m /s}}$$

5-44. $V_A = Q/A_A = 70/((\pi/4) \times 6^2) = 2.476$ ft/s

$V_B = Q/A_B = 70/((\pi/4) \times 2^2) = 22.28$ ft/s

$$p_A/\gamma + V_A^2/2g + z_A = p_B/\gamma + V_B^2/2g + z_B$$

$$p_B/\gamma = 2{,}500/62.4 + 2.48^2/64.4 - 22.28^2/64.4 - 4$$

$p_B = 1{,}775 \text{ lb/ft}^2 = \underline{12.3 \text{ lb/in}^2}$

5-45. Write Bernoulli's equation from a point at radius r to the outlet:

$$p_r + \rho V_r^2/2 = 0 + \rho V_{outlet}^2/2$$

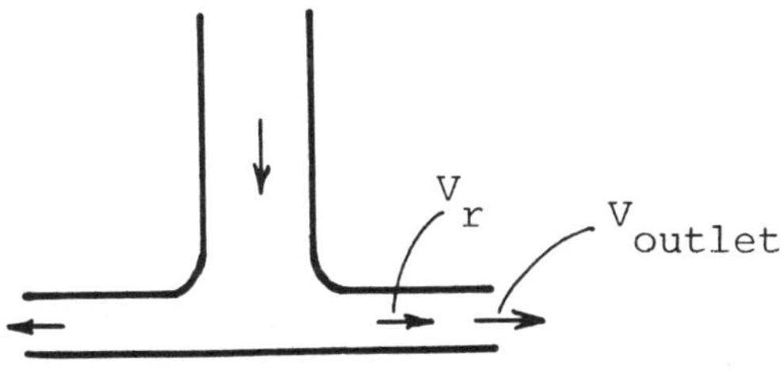

$V = Q/A$

$= Q/(2\pi rh)$

$= Q/(2\pi \times 0.01r)$

$= (0.380 \text{ m}^3/\text{s})/(0.02\pi r\text{m}^2)$

$= (6.048/r)$ m/s

5-45. (Continued)

$$V_{outlet} = 6.048/0.25 = 24.19 \text{ m/s}$$

Then $$p_r = (\rho/2)(24.19^2 - V_r^2)$$

$$p_r = (\rho/2)(24.19^2 - (6.048/r)^2)$$

$$p_r = (1.2/2)(585.2 - (36.58)/r^2)$$

p_r vs. r given in table below:

r(m)	0.06	0.10	0.15	0.20	0.25
p_r(Pa)	-5,745	-1,844	-624	-198	0

Because the center of the disk is a stagnation point, the pressure there will be $\rho V^2_{outlet}/2$ or +351 Pa. The pressure variation on the disk is plotted below:

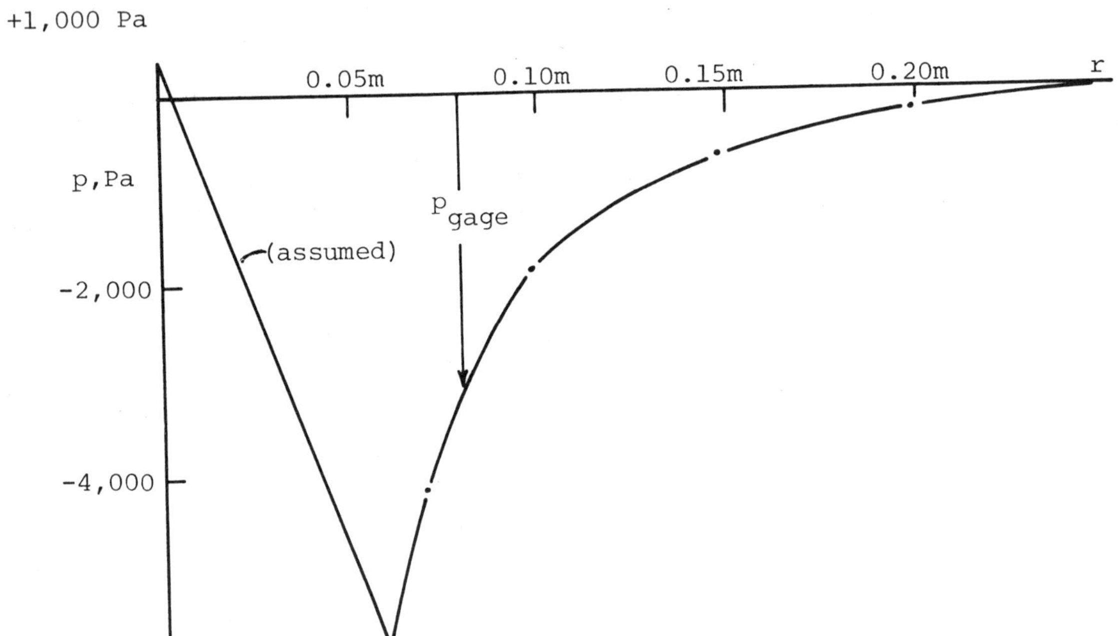

The force on the disk will be $\int p dA = \int p 2\pi r dr$. So plot $p \times (2\pi r)$ vs. r. The area under the curve will be desired force. This assumes that zero gage pressure prevails on the other side of the disk.

5-45. (Continued)

r,m	0	0.04m	0.06	0.08	0.10	0.14	0.16	0.20	0.25
p,Pa	351	-3,500	-5,745	-2,800	-1,844	-810	-560	-198	0
2πrp	0	- 880	-2,166	-1,407	-1,159	-712	-563	-249	0

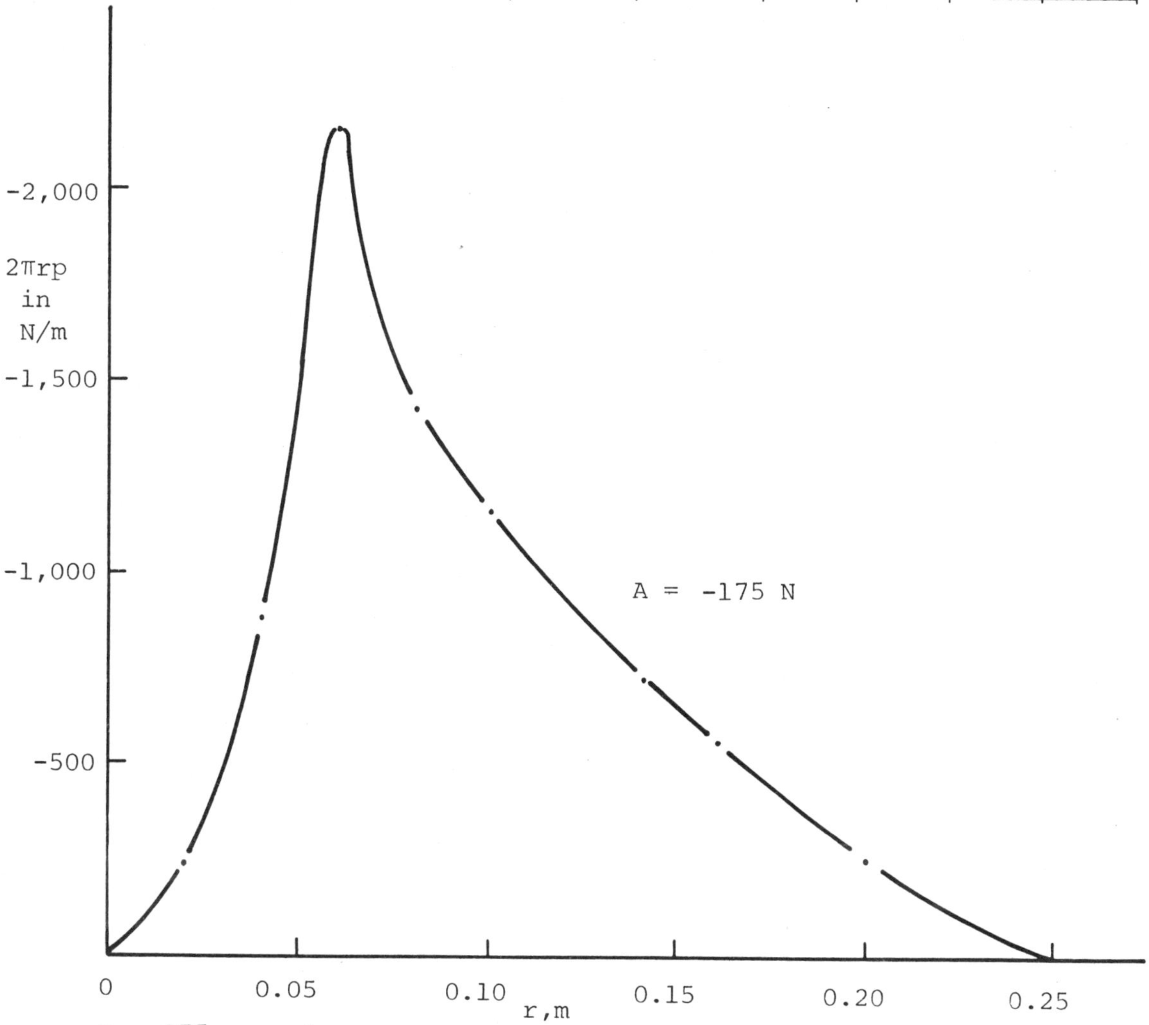

F = 175 N acting upward

5-46. Assume Bernoulli's equation is valid. This is only an approximation because the flow is not incompressible.

$$p_1 + \rho_1 V_1^2/2 = p_2 + \rho_2 V_2^2/2$$

$$p_1 - p_2 = (\rho_2 V_2^2/2) - (\rho_1 V_1^2/2)$$

$$V_1 = 25 \text{ m/s}$$

V_2 = 86.8 m/s (from solution to problem 4-50)

Then $p_1 - p_2 = (1.6 \times 86.8^2/2) - (2.0 \times 25^2/2)$

$= \underline{5,402 \text{ Pa}}$

5-47. $V = (2 \times 32.2 \times 9/12)^{1/2} = \underline{6.95 \text{ fps}}$

5-48. $\rho = p/RT = 15 \times 144/(1{,}715)(60 + 460) = 0.00242$ slugs/ft

$V = (2\Delta p/\rho)^{1/2} = (2 \times 62.4 \times (1.8/12)/0.00242)^{1/2} = \underline{87.95 \text{ fps}}$

5-49. Check minimum pressure value. Minimum pressure will occur where streamlines have smallest spacing (inside of bend).

Thus: $p_{min} + \rho V_m^2/2 = p_1 + \rho V_1^2/2$; $V_{min} \times n_{min} = V_2 n_2$

where n is streamline spacing

$V_{min} = V_1 \times n_1/n_{min} = V_1 \times 2.6/1.3$,scaled from Fig.; $V_{min} = 2V_1$

$p_{min} = p_1 + (\rho/2)(-3V_1^2) = 110{,}000 + 500\ (-3 \times \overline{13}^2) = \underline{-143 \text{ kPa abs}}$

p_{min} is less than p_{vapor}; therefore, cavitation will occur.

5-50. Cavitation will occur when the pressure reaches the vapor pressure of the liquid (p_V = 1,230 Pa abs).

$p_A + \rho V_A^2/2 = p_{throat} + \rho V_{throat}^2/2$

where $V_A = Q/A_A = Q/((\pi/4) \times 0.40^2)$

$V_{throat} = Q/A_{throat} = Q/((\pi/4) \times 0.10^2)$

$\rho/2(V_{throat}^2 - V_A^2) = p_A - p_{throat}$

$(\rho Q^2/2)[1/((\pi/4) \times 0.10^2)^2 - 1/((\pi/4) \times 0.40^2)^2] = 200{,}000 - 1{,}230$

$500\ Q^2(16{,}211 - 63) = 198{,}770$

$\underline{Q = 0.157 \text{ m}^3/\text{s}}$

5-51. $\Delta p = \Delta h(\gamma_{HG} - \gamma_{ker}) = (7/12)(847 - 51) = 464$ psf

$V = (2\Delta p/\rho)^{1/2} = (2 \times 464/1.58)^{1/2} = \underline{24.3 \text{ fps}}$

5-52. $V = (2\Delta p/\rho)^{1/2} = (2 \times 2{,}000/1.2)^{1/2} = \underline{57.7 \text{ m/s}}$

5-53. $V = (2 \times 10/0.00237)^{1/2} = \underline{91.9 \text{ fps}}$

5-54. $p_B - p_C = (1{,}000/2)[(12-2)^2 - (12-4)^2] = 18{,}000 \text{ Pa} = \underline{18 \text{ kPa}}$

5-55. Bernoulli's equation can be applied if all velocities are relative to ship. Thus,

$$V_{A,rel} = \sqrt{0.2^2 + 7^2} = 7.003 \text{ m/s}$$

$$V_{B,rel} = 7.80 \text{ m/s}$$

$$p_A + \rho V_A^2/2 = p_B + \rho V_B^2/2$$

$$p_A - p_B = (\rho/2)(V_B^2 - V_A^2)$$

$$= (1{,}050/2)(7.8^2 - 7.003^2)$$

$$= 6{,}195 \text{ Pa} = \underline{\underline{6.195 \text{ kPa}}}$$

5-56. Both gage A and B will read the same, due to hydrostatic pressure distribution in the vertical in both cases.

5-57. The side tube samples the pressure for the undisturbed flow and the central tube senses the stagnation pressure. Thus, we have

$$p_0 + \rho V_0^2/2 = p_{stagn.} + 0$$

or $$V_0 = \sqrt{(2/\rho)(p_{stagn.} - p_0)}$$

But $p_{stagn.} - p_0 = (0.067-0.023) \sin 30° \times 0.8 \times 9{,}810 = 172.7$ Pa

$$\rho = p/RT = 150{,}000/(287 \times (273 + 20)) = 1.784 \text{ kg/m}^3$$

Then $$V_0 = \sqrt{(2/1.784)(172.7)} = \underline{\underline{13.92 \text{ m/s}}}$$

5-58. $\Delta C_p = 1.4 = (p_A - p_B)/(\rho V_0^2/2)$

$$V_0^2 = 2(5{,}000)/((1.5) \times 1.4); \quad V_0 = \underline{\underline{69.0 \text{ m/s}}}$$

5-59. $\rho = p/RT = 101{,}000/(200 \times (250 + 273)) = 0.966 \text{ kg/m}^2$

$$\Delta p = \gamma_{water}\Delta h = 9{,}790 \times 0.005 = 48.95 \text{ Pa}$$

$$(p_A - p_B) = \Delta p = 48.95 \text{ Pa} \qquad (1)$$

$$(p_A - p_0)/(\rho V_0^2/2) = 1.0 \leftarrow C_{p_A}$$

$$(p_B - p_0)/(\rho V_0^2/2) = -0.3 \leftarrow C_{p_B}$$

Then $(p_A - p_B)/(\rho V_0^2/2) = 1.3$ (2)

Solving Eq's (1) and (2) yields

$$\rho V_0^2/2 = 48.95/1.3; \quad V_0 = \underline{\underline{8.83 \text{ m/s}}}$$

5-60. Assume $V_1 = V_{airplane}$

$$V_1A_1 = V_2A_2; \quad V_2 = V_1A_1/A_2 = V_1\ (4/3)^2 = 16/9V_1 \qquad (1)$$

Bernoulli's Eq.:

$$p_1 + \rho V_1^2/2 = p_2 + \rho V_2^2/2$$

$$p_1 - p_2 = (\rho/2)(V_2^2 - V_1^2)$$

Eliminate V_2 with Eq. (1):

$$p_1 - p_2 = (\rho/2)((16/9)^2 V_1^2 - V_1^2)$$

$$1{,}500 = (1/2)(2.16\ V_1^2); \quad V_1 = \underline{\underline{37.3\ m/s}}$$

5-61. $$V = K\sqrt{2\Delta p/\rho}$$

then $V_{calibr.} = (K/\sqrt{\rho_{calibr.}})\sqrt{2\Delta p}$

$$V_{true} = (K/\sqrt{\rho_{true}})\sqrt{2\Delta p} \qquad (1)$$

$$V_{indic.} = (K/\sqrt{\rho_{calibr.}})\sqrt{2\Delta p} \qquad (2)$$

divide Eq. (1) by Eq. (2):

$$V_{true}/V_{indic.} = \sqrt{\rho_{calib.}/\rho_{true}} = [(101/70) \times (273-5)/(273+17)]^{1/2} = 1.15$$

$$V_{true} = 60 \times 1.15 = 69.3 m/s$$

5-62. p_C must be equal or less than $-0.05 \times \gamma_{liquid}$

Also $p_C + \rho V_C^2/2 = p_{atm} + \rho V_e^2/2$

$$V_CA_C = V_eA_e$$

$$V_C = V_e(A_e/A_c)$$

Then $-0.05\gamma_{liq} + \rho V_e^2(A_e/A_c)^2/2 = 0 + \rho V_e^2/2$

but $V_e = 5$ m/s

$$-0.05 \times 9{,}810 + 1.2 \times (5^2/2)(A_e/A_c)^2 = 1.2 \times 5^2/2$$

$$A_e/A_c = 5.81 \quad ; \quad A_c/A_e = \underline{\underline{0.172}}$$

5-63. At the point of maximum pressure $\Delta s = 2.8$ units
At the point of uniform flow $\Delta s = 2.1$ units } scaled from the graph

$V_0 = 40 \times (2.8/2.1) = 53.3$ ft/s

From figure 5-9, $(\Delta h/V_0^2/2g)_{max} - (\Delta h/V_0^2/2g)_{min} = 0.7 - (-6.2) = 6.9$

$\Delta p = 6.9\ \rho V_0^2/2 = 6.9 \times 0.0024 \times (53.3)^2/2 = 23.55$ psf

$p_{min} = 100 - 23.55 = \underline{\underline{76.45\ lb/ft^2}}$

5-64. See solution to P5-63 preliminaries.

$V_0 = 20 \times (2.8/2.1) = 26.7$ m/s

$\Delta p = 6.9 \times 1.4 \times (26.7)^2/2 = 3{,}443$ Pa

$p_{min} = 14{,}000 - 3{,}443 = 10{,}557$ Pa $= \underline{\underline{10.56\ kPa}}$

5-65. $p_{max} = \rho V_0^2/2$

$= 1.2 \times 50^2/2 = \underline{\underline{1{,}500\ Pa,\ gage}}$

$p_{min} = -0.45\ \rho V_0^2/2 = -\ 0.45 \times (1{,}500) = \underline{\underline{-675\ Pa,\ gage}}$

5-66. $p_2 - p_1 = (1.1/2)(95 \times 95 - 75 \times 75) = 1{,}870$ Pa $= \underline{\underline{1.87\ kPa}}$

5-67. Assume $p_{atm} = 101$ kPa abs; $p_{vapor} = 1{,}230$ Pa abs

Considering a point ahead of the foil (at same depth as foil) and the point of minimum pressure on the foil, and applying the definition of C_p between these two points yields:

$C_p = (p_{min} - p_0)/(\rho V_0^2/2)$

where $p_0 = p_{atm} + 1.8\gamma = 101{,}000 + 1.8 \times 9{,}810 = 118{,}658$ Pa, abs.

$p_{min} = 70{,}000$ Pa abs; $V_0 = 7$ m/s

Then $C_p = (70{,}000 - 118{,}658)/(500 \times 7^2) = -1.986$

Now use $C_p = -1.986$ (constant) for evaluating V for cavitation where p_{min} is now p_{vapor}:

$-1.986 = (1{,}230 - 118{,}658)/((1{,}000/2)V_0^2)$; $V_0 = \underline{\underline{10.87\ m/s}}$

5-68. See solution for P5-67 for preliminaries. We have the same C_p, but $p_0 = 101{,}000 + 3\gamma = 130{,}430$. Then:

$$-1.986 = (1{,}230 - 130{,}430)/((1{,}000/2)V_0^2)$$

$$V_0 = \underline{\underline{11.41 \text{ m/s}}}$$

5-69. Solution similar to solution for P5-67.

$p_{min} = -2.5 \times 144 = -360$ psf gage

$p_0 = 4\gamma = 4 \times 62.4 = 249.6$ psf

Then $C_p = (p_{min} - p_0)/(\rho V_0{}^2/2) = (-360 - 249.6)/((1.94/2) \times 20^2)$

$C_p = -1.571$

Now let $p_{min} = p_{vapor} = 0.178$ psia $= -14.52$ psi gage $= -2{,}091$ psf gage

Then $-1.571 = -(249.6 + 2{,}091)/((1.94/2)V_0{}^2)$

$$V_0 = \underline{\underline{39.2 \text{ ft/s}}}$$

5-70. From solution of P5-69 we have $C_p = -1.571$

but now $p_0 = 10\gamma = 624$ psf

Then: $-1.571 = -(624 + 2{,}091)/((1.94/2)V_0^2)$

$$V_0 = \underline{\underline{42.2 \text{ ft/s}}}$$

5-71. $C_p = (p - p_0)/(\rho V_0^2/2)$

$p_0 = 100{,}000 + 1 \times 9{,}810$ Pa $= 109{,}810$ Pa

$p = 90{,}000$ Pa

Thus $C_p = -1.585$

For cavitation to occur $p = 1{,}230$ Pa (assumed)

$-1.585 = (1{,}230 - 109{,}810)/(1{,}000\ V_0^2/2)$; $V_0 = \underline{\underline{11.7 \text{ m/s}}}$

5-72. $C_p = (p-p_0)/(\rho r_0^2/2)$

From Fig. 5-13 $C_{p_{min}} = -0.45$; therefore,

$$p_{min} = p_0 + C_{p_{min}} \rho V_0^2/2$$

$$= 100 - 0.45 \times 1.94 \times 32^2/2$$

$$= \underline{\underline{-347 \text{ psf, gage}}}$$

Cavitation will not occur because the minimum pressure is much greater than the vapor pressure of the water.

6-1. $\Sigma F_x = \rho Q(V_2 - V_1)$; $V_1 = 160/(1.94 \times 2) = \underline{\underline{41.24 \text{ ft/s}}}$

6-2. $V_1^2 = 10 \times 144 \times 2/1.94 = 1{,}485$; $V_1 = 38.54$ fps

$\Sigma F_x = \rho Q(V_2 - V_1)$

$-400 = 1.94 \times 38.54 \times A_1 \times (0-38.54)$; $A_1 = 0.1388 \text{ ft}^2$

$d_1 = \underline{\underline{0.420 \text{ ft}}}$

6-3. $V_1^2 = 80{,}000 \times 2/1{,}000 = 160 \text{ m}^2/\text{s}^2$; $V_1 = 12.65$ m/s

$\Sigma F_x = \rho Q(V_2 - V_1)$

$-3{,}000 = 1{,}000 \times 12.65 \times A_1 \times (0-12.65)$; $A_1 = 0.01875 \text{ m}^2$

$d_1 = 0.1545 \text{ m} = \underline{\underline{15.45 \text{ cm}}}$

6-4. $50{,}000 = 1{,}000\, V_1^2/2$; $V_1 = 10$ m/s

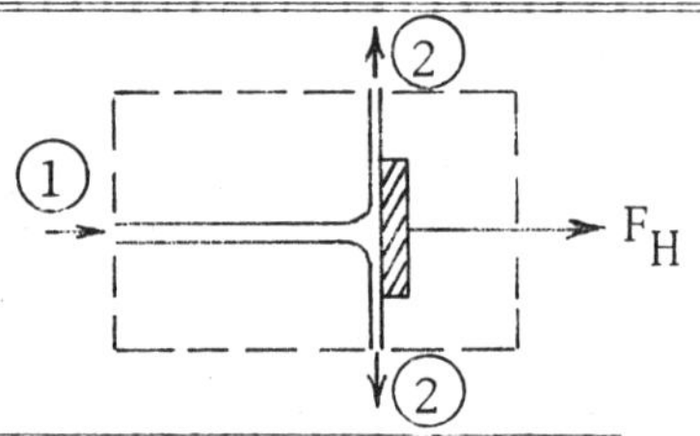

$F_H = \rho Q(V_{2x} - V_{1x})$

$= 1{,}000 \times 0.3\ (0 - 10) = -3{,}000 \text{ N} = \underline{\underline{-3 \text{ kN}}}$

6-5. $\Sigma F_x = \rho Q(V_{2x} - V_{1x})$

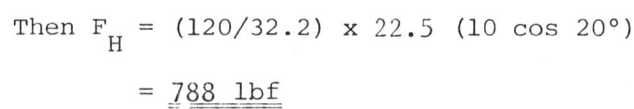

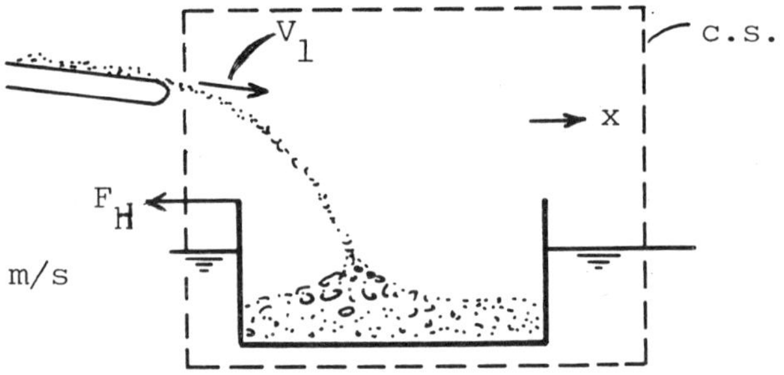

$-F_H = \rho Q(0 - V_1 \cos 20°)$

$\rho = \gamma/g = (120/32.2) \text{ slugs/ft}^3$

$Q = (50 \text{ y}^3/\text{m}) \times (27\text{ft}^3/\text{y}^3) \times (1/60) \text{ m/s}$

$= 22.5 \text{ ft}^3/\text{s}$

Then $F_H = (120/32.2) \times 22.5\ (10 \cos 20°)$

$= \underline{\underline{788 \text{ lbf}}}$

6-6. $V_1 = V_{2x} = Q/A_1 = 1.2/((\pi/4) \times (1/3)^2) = 13.75$ ft/s

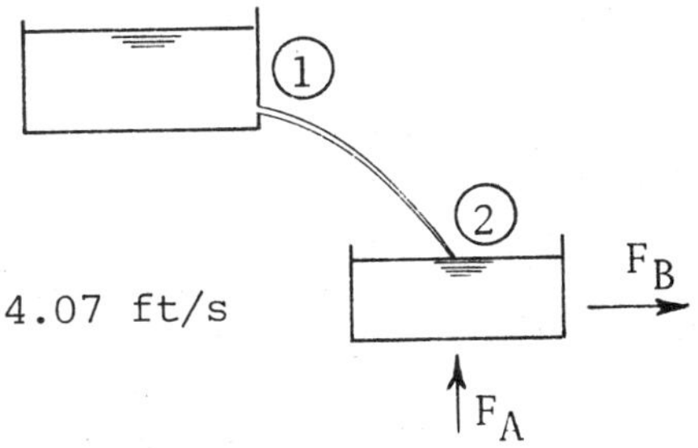

$\Sigma F_x = \rho Q(V_{3x} - V_{1x})$

$= 1.94 \times 1.2\ (0 - 13.75)$

$F_B = -32.01$ lb

$\Sigma F_y = \rho Q(V_{3y} - V_{2y})$; $V_{2y} = -\sqrt{2g \times 9} = -24.07$ ft/s

$F_A - Wgt = 1.94 \times 1.2\ (0 - (-24.07))$

$F_A - 200 - 4 \times 1 \times 62.4 = 1.94 \times 1.2 \times 24.07$

$F_A = 505.6$ lbf

6-7. $\alpha = \arctan\ (1/100)$

$= 0.573°$

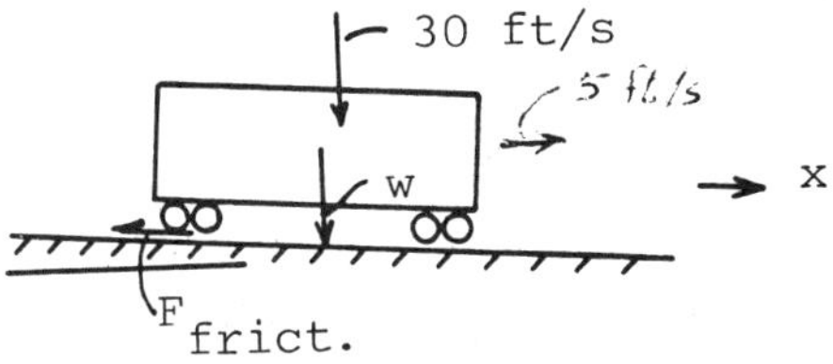

Assume rolling friction just balances the component of weight in the direction of motion.

Let the control volume move with the box car. Then reference all velocities to the box car. Thus the velocity of the grain with respect to the box car will be as shown below.

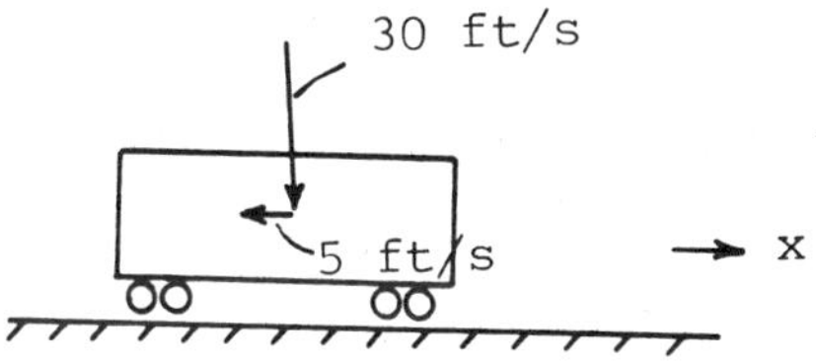

Apply the momentum equation in the x direction and include a fictitious force F_x needed to maintain the 5 ft/s velocity.

$\Sigma F_x = \rho Q(V_{2x} - V_{1x})$

$-F_{frict} + W \sin\alpha + F_x = (500/32.2)(0 - (-5+30 \sin\alpha))$

$F_x = 77.5$ lbf

The 77.5 lbf is the force that would be required to maintain a speed of 5 ft/s. However, such a force is not present; therefore, the box car will decelerate.

6-8. $F_x = 0.9 \times 1.94 \times 2 \times (-85 \cos 30° - 90) = -571$ lbf

$F_y = 0.9 \times 1.94 \times 2 \times (-85 \sin 30° - 0) = -148$ lbf

6-9. $F_x = 0.9 \times 1{,}000 \times 0.10(-27 \cos 30° - 28) = -4{,}624$ N

$F_y = 0.9 \times 1{,}000 \times 0.10(-27 \sin 30° - 0) = -1{,}215$ N

6-10. $\Sigma \underline{F} = \int \underline{V}(\rho \underline{V} \cdot \underline{A})$; Assume $\underline{V}$ does not vary across a section

$F_{V_x} = \Sigma V_x (\rho \underline{V} \cdot \underline{A})$

where F_{V_x} = force of the vane on the fluid in the x direction

$V_{initial,x} = (V - V_V)_{1x}$

$V_{final,x} = (V - V_V)_{2x}$

Finally, $F_{Vx} = (V-V_V)_{1x}(\rho(V-V_V) \times A) + (V-V_V)_{2x}(\rho \times (-(V-V_V) \times A))$

$= \underline{\underline{\rho(V-V_V)A[(V-V_V)_{2x} - (V-V_V)_{1x}]}}$

6-11. $Q_{rel} = (20 - 7) \times \pi \times (0.03)^2 = 0.0368 \text{ m}^3/\text{s}$

$F_x = \rho Q_{rel}(V_{2x} - V_{1x}) = 1{,}000 \times 0.0368 \times (-13 \cos 45° - 13) = -817 \text{ N}$

$F_y = 1{,}000 \times 0.0368 \times (13 \cos 45° - 0) = 338 \text{ N}$

Force on vane $\underline{\underline{F_x = 817 \text{ N}}}$ and $\underline{\underline{F_y = -338 \text{ N}}}$

6-12. $\Sigma F_x = \Sigma V_x \, \rho \underline{V} \cdot \underline{A}$

$F_x = 40 \times \rho(-40 \times 0.3) + 40 \times \cos 60° \times \rho \times (40 \times 0.2)$

$+ (-40 \cos 30°) \times \rho \times (40 \times 0.1)$

$= \rho \times 40^2(-0.3 + 0.2 \cos 60° - 0.1 \cos 30°)$

$F_x = 1.94 \times 1{,}600(-0.287) = \underline{\underline{-890 \text{ lbf}}}$

$\Sigma F_y = \Sigma V_y \rho \underline{V} \cdot \underline{A}$

$= 40 \sin 60° \times \rho \times (40 \times 0.2) + (-40 \sin 30°) \times \rho \times (40 \times 0.1)$

$= 1.94 \times 1{,}600 \; (0.2 \sin 60° - 0.1 \sin 30°) = \underline{\underline{+ 382 \text{ lbf}}}$

6-13. Relative to cone $V_{fx} = 45 \cos 50° = 28.93$ m/s

$F_x = 1{,}000 \times \pi \times (0.05)^2 \times 45 \times (28.9 - 45) = 5{,}681 \text{ N} = \underline{\underline{5.681 \text{ kN}}}$

6-14. $\Sigma F_x = \rho Q(V_{fx} - V_{0x})$

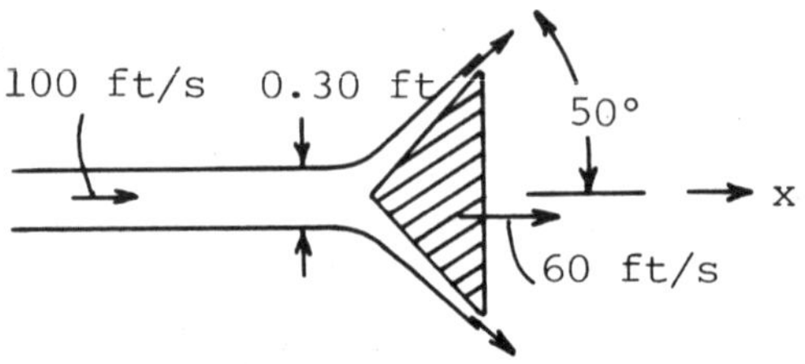

Let velocities be relative to vane.

$F_x = 1.94 \times 40 \times 0.3(40 \cos 50° - 40)$

$F_x = -332.6$ lbf

The force acting on the vane will be +332.6 lbf

6-14. (Continued)

Power = FV

= 332.6 x 60

= 19,958 ft-lbf/s = 36.3 horsepower

6-15. Although there will be some forward thrust per engine pod itself, this computation will be the thrust produced by the deflecting vanes only.

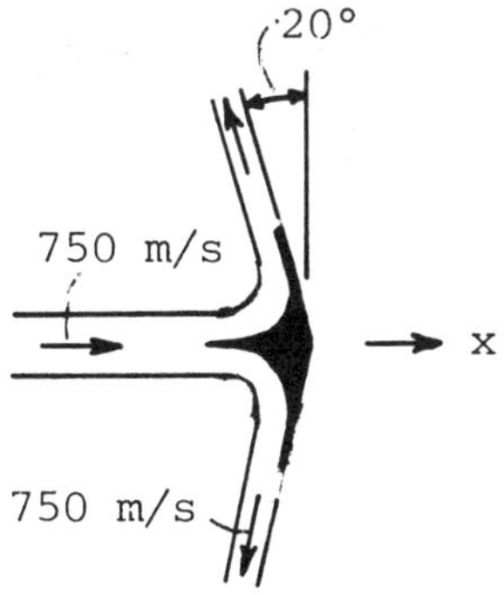

$\Sigma F_x = \Sigma V_x \rho \underline{V} \cdot \underline{A}$

$F_x = \dot{m}(V_{fx} - V_{ox})$; $\dot{m} = 150\ (1 + .025) = 154$ kg/s

$F_x = 154\ (-750 \sin 20° - 750)$

$F_x = -155{,}000$ N

Reverse thrust per engine = +155,000 N = 155 kN

6-16. $\Sigma F_x = \Sigma V \rho \underline{V} \cdot \underline{A}$

$0 = -V_1^2\ b \cos\theta = V^2 d_2 + V^2 d_3$

$d_2 + b \cos\theta = d_3$ but $d_2 + d_3 = b_1$ by continuity equation

$b_1 - d_3 + b \cos\theta = d_3$

$d_3 = (b/2)(1 + \cos\theta)$

$d_2 = b - d_3 = (b/2)(1 - \cos\theta)$

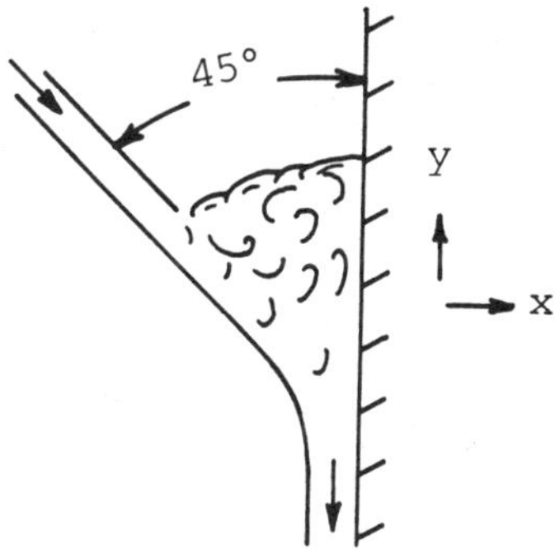

6-17. $\Sigma F_x = \rho Q (V_{2x} - V_{1x})$

$F_x = \rho V_1 t (0 - V_1 \cos 45°)$

$F_x = -\rho V_1^2 t \cos 45°$

Then force on wall is $F_{x,wall} = +\rho V_1^2 t \cos 45°$

In the vertical direction there will be a slight viscous shear force acting on the wall in the downward direction--it would be very small. However, there will have to be a downward vertical force acting on the liquid to produce the momentum change that occurs when the jet turns through the 45° angle. This force is effected by the weight of liquid that "piles up" between the jet at an angle of 45° and the vertical wall as depicted above. There will be a counter-clockwise circulation of flow in this mass of liquid because it will be driven by the jet on its underside. Therefore, the liquid surface

6-17. (Continued)

will be higher at the wall than where the jet at 45° first hits it--the liquid will flow from the wall downhill until the jet impinges upon it.

6-18. $\Sigma F_x = \rho Q(V_{2x} - V_{1x})$

$\Sigma F = 1{,}000 \times (0.20) \times (0.08) \times 100 \times (100 \cos 60° - 100)$

$= -80{,}000$ N; $a = F/M = 80{,}000/1{,}000 = \underline{\underline{80.0 \text{ m/s}^2}}$

6-19. $\Sigma F_x = \rho Q(V_{2x} - V_{1x})$

Rel. speed = 40 ft/s

$V_{1x} = +40$ ft/s

$V_{2x} = -40 \cos 60° \cos 30°$

$= -17.32$ ft/s

$\Sigma F_x = 1.94 \times 0.2 \times 40 \times 2 \times (1/4)(-17.32 - 40)$

$= -444.8$ lbf

$P = FV = 444.8 \times 40 = \underline{\underline{17{,}792 \text{ ft-lbf/s}}}$

$HP = \underline{\underline{32.3 \text{ h.p.}}}$

6-20. Maximum force occurs at the beginning; hence, the tank will accelerate immediately after opening the cap. However, as water leaves the tank the force will decrease, but acceleration may decrease or increase because mass will also be decreasing. In any event, the tank will go faster and faster until the last drop leaves, assuming no wind friction.

6-21. $\Sigma F_x = \Sigma V_x \rho \underline{V} \cdot \underline{A}$

$F_x = -30 \times 1{,}000 \times 30 \times \pi \times 0.05 \times 0.05 + 30 \times 1{,}000 \times 30 \times \pi$

$\times 0.020 \times 0.020 = -5{,}940\text{N} = \underline{\underline{-5.94 \text{ kN}}}$

6-22. Neglecting the mass rate of flow of fuel

$\rho_e = 1 \times 200/500 = 0.4 \text{ kg/m}^3$

$\Sigma F_x = \Sigma V_x \rho \underline{V} \cdot \underline{A}$

$T = -[-\rho_i A V_i^2 + \rho_e A V_e^2] = -[-1.00 \times \pi \times 0.25 \times 0.25 \times 200 \times 200$

$+ 0.4 \times \pi \times 0.25 \times 0.25 \times 500 \times 500] = -11{,}781 \text{ N} = \underline{\underline{-11.781 \text{ kN}}}$

6-23. Let the control volume move with the cart and consider forces on the jet:

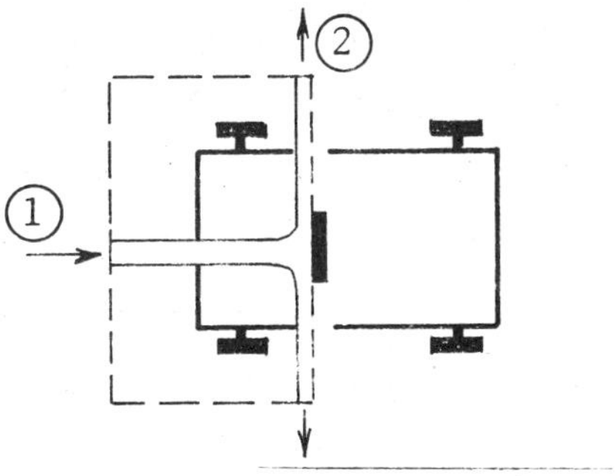

$$F_x = \rho Q(V_{2x} - V_{1x})$$

$$F_x = 1{,}000 \times (15-3) \times \pi \times (0.03)^2 \times (0-12)$$

$$= -407.2 \text{ N}$$

Rolling resistance F_x = <u>407.2 N</u>

6-24. Apply momentum equation in the x direction for the c.v. shown.

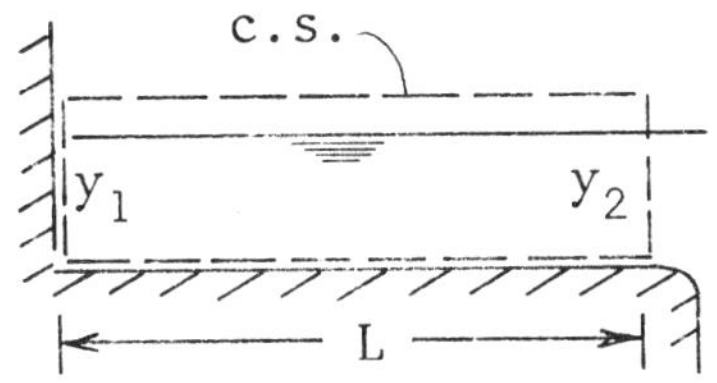

$\Sigma F_x = \rho Q(V_{2x} - V_{1x})$, neglect friction

$$(By_1^2\gamma/2) - (By_2^2\gamma/2) = \rho Q(Q/(y_2B) - 0)$$

$$\underline{y_1 = \sqrt{y_2^2 + (2/(gy_2)) \times (Q/B)^2}}$$

6-25. Obtain the pressure variation along the pipe by applying the momentum equation in steps along the pipe (numerical scheme). The first step would be for the end segment of the pipe. Then move up the pipe solving for the pressure change (Δp) for each segment. Then $p_{end} + \Sigma\Delta p$ would give the pressure at a particular section. The momentum equation for a general section is developed below.

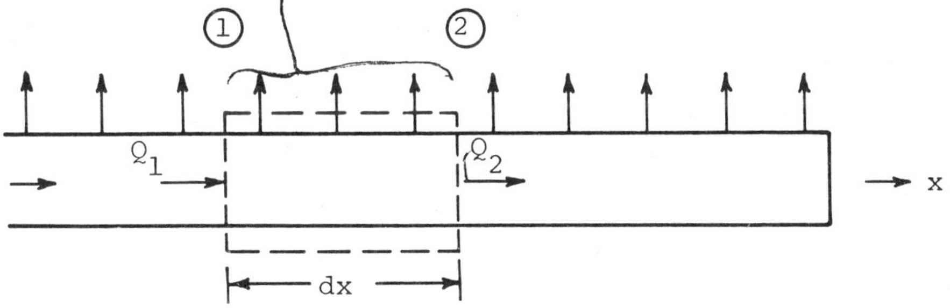

$$\Sigma F_x = \Sigma V_x \, \rho \underline{V} \cdot \underline{A}$$

$$p_1A_1 - p_2A_2 = (Q_1/A_1)\rho(-Q_1) + (Q_2/A_2)\rho Q_2$$

but $A_1 = A_2 = A$ so we get

$$p_1 - p_2 = (\rho/A^2)(Q_2^2 - Q_1^2)$$

$$dp = (\rho/A^2)(Q_2^2 - Q_1^2) \qquad (1)$$

However $Q_1 = Q_2 + dQ$

$$Q_1 = Q_2 + \Delta y\sqrt{2p/\rho}\,dx$$

6-25. (Continued)

Assume that the average pressure over the section is given by

$p_2 + (dp/2)$.

Then $Q_1 = Q_2 + \Delta y\sqrt{2(p_2 + (dp/2))/\rho}\ dx$

Eq. (1) is then $dp = (\rho/A^2)[Q_2^2 - (Q_2 + \Delta y\sqrt{2(p_2 + (dp/2))/\rho}\ dx)^2]$ (2)

In finite difference form use finite values for $dx, \Delta y$ to solve for Δp.

Solution procedure:

1. Given p_2 and Q_2 solve for Δp. An iteration procedure would undoubtedly be used.
2. Add Δp to p_2 to get p_1
3. Move upstream along pipe to get a new solution for Δp, etc.

Conclusions:

1. Inspection of Eq. (1) reveals the Δp will be negative--the pressure will increase in the direction of flow.
2. If friction effects were included, this pressure distribution trend might be reversed.

6-26. $(V_1^2/2g) + 0 = V_2^2/2g) + h$

$V_2^2 = (15)^2 - 2gh$

$\Sigma F_y = \rho Q(V_{3y} - V_{2y})$

$V_2^2 = (15)^2 - 2gh = 225 - 2 \times 9.81h$

$= 225 - 19.62h$

$-50 = 1{,}000 \times 15 \times \pi \times (0.015)^2 (V_2 \sin 30° - V_2)$

$V_2 = 9.43$ m/s

so $(9.43)^2 = 225 - 19.62\ h$; $\underline{h = 6.93\text{ m}}$

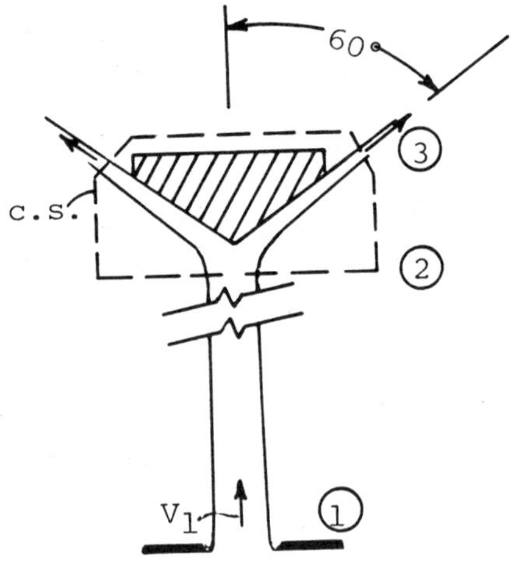

6-27. $V = Q/A = 5/(\pi \times 0.25 \times 0.25) = 25.46$ fps

$\Sigma F_x = \rho Q(V_{2x} - V_{1x})$

$p_1A_1 + p_2A_2 + F_x = 1.94 \times 5 \times (-25.46 - 25.46)$

$15 \times 144 \times \pi \times (0.25)^2 \times 2 + F_x = -493.9$; $\underline{F_x = -1{,}342\text{ lbf}}$

6-28. $V = Q/A = 15/(\pi \times 0.5 \times 0.5) = 19.10$ fps

$$\Sigma F_x = \rho Q(V_{2x} - V_{1x})$$

$$p_1A_1 + p_2A_2 + F_x = 1.94 \times 15(V_{2x} - V_{1x})$$

$$(\pi \times 0.5 \times 0.5)(10 \times 144 + (10 \times 144 + 2 \times 62.4)) + F_x$$

$$= 1.94 \times 15 \times (-19.10 - 19.10)$$

$$F_x = -3,472 \text{ lbf}$$

$$\Sigma F_y = \rho Q(V_{2y} - V_{1y})$$

$$-Wt_{bend} - Wt_{H_2O} + F_y = 0$$

$$F_y = 100 + 3 \times 62.4 = 287.2$$

Force required $\underline{F} = -3,472\ \underline{i} + 287.2\ \underline{j}$ lbf

---

6-29. $\Sigma \underline{F} = \Sigma \underline{V} \rho \underline{V} \cdot \underline{A}$

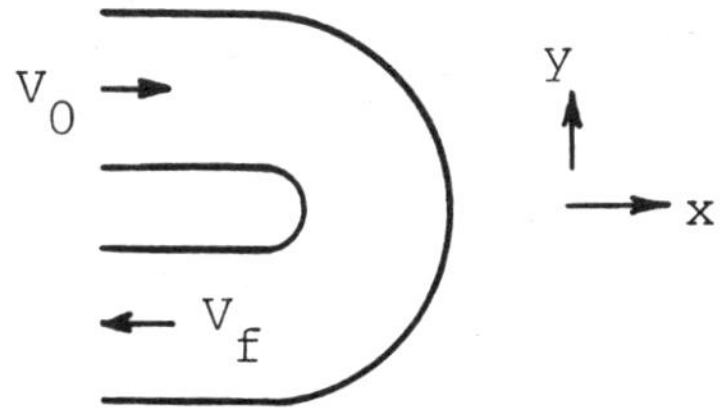

$$\Sigma F_x = \rho Q(V_{fx} - V_{0x})$$

$$V = Q/A = 0.40/((\pi/4) \times 0.20^2) = 12.73 \text{ m/s}$$

$$p_1A_1 + p_2A_2 + F_x = 1,000 \times 0.40(-12.73 - 12.73)$$

$$2 \times 100,000 \times (\pi/4) \times 0.20^2 + F_x = 1,000 \times 0.4 \times 2 \times (-12.73)$$

$$F_x = -16,467 \text{ N}$$

$$\Sigma F_z = 0$$

$$-400 - 0.10 \times 9,810 + F_z = 0; \quad F_z = 1,381 \text{ N}$$

Force required to hold bend = $-16.47\ \underline{i} + 1.38\ \underline{k}$ kN

6-30. Assume zero head loss so the pressure in the pipe will be zero gage.

$$\Sigma F_x = \rho Q(V_{fx} - V_{0x})$$

$$V = Q/A = 10/((\pi/4) \times 1.0^2) = 12.73 \text{ ft/s}$$

$$F_x = 1.94 \times 10(0 - 12.73) = -247 \text{ lbf}$$

$$\Sigma F_z = 0; \quad -100 - 4 \times 62.4 + F_z = 0; \quad F_z = +350 \text{ lbf}$$

Force required to hold bend = $-247\ \underline{i} + 350\ \underline{j}$ lbf

---

6-31. $V = Q/A = 10/(\pi \times 0.5 \times 0.5) = 12.73$ m/s

$\Sigma F_x = \rho Q(V_{2x} - V_{1x})$

$200{,}000 \times \pi \times 0.5 \times 0.5 + F_x = 1{,}000 \times 10 \times (0 - 12.73)$

$F_x = -284{,}380$ N = $\underline{\underline{-284.4 \text{ kN}}}$

6-32. $V = Q/A = 31.4/(\pi \times 1 \times 1) = 9.995$ ft/sec

$\Sigma Fy = \rho Q(V_{2y} - V_{1y})$

$F_{anch} - Wt_{water} - Wt_{bend} - p_2A_2 \sin 30° = \rho Q(V \sin 30° - V \sin 0°)$

$F_{anch} = \pi \times 1 \times 1 \times 4 \times 62.4 + 300 + 8 \times 144 \times \pi \times 1 \times 1 \times 0.5$

$+ 1.94 \times 31.4 \times (9.995 \times 0.5 - 0)$

$= \underline{\underline{3{,}198 \text{ lbs}}}$

6-33. $(V_1^2/2g) + (p_1/\gamma) + z_1 = (V_2^2/2g) + (p_2/\gamma) + z_2$

$(V_1^2/2g) + (25 \times 144/62.4) + 0 = 16(V_1^2/2g) + 0 + 0$

$V_1 = 15.74$ fps; $V_2 = 62.95$ ft/sec

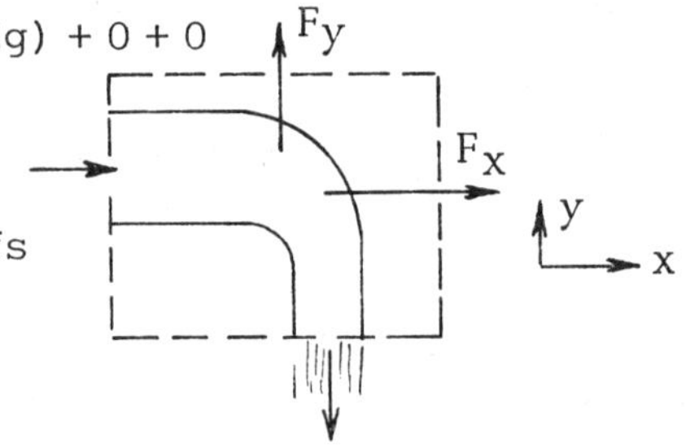

$Q = A_1V_1 = \pi \times 1 \times 1 \times 15.74 = 49.44$ cfs

$\Sigma F_x = \rho Q(V_{2x} - V_{1x})$

$p_1A_1 + F_x = \rho Q(V_{2x} - V_{1x})$

$F_x = 1.94 \times 49.44(0 - 15.74) - 25 \times 144 \times \pi \times 1 \times 1 = \underline{\underline{-12{,}820 \text{ lbf}}}$

6-34. $V_1^2/2g + 100{,}000/9{,}810 + 0 = 16\ V_1^2/2g + 0 + 0$

$V_1 = 3.651$ m/s $\quad V_2 = 14.61$ m/s

$Q = V_1A_1 = 3.651 \times (\pi/4) \times 0.60^2 = 1.032\ m^3/s$

$\Sigma F_x = \rho Q(V_{2x} - V_{1x})$

$p_1A_1 + F_x = \rho Q(V_{2x} - V_{1x})$

$F_x = 1{,}000 \times 1.032(0 - 3.651) - 100{,}000 \times (\pi/4) \times 0.60^2$

$= -32{,}042$ N = $\underline{\underline{-32.04 \text{ kN}}}$

6-35. $p_1/\gamma + V_1^2/2g + z_1 = p_2/\gamma + V_2^2/2g + z_2$

$V_1 = Q/A$

$= 20/((\pi/4) \times (14/12)^2$

$V_1 = 18.71$ ft/s $V_2 = 18.71 \times (14/10)^2 = 36.67$ ft/s

Then $p_1/\gamma + (18.71)^2/64.4 + 0 = 0 + (36.67)^2/64.4 + 0$

$p_1 = 963.7$ psf

$\Sigma F_x = \rho Q(V_{2x} - V_{1x})$

$p_1A_1 + F_x = \rho Q(V_{2x} - V_{1x})$

$F_x = 1.94 \times 20(-36.67-18.71) - 963.7 \times (\pi/4) \times (14/12)^2$

$F_x = \underline{\underline{-3,179 \text{ lbf}}}$

6-36. $V_1 = 15/4 = 3.75$ ft/sec; $Q = A_1V_1 = \pi \times 1 \times 1 \times 3.75 = 11.78$ cfs

$p_1 = p_2 + (\rho/2)(V_2^2 - V_1^2) = 0 + (1.94/2)(15 \times 15 - 3.75 \times 3.75)$

$= 204.6 \text{ lb/ft}^2$

$\Sigma F_x = \rho Q(V_{2x} - V_{1x})$

$p_1A_1 + F_x = \rho Q(V_{2x} - V_{1x})$

$F_x = -204.6 \times \pi \times 1 \times 1 + 1.94 \times 11.78(-15 \cos 60° - 3.75) = -900$ lbf

$\Sigma F_y = \rho Q(V_{2y} - V_{1y})$

$F_y = 1.94 \times 11.78(-15 \sin 60° - 0) = -296.9$ lbf; $F_z = 7 \times 62.4 = 436.8$ lbf

Total Force $\underline{F} = \underline{\underline{(-900\ \underline{i} - 296.9\ \underline{j} + 436.8\ \underline{k}) \text{lbf}}}$

6-37. $V_1 = 10/4 = 2.5$ m/s; $Q = A_1V_1 = \pi \times 0.3 \times 0.3 \times 2.5 = 0.707 \text{ m}^3/\text{s}$

$p_1 = p_2 + (\rho/2)(V_2^2 - V_1^2) = 0 + (1,000/2)(10 \times 10 - 2.5 \times 2.5) = 46,875$ Pa

$F_x = -46,875 \times \pi \times 0.3 \times 0.3 + 1,000 \times 0.707 \times (-10 \cos 60° - 2.5)$

$= -18,560$ N

$F_y = 1,000 \times 0.707(-10 \sin 60° - 0) = -6,123$ N

$F_z = 0.25 \times 9,810 = 2,452$ N; Total force $\underline{\underline{\underline{F} = (-18.56\ \underline{i} - 6.123\ \underline{j} + 2.452\ \underline{k}) \text{ kN}}}$

6-38. $Q = VA = 15 \times \pi \times 0.5 \times 0.5 = 11.78$ cfs

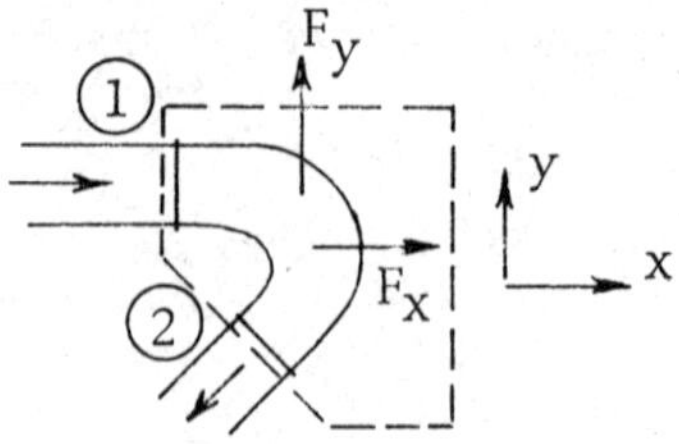

$\Sigma F_x = \rho Q(V_{2x} - V_{1x})$

$p_1A_1 + p_2A_2 \cos 45° + F_x = \rho Q(V_{2x} - V_{1x})$

$F_x = -10 \times 144 \times \pi \times 0.5 \times 0.5(1 + \cos 45°) + 1.552 \times 11.78$

$\times 15(-\cos 45° - 1) = -2,399$ lbf

$\Sigma F_y = \rho Q(V_{2y} - V_{1y})$

$p_2A_2 \cos 45° + F_y = \rho Q(V_{2y} - y_{1y})$

$F_y = -10 \times 144 \times \pi \times 0.5 \times 0.5 \cos 45° + 1.552 \times 11.78 \times 15(-\cos 45° - 0)$

$= -994$ lbf; Total force $\underline{F} = (-2,399\,\underline{i} - 994\,\underline{j})$ lbf

---

6-39. $Q = 8 \times \pi \times 0.15 \times 0.15 = 0.565\ m^3/s$

$F_x = -100,000 \times \pi \times 0.15 \times 0.15(1 + \cos 45°) + 800 \times 0.565$

$\times 8(-\cos 45° - 1) = -18,239$ N

$F_y = -100,000 \times \pi \times 0.15 \times 0.15 \cos 45° + 800 \times 0.565 \times 8(-\cos 45° - 0)$

$= -7,555$ N; Total force $\underline{F} = (-18.239\,\underline{i} - 7.555\,\underline{j})$ kN

6-40. $V = Q/A = 0.4/(\pi \times 0.2 \times 0.2) = 3.183$ m/s

$F_x = -90,000 \times \pi \times 0.2 \times 0.2(1 + \cos 45°) + 1,000 \times 0.4$

$\times 3.183(-\cos 45° - 1) = -21,480$ N $= \underline{-21.480 \text{ kN}}$

$F_y = -90,000 \times \pi \times 0.2 \times 0.2 \sin 45° + 1,000 \times 0.4(-3.183 \sin 45°)$

$= -8,897$ N $= \underline{-8.897 \text{ kN}}$

6-41. $V_1 = Q/A_1 = 0.1/(\pi \times 0.1 \times 0.1) = 3.183$ m/s

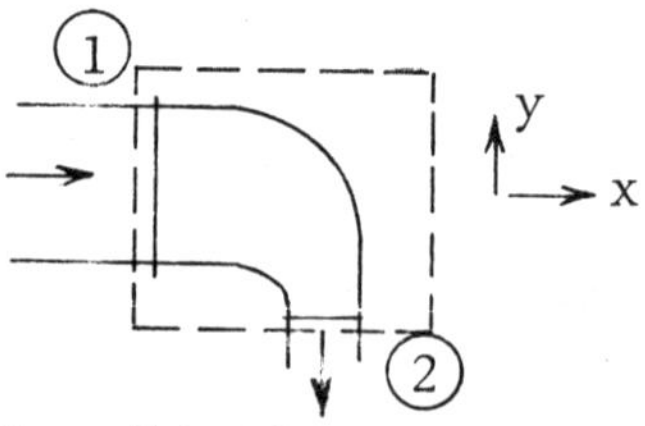

$V_2 = 3.183 \times 4 = 12.73$ m/s

$p_2 = p_1 + (\rho/2)(V_1^2 - V_2^2) = 150,000$

$+ (1,000/2)(3.813 \times 3.183 - 12.73 \times 12.73) = 74,040$ Pa

$\Sigma F_x = \rho Q(V_{2x} - V_{1x})$

$F_x = -150,000 \times \pi \times 0.1 \times 0.1 + 1,000 \times 0.1(0 - 3.183) = -5,031$ N

6-41. (Continued)

$\Sigma F_y = \rho Q(V_{2y} - V_{1y})$; $F_y = -74{,}040 \times \pi \times 0.05 \times 0.05 + 1{,}000 \times 0.1(-12.73 - 0)$

$= -1{,}855$ N; Total force $\underline{F} = (-5.03\,\underline{i} - 1.855\,\underline{j})$ kN

6-42.

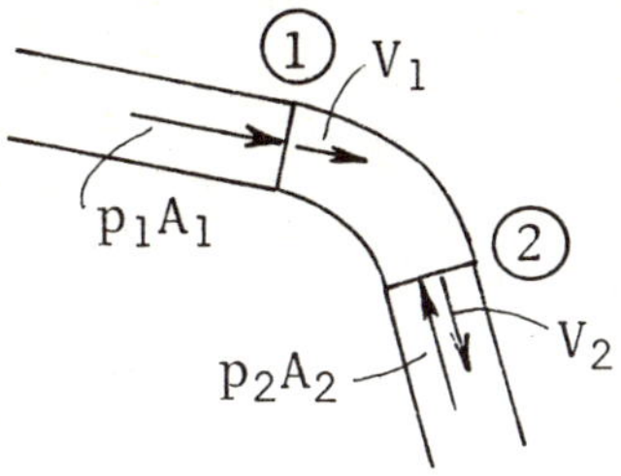

Preliminaries:

Velocities:

$\underline{V}_1 = (Q/A)[(13/\ell_1)\underline{j} - (10/\ell_1)\underline{k}]$ where $\ell_1 = \sqrt{13^2+10^2}$

Thus $\underline{V}_1 = (Q/A)[0.793\,\underline{j} - 0.6097\,\underline{k}]$

$\underline{V}_2 = (Q/A)[(13/\ell_2)\underline{i} + (19/\ell_2)\underline{j} - (20/\ell_2)\underline{k}]$ where $\ell_2 = \sqrt{13^2+19^2+20^2}$

Then $\underline{V}_2 = (Q/A)[0.426\underline{i} + 0.623\underline{j} - 0.656\underline{k}]$

Pressure forces:

$\underline{F}_{p_1} = p_1A_1(0.793\underline{j} - 0.6097\underline{k})$; $\underline{F}_{p_2} = p_2A_2(-0.426\underline{i} - 0.623\underline{j} + 0.656\underline{k})$

Weight:

$\underline{W} = -3 \times 9{,}810\underline{k}$

Solution:

$\Sigma\underline{F} = \rho Q(\underline{V}_2 - \underline{V}_1)$

$F_{block,x} - 0.426\,p_2A_2 = \rho Q[0.426\,Q/A - 0]$; where $p_2A_2 = 25{,}000$

$\times (\pi/4) \times (1.3)^2 = 33{,}183$ N; $Q/A = 15/((\pi/4) \times (1.3)^2) = 11.30$ m/s

Then $F_{block,x} = 1{,}000 \times 15 \times 0.426 \times 11.3 + 0.426 \times 33{,}183 = \underline{\underline{86{,}343\text{N}}}$

$F_{block,y} + 0.793\,p_1A_1 - 0.623\,p_2A_2 = \rho Q[0.623(Q/A) - 0.793\,Q/A]$

where $p_1A_1 = 20{,}000 \times (\pi/4)(1.3)^2 = 26{,}546$ N

Then $F_{block,y} = 1{,}000 \times 15(11.3)(-0.170) - 0.793 \times 26{,}546$

$+ 0.623 \times 33{,}183 = -28{,}815 - 21{,}051 + 20{,}673 = \underline{\underline{-29{,}193\text{N}}}$

6-42. (Continued)

$$F_{block,z} - 0.6097\ p_1A_1 + 0.656\ p_2A_2 - Wgt = 1{,}000$$

$$\times\ 15[-0.656(Q/A) - (-0.6097\ Q/A)]$$

$$F_{block,z} = -7{,}848 + 3 \times 9{,}810 + 10{,}000 - 0.656 \times 33{,}183$$

$$+ 0.6097 \times 26{,}546 = \underline{25{,}999N}$$

Then the total force which the thrust block exerts on the bend to hold it in place is

$\underline{F} = (86.35\underline{i} - 29.19\underline{j} + 26.00\underline{k})\text{kN}$

6-43. Let y be positive upward

$$\Sigma F_y = \Sigma V_y \rho \underline{V} \cdot \underline{A}$$

$$p_1A_1 = -100 \times 1 + 160 \times 1.5$$

$$p_1 = 140/A_1 = 140/0.133 = \underline{1{,}050\ \text{psf}}$$

$$\dot{m}_1 = \rho_1 V_1 A_1$$

or $A_1 = \dot{m}_1/\rho_1 V_1$

$$A_1 = 1/(0.075 \times 100)$$

$$A_1 = 0.133\ \text{ft}^2$$

6-44. $\Sigma F_x = \Sigma V_x \rho \underline{V} \cdot \underline{A}$

$$F_x + p_1A_1 - p_2A_2 = +\rho V_1 Q - \rho V_2 Q + \rho V_3 \cos 30° Q$$

$$F_x = +600 \times 1 - 600 \times 1 + 1.94 \times (20/1) \times 20 - 1.94 \times (11/1) \times 11$$

$$+ 1.94 \times (9/0.3) \times \cos 30° \times 9 = -87.64\ \text{lbf}$$

$$\Sigma F_y = \Sigma V_y \rho \underline{V} \cdot \underline{A}$$

$$F_y = -1.94 \times (9/0.3) \sin 30° \times 9 = -261.9\ \text{lbf}$$

Total force $\underline{F} = (+87.64\underline{i} - 261.9\underline{j})\ \text{lbf}$

6-45. $\Sigma F_x = \Sigma V_x \rho \underline{V} \cdot \underline{A}$

$$p_1A_1 - p_3A_3 + F_x = -\rho Q_1 V_1 + \rho Q_3 V_3$$

$$10 \times 144 \times (\pi/4) \times 1 - 7 \times 144 \times (\pi/4) \times 1 + F_x = -1.94 \times 20\ V_1 + 1.94 \times 15\ V_3$$

$V_1 = Q/A = 20/((\pi/4) \times 1^2) = 25.46$ ft/s; $V_3 = 19.10$ ft/s; $V_2 = 6.37$ ft/s

$$F_x = -988 + 556 - 1{,}131 + 792 = -771\ \text{lbf}$$

$$\Sigma F_y = \Sigma V_y \rho \underline{V} \cdot \underline{A}$$

$$F_y = \rho Q_2 V_2 = 1.94 \times 5 \times (-6.37) = \underline{-61.8\ \text{lbf}}$$

Force required to hold tee = $-771\underline{i} - 61.8\underline{j}$ lbf

---

6-46. $V_1 = 0.25/(\pi \times 0.075 \times 0.075) = 14.15$ m/s

$V_2 = 0.15/(\pi \times 0.05 \times 0.05) = 19.10$ m/s

$V_3 = (0.25 - 0.15)/(\pi \times 0.075 \times 0.075) = 5.66$ m/s

$F_x = -100{,}000 \times \pi \times 0.075 \times 0.075 + 80{,}000 \times \pi \times 0.075 \times 0.075$

$-1{,}000 \times 14.15 \times 0.25 + 1{,}000 \times 5.66 \times 0.10 = -3{,}325\text{N} = -3.325\text{kN}$

$F_y = -1{,}000 \times 19.10 \times 0.15 - 70{,}000 \times \pi \times 0.05 \times 0.05$

$= -3{,}415\text{N} = -3.415\text{kN}$; Total force $\underline{F} = (-3.325\underline{i} - 3.415\underline{j})\text{kN}$

6-47. Neglect gravitational effects.

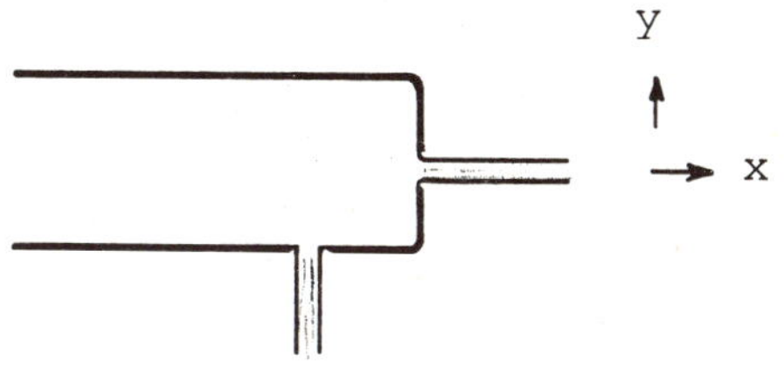

$p_{pipe}/\gamma + V_p^2/2g = p_{jet}/\gamma + V_j^2/2g$

$V_pA_p = \Sigma V_jA_j$

$V_p = 2 \times 30 \times 0.01/0.10 = 6.00$ m/s

Then $p_p = (\gamma/2g)(V_j^2 - V_p^2)$

$= 500(900-36) = 432{,}000$ Pa

$\Sigma F_x = \Sigma V_x \rho \underline{V} \cdot \underline{A}$

$p_pA_p + F_x = -V_p\rho V_pA_p + V_j\rho V_jA_j$

$F_x = -1{,}000 \times 6^2 \times 0.10 + 1{,}000 \times 30^2 \times 0.01 - 432{,}000 \times 0.1$

$F_x = -37{,}800$ N

$\Sigma F_y = \Sigma V_y \rho \underline{V} \cdot \underline{A}$

$F_y = V_y \rho V_y A_y$

$= -30 \times 1{,}000 \times 30 \times 0.01 = -9{,}000\text{N}$

$\Sigma F_z = 0$

$-200 - \gamma\forall + F_z = 0$

$F_z = 200 + 9{,}810 \times 0.1 \times 0.4 = \underline{\underline{592 \text{ N}}}$

Force required $= -37.8\underline{i} - 9.0\underline{j} + 0.59\,\underline{k}$ kN

6-48. $V_1 = 12/(\pi \times 0.5 \times 0.5) = 15.28$ fps; $V_2 = 15.28 \times 4 = 61.12$ fps

$p_1 = p_2 + (\rho/2)(V_2^2 - V_1^2) = 0 + (1.94/2)(61.12 \times 61.12 - 15.28^2) = 3{,}397$ psf

$\Sigma F = \rho Q(V_2 - V_1)$; $F_x = -3{,}397 \times \pi \times 0.5 \times 0.5 + 1.94 \times 12(61.12 - 15.28)$

$= \underline{-1{,}600 \text{ lbf}}$

6-49. $V_1 = 0.3/(\pi \times 0.15 \times 0.15) = 4.244$ m/s; $V_2 = 4.244 \times 4 = 16.976$ m/s

$p_1 = 0 + (1{,}000/2)(16.976 \times 16.976 - 4.244 \times 4.244) = 135{,}086$ Pa

$F_x = -135{,}086 \times \pi \times 0.15 \times 0.15 + 1{,}000 \times 0.3(16.976 - 4.244)$

$= -5{,}729\text{N} = \underline{-5.729 \text{ kN}}$

6-50. $V_A = V_B = 15.7 \times 144/[(\pi/4)(4 \times 4 + 4.5 \times 4.5)] = 79.41$ fps

$V_1 = 15.7/(\pi \times 0.5 \times 0.5) = 19.99$ fps

$p_1 = 0 + (1.94/2)(79.41 \times 79.41 - 19.99 \times 19.99) = 5{,}729$ psf

$\Sigma F_x = \Sigma V_x \rho \underline{V} \cdot \underline{A}$

$F_x = -5{,}729 \times \pi \times 0.5 \times 0.5 \times \sin 30° - 79.41 \times 1.94 \times 79.41 \times \pi \times 2$

$\times 2/144 - 19.99 \times 1.94 \times 15.7 \sin 30° = \underline{-3{,}622 \text{ lbf}}$

6-51. $V_A = V_B = 0.5/(\pi \times 0.05 \times 0.05 + \pi \times 0.06 \times 0.06) = 26.1$ m/s

$V_1 = 0.5/(\pi \times 0.15 \times 0.15) = 7.07$ m/s

$p_1 = (1{,}000/2)(26.1 \times 26.1 - 7.07 \times 7.07) = 315{,}612$ Pa

$F_x = -315{,}612 \times \pi \times 0.15 \times 0.15 \times \sin 30° - 26.1 \times 1{,}000 \times 26.1$

$\times \pi \times 0.05 \times 0.05 - 7.07 \times 1{,}000 \times 0.5 \sin 30° = -18{,}270\text{N} = \underline{-18.27\text{kN}}$

6-52. $V_2 = 4\,V_1$

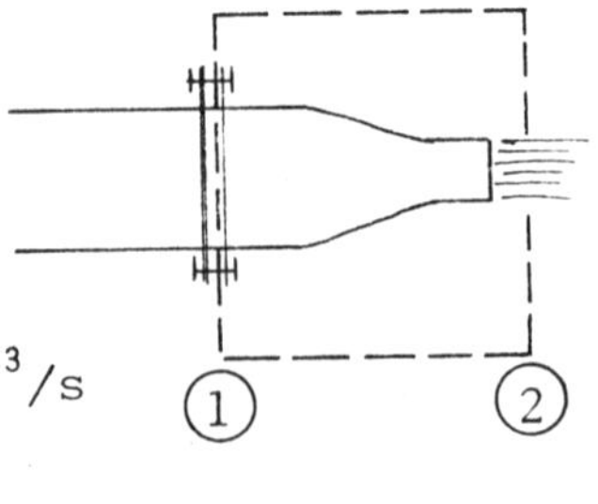

$(V_1^2/2g) + (p_1/\gamma) = (V_2^2/2g) + (p_2/\gamma)$

$15(V_1^2/2g) = (280{,}000/9{,}810)$

$V_1 = 6.11$ m/s; $V_2 = 24.44$ m/s; $Q = 0.432 \text{ m}^3/\text{s}$

$\Sigma F_x = \rho Q(V_{2x} - V_{1x})$

$F_{bolts} = -280{,}000 \times \pi \times 0.15 \times 0.5 + 1{,}000 \times 0.432(24.44 - 6.11)$

$= -11{,}873$ N; Force per bolt $= \underline{1{,}979 \text{ N}}$

6-53. $Q = 300/449 = 0.668$ cfs; $V_p = 13.61$ ft/sec; $V_n = 54.44$ ft/sec

$p_p = (\rho/2)(V_n^2 - V_p^2) = (1.94/2)(54.44^2 - 13.61^2) = 2{,}695$ psf

$\Sigma F_x = \rho Q(V_{nx} - V_{px})$

$F_x = -(2{,}695 \times \pi \times 1.5 \times 1.5/144) + 1.94 \times 0.668(54.44 - 13.61) = \underline{-79.38 \text{ lbf}}$

6-54. $V_h = 7.073$ m/s; $V_n = 28.29$

$p_h = (1{,}000/2)(28.29 \times 28.29 - 7.073 \times 7.073) = 375{,}148$ Pa

$F_x = -(375{,}148 \times \pi \times 0.015 \times 0.015) + 1{,}000 \times 0.005(28.29 - 7.073)$

$= \underline{-159.1 \text{ N}}$

6-55. $V_b = 4/(1/4) = 16$ ft/sec; $V_B = 16 \times (3/8) = 6$ ft/sec

$p_B = (\rho/2)(V_b^2 - V_B^2) = (1.94/2)(16 \times 16 - 6 \times 6) = 213.4$ psf

$p_{gage} = 213.4 - 62.4 \times 4/12 = \underline{192.6 \text{ psf} = 1.337 \text{ psi}}$

$\Sigma F_x = \rho Q(V_b - V_B)$

$F_x = -213.4 \times 8/12 + 1.94 \times 4 \times (16 - 6) = \underline{-64.67 \text{ lbf}}$

6-56. $V_b = 0.4/0.07 = 5.71$ m/s; $V_B = 0.40/0.20 = 2.00$ m/s

$p_B = (1{,}000/2)(5.71 \times 5.71 - 2.00 \times 2.00) = 14.326$ Pa

$p_{gage} = 14{,}326 - 9.810 \times 0.1 + 13{,}345\ P_a = 13.345$ kPa

$F_x = -14{,}326 \times 0.2 + 1{,}000 \times 0.4(5.71 - 2.00) = -1{,}381 \text{ N} = \underline{-1.381 \text{ kN}}$

6-57. $V_2 = 3/(\pi \times 1.25 \times 1.25/144) = 88.01$ fps

$V_1 = 88.01 \times (2.5 \times 2.5/6 \times 6) = 15.28$ fps

$p_1 = (\rho/2)(V_2^2 - V_1^2) = (1.94/2)(88.01 \times 88.01 - 15.28 \times 15.28) = 7{,}287$ psf

$\Sigma F_x = \rho Q(V_{2x} - V_{1x})$

$F_x = -7{,}287 \times \pi \times 0.25 \times 0.25 + 1.94 \times 3(88.01 - 15.28) = \underline{-1{,}007 \text{ lbf}}$

6-58. $V_2 = 0.05/(\pi \times 0.0175 \times 0.0175) = 51.97$ m/s

$V_1 = 51.97 \times (3.5/10)^2 = 6.37$ m/s

6-58. (Continued)

$p_1 = (1{,}000/2)(51.97 \times 51.97 - 6.37 \times 6.37) = 1{,}330{,}200$ Pa

$F_x = -1{,}330{,}200 \times \pi \times 0.05 \times 0.05 + 1{,}000 \times 0.05(51.97 - 6.37)$

$= \underline{\underline{-8{,}167 \text{ N}}}$

6-59. $Q_1 = 40 \times \pi \times 1 \times 1/144 = 0.872$ cfs

$Q_2 = 40 \times \pi \times 0.5 \times 0.5/144 = 0.218$ cfs

$Q_3 = 40 \times \pi \times 1.5 \times 1.5/144 = \underline{1.963 \text{ cfs}}$

$Q_t = 3.053$ cfs

$V = 3.053/(\pi \times 0.5 \times 0.5) = 3.887$ fps

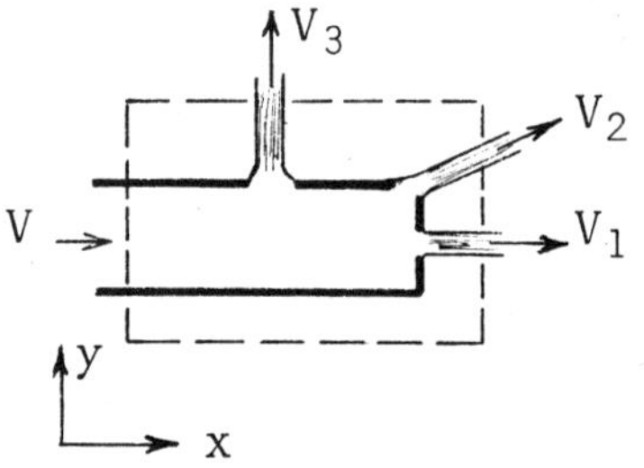

$p = 0 + (1.94/2)(40 \times 40 - 3.887 \times 3.887) = 1{,}537$ psf

$\Sigma F_x = \Sigma V_x \rho \underline{V} \cdot \underline{A}$

$F_x = -1{,}537 \times \pi \times 0.5 \times 0.5 - 3.887 \times 1.94 \times 3.053 + 40 \times 1.94$

$\times\ 0.872 + 40 \times 1.94 \times 0.218 \cos 30° = -1{,}148$ lbf

$F_y = 40 \times 1.94 \times 0.218 \sin 30° + 40 \times 1.94 \times 1.963 = 160.8$ lbf

$\underline{F} = \underline{\underline{-1{,}148\underline{i} + 160.8\underline{j} \text{ lb}}}$

6-60. $V = 0.3/(\pi \times 0.15 \times 0.15) = 4.244$ m/s

$p = (1{,}000/2)(25 \times 25 - 4.244 \times 4.244) = 303{,}500$ Pa

$F_y = -303{,}500 \times \pi \times 0.15 \times 0.15 + 1{,}000 \times 0.3(-25 \sin 30° - 4.244)$

$= -26{,}480 \text{ N} = \underline{\underline{-26.48 \text{ kN}}}$

6-61. $V_p = Q/A = (2 \times 80.2 \times \pi \times 0.5 \times 0.5)/(\pi \times 2 \times 2) = 10.025$ fps

$\Sigma F_x = \Sigma V_x \rho \underline{V} \cdot \underline{A}$

$F_x = -43 \times \pi \times 2 \times 2 + (80.2 \times 1.94 \times 80.2 \times \pi \times 0.5 \times 0.5/144)$

$-(80.2 \times 1.94 \times 80.2 \times \pi \times 0.5 \times 0.5/144)\sin 30°$

$-(10.025 \times 1.94 \times 10.025 \times \pi \times 0.1667 \times 0.1667) = -523.3$ lbf

$F_y = -1.94 \times 80.2 \times \cos 30° \times 80.2 \times \pi \times 0.5 \times 0.5/144 = -58.94$ lbf

Total force $\underline{\underline{\underline{F} = -523.3\underline{i} - 58.94\underline{j} \text{ lbf}}}$

6-62. $V_p = (2 \times 30 \times \pi \times 0.025 \times 0.025)/(\pi \times 0.1 \times 0.1) = 3.75$ m/s

$p_p = (\rho/2)(V_j^2 - V_p^2) = (1{,}000/2)(30 \times 30 - 3.75 \times 3.75) = 442{,}969$ Pa

$F_x = -442{,}969 \times \pi \times 0.1 \times 0.1 + 30 \times 1{,}000 \times 30 \times \pi \times 0.025 \times 0.025$

$-30 \times 1{,}000 \times 30 \times \pi \times 0.025 \times 0.025 \sin 30° - 3.75 \times 1{,}000$

$\times\ 3.75 \times \pi \times 0.1 \times 0.1 = -13{,}474\text{N} = -13.474\text{kN}$

$F_y = -1{,}000 \times 30 \times \cos 30° \times 30 \times \pi \times 0.025 \times 0.025$

$= -1{,}530$ N $= -1.53$ kN; Total force $\underline{F} = (-13.474\underline{i} - 1.53\underline{j})$ kN

6-63. $V_3 = (40 \times 2 \times 2 - 100 \times 1 \times 1)/(1 \times 1) = 60$ ft/s

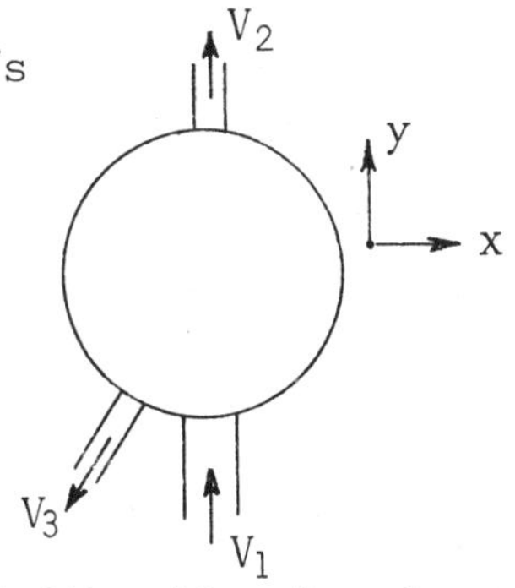

$\Sigma F_x = \Sigma V_x \rho \underline{V} \cdot \underline{A}$

$F_x = -60 \sin 30° \times 1.5 \times 1.94 \times 60 \times \pi \times 0.5$

$\times\ 0.5/144 = -28.57$ lbf

$\Sigma F_y = \Sigma V_y \rho \underline{V} \cdot \underline{A}$

$F_y = -60 \times \pi \times 1 \times 1 + 200 + (1.94 \times 1.5\pi/144)(-40 \times 40 \times 1 \times 1$

$+\ 100 \times 100 \times 0.5 \times 0.5 - 60 \times 60 \times 0.5 \times 0.5 \times \cos 30)$

$= +19.16$ lbf; Total force $\underline{F} = -28.57\underline{i} + 19.16\underline{j}$ lbf

---

6-64. $V_3 = (10 \times 5 \times 5 - 30 \times 2.5 \times 2.5)/(2.5 \times 2.5) = 10$ m/s

$F_x = -10 \sin 30° \times 1{,}500 \times 10 \times \pi \times 0.0125 \times 0.0125 = -36.8\text{N}$

$F_y = -400{,}000 \times \pi \times 0.025 \times 0.025 + 600 + (1{,}500\pi)$

$\times\ (-10 \times 10 \times 0.025 \times 0.025 + 30 \times 30 \times 0.0125 \times 0.0125$

$-\ 10 \times 10 \times 0.0125 \times 0.0125 \quad \cos 30°) = 119$ N

Total force $\underline{F} = (-36.8\underline{i} + 119.0\underline{j})$ N

6-65. $\Sigma F_x = \Sigma V_x\ \underline{V} \cdot \underline{A}$

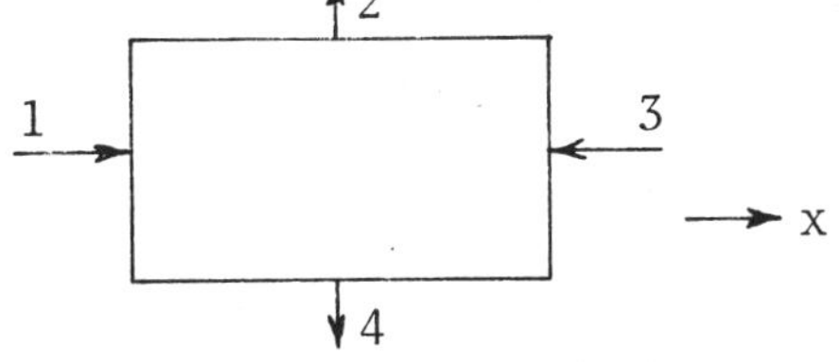

$F_x = 0$

$\Sigma F_y = \Sigma V_y\ \underline{V} \cdot \underline{A} = 2{,}000 \times 20 \times 0.1$

$-2{,}000 \times 15 \times 0.5 = 4{,}000 - 15{,}000$

$Q_4 = 0.6 - 0.10$
$= 0.50\ m^3/s$

$= -11{,}000$ N; $\underline{F} = -11.0\underline{j}$ kN

6-66. $V_{top} = 36[(100/36) - (40/9) + (40/16)] = 30$ fps

$\Sigma F_y = \Sigma V_y \rho \underline{V} \cdot \underline{A}$

$F_y = 5 \times \pi \times 1 \times 1 + 3 \times 62.4 + 100 - 40 \times 1.94 \times 40 \times \pi \times 2 \times 2/144$

$+ 20 \times 1.94 \times 40 \times \pi \times 1.5 \times 1.5/144 + 30 \times 1.94 \times 30 \times \pi$

$\times 1 \times 1/144 = \underline{146.7 \text{ lbf}}$

6-67. $V_1^2/2g + z_1 = V_2^2/2g + z_2$

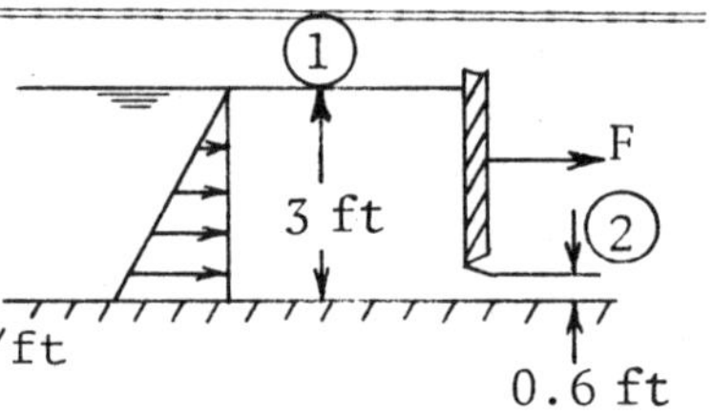

$(0.6/3)^2\ V_2^2/2g + 3 = V_2^2/2g + 0.6$

$V_2 = 12.69$ fps; $V_1 = 2.54$; $Q = 7.614$ cfs/ft

$\Sigma F_x = \rho Q(V_{2x} - V_{1x})$

$F_x = -62.4 \times 3.0 \times 3.0/2 + 62.4 \times 0.6 \times 0.6/2 + 1.94 \times 7.614$

$\times (12.69 - 2.54) = \underline{-119.6 \text{ lbf/ft}}$

6-68. $\Sigma F_x = \Sigma V_x \rho \underline{V} \cdot \underline{A}$

$$p_1 A - p_2 A_1 - F_\tau = -\rho U^2 A + \int_{A_2} \rho u_2^2 dA \qquad (1)$$

$$u_2 = u_{max}\ (1 - (r/r_0)^2)$$

$$u_2^2 = u_{max}^2\ (1 - (r/r_0)^2)^2$$

$$\int_{A_2} \rho u_2^2 dA = \int_0^{r_0} \rho u_{max}^2\ (1 - (r/r_0)^2)^2 2\pi r dr)$$

$$= -\rho u_{max}^2 \pi r_0^2 \int_0^{r_0} (1 - (r/r_0)^2)^2 (-2r/r_0^2) dr$$

The above integral is in the form $\int u^n du = u^{n+1}/(n+1)$

Thus $$\int_{A_2} \rho u_2^2 dA = -\rho u_{max}^2 \pi r_0^2 (1 - (r/r_0)^2)^3/3 \Big|_0^{r_0}$$

$$= -\ \rho u_{max}^2 \pi r_0^2 (0-1/3)$$

$$= +\ \rho u_{max}^2 \pi r_0^2/3 \qquad (2)$$

6-68. (Continued)

Now determine U in terms of u_{max}.

$$UA = \int u dA$$

$$= \int_0^{r_0} u_{max}(1 - (r/r_0)^2)\, 2\pi r dr$$

$$= -u_{max}\pi r_0^2 \int_0^{r_0} (1-(r/r_0)^2)(-2r/r_0^2)dr$$

$$= -u_{max}\pi r_0^2 (1 - (r/r_0)^2)^2/2 \Big|_0^{r_0}$$

$$UA = U_{max}\pi r_0^2/2$$

or $\quad U_{max} = 2U \qquad (3)$

Substituting $U_{max} = 2U$ into Eq.(2) yields:

$$\int \rho u_2^2 dA = (4/3)\rho U^2 A \qquad (4)$$

Then when Eq. (4) is substituted into Eq. (1) we get

$$p_1 A - p_2 A - F_T = -\rho U^2 A + (4/3)\ \rho U^2 A$$

$$\underline{\underline{F_T = A(p_1 - p_2 - (1/3)\rho U^2)}}$$

6-69. $Q = 80 \times \pi \times 1.5 \times 1.5 = 565.5$ cfs; $V_2 = 80$ fps; $V_1 = 0$

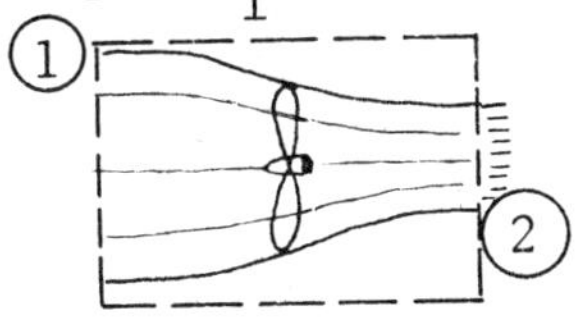

$$\Sigma F_x = \rho Q(V_{2x} - V_{1x})$$

$$F_x = 0.00228 \times 565.5(80 - 0) = 103.1 \text{ lbf}$$

When $V_1 = 20$ fps, $F_x = 0.00228 \times 565.6(80-20) = \underline{\underline{77.37 \text{ lbf}}}$

6-70. $V_2 = 10 \times (3/4.5)^2 = 4.44$ m/s

$$\Sigma F_x = \Sigma V_x \rho \underline{V} \cdot \underline{A}$$

$$T = 1.2 \times 10 \times \pi \times 1.5 \times 1.5\ (10 - 4.44) = \underline{\underline{471 \text{ N}}}$$

6-71. $V_1 = V_0 D^2/(D^2 - D_j^2)$; $V_2 = (V_0 D^2 + V_j D_j{}^2)/D^2$

$\Sigma F_x = \Sigma \rho V_x \underline{V} \cdot \underline{A}$

Neglecting friction between sections (1) & (2)

$$(p_1 - p_2)\,\pi D^2/4 = -\rho V_1^2 \pi (D^2 - D_j^2)/4 - \rho V_j^2 \pi D_j^2/4 + \rho V_2^2 \pi D^2/4$$

$$(p_2 - p_1) = \rho V_1^2 (D^2 - D_j^2)/D^2 + \rho V_j^2 D_j^2/D^2 - \rho V_2^2$$

$$= \underline{\underline{(\rho V_0^2 D^2/(D^2 - D_j^2)) + (\rho V_j^2 D_j^2/D^2) - (\rho (V_0 D^2 + V_j D_j^2)^2/D^4)}}$$

6-72.

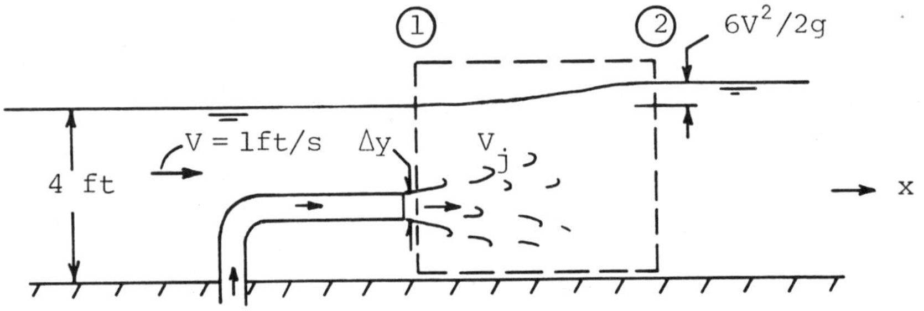

First carry out the analysis for a section 1 ft wide (unit width) and neglect bottom friction.

$$\Sigma F_x = \Sigma V_x \rho \underline{V} \cdot \underline{A}$$

$$\gamma y_1^2/2 - \gamma y_2^2/2 = -1\,\rho\,(1 \times (4 - \Delta y)) - V_j \rho (V_j \Delta y) + V_2 \rho (V_2 y_2) \qquad (1)$$

but $\quad y_2 = 4 \text{ ft} + 6\ V^2/2g$

$$= 4 + 6/2g = 4.0932 \text{ ft}$$

Also $\quad V_2 y_2 = V_1 (4 - \Delta y) + V_j \Delta y$

$$V_2 = V_1 (4 - \Delta y)/y_2 + V_j \Delta y / y_2$$

Assume $\quad \Delta y = 0.10$ ft

Then $\quad V_2 = 1(3.9)/(4.0932) + V_j \times 0.1/4.0392 = 0.9528 + 0.02476\ V_j$

Eq. (1) then reduces to:

$$V_j^2 - (0.9528 + 0.02476\ V_j)^2 \times 40.932 = 5g(y_2^2 - y_1^2) - 39.0$$

$$= 82.44 \text{ ft}^2/\text{s}^2$$

Solving: $V_j = 12.1$ ft/s $\quad A_j = 0.10$ ft^2

6-72. (Continued)

If circular nozzles were used, then $A_j = (\pi/4)d_j^2$; $d_j = 4.28$ in.

Therefore, one could use 8 nozzles of about 4.3 in. in diameter discharging water at 12.1 ft/s.

Other combinations of d_j, V_j and number of jets are possible to achieve the desired result.

6-73.

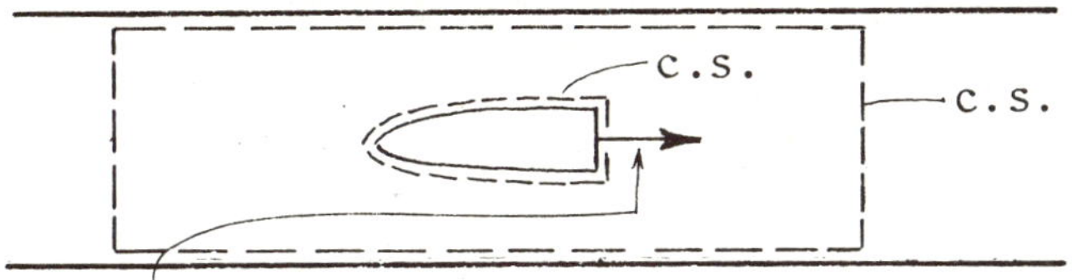

$F_{\text{of device on air}} = -\text{Drag}$

$\dot{m} = \rho VA = 1 \times 30\pi D^2/4 = \underline{\underline{23.6 \text{ kg/s}}}$

$$\int_0^{r_0} VdA = Q$$

But V is linearly distributed, so $V = (r/r_0)V_{max}$

Thus $$\int_0^{r_0} ((r/r_0)V_{max})2\pi r dr = \overline{V}A$$

$$2\pi V_{max} r_0^2/3 = \overline{V}r_0^2$$

$$V_{max} = 1.5\overline{V} = \underline{\underline{45 \text{ m/s}}}$$

Write momentum equation to determine drag:

$$p_1A_1 - p_2A_2 - \text{Drag} = -30 \times 1 \times (\pi/4) \times 1^2 \times 30 + \int_0^{r_0} \rho V^2 dA$$

$$1{,}500 \times (\pi/4) \times 1^2 - 1{,}000 \times (\pi/4) \times 1^2 - \text{Drag} = -706.8 + \int_0^{r_0}$$

$$1 \times ((r/r_0)1.5\overline{V})^2 2\pi r dr;\ 1{,}178 - 785 - \text{Drag} = -707 + (4.5\pi/4)\overline{V}^2 r_0^2$$

Then for $\overline{V} = 30$ m/s and $r_0 = 0.5$ m

Drag = 1,178 - 785 + 707 - 795 N = $\underline{\underline{305 \text{ N}}}$

6-74. Refer to solution of P 6-73.

$\dot{m} = \rho VA = 0.0026 \times 100 \times (\pi/4)(3.0)^2 = \underline{\underline{1.838 \text{ slugs/s}}}$

$V_{max} = 1.5\overline{V} = \underline{\underline{150 \text{ ft/s}}}$

$\text{Drag} = (\pi)(1.5)^2(0.24 - 0.1) \times 144 + 0.0026\ ((100)^2 \times \pi$

$\times (1.5)^2 - (4.5\pi/4)\overline{V}^2 r_0^2)$

6-74. (Continued)

Then for $\overline{V}$ = 100 ft/s and r_0 = 1.5 ft

Drag = 142 + 184 - 207 lbf = 119 lbf

6-75. This type of problem is directly analogous to the rocket problem except that the weight does not directly enter as a force term and $p_e = p_0$. Therefore, the appropriate equation is

$M\, dv_s/dt = \rho V_e^2 A_e$ - Friction

$a = (1/M)(\rho V_e^2 (\pi/4) d_e^2 - Wf)$

where f = coeffic. of sliding friction

W = wgt = 350 + 981 = 1,331 N

$a = (g/W)(1{,}000 \times 25^2 (\pi/4) \times 0.015^2 - (1{,}331 \times 0.05))$

$a = (9.81/1{,}331)(43.90)\ \text{m/s}^2 = 0.324\ \text{m/s}^2$

6-76. $F_y = \int_{c.s.} V_y \rho \underline{V} \cdot d\underline{A}$

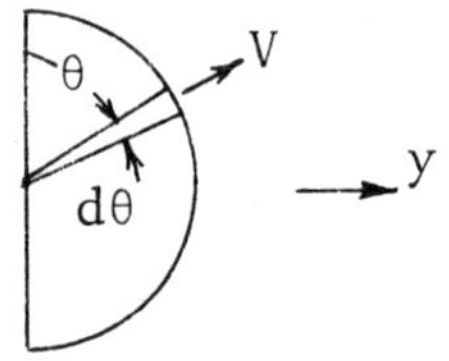

$F_y = \int_{-\pi/2}^{\pi/2} V \sin\theta \rho V t r d\theta = \rho V^2 t r \int_{-\pi/2}^{\pi/2} \sin\theta d\theta = 2\rho V^2 t r$

6-77. $c = (2.2 \times 10^9/1{,}000)^{1/2} = 1{,}483$ m/s

$t_{crit} = 2\ L/c = 2 \times 10{,}000/1{,}483 = 13.5\ s > 10\ s$

Then $\Delta p = \rho V c = 1{,}000 \times 3 \times 1{,}483 = 4{,}449{,}000$ Pa = 4.45 MPa

---

6-78. c = 1,483 m/s (from solution to P6-77)

$t = 4L/c \therefore 3 = 4L/1{,}483$; L = 1,112 m

6-79. $c = (320{,}000 \times 144/1.94)^{1/2} = 4{,}874$ ft/s

$t_{crit} = 2L/c = 2 \times 5 \times 5{,}280/4{,}874 = 10.83\ s > 10\ s$

Then $\Delta p_{max} = \rho V c = 1.94 \times 6 \times 4{,}874$ = 56,733 psf = 394 psi

---

6-80. $t_{crit} = 2L/c = 2 \times 4{,}000/1{,}485.4 = 5.385\ s > 3\ s$

$F_{valve} = A\Delta p = A\rho(Q/A)c = \rho Q c = 998 \times 0.025 \times 1{,}483$ = 37,000 N = 37.0 kN

6-81. From continuity equation

$(V + c)\rho = c(\rho + \Delta\rho)$

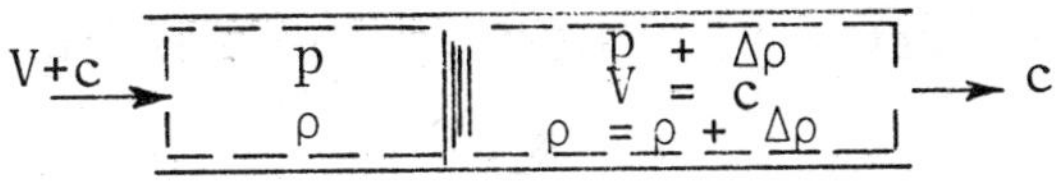

$\therefore \Delta\rho = V\rho/c$

$\Sigma F_x = \Sigma V_x \rho \underline{V} \cdot \underline{A}$

$p_1 A_1 - (p + \Delta p)A = -(V + c)\rho(V + c)A + c^2(\rho + \Delta\rho)A$

$\Delta p = 2\rho Vc - c^2\Delta\rho + V^2\rho = 2\rho Vc - c^2 V\rho/c + V^2\rho = \rho Vc + \rho V^2$

Here ρV^2 is very small compared to ρVc

$\therefore \Delta p = \rho Vc$

6-82. $V = 0.1$ m/s; $c = 1{,}483$ m/s from solution to P6-77;

$p_{pipe} = 10\gamma - \rho V^2_{pipe}/2 \approx 98{,}000$ Pa

$\Delta p = \rho Vc = 1{,}000 \times 0.10 \times 1{,}483$

$\Delta p = 148{,}000$ Pa

Thus $p_{max} = p + \Delta p = 98{,}000 + 148{,}000 = 246$ kPa gage

$p_{min} = p - \Delta p = -50$ kPa gage

The sequence of events are as follows:			Σt
Pressure wave reaches pt. B at t =	1,000m/1,483 m/s	= 0.674s	0.67s
Time period of high pressure at B =	600/1,483	= 0.405s	1.08s
Time period of static pressure at B =	2,000/1,483	= 1.349s	2.43s
Time period of negative pressure at B =	600/1,483	= 0.405s	2.83s
Time period of static pressure at B =	2.000/1,483	= 1.349s	4.18s
Time period of high pressure at B =	600/1,483	= 0.405s	4.59s
Time period of static pressure at B =	2,000/1,483	= 1,349s	5.94s

Results are plotted below:

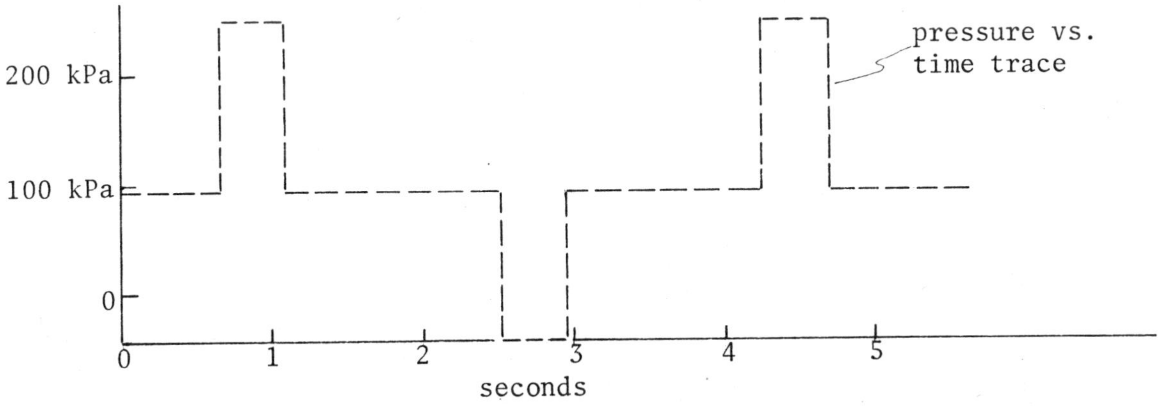

6-82. (Continued)

At $t = 1.5$s high pressure wave will have travelled to reservoir and static wave will be travelling toward valve.

Time period for wave to reach reservoir = 1,300/1,483 = 0.877s.
Then static wave will have travelled for 1.5 - 0.877s = 0.623s.
Distance static wave has travelled = 0.623s x 1,483 m/s = 924 m.
The pressure vs. position plot is shown below:

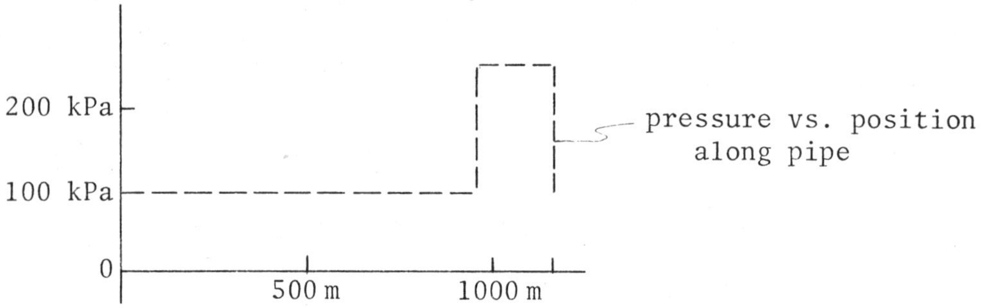

6-83. $c = 1{,}483$ m/s; $\Delta p = \rho \Delta V c$; $t = L/c$

$L = tc = 1.46\text{s} \times 1{,}483 = \underline{\underline{2{,}165 \text{ m}}}$

$\Delta V = \Delta p/\rho c$

$= (2.3 - 0.2) \times 10^6 \text{Pa}/1.483 \times 10^6 \text{kg/m}^2\text{s} = 1.416 \text{ m/s}$

$Q = VA = 1.416 \times \pi/4 = \underline{\underline{1.112 \text{ m}^3/\text{s}}}$

6-84. $V_y = -(3.1 + 3x)$ m/s

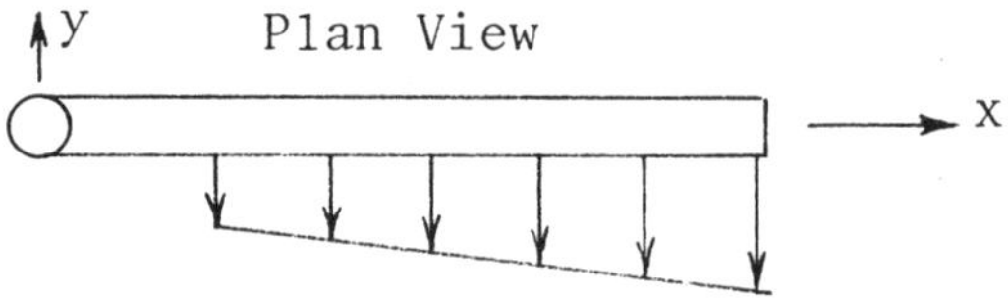

$\Sigma F_y = \int V_y \rho \underline{V} \cdot d\underline{A}$

$R_y = -\int_{0.3}^{1.3} (3.1 + 3x) \times 1{,}000 \times (3.1 + 3x) \times 0.015\, dx = \underline{\underline{-465 \text{ N}}}$

$Q = \int V dA = 0.015 \int_{0.3}^{1.3} (3.1 + 3x)\, dx = 0.0825 \text{ m}^3/\text{s}$

$\Sigma F_z = \Sigma V_z \rho \underline{V} \cdot \underline{A}$

$R_z = 30{,}000 \times \pi \times 0.04 \times 0.04 + 0.08 \times \pi \times 0.04 \times 0.04 \times 9{,}810$

$+ 1.3 \times \pi \times 0.025 \times 0.025 \times 9{,}810 + 1{,}000 \times 0.0825 \times 0.0825/$

$(\pi \times 0.04 \times 0.04) = \underline{\underline{1{,}534 \text{ N}}}$

$\Sigma F_x = \Sigma V_x \rho \underline{V} \cdot \underline{A}$; $\underline{\underline{R_x = 0}}$

6-84. (Continued)

$\Sigma M_z = 0$

$$T_z = \int_{c.s.} rV\rho \underline{V}\cdot d\underline{A}$$

$$= 15\int_{0.3}^{1.3} (3.1 + 3r)^2 r dr = \underline{\underline{413.2\ N\cdot m}}$$

$\Sigma M_y = 0$

$$T_y = -1.3\ \pi \times 0.025 \times 0.25 \times 9{,}810 \times 0.65 = \underline{\underline{-16.28\ N\cdot m}}$$

$\Sigma M_x = 0$

$\underline{\underline{T_x = 0}}$

6-85. $V_1 = (0.1 \times 50 + 0.2 \times 50)/0.6 = 25$ fps

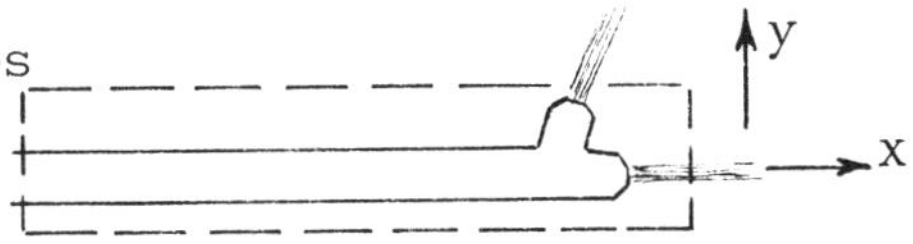

$\Sigma F_x = \Sigma V_x \rho \underline{V}\cdot\underline{A}$

$$F_{1x} = -20 \times 144 \times 0.6 - 1.94 \times 25 \times 25 \times 0.6 + 1.94 \times 50 \times 50 \times 0.2$$
$$+ 1.94 \times 50 \times 50 \times 0.1 \times \sin 30° = \underline{\underline{-1{,}243\ lbf}}$$

$\Sigma F_y = \Sigma V_y \rho \underline{V}\cdot\underline{A}$

$$F_{1y} = 1.94 \times 50 \times 50 \times 0.1 \times \cos 30° = \underline{\underline{420\ lbf}}$$

$\Sigma F_z = 0$; therefore $\underline{\underline{F_{1z} = 0}}$

$\Sigma M_z = 0$

$$M_z = \Sigma(\underline{r} \times \underline{V})\rho\underline{V}\cdot\underline{A} = (3\underline{i} \times 50\cos 30°\underline{j})\ 1.94 \times 50 \times 0.1 = \underline{\underline{1{,}260\,\underline{k}\ ft\text{-}lb}}$$

$\Sigma M_y = 0$; therefore $\underline{\underline{M_y = 0}}$

6-86. $V_1 = (0.01 \times 20 + 0.02 \times 20)/0.1 = 6$ m/s

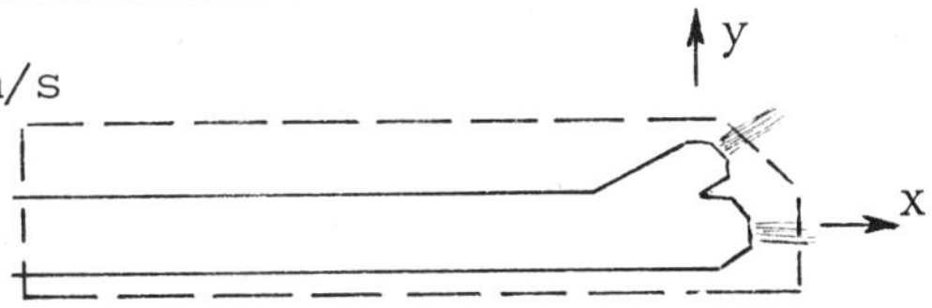

$$F_{1x} = -200{,}000 \times 0.1 - 1{,}000 \times 6 \times 6$$
$$\times 0.1 + 1{,}000 \times 20 \times 20 \times 0.02$$
$$+ 1{,}000 \times 20 \times 20 \times 0.01 \times \cos 30°;$$ Assume $W_{water} = 0.1 \times 1 \times \gamma = 981$ N

$$= \underline{\underline{-12{,}135\ N}}$$

$$F_{1y} = 1{,}000 \times 20 \times 20 \times 0.01 \times \sin 30° + 1071 = \underline{\underline{3{,}071\ N}};\ \underline{\underline{F_{1z} = 0}}$$

$$M_z = (1\underline{i} \times 20\sin 30°\underline{j}) \times 1{,}000 \times 20 \times 0.01 + 0.5\underline{i} \times 1{,}071\underline{j}$$

$$= \underline{\underline{2{,}535\underline{k}\ N\cdot m}};\ \underline{\underline{M_y = 0}}$$

6-87. $V_1 = 2/(\pi \times 3 \times 3/144) = 10.19$ ft/sec

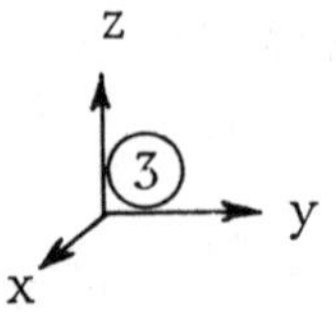

$V_2 = 2/(\pi \times 2 \times 2/144) = 22.92$ ft/sec

$p_2 = 20 \times 144 + (1.94/2)(10.19 \times 10.19 - 22.92 \times 22.92) = 2{,}471$ psf

$\Sigma M_z = 0$

$M_{z3} = (\underline{r}_1 \times \underline{V}_1)\rho(-Q) + (\underline{r}_2 \times \underline{V}_2)\rho Q$

$= \rho Q(V_1 - V_2) + p_1A_1 - p_2A_2$

$= 1.94 \times 2 \times (10.19 - 22.92) + 20 \times 144 \times \pi \times 3 \times 3/144$

$- 2{,}471 \times \pi \times 2 \times 2/144 = \underline{\underline{-300.5 \text{ ft-lb}}}$

$\Sigma F_y = \rho Q(V_{2y} - V_{1y})$

$F_{y3} = -(20 \times 144 \times \pi \times 3 \times 3/144) - (2{,}471 \times \pi \times 2 \times 2/144)$

$+(1.94 \times 2 \times (-22.92 - 10.19)) = -909.6$ lbf

Shear force at section 3, $F_{y3} = \underline{\underline{909.6 \text{ lbf}}}$

$M_{x3} = r \times F_y = -2 \times 909.6 = \underline{\underline{-1{,}819.2 \text{ ft-lb}}}$

6-88. $M_0 = M_f \exp(V_{60}\lambda/\tau) = 50 \exp(7{,}200/3{,}000) = \underline{\underline{551.2 \text{ kg}}}$

6-89. $\Sigma F_z = \Sigma V_z \rho(\underline{V} \cdot \underline{A})$

$T - p_aA_e\cos 30° + p_eA_e\cos 30° = -V_e\cos 30° \rho V_eA_e$

$T = -1 \times 0.866 \times (50{,}000 - 10{,}000 + 0.3 \times 2{,}000 \times 2{,}000)$

$= -1.074 \times 10^6$N

Thrust of four engines $= 4 \times 1.074 \times 10^6 = 4.3 \times 10^6\text{N} = \underline{\underline{4.3 \text{ MN}}}$

6-90. $\Sigma \underline{F} = \Sigma V\rho \underline{V} \cdot \underline{A}$

$\underline{F} = -220(-100 + 2{,}000) + 1.5 \times 10^6 \times 1 + (2 - 1) \times 10^5 - 8 \times 10^4 \times 2$

$= 1.022 \times 10^6\text{N} = \underline{\underline{1.022 \text{ MN}}}$

6-91. $\Sigma \underline{F} = \int \underline{V}\rho \underline{V} \cdot d\underline{A}$

$T = \int_0^\alpha V_e \cos\theta \rho V_e \int_0^{2\pi} \sin\, r d\phi r d\theta$

6-91. (Continued)

$$T = 2\pi r^2 \rho V_e^2 \int_0^{\alpha} \cos\theta \sin\theta \, d\theta$$

$$= 2\pi r^2 \; V_e^2 \; \sin^2\alpha/2$$

$$= \rho V_e^2 2\pi r^2 (1-\cos\alpha)(1+\cos\alpha)/2$$

Exit Area $A_e = \int_0^{\alpha}\int_0^{2\pi} \sin\theta \; r d\phi \; r d\theta = 2\pi r^2 (1-\cos\alpha)$

$$T = \rho V_e^2 A_e (1+\cos\alpha)/2 = \dot{m}\, V_e (1+\cos\alpha)/2$$

6-92.

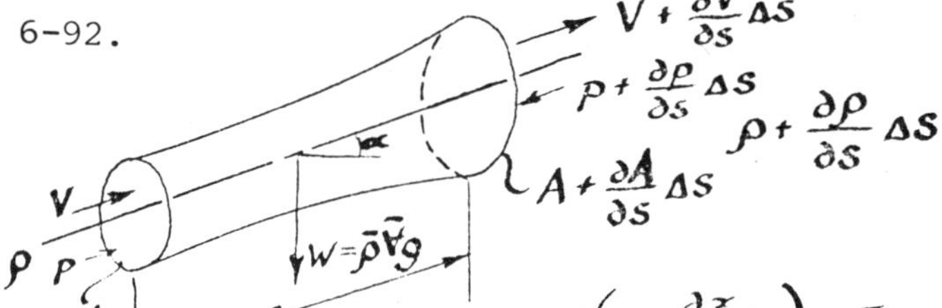

$$\sin\alpha = \frac{\left(z + \frac{\partial z}{\partial s}\Delta s\right) - z}{\Delta s} = \frac{\partial z}{\partial s}$$

average values

$$\bar{V} = \tfrac{1}{2}\left[V + \left(V + \frac{\partial V}{\partial s}\Delta s\right)\right] = V + \frac{\partial V}{\partial s}\frac{\Delta s}{2}$$

$$\bar{p} = p + \frac{\partial p}{\partial s}\frac{\Delta s}{2}$$

$$\bar{A} = A + \frac{\partial A}{\partial s}\frac{\Delta s}{2}$$

$$\bar{\rho} = \rho + \frac{\partial \rho}{\partial s}\frac{\Delta s}{2}$$

$$\forall = \bar{A}\Delta s = \left(A + \frac{\partial A}{\partial s}\frac{\Delta s}{2}\right)\Delta s$$

let $x' = \frac{\partial x}{\partial s}$

Apply continuity,

$$\frac{\partial}{\partial t}\int \bar{\rho}\, d\forall + \int \rho \underline{V}\cdot d\underline{A} = 0$$

$$\frac{\partial}{\partial t}\left[\left(\rho + \rho'\frac{\Delta s}{2}\right)\left(A + A'\frac{\Delta s}{2}\right)\Delta s\right] - \rho V A + (\rho + \rho'\Delta s)(V + V'\Delta s)(A + A'\Delta s) = 0$$

$$\frac{\partial}{\partial t}\left[\rho A \Delta s + \rho' A\frac{(\Delta s)^2}{2} + \rho A'\frac{(\Delta s)^2}{2} + \rho' A'\frac{(\Delta s)^3}{4}\right] - \rho V A + \rho V A + \rho V'\Delta s A$$

$$+ \rho V A'\Delta s + \rho V' A'(\Delta s)^2 + \rho'\Delta s V A + \rho' V A'(\Delta s)^2 + \rho' V' A(\Delta s)^2 + \rho' V' A'(\Delta s)^3 = 0$$

dropping higher order differentials and dividing by Δs,

$$\frac{\partial}{\partial t}(\rho A) + \frac{\partial}{\partial s}(\rho V A) = 0$$

Applying the momentum equation along the streamtube direction,

$$\Sigma F_s = \frac{\partial}{\partial t}\int V_s \rho \, d\forall + \int V_s \rho \underline{V}\cdot\underline{A}$$

$$pA - (p + p'\Delta s)(A + A'\Delta s) + \left(p + p'\frac{\Delta s}{2}\right)A'\Delta s$$

$$-g\left(\rho + \rho'\frac{\Delta s}{2}\right)\left(A + A'\frac{\Delta s}{2}\right)(\Delta s)\sin\alpha = \frac{\partial}{\partial t}\left[\left(V + V'\frac{\Delta s}{2}\right)\left(\rho + \rho'\frac{\Delta s}{2}\right)\left(A + A'\frac{\Delta s}{2}\right)\Delta s\right]$$

$$-\rho V^2 A + (\rho + \rho'\Delta s)(V + V'\Delta s)^2 (A + A'\Delta s)$$

$$pA - pA - pA'\Delta s - p'A\Delta s - p'A'(\Delta s)^2 + pA'\Delta s + p'A'\frac{(\Delta s)^2}{2}$$

$$-\gamma A \Delta s\, z' - \gamma' A\frac{(\Delta s)^2}{2}z' - \gamma A'\frac{(\Delta s)^2}{2}z' - \gamma' A'\frac{(\Delta s)^3}{4}z' =$$

$$\frac{\partial}{\partial t}\Big[V\rho A\,\Delta s + V'\rho A\frac{(\Delta s)^2}{2} + V\rho' A\frac{(\Delta s)^2}{2} + V\rho A'\frac{(\Delta s)^2}{2} + V'\rho' A\frac{(\Delta s)^3}{4}$$
$$+ V'\rho A'\frac{(\Delta s)^3}{4} + V\rho' A'\frac{(\Delta s)^3}{4} + V'\rho' A'\frac{(\Delta s)^4}{8}\Big] - \rho V^2 A + \rho V^2 A$$
$$+ \rho V^2 A'\Delta s + 2\rho V A V'\Delta s + \rho' V^2 A\,\Delta s + \rho' V^2 A'(\Delta s)^2 + 2\rho V V' A'(\Delta s)^2$$
$$+ 2\rho' V V' A(\Delta s)^2 + \rho(V')^2 A(\Delta s)^2 + \rho'(V')^2 A(\Delta s)^3 + \rho(V')^2 A'(\Delta s)^3$$
$$+ 2\rho' V V' A'(\Delta s)^3 + \rho'(V')^2 A'(\Delta s)^4$$

dropping higher order differentials and dividing by Δs,

$$-\frac{\partial p}{\partial s}A - \gamma A\frac{\partial z}{\partial s} = \frac{\partial}{\partial t}(V\rho A) + \rho V^2\frac{\partial A}{\partial s} + 2\rho V A\frac{\partial V}{\partial s} + \frac{\partial \rho}{\partial s}V^2 A$$
$$= V\frac{\partial}{\partial t}(\rho A) + V\frac{\partial}{\partial s}(\rho V A) + \rho A\frac{\partial V}{\partial t} + \rho V A\frac{\partial V}{\partial s}$$
$$= V\Big[\frac{\partial}{\partial t}(\rho A) + \frac{\partial}{\partial s}(\rho V A)\Big] + \rho A\frac{\partial V}{\partial t} + \rho V A\frac{\partial V}{\partial s}$$

dividing by A and noting that

1) $\frac{\partial}{\partial t}(\rho A) + \frac{\partial}{\partial s}(\rho V A) = 0$ by continuity

2) $\frac{DV}{Dt} = \frac{\partial V}{\partial t} + V\frac{\partial V}{\partial s}$

$$-\frac{\partial}{\partial s}(p + \gamma z) = \rho\frac{DV}{Dt} \equiv \text{Euler's equation.}$$

6-93. $V_i = 2\pi \times 4 = 25.13$ m/s

$\Sigma F_x = \Sigma V_x \rho \underline{V}\cdot\underline{A}$

$T = \rho Q(V_{ex} - V_{ix}) = 1.2 \times 25.13 \times 20 \times 10^{-4}(500 - 25.13) = 28.64$ N

Power $P = 2FV = 2 \times 28.64 \times 25.13 = 1{,}440$ W = 1.44 kW

7-1. $\dot{Q} - \dot{W}_s = \dot{m}(h_2 + V_2^2/2 - h_1 - V_1^2/2)$

$-2{,}500 - \dot{W}_s = 5{,}800[1{,}098 + 200^2/(2 \times 778 \times 32.2) - 1{,}268$

$-50^2/(2 \times 778 \times 32.2)]\text{BTU/hr}$

$\dot{W}_s = 1.564 \times 10^6 \text{BTU/hr} = \underline{\underline{614 \text{ hp}}}$

7-2. $\dot{Q} - \dot{W}_s = \dot{m}[(h_2 - h_1) + (V_2^2 - V_1^2)/2]$

$-5 - \dot{W}_s = 4{,}000[(2{,}621 - 3{,}062) + (50^2 - 10^2)/(2 \times 1{,}000)]\text{kJ/hr}$

$\dot{W}_s = \underline{\underline{489 \text{ kW}}}$

7-3. $\dot{Q} - \dot{W}_s = \dot{m}[(h_2 - h_1) + (V_2^2 - V_1^2)/2]$

$= 2[(1{,}100 - 1{,}422) + (150^2 - 20^2)/(2 \times 778 \times 32.2)]\text{BTU/sec}$

$= -643.1 \text{ BTU/sec}$

Given $\dot{W}_s = 900 \text{ hp} = 636.25 \text{ BTU/sec}$

Then heat loss $= -\dot{Q} = -(-643.1 + 636.25) = \underline{\underline{6.87 \text{ BTU/sec}}}$

7-4. $\dot{Q} - \dot{W}_s = \dot{m}[(h_2 - h_1) + (V_2^2 - V_1^2)/2]$

$= 1[(2{,}630 - 3{,}470) + (70^2 - 5^2)/(2 \times 1{,}000)]$

$= -837.6 \text{ kJ/s}$

Heat loss $= -\dot{Q} = -(\dot{W}_s - 837.6) = -(830 - 837.6) = \underline{\underline{7.6 \text{ kJ/s}}}$

7-5. $h_1 + V_1^2/2 = h_2 + V_2^2/2$ or $h_1 - h_2 = V_2^2/2 - V_1^2/2$ (1)

$\dot{m} = \rho_1 V_1 A = (p_1/RT_1)V_1 A$ or $T_1 = p_1 V_1 A/(R\dot{m})$

where $A = (\pi/4) \times (0.08)^2 = 0.005024 \text{ m}^2$

$h_1 - h_2 = c_p(T_1 - T_2) = [c_p p_1 V_1 A/(R\dot{m})] - [c_p p_2 V_2 A/(R\dot{m})]$ (2)

$c_p p_1 A/(R\dot{m}) = 1{,}004 \times 150 \times 10^3 \times 0.005024/(287 \times 0.5)$

$= 5{,}272 \text{ m/s}$ and $c_p p_2 A/(R\dot{m}) = (100/150) \times (5{,}272) = 3{,}515 \text{ m/s}$

Continuity equation: $V_1 = \dot{m}/\rho_1 A$

where $\rho_1 = 150 \times 10^3/(287 \times 293) = 1.784 \text{ kg/m}^3$

Then $V_1 = 0.50/(1.784 \times 0.005024) = 55.8 \text{ m/s}$ (3)

7-5. (Continued)

Utilizing Eqs. (1), (2), and (3), we have

$$55.8 \times 5{,}272 - 3{,}515\ V_2 = (V_2^2/2) - (55.8^2/2) \qquad (4)$$

Solving Eq. (4) yields $V_2 = \underline{\underline{73.1\ m/s}}$

$$c_p(T_1 - T_2) = (73.1^2 - 55.8^2)/2 = 1{,}115\ m^2/s^2$$

$$T_2 = T_1 - (90.56/c_p) = 20°C - 1{,}115/1{,}004 = \underline{\underline{18.9°C}}$$

7-6. $\overline{V} = Q/A = \int_A VdA/A$ where $V = V_{max} - 0.3\ V_{max} r/r_0$

$$= V_{max}(1 - 0.3\ r/r_0)$$

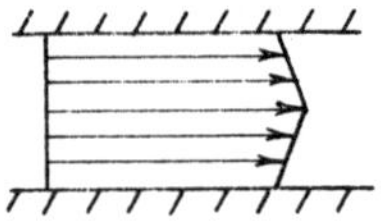

Then $\overline{V} = (V_{max}/\pi r_0^2)\int_0^{r_0} (1 - 0.3\ r/r_0)2\pi r dr$

$$= (2\pi V_{max}/\pi r_0^2)\int_0^{r_0} (1 - 0.3r/r_0)rdr$$

$$= (2V_{max}/r_0^2)\int_0^{r_0}(rdr - (0.3\ r^2/r_0))dr$$

$$= (2V_{max}/r_0^2)(r_0^2/2 - 0.3r_0^2/3) = 0.800\ V_{max}$$

$$\alpha = (1/\pi r_0^2)\int_0^{r_0} [(1 - 0.3r/r_0)V_{max}/0.800\ V_{max}]^3 2\pi r dr$$

$$\alpha = 2\pi/((0.800)^3 \pi r_0^2)\int_0^{r_0}(1 - 0.3\ r/r_0)^3 r dr$$

Integrating yields $\underline{\underline{\alpha = 1.022}}$

7-7. $\overline{V} = V_{max}/2$ and $V = V_{max}\ y/d$

Then $\alpha = (1/d)\int_0^d (V_{max}\ y/((V_{max}/2)d))^3 dy = (1/d)\int_0^d (2y/d)^3 dy = \underline{\underline{2}}$

7-8. a) $\underline{\underline{\alpha = 1.0}}$; b) $\underline{\underline{\alpha > 1.0}}$ c) $\underline{\underline{\alpha > 1.0}}$; d) $\underline{\underline{\alpha > 1.0}}$

7-9. $\alpha = (1/A)\int_A (V/\overline{V})^3 dA;\quad V = V_{max} - (r/r_0)V_{max}$

$$V = V_{max}(1 - (r/r_0))$$

$$Q = \int VdA = \int_0^{r_0} V(2\pi r dr) = \int_0^{r_0} V_m(1 - r/r_0)2\pi r dr$$

$$= 2\pi V_m\int_0^{r_0} (rdr - (r^2/r_0)dr$$

Integrating yields $Q = 2\pi V_m[(r^2/2) - (r^3/(3r_0))]_0^{r_0}$

7-9. (Continued)

$Q = 2\pi V_m[(1/6)r_0^2]$

$Q = (1/3)V_m A$ or $V = Q/A = 1/3\ V_m$

Then $\alpha = (1/A)\int_0^{r_0} [V_m(1 - r/r_0)/((1/3)V_m)]^3 2\pi r dr$

$\alpha = (54\pi/\pi r_0^2)\int_0^{r_0} (1 - (r/r_0))^3 r dr = \underline{\underline{2.7}}$

7-10. $V = kr;\quad Q = \int_0^{r_0} V(2\pi r dr) = \int_0^{r_0} 2\pi k r^2 dr = 2\pi k\ r_0^3/3$

$\overline{V} = Q/A = ((2/3)k\pi r_0^3)/\pi r_0^2 = 2/3\ k\ r_0$

Then $\alpha = (1/A)\int_A (V/\overline{V})^3 dA$

$\alpha = (1/A)\int_0^{r_0} (kr/(2/3\ kr_0))^3 2\pi r dr$

$\alpha = ((3/2)^3 2\pi/(\pi r_0^2))\int_0^{r_0} (r/r_0)^3 r dr$

$\alpha = ((27/4)/r_0^2)(r_0^5/(5r_0^3)) = \underline{\underline{27/20}}$

7-11. $u/u_{max} = (y/r_0)^n = ((r_0 - r)/r_0)^n = (1 - r/r_0)^n$

$Q = \int_A u dA = \int_0^{r_0} u_{max}(1 - r/r_0)^n 2\pi r dr = 2\pi u_{max}\int_0^{r_0}(1 - r/r_0)^n r dr$

Upon integration $Q = 2\pi u_{max} r_0^2[(1/(n+1)) - (1/(n+2))]$

Then $\overline{V} = Q/A = 2u_{max}[(1/(n+1)) - (1/(n+2))] = 2u_{max}$

$/[(n+2)(n+1)]$

$\alpha = (1/A)\int_0^{r_0} [u_{max}(1 - r/r_0)^n/(2u_{max}/((n+2)(n+1)))]^3 2\pi r dr$

Upon integration one gets $\underline{\alpha = (1/4)[((n+2)(n+1))^3/((3n+2)(3n+1))]}$

If $n = 1/6$, then $\alpha = (1/4)[((1/6+2)(1/6+1))^3/((3\times 1/6+2)(3\times 1/6+1))]$

$\underline{\underline{\alpha = 1.078}}$

7-12. $u/u_{max} = (y/d)^n$

Solve for q first in terms of u_{max} and d

$q = \int_0^d u\ dy = \int_0^d u_{max}(y/d)^n dy = u_{max}/d^n\int_0^d y^n dy$

Integrating: $q = (u_{max}/d^n)[y^{n+1}/(n+1)]_0^d = u_{max} d^{n+1} d^{-n}/(n+1)$

7-12. (Continued)

$$q = u_{max} d/(n+1)$$

Then $\bar{u} = q/d = u_{max}/(n+1)$

$$\alpha = (1/A)\int_A (u/\bar{u})^3\, dA = 1/d\int_0^d [u_{max}(y/d)^n/(u_{max}/(n+1))]^3\, dy$$

$$= ((n+1)^3/d^{3n+1})\int_0^d y^{3n} dy$$

Integrating: $\alpha = ((n+1)^3/d^{3n+1})[d^{3n+1}/(3n+1)] = \underline{(n+1)^3/(3n+1)}$

When $n = 1/7$, $\alpha = (1+1/7)^3/(1+3/7) = \underline{1.045}$

7-13. $p_A/\gamma + \alpha_A V_A^2/2g + z_A = p_B/\gamma + V_B^2/2g + z_B + h_L$

$p_A/\gamma + V_A^2/2g + 0 = p_B/\gamma + V_B^2/2g + 4$; $p_A - p_B = 4\gamma + (\rho/2)(V_B^2 - V_A^2)$

$V_A = Q/A_A = 3/((\pi/4) \times (2/3)^2) = 8.59$ ft/sec; $V_A^2 = 73.86$ ft²/sec²

$V_B = Q/A_B = 3/((\pi/4) \times (1/3)^2) = 34.38$; $V_B^2 = 1{,}182$ ft²/sec²

Then $p_A - p_B = 4 \times 62.4 + (1.94/2)(1{,}182 - 73.9) = \underline{1{,}324 \text{ psf} = 9.20 \text{ psi}}$

7-14. Solution procedure is the same as for P7-13.

$p_A - p_B = 1\gamma + (\rho/2)(V_B^2 - V_A^2)$; $V_A = Q/A_1 = 1.910$ m/s

$V_B = 4V_A = 7.64$ m/s

Then $p_A - p_B = 1 \times 9{,}810 \times 0.9 + (900/2)(7.64^2 - 1.91^2) = \underline{33.45 \text{ kPa}}$

7-15. The pipe will have to decrease in elevation at a rate greater than the head loss per given length of pipe.

7-16. $V_1 = Q/A_1 = 5/0.8 = 6.25$ ft/s; $V_1^2/2g = 0.606$ ft

$V_2 = Q/A_2 = 5/0.2 = 25$ ft/s; $V_2^2/2g = 9.70$ ft

$$p_1/\gamma + V_1^2/2g + z_1 = p_2/\gamma + V_2^2/2g + z_2 + 5$$

$$(10 \times 144)/(0.8 \times 62.4) + 0.606 + 12 = p_2/\gamma + 9.70 + 0 + 5$$

$p_2/\gamma = 26.75$ ft; $p_2 = 26.75 \times 0.8 \times 62.4 = \underline{1{,}335 \text{ lb/ft}^2 \text{ gage}}$

$= \underline{9.27 \text{ psi gage}}$

7-17. $p_A = -\gamma y = -62.4 \times 4 = \underline{-250 \text{ lb/ft}^2}$

7-18. $p_A = 9{,}810(-1) = \underline{-9.81 \text{ kPa}}$

7-19. $p_{reser.}/\gamma + V_r^2/2g + z_r = p_{outlet}/\gamma + V_0^2/2g + z_0$

$0 + 0 + 5 = 0 + V_0^2/2g; \quad V_0 = 9.90 \text{ m/s}$

$Q = V_0 A_0 = 9.90 \times (\pi/4) \times 0.20^2 = \underline{0.311 \text{ m}^3/\text{s}}$

Write energy equation from reservoir surface to point B:

$0 + 0 + 5 = p_B/\gamma + V_B^2/2g + 3$

where $V_B = Q/V_B = 0.311/(\pi/4) \times 0.4^2 = 2.48 \text{ m/s}; \; V_B^2/2g = 0.312 \text{ m}$

$p_B/\gamma = 5 - 3 - 0.312; \; \underline{p_B = 16.6 \text{ kPa}}$ assuming $\gamma = 9810 \text{ N/m}$

7-20. First solve for h_L from reservoir to C. Let point 1 be reservoir surface.

$p_1/\gamma + V_1^2/2g + z_1 = p_C/\gamma + V_C^2/2g + z_C + h_L \; ; \; V_C = Q/A_2$

$0 + 0 + 4 = 0 + 8.02^2/64.4 + 0 + h_L \qquad V_C = 2.8/((\pi/4) \times (8/12)^2) = 8.02 \text{ ft/s}$

$h_L = \underline{3.00 \text{ ft}}$

Now get p_B by writing energy equation from reservoir surface to B.

$0 + 0 + 4 = p_B/\gamma + V_B^2/2g + 12 + (2/3) \times 3 \quad ; \; V_B = V_C = 8.02 \text{ ft/s}$

$p_B/\gamma = 4 - 1 - 12 - 2 = -11 \text{ ft}$

$p_b = -11 \times 62.4 = -686 \text{ psf, gage} = \underline{-4.77 \text{ psig}}$

7-21. Follow the same procedure as for P7-20.

$3 = V_C^2/2g + 2.5; \quad V_C = 3.13 \text{ m/s}; \quad V_C^2/2g = 0.5 \text{ m}$

$3 = p_B/\gamma + 1 + 5 + 0.5; \quad \underline{p_B = -34.3 \text{ kPa gage}}$

7-22. $h_{\ell_{pipe}} = V^2/2g; \quad h_{total} = h_{\ell_{pipe}} + h_{\ell_{outlet}} = 2V_p^2/2g$

Write the energy equation from A to C:

$0 + 0 + 30 = 0 + 0 + 27 + 2V_p^2/2g$

$V_p = 5.42 \text{ m/s}$

7-22. (Continued)

$$Q = V_pA_p = 5.42 \times (\pi/4) \times 0.30^2$$

$$\underline{Q = 0.383\ m^3/s}$$

Write the energy equation to point B:

$$30 = p_B/\gamma + V_p^2/2g + 32 + 0.75\ V_p^2/2g; \quad p_B/\gamma = -2 - 1.5 \times 1.75\ m$$

$$p_p = \underline{-45.3\ kPa\ gage}$$

7-23. Assume the flow is upward and write the energy equation for that direction.

$$p_1/\gamma + z_1 + V_1^2/2g = p_2/\gamma + V_2^2/2g + z_2 + h_L$$

but $V_1 = V_2$ so the V's will cancel. Then we have

$$p_1/\gamma + z_1 = p_2/\gamma + z_2 + h_L$$

$$20{,}000/(800 \times 9.81) + 9 = 10{,}000/(800 \times 9.81) + 10 + h_L$$

$$h_L = 0.27\ m$$

Because the head loss value is positive, the assumed flow direction is correct. The flow will be upward.

7-24. Because there is no velocity change and no head loss from pt. B to the outlet, we have:

$$p_B/\gamma + z_B = p_{outlet}/\gamma + z_{outlet}; \ p_B = \gamma(z_{out.} - z_B) = 9{,}810(-2) = \underline{-19.6\ kPa}$$

$$V_A = Q/A_A = 0.06/((\pi/4) \times 0.3^2) = 0.849\ m/s; \ V_A^2/2g = 0.0367\ m$$

$$V_B = Q/A_B = 4V_A = 3.395\ m/s; \ V_B^2/2g = 0.587\ m$$

$$p_A/\gamma + z_A + V_A^2/2g = p_{out.}/\gamma + z_{out.} + V_B^2/2g; \ p_A = \gamma(0 + 0 + 0.587 - 0.0367 - 6)$$

$$\underline{p_A = -53.5\ kPa}$$

Write energy equation from reservoir to outlet:

$$6\ m = 0.587 + h_?; \ h = 5.413\ m$$

Since h is positive, the machine is a turbine.

7-25. Follow the solution procedure as in P7-24.

h = -24.3 ft Since h is negative, the machine is a pump.

7-26. Let V_n = velocity of jet from nozzle:

$V_n = Q/A_n = 0.20/((\pi/4) \times 0.15^2) = 11.32$ m/s; $V_n^2/2g = 6.53$ m

$V_2 = Q/A_2 = 0.20/((\pi/4) \times 0.3^2) = 2.83$ m/s; $V_2^2/2g = 0.408$ m

$p_2/\gamma + 0.408 + 2 = 0 + 6.53 + 7$

$p_2/\gamma = \underline{11.1 \text{ m}}$

7-27. Write the energy equation from the reservoir water surface to the outlet:

$0 + 0 + 0 + h_p = 0 + h + V_C^2/2g + 2V_C^2/2g$ (1)

where $V_C^2/2g = 12^2/64.4 = 2.24$ ft

H.P. $= Q\gamma h_p/(550 \times 0.7)$

Then $h_p = (30 \times 550 \times 0.7)/(62.4 \times 12 \times (\pi/4) \times 0.5^2) = 78.56$ ft

Solve Eq. (1) for h:

$h = 78.56 - 3 \times 2.24 = \underline{71.8 \text{ ft}}$

7-28. Follow the same solution process as in P7-27:

$0 + 0 + 0 + h_p = 0 + h + 3V_C^2/2g$

$V_C{}^2/2g = 4^2/(2 \times 9.81) = 0.815$ m

$P = Q\gamma h_p/0.7$

$h_p = 35{,}000 \times 0.7/((4 \times \pi/4 \times 0.15^2)(9{,}810)) = \underline{35.3 \text{ m}}$

$h = 35.3 - 3 \times 0.815 = \underline{32.9 \text{ m}}$

7-29. $V_A = Q/A_A = 3.92/((\pi/4) \times 1^2) = 4.99$ ft/sec; $V_A^2/2g = 0.387$ ft

$V_B = Q/A_B = 3.92/((\pi/4) \times 0.5^2) = 19.96$ ft/s; $V_B^2/2g = 6.19$ ft

Write the energy equation from A to B:

$p_A/\gamma + V_A^2/2g + z_A + h_p = p_B/\gamma + V_B^2/2g + z_B$

$10 \times 144/62.4 + 0.387 + 0 + h_p = 30 \times 144/62.4 + 6.19 + 0$

$h_p = 51.96$ ft; H.P. $= Q\gamma h_p/550 = 3.92 \times 62.4 \times 51.96/550$

Power = $\underline{23.1 \text{ H.P.}}$

7-30. Write energy equation from reservoir surface to end of pipe:

$$p_1/\gamma + V_1^2/2g + z_1 + h_p = p_2/\gamma + V_2^2/2g + z_2 + h_L$$

$$0 + 0 + 40 + h_p = 0 + V^2/2g + 20 + 6V^2/2g$$

$$V = Q/A = 7.85/((\pi/4) \times 1^2) = 10.0 \text{ m/s}$$

$$V^2/2g = 10^2/(2 \times 9.81) = 5.09 \text{ m}$$

Then $h_p = 7 \times 5.1 + 20 - 40 = 15.7$ m

$$P = Q\gamma h_p = 7.85 \times 9{,}810 \times 15.6$$

$$= \underline{\underline{1.21 \text{ MW}}}$$

7-31. $V = Q/A = 0.25/((\pi/4) \times 0.3^2) = 3.54$ m/s; $V^2/2g = 0.638$ m

Write energy equation from reservoir surface to 10 m elevation:

$$0 + 0 + 6 + h_p = 100{,}000/9{,}810 + V^2/2g + 10 + 1.5V^2/2g$$

$$h_p = 10.19 + 10 - 6 + 2.5 \times 0.638$$

$$h_p = 15.8 \text{ m}$$

$$P = Q\gamma h_p = 0.25 \times 9.810 \times 15.8 = \underline{\underline{38.71 \text{ kW}}}$$

7-32. $V_{12} = Q/A_{12} = 5/((\pi/4) \times 1^2) = 6.366$ ft/sec; $V_{12}^2/2g = 0.629$ ft

$V_6 = 4V_{12} = 25.46$ ft/sec; $V_6^2/2g = 10.07$ ft

$$(p_6/\gamma + z_6) - (p_{12}/\gamma + z_{12}) = (13.55 - 0.88)3/0.88$$

$$(p_{12}/\gamma + z_{12}) + V_{12}^2/2g + h_p = (p_6/\gamma + z_6) + V_6^2/2g$$

$$h_p = (13.55/0.88 - 1) \times 3 + 10.07 - 0.629$$

$$h_p = 52.6 \text{ ft}$$

$$\text{Power} = Q\gamma h_p/550$$

$$\text{Power} = 5 \times 0.88 \times 62.4 \times 52.6/550 = \underline{\underline{26.3 \text{ hp}}}$$

7-33. Write the energy equation from the upstream water surface to the downstream water surface:

$$p_1/\gamma + V_1^2/2g + z_1 = p_2/\gamma + V_2^2/2g + z_2 + h_L + h_T$$

$$0 + 0 + 35 = 0 + 0 + 0 + V^2/2g + h_T$$

here $V = Q/A_6 = 250/((\pi/4) \times 6^2) = 8.84$ ft/sec; $V^2/2g = 1.21$ ft

7-33. (Continued)

$h_t = 35 - 1.21 = 33.79$ ft

H.P. $= Q\gamma h_t \times 0.8/550$

Power = 767 h.p.

7-34. Write the energy equation from point (1) to point (2):

$p_1/\gamma + V_1^2/2g + z_1 = p_2/\gamma + V_2^2/2g + z_2 + h_L + h_t$

$0 + 0 + 32 = 0 + 0 + 0 + 1 + h_t; \quad h_t = 31$ m

Then Power $= Q\gamma h_t \times 0.80 = 30 \times 9{,}810 \times 31 \times 0.80 =$ 7.30 MW

7-35. Write the energy equation from the reservoir water surface to point B:

$p/\gamma + V^2/2g + z + h_p = p_B/\gamma + V_B^2/2g + z_B$

$0 + 0 + 110 + h_p = 0 + 0 + 200; \; h_p = 90$ ft

$P = Q\gamma h_p/550$ where $Q = V_j A_j = 0.10\, V_j$

and $V_j = \sqrt{2g \times (200 - 110)} = 76.13$ ft/sec; $Q = 7.613$ ft^3/sec

Then $P = 7.613 \times 62.4 \times 90/550 =$ 77.7 h.p.

7-36. Solution procedure is the same as for P7-35:

$0 + 0 + 40 + h_p = 0 + 0 + 65; \quad h_p = 25$ m

$P = Q\gamma h_p; \quad Q = V_j A_j = 30 \times 10^{-4} \text{m}^2 \times V_j$

where $V_j = \sqrt{2g \times (65 - 35)} = 24.3$ m/s; $Q = 30 \times 10^{-4} \times 24.3 = 0.0728$ m^3/s

Then Power $= 0.0728 \times 9{,}810 \times 25$W = 17.85 kW

7-37. $V_{10}A_{10} = V_{15}A_{15}; \quad V_{15} = V_{10}A_{10}/A_{15} = 6 \times (10/15)^2 = 2.67$ m/s

$h_L = (6 - 2.67)^2/(2 \times 9.81) =$ 0.566 m

7-38. $V_6 = Q/A_6 = 5/((\pi/4) \times (1/2)^2) = 25.46$ ft/s; $V_{12} = (1/4)V_6 = 6.37$ ft/s

$h_L = (25.46 - 6.37)^2/(2 \times 32.2) =$ 5.66 ft

7-39. $V_{18} = Q/A_{18} = 25/((\pi/4) \times 1.5^2) = 14.15$ ft/s

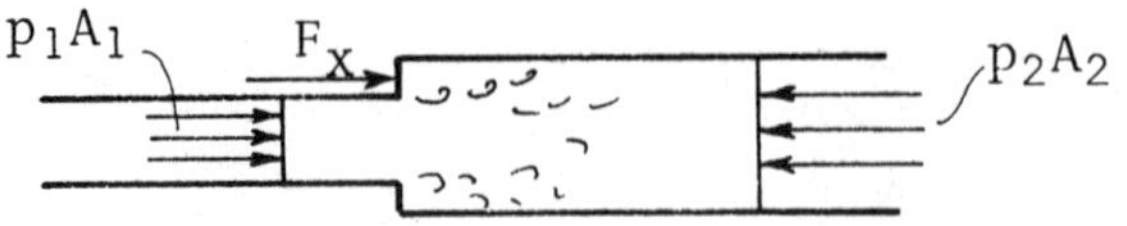

$V_{24} = Q/A_{24} = 7.958$ ft/s

$h_L = (14.15 - 7.958)^2/64.4 = \underline{\underline{0.595 \text{ ft}}}$

$p_{18}/\gamma + V_{18}^2/2g = p_{24}/\gamma + V_{24}^2/2g + h_L$

Then $p_{24}/\gamma = p_{18}/\gamma + V_{18}^2/2g - V_{24}^2/2g - h_L$

$= 10 \times 144/62.4 + (14.15)^2/64.4 - (7.958)^2/64.4 - 0.595$

$p_{24}/\gamma = 24.61$ ft; $p_{24} = 24.61 \times 62.4 = 1{,}535$ lb/ft^2

Now write the momentum equation for the transition

$\Sigma F_x = \rho Q(V_{24_x} - V_{18_x})$

$p_{18}A_{18} - p_{24}A_{24} + F_x = \rho Q(V_{24_x} - V_{18_x})$

$F_x = -10 \times 144 \times \pi/4 \times 1.5^2 + 1{,}535 \times \pi/4 \times 2^2 + 1.94 \times 25(7.958 - 14.15)$

$= \underline{\underline{1{,}978 \text{ lbs}}}$

7-40. Use the same solution procedure as for P7-39.

$V_{40} = Q/A_{40} = 0.80/((\pi/4) \times 0.40^2) = 6.366$ m/s; $V_{40}^2/2g = 2.066$m

$V_{60} = V_{40} \times (4/6)^2 = 2.829$ m/s; $V_{60}^2/2g = 0.408$ m

$h_L = (V_{40} - V_{60})^2/2g = 0.638$ m

$p_{40}/\gamma + V_{40}^2/2g = p_{60}/\gamma + V_{60}^2/2g + h_L$

$p_{60} = 70{,}000 + 9{,}810(2.066 - 0.408 - 0.638) = 80{,}006$ Pa

Momentum equation:

$70{,}000 \times \pi/4 \times 0.4^2 - 80{,}006 \times \pi/4 \times (0.6^2) + F_x = 1{,}000 \times 0.80$

$\times (2.829 - 6.366)$

$F_x = -8{,}796 + 22{,}619 - 2{,}830 = 10{,}993 \text{ N} = \underline{\underline{10.99 \text{ kN}}}$

7-41. $p_1/\gamma + V_1^2/2g + z_1 = p_2/\gamma + V_2^2/2g + z_2 + h_L$

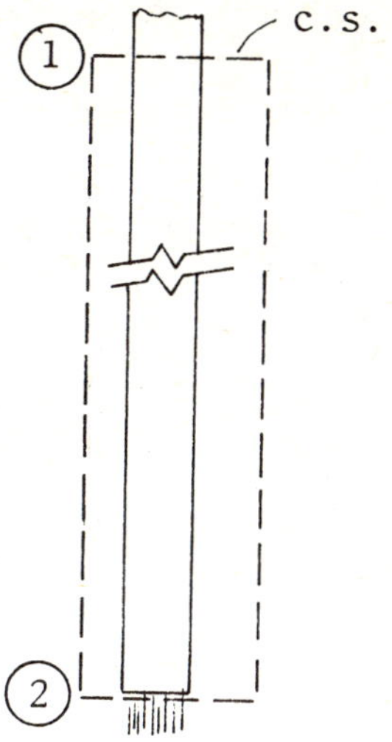

but $V_1 = V_2$ and $p_2 = 0$

Therefore, $p_1/\gamma = -50 + 10$; $p_1 = -2{,}496\ \text{lb/ft}^2$

$\Sigma F_y = \rho Q(V_{2_y} - V_{1_y})$

$- p_1A_1 - \gamma AL - 2L + F_{wall} = 0$

$F_{wall} = 2L + \gamma A_1 L - p_1 A_1$

$= 100 + (\pi/4) \times 0.5^2(62.4 \times 50 - 2{,}496)$

$= 100 + 122.5$

$F_{wall} = 222.5$ lbs

7-42. $p_{50}/\gamma + V_{50}^2/2g + z_{50} = p_{80}/\gamma + V_{80}^2/2g + z_{80} + h_L$

where $p_{50} = 650{,}000$ Pa; $z_{50} = z_{80}$

$V_{80} = Q/A_{80} = 5/((\pi/4) \times 0.8^2) = 9.947$ m/s; $V_{80}^2/2g = 5.04$ m

$V_{50} = V_{80} \times (8/5)^2 = 25.46$ m/s; $V_{50}^2/2g = 33.05$ m; $h_L = 10$ m

Then $p_{80}/\gamma = 650{,}000/\gamma + 33.05 - 5.04 - 10$

$p_{80} = 650{,}000 + 9{,}810(33.05 - 5.04 - 10) = 826{,}700$ Pa

$= 826.7$ kPa

$\Sigma F_x = \rho Q(V_{80_x} - V_{50_x})$

$p_{80}A_{80} + p_{50}A_{50} \times \cos 60° + F_x = 1{,}000 \times 5(-9.947 - 0.5 \times 25.46)$

$F_x = -415{,}540 - 63{,}814 - 113{,}385 = -592{,}700\ \text{N} = -592.7$ kN

7-43. Take section 1 at reservoir surface and section 2 at section of d diameter.

$p_1/\gamma + V_1^2/2g + z_1 = p_2/\gamma + V_2^2/2g + z_2$

$0 + 0 + 5 = p_{2,vapor}/\gamma + V_2^2/2g + 0$ where $p_{2,vapor} = 2{,}340$ Pa abs.

$p_{2,vapor} = -97{,}660$ Pa gage

Then $V_2^2/2g = 5 + 97{,}660/9{,}790 = 14.97$ m; $V_2 = 17.1$ m/s

$Q = V_2A_2 = 17.1 \times \pi/4 \times 0.15^2 = 0.303\ \text{m}^3/\text{s}$

7-44. First write the energy equation from the Venturi section to the end of the pipe:

$$p_1/\gamma + V_1^2/2g + z_1 = p_2/\gamma + V_2^2/2g + z_2 + h_L$$

$$p_{vapor}/\gamma + V_1^2/2g = 0 + V_2^2/2g + 0.9V_2^2/2g$$

where p_{vapor} = 2,340 Pa abs. = -97,660 Pa gage

$$V_1A_1 = V_2A_2; \quad V_1 = V_2A_2/A_1 = 4V_2; \quad V_1^2/2g = 16V_2^2/2g$$

Then $-97,660/9,790 + 16V_2^2/2g = 1.9V_2^2/2g$; V_2 = 3.73 m/s

$Q = V_2A_2 = 3.73 \times \pi/4 \times 0.4^2 = \underline{0.468\ m^3/s}$

Now write the energy equation from reservoir water surface to outlet:

$$z_1 = V_2^2/2g + h_L$$

$$H = 1.9\ V_2^2/2g = \underline{1.34\ m}$$

7-45. $V = Q/A = 10/((\pi/4) \times 1^2) = 12.73$ ft/sec

$h_L = V^2/2g = \underline{2.52\ ft}$

7-46. $V = Q/A = 0.60/((\pi/4) \times 0.5^2) = 3.056$ m/s

$h_L = V^2/2g = (3.056)^2/(2 \times 9.81) = \underline{0.476\ m}$

7-47. a) Flow is from right to left.

b) Machine is a pump.

c) Pipe CA is smaller because of steeper H.G.L.

d)

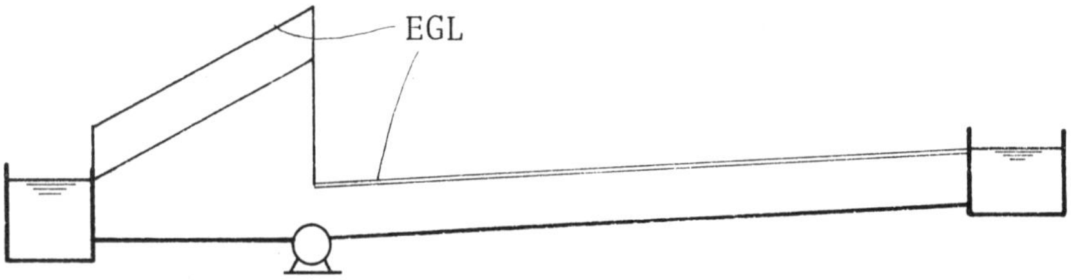

e) No vacuum in the system.

7-48.

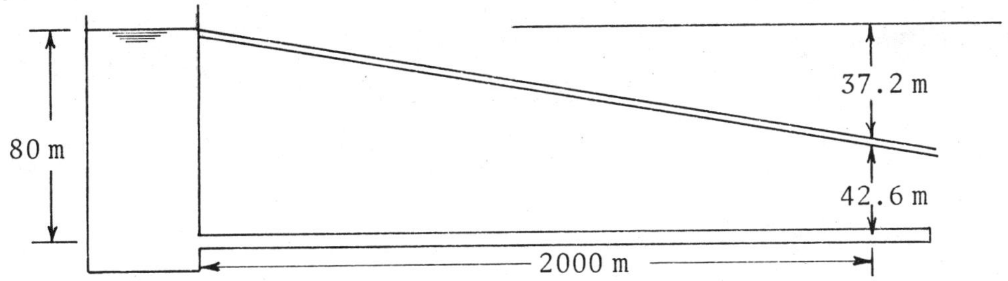

7-49. This is possible if the fluid is being accelerated to the left.

7-50.

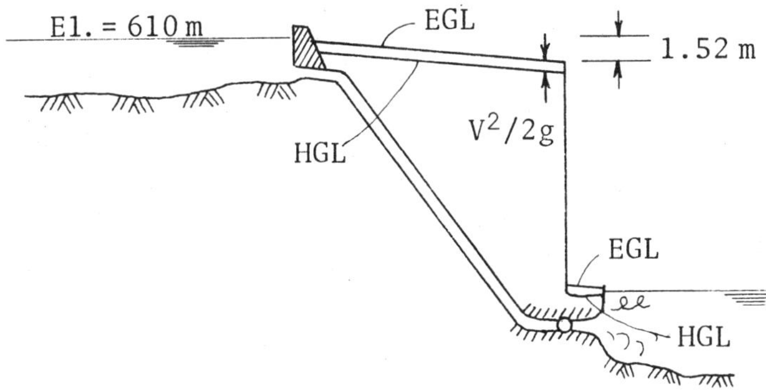

7-51.

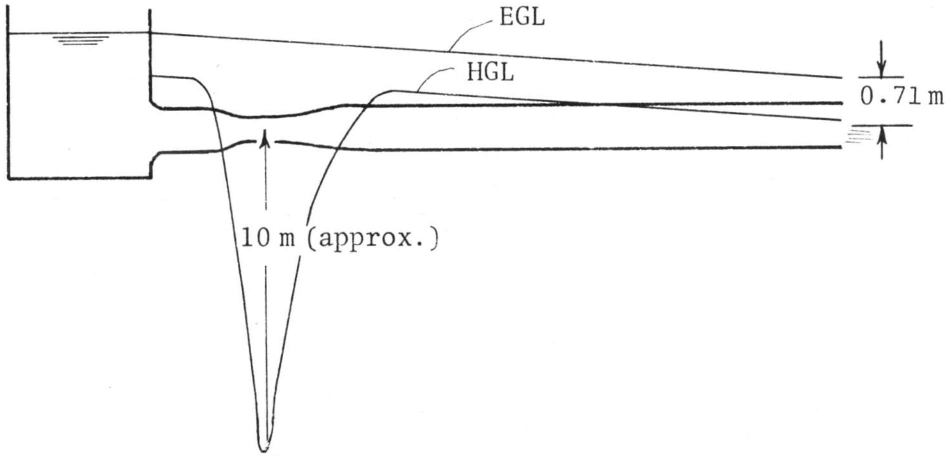

7-52.

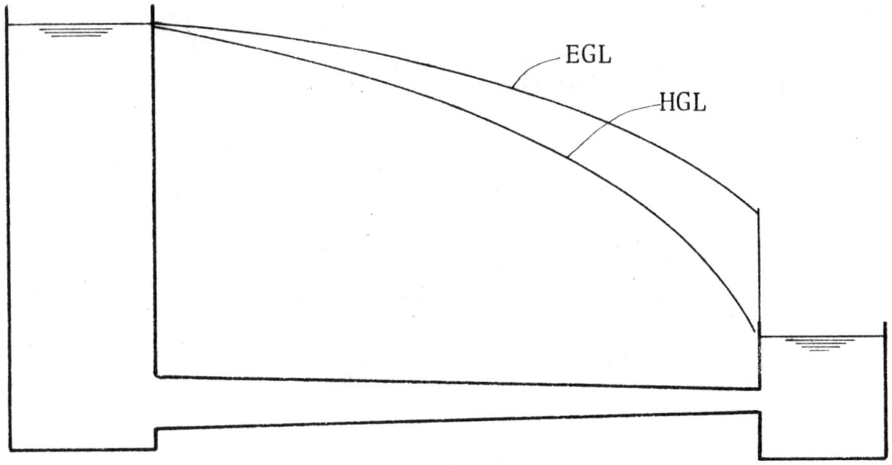

7-53. a) Solid line is EGL, dashed line is HGL
b) No; AB is smallest.
c) from B to C
d) p_{max} is at the bottom of the tank
e) p_{min} is at the bend C.
f) A nozzle.
g) above atmospheric pressure
h) abrupt expansion

7-54. Write the energy equation from the water surface in A to the water surface in B:

$$p_A/\gamma + V_A^2/2g + z_A = p_B/\gamma + V_B^2/2g + z_B + h_L$$

$$0 + 0 + H = 0 + 0 + 0 + 0.01 \times (300/1)\ V_P^2/2g + V_P^2/2g$$

$$16 = 4\ V_p^2/2g; \quad V_P = \sqrt{4 \times 2 \times 9.81} = 8.86 \text{ m/s}$$

$$Q = VA = 8.86 \times (\pi/4) \times 1^2 = \underline{\underline{6.96 \text{ m}^3/\text{s}}}$$

To determine p_P write the energy equation between the water surface in A and point P:

$$0 + 0 + H = p_P/\gamma + V_P^2/2g - h + 0.01 \times (150/1) V_P^2/2g$$

$$16 = p_P/\gamma - 2 + 2.5\ V_p^2/2g \text{ where } V_p^2/2g = 4 \text{ m}$$

$$\text{Then } p_P = 9.810\ (16 + 2 - 10) = \underline{\underline{78.5 \text{ kPa}}}$$

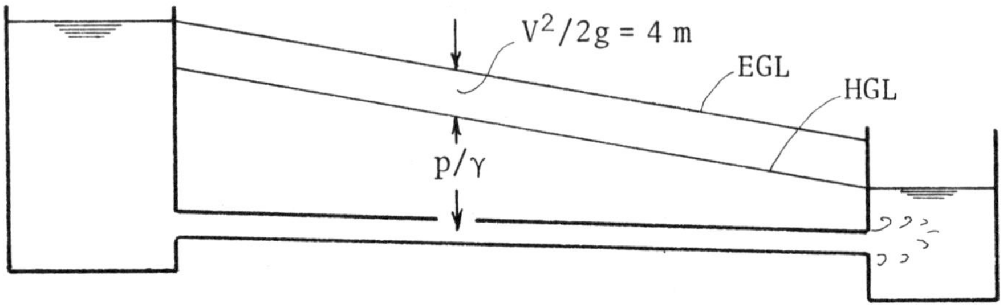

7-55. Write the energy equation from the lower reservoir surface to the upper reservoir surface:

$$p_\ell/\gamma + V_\ell^2/2g + z_\ell + h_p = p_u/\gamma + V_u^2/2g + z_u + h_L$$

$$0 + 0 + 150 + h_p = 0 + 0 + 250 + \Sigma 0.014(L/D)(V^2/2g) + V^2/2g$$

where $V_1 = Q/A_1 = 2/((\pi/4) \times 1^2) = 2.55$ m/s; $V_1^2/2g = 0.330$ m

$V_2 = Q/A_2 = 4V_1 = 10.19$ m/s; $V_2^2/2g = 5.29$ m

Then $h_p = 250 - 150 + 0.014\ [(100/1) \times 0.330 + (1{,}000/0.5)$

$\times\ 5.29] + 5.29 = 253.9$ m

Power required: $P = Q\gamma h_p/\text{eff.} = 2 \times 9{,}810 \times 253.9/0.74 =$ 6.73 MW

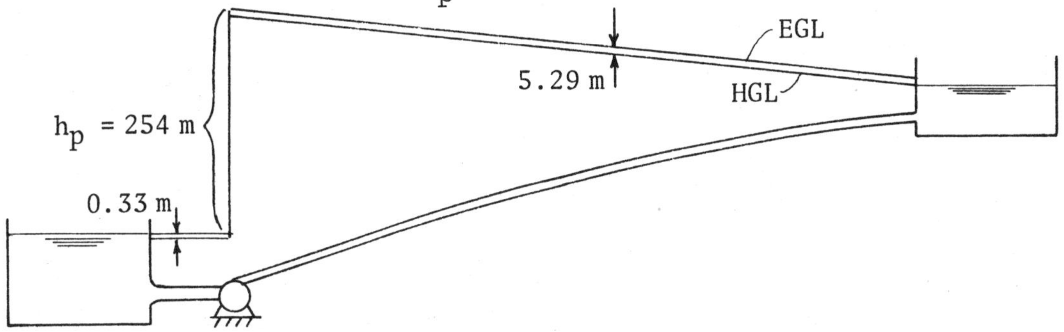

7-56. Write energy equation from upper to lower reservoir:

$$p_1/\gamma + V_1^2/2g + z_1 = p_2/\gamma + V_2^2/2g + z_2 + \Sigma h_L$$

$$0 + 0 + 100 = 0 + 0 + 70 + \Sigma h_L$$

$$\Sigma h_L = 30 \text{ m}$$

$$0.02 \times (200/0.3)(V_u^2/2g) + (0.02(100/0.20) + 1.0)\ V_d^2/2g = 30 \qquad (1)$$

but $V_u = Q/A_u = Q/((\pi/4) \times 0.3^2)$ (2)

$V_d = Q/A_d = Q/((\pi/4) \times 0.2^2)$ (3)

Substituting Eq.(2) and Eq.(3) into (1) and solving for Q yields:

$Q = 0.206$ m^3/s

7-57. $V = Q/A = 2.5/((\pi/4) \times (2/3)^2) = 7.16$ ft/sec

$h_L = 0.015 \times 3{,}000 \times (7.16)^2/((2/3)\times(2 \times 32.2)) + (7.16)\ /(2 \times 32.2)$

$= 54.6$ ft

Write the energy equation from water surface to water surface:

$$p_1/\gamma + V_1^2/2g + z_1 + h_p = p_2/\gamma + V_2^2/2g + z_2 + h_L$$

$0 + 0 + 100 + h_p = 0 + 0 + 150 + 54.6;\quad h_p = 104.6$ ft

Power supplied $= Q\gamma h_p = 2.5 \times 62.4 \times 104.6 =$ 16,318 ft-lb/s

P = 29.7 horsepower

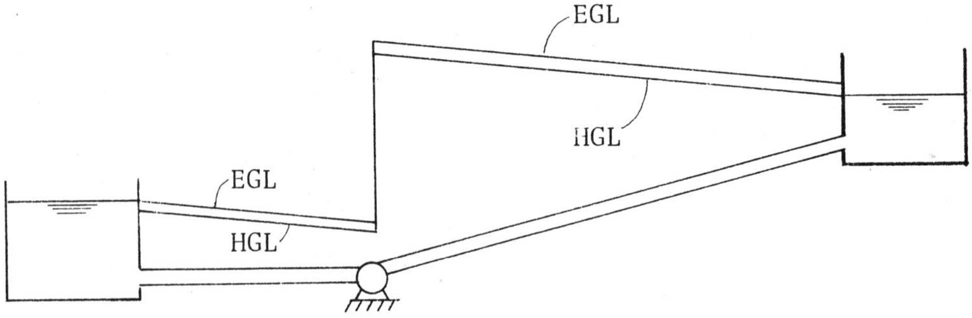

7-58. First write energy equation from reservoir water surface to end of pipe:

$$p_1/\gamma + V_1^2/2g + z_1 = p_2/\gamma + V_2^2/2g + z_2 + h_L$$

$0 + 0 + 200 = 0 + V^2/2g + 185 + 0.02(200/0.30)\ V^2/2g$

$14.33\ V^2/2g = 15\quad ;\ V^2/2g = 1.047\text{m}$ and $V = 4.53$ m/s

$Q = VA = 4.53 \times (\pi/4) \times 0.30^2 = 0.320\ \text{m}^3/\text{s}$

To solve for the pressure midway along pipe write the energy equation to the midpoint:

$$p_1/\gamma + V_1^2/2g + z_1 = p_m/\gamma + V_m^2/2g + z_m + h_L$$

$0 + 0 + 200 = p_m/\gamma + V_m^2/2g + 200 + 0.02(100/0.30)V^2/2g$

$p_m/\gamma = -(V^2/2g)(1 + 6.667)$

$= -(1.047)(7.667) = -8.027\text{m}$

$p_m = -8.027\gamma = -78{,}745\ \text{Pa} = -78.7\ \text{kPa}$

7-59. (a) Flow is from A to E because EGL slopes downward in that direction.

(b) Yes, at D, because EGL and HGL are coincident there.

(c) Uniform diameter because V /2g is constant (EGL and HGL uniformly spaced).

(d) No, because EGL is always dropping (no energy added).

(e)

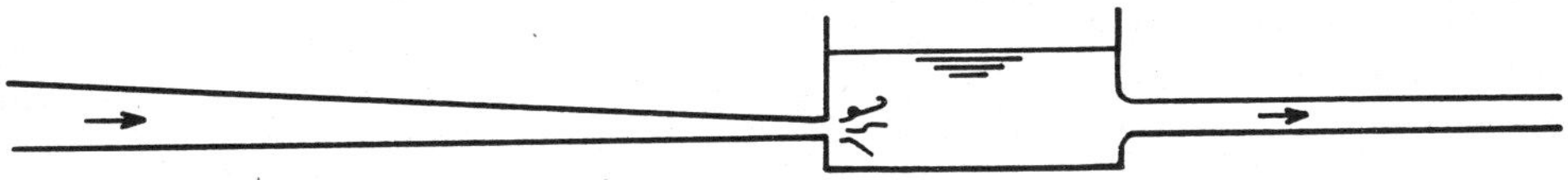

(f) Nothing else.

7-60. Write energy equation from reservoir water surface to jet:

$$p_1/\gamma + V_1^2/2g + z_1 = p_2/\gamma + V_2^2/2g + z_2 + h_L$$

$$0 + 0 + 100 = 0 + V_2^2/2g + 30 + 0.014(L/D)(V_p^2/2g)$$

$$100 = 0 + V_2^2/2g + 30 + 0.014(500/0.60)V_p^2/2g$$

$$V_2A_2 = V_pA_p; \quad V_2 = V_pA_p/A_L = 4V_p$$

Then $V_p^2/2g(16 + 11.67) = 70$; $V_p = 7.046$ m/s; $V_p^2/2g = 2.53$ m

$Q = V_pA_p = 7.046 \times (\pi/4) \times 0.60^2 = \underline{1.992\ m^3/s}$

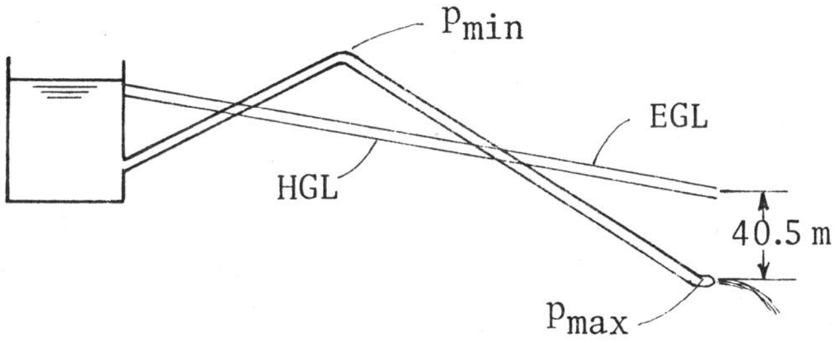

p_{min}: $100 = p_{min}/\gamma + V_p^2/2g + 100 + 0.014(100/0.60)V_p^2/2g$

$100 = p_{min}/\gamma + 100 + 2.33 \times 2.53$; $p_{min} = \underline{-57.9\ kPa,\ gage}$

$p_{max}/\gamma = 40.5 - 2.53$ m; $p_{max} = \underline{372.5\ kPa}$

7-61. Assume negligible head loss:

$p_1/\gamma + V_1^2/2g = p_2/\gamma + V_2^2/2g + h_t$; $h_t = V_1^2/2g - V_2^2/2g$

where $V_2 = V_1A_1/A_2 = V_1(3/4.5)^2 = 0.444\ V_1$; $V_2^2/2g = 0.197\ V_1^2/2g$

Then $h_t = 10^2/(2 \times 9.81)[1 - 0.197] = 4.09$ m

Then Power $= Q\gamma h_t = 10(\pi/4) \times 3^2 \times 1.2 \times 9.81 \times 4.09 = \underline{3.40\ kW}$

7-62. Write energy equation from upstream end to downstream end:

$$p_1/\gamma + V_1^2/2g + z_1 + h_p = p_2/\gamma + V_2^2/2g + z_2 + h_L$$

$$0 + 0 + 0 + h_p = 0 + V_2^2/2g + 0 + 0.02\ V_T^2/2g$$

$$V_T A_T = V_2 A_2; \quad V_2 = V_T A_T/A_2 = V_T \times 0.4; \quad V_2^2/2g = 0.16\ V_T^2/2g$$

$$h_p = V_T^2/2g(0.18) = (50^2/2 \times 9.81)(0.18); \quad h_p = 22.94\ \text{m}$$

$$P = Q\gamma h_p = 50 \times 4 \times 1.2 \times 9.81 \times 22.94 = \underline{\underline{54.0\ \text{kW}}}$$

7-63. Write energy equation from section (1) to section (2):

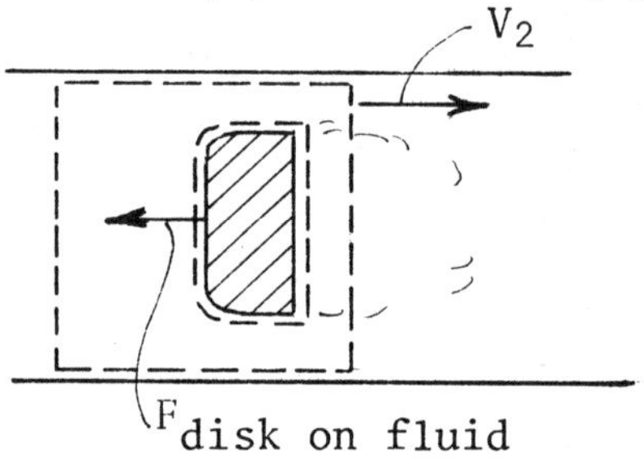

$$p_1 + \rho U_1^2/2 = p_2 + \rho U_2^2/2$$

$$p_1 - p_2 = \rho U_2^2/2 - \rho U_1^2/2$$

but $U_1 A_1 = U_2(\pi/4)(D^2 - d^2)$

$$U_1(\pi/4)D^2 = U_2(\pi/4)(D^2 - d^2)$$

$$U_2 = U_1 D^2/(D^2 - d^2) \qquad (1)$$

Then $p_1 - p_2 = (\rho/2)U_1^2[(D^4/(D^2 - d^2)^2 - 1]$ (2)

Now write the momentum equation for the C.V.

$$\Sigma F_x = \rho Q(U_{2_x} - U_{1_x})$$

$$p_1 A - p_2 A + F_{\text{disk on fluid}} = \rho Q(U_2 - U_1)$$

$$F_{\text{fluid on disk}} = F_d = \rho Q(U_1 - U_2) + (p_1 - p_2)A$$

Eliminate $p_1 - p_2$ by Eq. (2), and U_2 by Eq. (1):

$$F_d = \rho UA(U_1 - U_1 D^2/(D^2 - d^2)) + (\rho U^2/2)[(D^4/(D^2 - d^2)^2 - 1]A$$

$$\underline{\underline{F_d = \rho U^2 \pi D^2/8[1/(D^2/d^2 - 1)^2]}}$$

When $U = 10$ m/s, $D = 5$ cm, $d = 4$ cm and $\rho = 1.2$ kg/m^3

$$F_d = (1.2 \times 10^2 \pi \times (0.05)^2/8)[1/((0.05/0.04)^2 - 1)^2] = \underline{\underline{0.372\text{N}}}$$

7-64. Let the control volume include the sphere and fluid in a given length of tube. Also let the control volume move with the sphere; thus, steady flow conditions will prevail.

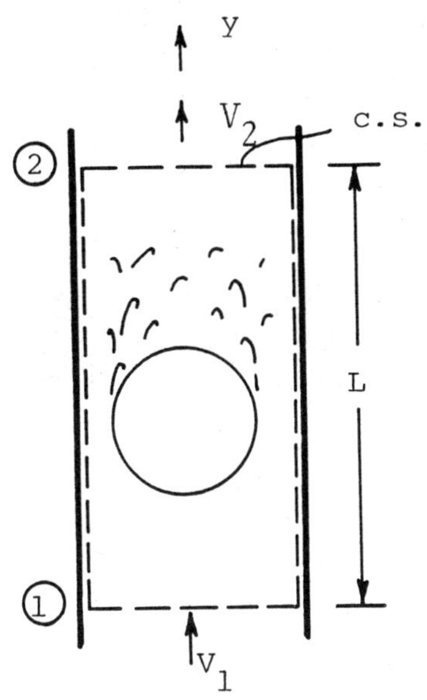

First write the momentum equation for this control volume. Neglect viscous forces in the solution:

$$\Sigma F_y = \Sigma V_y \rho \underline{V} \cdot \underline{A}$$

Because $V_1 = V_2$ this equation reduces to

$$p_1 A_1 - p_2 A_2 - W_{water} - W_{sphere} = 0$$

$$(p_1 - p_2)A = \gamma_f (LA_C - ⩛_s) - \gamma_s ⩛_s = 0$$

where A_C = cross-sectional area of cylinder

⩛ = sphere volume

γ_f = specific wgt. of fluid

γ_s = specific wgt. of sphere

$$p_1 - p_2 = \gamma_f (LA_C - ⩛_s)/A_C + \gamma_s ⩛_s / A_C \qquad (1)$$

Now write the energy equation from section (1) to section (2)

$$p_1/\gamma + V_1^2/2g + z_1 = p_2/\gamma + V_2^2/2g + z_2 + h_L$$

but $V_1^2/2g = V_2^2/2g$ and $z_2 - z_1 = L$

Also $h_L = (V_a - V_c)^2/2g$

where V_a = velocity in annulus between the sphere and cylinder

V_C = velocity in unobstructed cylinder

Then $p_1 - p_2 = \gamma_f (L + ((V_a - V_C)^2/2g))$ (2)

Now eliminate $p_1 - p_2$ between Eqs. (1) and (2) yielding:

$$\gamma_s ⩛_s / A_C + (\gamma_f (LA_C - ⩛_s)/A_C) = \gamma_f (L + ((V_a - V_C)^2/2g))$$

$$\gamma_s / \gamma_f = ((A_C/⩛_s)(V_a - V_C)^2/2g) + 1$$

$$V_C = 0.50 \text{ ft/s}$$

and $V_a A_a = V_C A_C$; $V_a = V_C (A_C/A_a)$

$$= 0.5(1.15^2/(1.15^2 - 1))$$

$$V_a = 2.050 \text{ ft/s}$$

7-64. (Continued)

$$A_C/\forall_s = (\pi D_C^2/4)/(\pi D_s^3/6)$$

$$= (3/2)(D_C^2/D_s^3)$$

$$= (3/2)(1.15^2/1^3)$$

$$= 1.9837\ \text{ft}^{-1}$$

Then $\gamma_s/\gamma_f = ((1.9837\ \text{ft}^{-1})(2.050-0.50)^2\text{ft}^2/\text{s}^2/(64.4\ \text{ft/s}^2))+1$

$\gamma_s/\gamma_f = S = \underline{\underline{1.074}}$

8-1. a) $Q = (2/3)\ CL\ \sqrt{2g}\ H^{3/2}$

$[Q] = L^3/T = L(L/T^2)^{1/2}L^{3/2}$

$L^3/T = L^3/T$ homogeneous

b) $V = (1.49/n)R^{2/3}S^{1/2}$

$[V] = L/T = L^{-1/6}L^{2/3}$ not homogeneous

c) $h_f = f(L/D)V^2/2g$

$[h_f] = L = (L/L)(L/T)^2/(L/T^2)$ homogeneous

d) $D = 0.074\ R^{-0.2}Bx\rho V^2/2$

$[D] = F = L \times L \times (FT^2/L^4)(L/T)^2$ homogeneous

8-2. a) $[T] = FL;\quad [T] = (ML/T^2) \times L = ML^2/T^2$

b) $[\rho V^2/2] = (FT^2/L^4)(L/T)^2 = F/L^2; [\rho V^2/2] = (M/L^3)(L^2/T^2) = M/LT^2$

c) $[\sqrt{\tau/\rho}\,] = (F/L^2)/(FT^2/L^4) = L/T$

d) $[Q/ND^3] = (L^3/T)/(T^{-1}L^3) = 1 \rightarrow$ Dimensionless

---

8-3. $h = f(d, \sigma, \gamma)$

F: $h = f(d, \sigma/\gamma)$ where $[\sigma/\gamma] = (F/L)/(F/L^3) = L^2$

L: $h/d = f(\sigma/\gamma d^2)$

8-4. $F_D = f(V,\mu,d)$

F: $F_D/\mu = f(V,d)$

where $[F_D/\mu] = F/(FT/L^2) = L^2/T$

T: $F_D/(\mu V) = f(d)$

where $[F_D/(\mu V)] = (L^2/T)/(L/T) = L$

L: $F_D/(\mu Vd) = C$

8-5. $F_D = f(D,\rho,\mu,V,k)$

F: $F_D/\rho = f(D,\rho/\mu,V,k)$

where $[F_D/\rho] = F/(FT^2/L^4) = L^4/T^2$

$[\rho/\mu] = (FT^2/L^4)/(FT/L^2) = T/L^2$

T: $F_D/(\rho V^2) = f(D,\rho V/\mu,k)$

where $[F_D/(\rho V^2)] = (L^4/T^2)/(L^2/T^2) = L^2$

$[\rho V/\mu] = (T/L^2)(L/T) = L^{-1}$

L: $\underline{F_D/(\rho V^2 D^2) = f(k/D,\ VD\rho/\mu)}$ ←One possible solution

---

8-6. $\Delta p/\Delta \ell = f(\mu,V,D)$

$[\Delta p/\Delta \ell] = (F/L^2)/L$ where $[\mu] = FT/L^2$ and $[V] = L/T$

F: $(\Delta p/\Delta \ell)/\mu = f(V,D)$ where $[(\Delta p/\Delta \ell)/\mu] = (F/L^3)/(FT/L^2) = T^{-1}L^{-1}$

T: $(\Delta p/\Delta \ell)/(\mu V) = f(D)$ where $[(\Delta p/\Delta \ell)/(\mu V)] = L^{-2}$

L: $(\Delta p/\Delta \ell)D^2/(\mu V) = 1$ or $\underline{\Delta p = f(\mu V\Delta \ell/D^2)}$

8-7. $\Delta p = f(D,\ n,\ Q,\ \rho)$ where $[\Delta p] = F/L^2$; $[D] = L$; $[n] = T^{-1}$;

$[Q] = L^3/T$ and $[\rho] = FT^2/L^4$

F: $\Delta p/\rho = f(D,\ n,\ Q)$

T: $\Delta p/\rho n^2 = f(D,\ Q/n)$

L: $\underline{\Delta p/\rho n^2 D^2 = f(Q/nD^3)}$

8-8. $V = f(\ell,\ \rho,\ \sigma)$

F: $V = f(\ell,\ \sigma/\rho)$ where $[\sigma/\rho] = (F/L)/(FT^2/L^4) = L^3/T^2$

T: $1 = f(\ell,\ \sigma/\rho V^2)$ where $[\sigma/\rho V^2] = L$

L: $1 = f(\sigma/\rho V^2\ell)$ or $V = \underline{C\sqrt{\sigma/\rho\ell}}$

8-9. $dp/dr = f(\rho,\ \omega,\ r)$; $[dp/dr] = (F/L^2)/L = F/L^3$

F: $(dp/dr)/\rho = f(\omega,\ r)$ where $[(dp/dr)/\rho] = (F/L^3)/(FT^2/L^4) = L/T^2$

T: $(dp/dr)/\rho\omega^2 r = 1$; thus, $\underline{dp/dr = C\rho r\omega^2}$ where C is a constant.

8-10. $T = f(\mu, \omega, S, D)$

F: $T/\mu = f(\omega, S, D)$ where $[T/\mu] = FL/(FTL^{-2}) = L^3/T$

T: $T/\omega\mu = f(S, D)$

L: $\underline{T/\omega\mu D^3 = f(S/D)}$

8-11. $h = f(t, \sigma, \rho, \gamma, \mu, d)$

F: $h = f(t, \sigma/\rho, \gamma/\rho, \mu/\rho, d)$ where $[\sigma/\rho] = L^3/T^2$

and $[\gamma/\rho] = L/T^2$; $[\mu/\rho] = L^2/T$

T: $h = f(\sigma t^2/\rho, \gamma t^2/\rho, \mu t/\rho, d)$

L: $\underline{h/d = f(\sigma t^2/\rho d^3, \gamma t^2/\rho d, \mu t/\rho d^3)}$

or $\underline{h/d = f(\sigma t^2/\rho d^3, gt^3/d, \nu t/d^2)}$

8-12. $\Delta h = f(t, \rho, D, d, \gamma, h)$

F: $\Delta h = f(t, \gamma/\rho, D, d, h)$ where $[\gamma/\rho] = L/T^2$

T: $\Delta h = f(\gamma t^2/\rho, D, d, h)$

L: $\underline{\Delta h/d = f(\gamma t^2/\rho d, d/D, h/d)}$

or $\underline{\Delta h/d = f(gt^2/d, d/D, h/d)}$

8-13. $\Delta p = f(Q,\rho,\mu,D,d)$

F: $\Delta p/\rho = f(Q,\mu/\rho,D,d)$

where $[\Delta p/\rho] = (F/L^2)/(FT^2/L^4) = L^2/T^2$

$[\mu/\rho] = (FT/L^2)/(FT^2/L^4) = L^2/T$

T: $\Delta p/(\rho Q^2) = f(\mu/(Q\rho),D,d)$

where $[\Delta p/(\rho Q^2] = (L^2/T^2)/(L^6/T^2) = L^{-4}$

$[\mu/(\rho Q)] = (L^2/T)/(L^3/T) = L^{-1}$

L: $\underline{\Delta p d^4/(\rho Q^2) = f(\mu d/(\rho Q),d/D)}$ ← One possible solution.

8-14. $n = f(V,d,\rho,\mu)$

F: $n = f(V,d,\rho/\mu)$

where $[\rho/\mu] = (FT^2/L^4)/(FT/L^2) = T/L^2$

T: $n/V = f(d,\rho V/\mu)$

where $[n/V] = (T^{-1})/(L/T) = L^{-1}$

$[\rho V/\mu] = (T/L^2)(L/T) = L^{-1}$

L: $\underline{nd/V = f(\rho Vd/\mu)}$ ← One possible solution.

8-15. Given: $D_m = 1$ ft; $D_p = 3$ ft; $\nu_p = 1.58 \times 10^{-4}$ ft^2/sec;

$\nu_m = 1.22 \times 10^{-5}$ ft^2/sec; $V_m = 5$ ft/sec; $F_m = 20$ lb.

Reynolds model law must be applied, so:

$Re_m = Re_p$; $V_m D_m/\nu_m = V_p D_p/\nu_p$

or $V_p/V_m = (D_m/D_p)(\nu_p/\nu_m) = (1/3)(1.58 \times 10^{-4}/1.22 \times 10^{-5})$ (1)

Also $C_{p_m} = C_{p_p}$ for dynamic similitude; thus, $\Delta p_m/(\rho_m V_m^2/2) = \Delta p_p/(\rho_p V_p^2/2)$

$\Delta p_p/\Delta p_m = (\rho_p/\rho_m)(V_p^2/V_m^2)$

$F_p/F_m = (\Delta p_p A_p)/(\Delta p_m A_m) = (A_p/A_m)(\rho_p/\rho_m)(V_p^2/V_m^2)$ (2)

Combine Eq. (1) and (2)

$F_p/F_m = (\rho_p/\rho_m)(\nu_p/\nu_m)^2 = (0.00237/1.94)(1.58 \times 10^{-4}/1.22 \times 10^{-5})^2$

$= 0.2049$

$F_p = 20 \times 0.2049 = \underline{\underline{4.098 \text{ lb}}}$ or $\underline{\underline{F_p = 18.23 \text{ N}}}$

8-16. $Re_m = Re_p$; $(VD/\nu)_m = (VD/\nu)_p$

$(V_m/V_p) = (D_p/D_m)(\nu_m/\nu_p)$; $\nu_m/\nu_p = (V_m D_m/V_p D_p)$

$(\mu_m \rho_p/\mu_p \rho_m) = (V_m D_m/V_p D_p)$ or $\rho_m = \rho_p(\mu_m/\mu_p)(V_p/V_m)(D_p/D_m)$ (1)

$M_m = M_p$; $(V/c)_m = (V/c)_p$

$(V_m/V_p) = c_m/c_p = ((\sqrt{kRT})_m/(\sqrt{kRT})_p) = \sqrt{T_m/T_p} = (298/283)^{1/2}$ (2)

Combining Eqs. (1) and (2):

$\rho_m = 1.23(1.83 \times 10^{-5}/1.76 \times 10^{-5})(283/298)^{1/2}(5) = \underline{\underline{6.23 \text{ kg/m}^3}}$

8-17. $Re_{air} = Re_{water}$

$$(VD/\nu)_{air} = (VD/\nu)_{water}$$

$$V_{air} = V_{water}(D_{water}/D_{air})(\nu_{air}/\nu_{water})$$

$$V_{air} = 7(6/3)(1.69 \times 10^{-4}/1.22 \times 10^{-5}) = \underline{\underline{194\ ft/s}}$$

8-18. Following same procedure as in solution to P8-17.

$$V_{air} = 3(20/10)(1.6 \times 10^{-5}/1.00 \times 10^{-6}) = \underline{\underline{96\ m/s}}$$

The pressure coefficients will be the same or:

$$C_{p_a} = C_{p_w}$$

$$(\Delta p/(\rho V^2))_{air} = (\Delta p/(\rho V^2))_{water}$$

or $$\Delta p_a = \Delta p_w(\rho_a/\rho_w)(V_a^{\ 2}/V_w^{\ 2})$$

$$\Delta p_a = 2.0\ kPa(1.17/998)(96/3)^2$$

$$\Delta p_a = 2.40\ kPa$$

The $\Delta p_a = 2.40$ kPa is for the pressure difference in an air pipe that is geometrically similar to the water pipe. Therefore, this air pipe would be half as long as the water pipe because the $D_a = 1/2\ D_w$. Consequently, the Δp_a as obtained from the pressure coefficient similarity relationship will have to be multiplied by two to obtain the Δp_a for an air pipe that is the same length as the water pipe:

$$\Delta p_a = 2 \times 2.40\ kPa = \underline{\underline{4.80\ kPa}}$$

8-19. Following the same basic procedure as in the solution to P8-17.

$$V_{air} = 7(1/1)(1.41 \times 10^{-5}/1.31 \times 10^{-6}) = \underline{\underline{75.3\ m/s}}$$

8-20. $Re_{prot.} = Re_{model}$

$$V_{prot.} = V_{model}(L_{model}/L_{prot.})(\nu_{prot.}/\nu_{model})$$

$$V_{prot.} = 1(1/4)(10^{-5}/10^{-6}) = \underline{\underline{2.5\ m/s}}$$

8-20. (Continued)

$$C_{p_m} = C_{p_p}$$

$$(\Delta p/(\rho V^2))_m = (\Delta p/(\rho V^2))_p$$

$$\Delta p_p = \Delta p_m(\rho_p/\rho_m)\ (V_p/V_m)^2$$

$$= 3.0\ \text{kPa}(860/998)(2.5/1.0)^2$$

$$= \underline{\underline{16.2\ \text{kPa}}}$$

8-21. $Re_{air} = Re_{water}$

$$(VD\rho/\mu)_{air} = (VD\rho/\mu)_{water}$$

$$V_a = V_w(D_w/D_a)(\rho_w/\rho_a)(\mu_a/\mu_w)$$

$$\rho_w = 1{,}000\ \text{kg/m}^3$$

$$\rho_a = \rho_{a,std.atm.} \times (150\ \text{kPa}/101\ \text{kPa})$$

$$= 1.20 \times (150/101) = 1.78\ \text{kg/m}^3$$

$$\mu_a = 1.81 \times 10^{-5}\text{N}\cdot\text{S/m}^2$$

$$\mu_w = 1.31 \times 10^{-3}\text{N}\cdot\text{S/m}^2$$

Then $V_a = 1.5\ \text{m/s}\ (1{,}000/1.78)(1.81 \times 10^{-5}/1.31 \times 10^{-3})$

$$V_a = \underline{\underline{11.6\ \text{m/s}}}$$

$$C_{p_w} = C_{p_a}$$

$$(\Delta p/\rho V^2)_w = (\Delta p/\rho V^2)_a$$

$$\Delta p_w = \Delta p_a(\rho_w/\rho_a)(V_w/V_a)^2$$

$$= 780 \times (1{,}000/1.78)(1.5/11.6)^2$$

$$= 7{,}330\ \text{Pa} = \underline{\underline{7.33\ \text{kPa}}}$$

8-22. $Re_{tunnel} = Re_{prototype}$

$$V_{tunnel} = V_{prot.}(4/1)(\nu_{tunnel}/\nu_{prot.})$$

$$V_{tunnel} = 3(4/1)(1) = \underline{\underline{12\ \text{m/s}}}$$

8-22. (Continued) $C_{p_{tunnel}} = C_{p_{prototype}}$

$$(\Delta p/\rho V^2)_{tunnel} = (\Delta p/\rho V^2)_{prototype}$$

$$(\Delta p_{tunnel}/\Delta p_{prot.}) = (\rho_{tunnel}/\rho_{prot.})(V^2_{tunnel}/V^2_{prot.})$$

Multiply both sides of Eq. by $A_{tunnel}/A_{prot.} = L_t^2/L_p^2$

$$(\Delta p \times A)_{tunnel}/(\Delta p \times A)_{prot.} = (\rho_{tunnel}/\rho_{prot.}) \times (V^2_{tunnel}/V^2_{prot.}) \times (L_t/L_p)^2$$

$$F_{tunnel}/F_{prot.} = (1/1)(4)^2(1/4)^2$$

$$F_{tunnel} = F_{prot.} = \underline{\underline{868\ N}}$$

8-23. Following the same procedure as in the solution of P8-17.

$$V_{water} = 3(20/5)(1.00 \times 10^{-6}/4 \times 10^{-6}/4 \times 10^{-6}) = \underline{\underline{3\ m/s}}$$

8-24. $Re_m = Re_p$

$$V_m L_m/\nu_m = V_p L_p/\nu_p$$

$$V_m/V_p = (L_p/L_m)(\nu_m/\nu_p) \qquad (1)$$

Multiply both sides of Eq. (1) by $A_m/A_p = L_m^2/L_p^2$:

$$(V_m A_m)/(V_p A_p) = (L_p/L_m) \times (1) \times L_m^2/L_p^2$$

$$Q_m/Q_p = L_m/L_p$$

$$Q_m/Q_p = \underline{\underline{1/10}}$$

$$C_{p_m} = C_{p_p}$$

$$(\Delta p/\rho V^2)_m = (\Delta p/\rho V^2)_p$$

$$\Delta p_p = \Delta p_m(\rho_p/\rho_m)(V_p/V_m)^2$$

$$= \Delta p_m(1)(L_m/L_p)^2$$

$$= 300 \times (1/10)^2 = \underline{\underline{3.00\ kPa}}$$

8-25. $Re_m = Re_p$ or $(VD\rho/\mu)_m = (VD\rho/\mu)_p$

Then $V_m/V_p = (D_p/D_m)(\rho_p/\rho_m)(\mu_m/\mu_p)$

Multiply both sides of above equation by $A_m/A_p = (D_m/D_p)^2$

$$(A_m/A_p)(V_m/V_p) = (D_p/D_m)(D_m/D_p)^2(\rho_p/\rho_m)(\mu_m/\mu_p)$$

$$Q_m/Q_p = (D_m/D_p)(\rho_p/\rho_m)(\mu_m/\mu_p)$$

$$= (1/2)(0.82)(10^{-3}/(3 \times 10^{-3}))$$

$$Q_m/Q_p = 0.137$$

or $$Q_m = Q_p \times 0.137$$

$$Q_m = 0.50 \times 0.137\ m^3/s = \underline{\underline{0.0683\ m^3/s}}$$

$$C_p = \underline{\underline{1.07}}$$

8-26. $C_{p_m} = C_{p_p}$; $(\Delta p/\rho V^2)_m = (\Delta p/\rho V^2)_p$

or $\Delta p_m/\Delta p_p = (\rho_m V_m^2)/(\rho_p V_p^2)$ (1)

Multiply both sides of Eq. (1) by $(A_m/A_p) \times (L_m/L_p) = (L_m/L_p)^3$

Obtain $Mom._m/Mom._p$: $Mom._m/Mom_p = (\rho_m/\rho_p)(V_m/V_p)^2(L_m/L_p)^3$ (2)

Also $Re_m = Re_p$ or $V_m L_m/\nu_m = V_p L_p/\nu_p$

$$V_m/V_p = (L_p/L_m)(\nu_m/\nu_p) \quad (3)$$

Substitute Eq. (3) into Eq. (2) to obtain

$$M_m/M_p = (\rho_m/\rho_p)(\nu_m/\nu_p)^2(L_m/L_p)$$

$$M_p = M_m(\rho_p/\rho_m)(\nu_p/\nu_m)^2(L_p/L_m) = 2(1{,}026/1{,}000)(1.4/1.31)^2(60) = \underline{\underline{141\ N \cdot m}}$$

Also, $V_p = 10(1/60)(1.41/1.31) = \underline{\underline{0.179\ m/s}}$

8-27. $C_{p_m} = C_{p_p}$; $(\Delta p/\rho V^2)_m = (\Delta p/\rho V^2)_p$

$$\Delta p_m/\Delta p_p = (\rho_p/\rho_m)(V_p^2/V_m^2)$$

Multiply both sides of the above equation by $A_m/A_p = (L_m/L_p)^2$

$$(\Delta p_m/\Delta p_p)(A_m/A_p) = (\rho_p/\rho_m)(V_p^2/V_m^2)(L_m^2/L_p^2) \quad (1)$$

For dynamic similitude $Re_m = Re_p$ or $(VL\rho/\mu)_m = (VL\rho/\mu)_p$

8-27. (Continued)

or $(V_p/V_m)^2 = (L_m/L_p)^2(\rho_m/\rho_p)^2(\mu_p/\mu_m)^2$ (2)

Eliminating $(V_p/V_m)^2$ between Eq.(1) and Eq.(2) yields

$F_p/F_m = (\rho_m/\rho_p)(\mu_p/\mu_m)^2$

Then if the same fluid is used for model and prototype, we have

$F_p/F_m = 1$ or $F_p = F_m$; $\underline{F_p = 20 \text{ kN}}$

8-28. $\mathbb{M}_m = \mathbb{M}_p$

$V_m/c_m = V_p/c_p$; $V_m/V_p = c_m/c_p$ (1)

Also $\mathbb{R}e_m = Re_p$; $V_m L_m \rho_m/\mu_m = V_p L_p \rho_p/\mu_p$

or $V_m/V_p = (L_p/L_m)(\rho_p/\rho_/)(\mu_m/\mu_p)$ (2)

Eliminate V_m/V_p between Eqs. (1) and (2) to obtain

$c_m/c_p = (L_p/L_m)(\rho_p/\rho_m)(\mu_m/\mu_p)$ (3)

But $c = \sqrt{E_V/\rho} = \sqrt{kp/\rho} = \sqrt{kp/(p/RT)} = \sqrt{kRT}$

Therefore $c_m/c_p = 1$

Then from Eq. (3) $1 = (10)(\rho_p/\rho_m)(1)$

or $\rho_m = 10\rho_p$ But $\rho = p/RT$

so $(p/RT)_m = 10(p/RT)_p$; $p_m = 10\ p_p = 10$ atm $=$ $\underline{1.01 \text{ MPa abs.}}$

8-29. $Re_m = Re_p$

$V_m L_m \rho_m/\mu_m = V_p L_p \rho_p/\mu_p$; But $\rho_m/\mu_m = \rho_p/\mu_p$

so $V_m = V_p(L_p/L_m) = 80 \times 10 = 800$ km/hr $=$ $\underline{222 \text{ m/s}}$

$\mathbb{M} = V/c = 222/345 = 0.644$ Mach number effects would be important.

8-30. $M/Re = (V/c)(\mu/\rho VD) = (\mu)/(\rho cD)$

where $\rho = p/RT = (22)/(1,716 \times 393) = 3.26 \times 10^{-5}$

$c = 975$ ft/s

8-30. (Continued)

$\mu = 3.0 \times 10^{-7}$ lbf-s/ft^2

$M/Re = 3.0 \times 10^{-7}/(3.26 \times 10^{-5} \times 975 \times 2) = 4.72 \times 10^{-6} < 1$

Not rarefied.

8-31. $W = 6.0 = \rho DV^2/\sigma$; $\rho = 0.95$ kg/m^3

$D = 6\sigma/\rho V^2 = 6 \times 0.02/(0.95 \times (30)^2) = 1.40 \times 10^{-4}$m $=$ 140 μm

---

8-32. $W = 6.0 = \rho DV^2/\sigma$; $\rho = 1.20$ kg/m^3; $\sigma = 0.073$ N/m (from Table A-5)

$D = 6\sigma/\rho V^2 = 6 \times 0.073/(1.2 \times (15)^2) = 1.62 \times 10^{-3}$m $=$ 1.62 mm

---

8-33. $F_m = F_p$; $(V/\sqrt{gL})_m = (V/\sqrt{gL})_p$

or $V_m/V_p = \sqrt{g_m L_m / g_p L_p}$ (1)

$Re_m = Re_p$; $(VL/\nu)_m = (VL/\nu)_p$ or $V_m/V_p = (L_p/L_m)(\nu_m/\nu_p)$ (2)

Eliminate V_m/V_p between Eq's (1) and (2) to obtain:

$\sqrt{g_m L_m / g_p L_p} = (L_p/L_m)(\nu_m/\nu_p)$, but $g_m = g_p$

Therefore: $\nu_m/\nu_p = (L_m/L_p)^{3/2}$

8-34. Froude model law applies, so $F_m = F_p$

$(V/\sqrt{gL})_m = (V/\sqrt{gL})_p$, or $V_p/V_m = \sqrt{L_p/L_m}$

$V_p = 2.5\sqrt{25} = 12.5$ ms

8-35. Assume Froude model law applies, then following the procedure of solution to P8-34 we have:

$V_m = V_p\sqrt{L_m/L_p} = 100\sqrt{1/10} = 31.6$ m/s

8-36. From solution to P8-35 we have:

$V_m/V_p = \sqrt{L_m/L_p}$ (1)

or for this case $V_m/V_p = \sqrt{1/25} = 1/5$

8-36. (Continued)

Multiply both sides of Eq. (1) by $A_m/A_p = (L_m/L_p)^2$

$V_m A_m / V_p A_p = (L_m/L_p)^{1/2}(L_m/L_p)^2$

$Q_m/Q_p = (L_m/L_p)^{5/2}$ or for this case $Q_m/Q_p = (1/25)^{5/2} = \underline{\underline{1/3,125}}$

$Q_m = 3,000/3,125 = \underline{\underline{0.96\ m^3/s}}$

8-37. Froude model law applies:

$V_p = V_m\sqrt{L_p/L_m} = 7.87\sqrt{25} = \underline{\underline{39.3\ ft/s}}$

From solution to P8-28:

$Q_p/Q_m = (L_p/L_m)^{5/2}$; $Q_p = 3.53 \times (25)^{5/2} = \underline{\underline{11,030\ ft^3/s}}$

8-38. Froude model law applies:

$V_p = V_m\sqrt{L_p/L_m} = 0.90\sqrt{10} = \underline{\underline{2.85\ m/s}}$

$L_p/L_m = 10$; therefore, wave $\text{height}_{\text{prot.}} = 10 \times 2.5\ cm = \underline{\underline{25\ cm}}$

8-39. Froude model law applies:

$V_p/V_m = \sqrt{L_p/L_m}$ or $(L_p/t_p)/(L_m/t_m) = (L_p/L_m)^{1/2}$

Then $t_p/t_m = (L_p/L_m)(L_m/L_p)^{1/2}$

$t_p/t_m = (L_p/L_m)^{1/2}$

$t_p = 1 \times \sqrt{25} = \underline{\underline{5\ min}}$

Also $Q_p/Q_m = (L_p/L_m)^{5/2}$; $Q_p = 0.10 \times (25)^{5/2} = \underline{\underline{312.5\ m^3/s}}$

8-40. $F_m = F_p$ or $(V/\sqrt{gL})_m = (V/\sqrt{gL})_p$

$V_m/V_p = (L_m/L_p)^{1/2}$ because $g_m = g_p$ (1)

$(L_m/t_m)/(L_p/t_p) = (L_m/L_p)^{1/2}$

or $t_m/t_p = (L_m/L_p)^{1/2}$ (2)

Then from Eq. (1) $V_m = V_p(L_m/L_p)^{1/2} = 3.0 \times (1/300)^{1/2} = \underline{\underline{0.173\ m/s}}$

From Eq. (2) $t_m = 12.5\ hr(1/300)^{1/2} = 0.722\ hr = \underline{\underline{43.3\ min.}}$

8-41. $C_{p_m} = C_{p_p}$; $(\Delta p/\rho V^2)_m = (\Delta p/\rho V^2)_p$

$$\Delta p_m/\Delta p_p = (\rho_m/\rho_p)(V_m/V_p)^2 \qquad (1)$$

Multiply both sides of Eq. (1) by $A_m/A_p = L_m^2/L_p^2$

$$(\Delta p_m A_m)/(\Delta p_p A_p) = (\rho_m/\rho_p)(L_m/L_p)^2(V_m/V_p)^2$$

Also from the Froude model law $V_m/V_p = \sqrt{L_m/L_p}$ (2)

Eliminating V_m/V_p from Eqs.(1) and (2) yields

$$F_m/F_p = (\rho_m/\rho_p)(L_m/L_p)^2(L_m/L_p)$$

$$F_m/F_p = (\rho_m/\rho_p)(L_m/L_p)^3$$

$$F_p = F_m(\rho_p/\rho_m)(L_p/L_m)^3 = 80(1{,}026/1{,}000)(36)^3 = \underline{\underline{3.83\ \text{MN}}}$$

8-42. From solution of P8-39 we have $t_p/t_m = (L_p/L_m)^{1/2}$

Then wave period$_{\text{prot.}}$ $= 1 \times (10)^{1/2} = \underline{\underline{3.16\ \text{s}}}$

wave height$_{\text{prot.}}$ $= 10\ \text{cm} \times 10 = \underline{\underline{1\ \text{m}}}$

8-43. $Q_m/Q_p = (L_m/L_p)^{5/2}$

$$Q_m = 200 \times (1/20)^{5/2} = \underline{\underline{0.112\ \text{m}^3/\text{s}}}$$

From solution to P8-41 we have:

$$F_p = F_m(\rho_p/\rho_m)(L_p/L_m)^3 = 22(1/1)(20)^3 = \underline{\underline{176\ \text{kN}}}$$

8-44. Check the scale ratio as dictated by Q_m/Q_p:

$$Q_m/Q_p = 0.90/5{,}000 = (L_m/L_p)^{5/2}$$

or $L_m/L_p = 0.0318$ (1)

Then with the scale ratio of Eq.(1):

$$L_m = 0.0318 \times 1{,}200\ \text{m} = 38.1\ \text{m}$$

$$W_m = 0.0318 \times 300\ \text{m} = 9.53\ \text{m}$$

Therefore, model will fit into the available space,

so use $\underline{\underline{L_m/L_p = 0.0318}}$

8-45. Froude model law applies, so we follow the solution procedure of P8-42:

$V_m/V_p = \sqrt{L_m/L_p}$; $V_p = 4 \times \sqrt{36} = \underline{\underline{24 \text{ ft/s}}}$

$F_m/F_p = (L_m/L_p)^3$; $F_p = 2(36)^3 = \underline{\underline{93,312 \text{ lb}}}$

8-46. Following same solution procedure as for P8-45 for velocity, we have:

$V_m/V_p = \sqrt{L_m/L_p}$; $V_p = 1.5\sqrt{25} = \underline{\underline{7.50 \text{ m/s}}}$

For the force ratio refer to the solution for P8-41:

$F_m/F_p = (\rho_m/\rho_p)(L_m/L_p)^3$

$F_p = F_m(\rho_p/\rho_m)(L_p/L_m)^3$

$= 7\text{N } (1.026/1)(25)^3 = \underline{\underline{112 \text{ kN}}}$

8-47. $C_{p,\text{model}} = C_{p,\text{prot.}}$

Then $\Delta p_p/(1/2)\rho_p V_p^{\,2}) = C_{p_p} = C_{p_m}$

or $\Delta p_p = C_{p_m}((1/2)\rho_p V_p^{\,2}) = C_{p_m} \times (1/2) \times 1.25 \times (160,000/3,600)^2$

$p - p_0 = 1,234.6\ C_{p_m}$ but $p_0 = 0$ gage

so $p = 1,234.6\ C_{p_m}$ Pa

Extremes of pressure are therefore:

$p_{\text{windward wall}} = \underline{\underline{1.235 \text{ kPa}}}$

$p_{\text{side wall}} = 1,234.6 \times (-2.7) = \underline{\underline{-3.33 \text{ kPa}}}$

$p_{\text{leeward wall}} = 1,234.6 \times (-0.8) = \underline{\underline{-988 \text{ Pa}}}$

Lateral Force: $\Delta p_m/\Delta p_p = ((1/2)\rho_m V_m^{\,2})/((1/2)\rho_p V_p^{\,2})$ (1)

Multiply both sides of Eq. (1) by $A_m/A_p = L_m^2/L_p^2$

$(\Delta p_m A_m)/(\Delta p_p A_p) = (\rho_m/\rho_p)(V_m^2/V_p^2)(L_m^2/L_p^2) = F_m/F_p$

$F_p/F_m = (\rho_p/\rho_m)(V_p^2/V_m^2)(L_p^2/L_m^2)$

$F_p = 20(1.25/1.20)((160,000/3,600)^2/(20)^2)(250)^2$

$F_p = \underline{\underline{6.43 \text{ MN}}}$

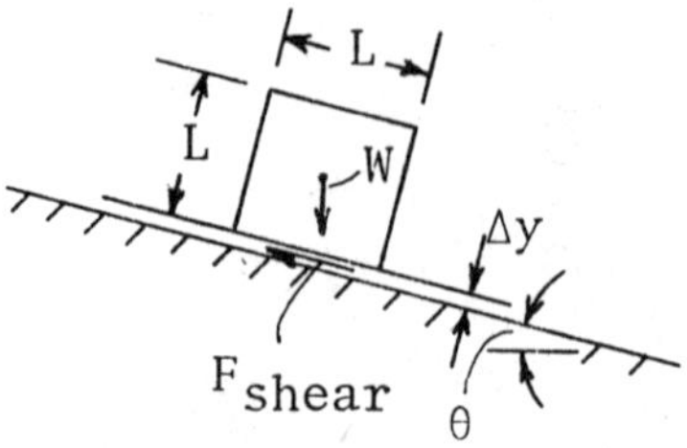

9-1. $F_{shear} = W \sin\theta$

$\tau = F_{shear}/A_s = W \sin\theta/L^2$ (1)

$\tau = \mu dV/dy = \mu \times V/\Delta y$ (2)

or $V = \tau\Delta y/\mu$

from (1) $V = (W \sin\theta/L^2)\ \Delta y/\mu$ (3)

$V = (200 \sin 10°/0.30^2) \times 1 \times 10^{-4}/10^{-2}$

$\underline{V = 3.86 \text{ m/s}}$

9-2. Same solution procedure applies as in P9-1. Then from Eq. (3) of solution to P9-1, we have

$\mu = (W \sin\theta/L^2)\ \Delta y/V$

$\mu = (40 \times (5/13)/3^2) \times (0.02/12)/0.5$

$\mu = \underline{5.70 \times 10^{-3} \text{ lbf-s/ft}^2}$

9-3. Same type of solution procedure applies as in P9-1 and P9-2. Then

$\mu = (15 \times (5/13))/1^2) \times 5 \times 10^{-4}/0.12$

$\mu = \underline{2.40 \times 10^{-1} \text{ N}\cdot\text{s/m}^2}$

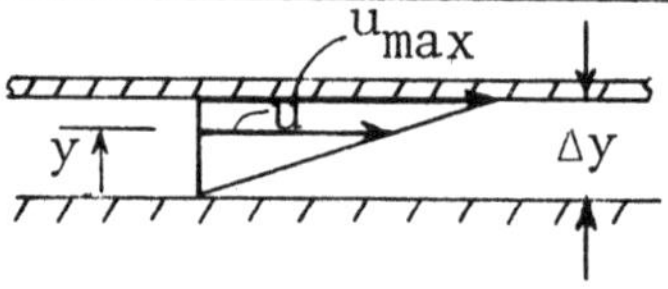

9-4. a) By similar triangles $u/y = u_{max}/\Delta y$

or $u = (u_{max}/\Delta y)y$

$u = (0.3/0.002)y \text{ m/s} = \underline{150\ y \text{ m/s}}$

$v = 0$

b) For flow to be irrotational $\partial u/\partial y = \partial V/\partial x$

here $\partial u/\partial y = 150$ and $\partial V/\partial x = 0$

The equation is not satisfied; flow is rotational.

c) $\partial u/\partial x + \partial v/\partial y = 0$ (continuity equation)

$\partial u/\partial x = 0$ and $\partial v/\partial y = 0$ so continuity is satisfied.

d) Use the same formula as developed for solution to P 9-1, but $W \sin\theta = F_{shear}$.

9-4. d) (Continued)

Then $V = (F_s/(LW))\Delta y/\mu$

or $F_s = VLW\mu/\Delta y$

$F_s = 0.3 \times (1 \times 0.3) \times 3/0.002$

$F_s = \underline{\underline{135\ N}}$

9-5. The shear force is the same on the wire and tube wall; however, there is less area in shear on the wire so there will be a greater shear stress on the wire.

9-6. $\tau = \mu dv/dy$

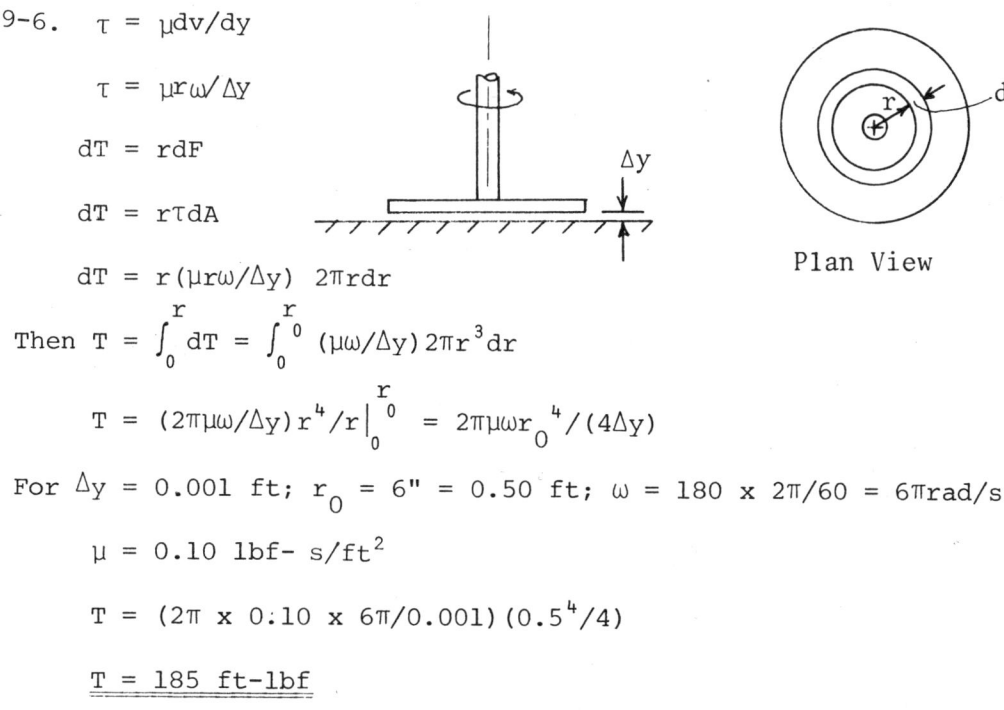

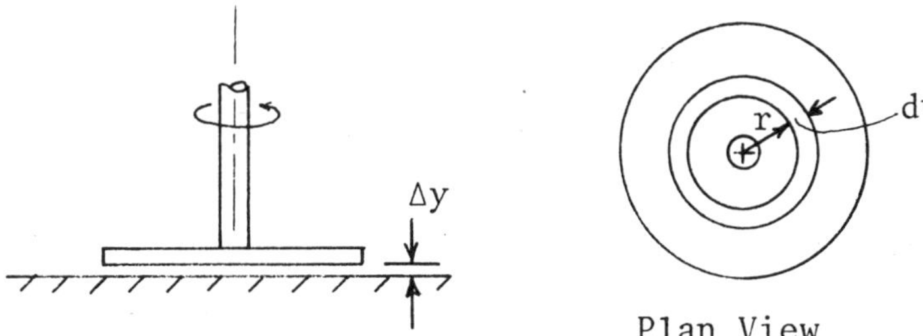

Plan View

$\tau = \mu r\omega/\Delta y$

$dT = rdF$

$dT = r\tau dA$

$dT = r(\mu r\omega/\Delta y)\ 2\pi r dr$

Then $T = \int_0^r dT = \int_0^{r_0} (\mu\omega/\Delta y) 2\pi r^3 dr$

$T = (2\pi\mu\omega/\Delta y) r^4/r\Big|_0^{r_0} = 2\pi\mu\omega r_0^{\ 4}/(4\Delta y)$

For $\Delta y = 0.001$ ft; $r_0 = 6" = 0.50$ ft; $\omega = 180 \times 2\pi/60 = 6\pi$rad/s

$\mu = 0.10$ lbf- s/ft^2

$T = (2\pi \times 0.10 \times 6\pi/0.001)(0.5^4/4)$

$\underline{\underline{T = 185\ \text{ft-lbf}}}$

9-7. The problem is the same type as P9-6; therefore,

$T = 2\tau\mu\omega r_0^4/(4\Delta y)$

where $r = 0.10$ m; $\Delta y = 2 \times 10^{-4}$m; $\omega = 1{,}000$ rad/s; $\mu = 6\text{N}\cdot\text{s/m}^2$

$T = 2\pi \times 6 \times 100 \times 10^{-4}/(2 \times 10^{-3}) = \underline{\underline{47.1\ \text{N}\cdot\text{m}}}$

9-8. $dT = (\mu u/s)\ dA \times r$

$= \mu r\omega \sin\beta 2\pi r^2 dr/(r\theta\sin\beta)$

$= 2\pi\mu\omega r^2 dr/\theta$

$T = (\mu\omega/\theta)(2\pi r^3/3)\Big]_0^{r_0} = \underline{\underline{(2/3)\pi r_0^3\mu\omega/\theta}}$

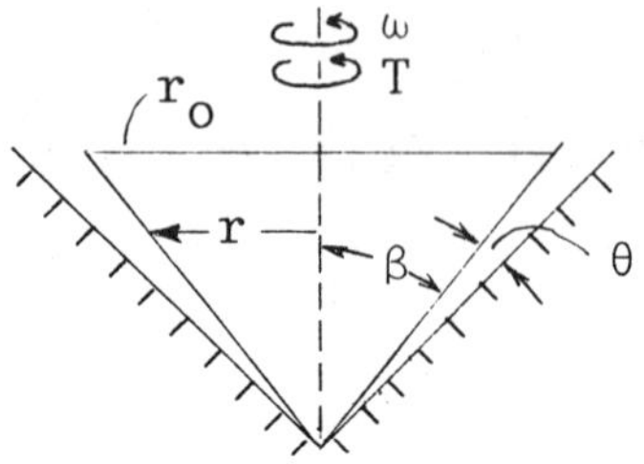

9-9. Velocity distribution:

Force = τA

$= \mu(dV/dy)A$

$= (0.62 \times (0.4/0.002) \times 1 \times 2) \times 2$

$\underline{\underline{F = 496N}}$

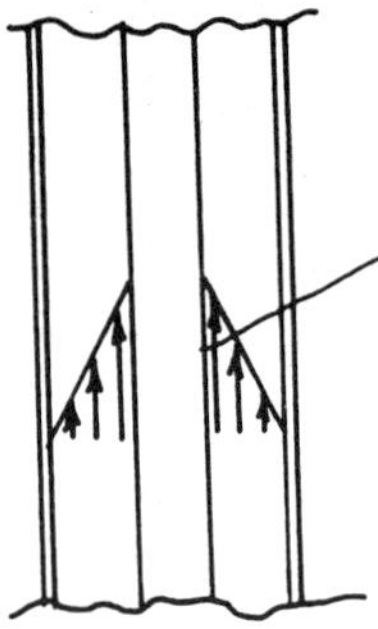

9-10. Subscript s refers to inner cylinder.
Subscript 0 refers to outer cylinder.
ℓ is the length of the ring of fluid.

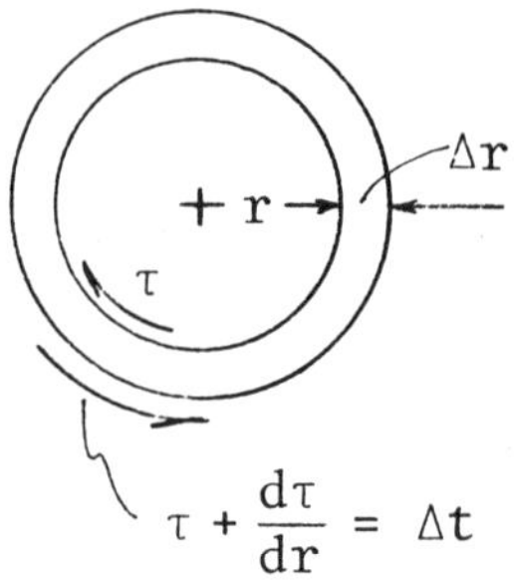

$T_s = \tau(2\pi r)(r\ell)$

$T_0 = \tau(2\pi r)(r\ell) + d/dr(\tau 2\pi r \cdot r\ell)\Delta r$

$T_s - T_0 = 0;\ d/dr(\tau 2\pi r^2 \ell)\Delta r = 0;\ d/dr(\tau r^2) = 0$

Then $\tau r^2 = C_1;\quad \tau = \mu r(d/dr)(v/r)$

So $\mu r^3(d/dr(V/r)) = C_1;\qquad \mu(d/dr(V/r)) = C_1 r^{-3}$

Integrating, $\mu v/r = (-1/2)C_1 r^{-2} + C_2$

$v = 0$ at $r = r_0$ and $v = r_s\omega$ at $r = r_s$

$0 = (-1/2)C_1 r_0^{-2} + C_2;\quad \mu\omega = (-1/2)C_1 r_s^{-2} + C_2$

$C_1 = 2C_2 r_0^2;\qquad \mu\omega = C_2(1 - r_0^2/r_s^2);\quad C_2 = \mu\omega/(1 - r_0^2/r_s^2)$

Then, $\tau_s = C_1 r_s^{-2} = 2C_2(r_0/r_s)^2 = 2\mu\omega r_0^2/(r_s^2 - r_0^2) = 2\mu\omega/((r_s^2/r_0^2) - 1)$

So $T_s/\ell = \tau 2\pi r_s^2 = 4\pi\mu\omega r_s^2/((r_s^2/r_0^2) - 1)$ (Torque on fluid)

Torque on shaft per unit length = $\underline{\underline{4\pi\mu\omega r_s^2/(1 - (r_s^2/r_0^2))}}$

9-11. $P = T\omega$; $T = 4\pi\mu\omega\ell r_s^2/(1 - (r_s^2/r_0^2))$

$= 4\pi \times 0.1 \times (400)(0.01)^2\ 0.04/(1 - (1/1.1)^2) = 0.0116$ N•m

$P = 0.0116(400) = \underline{4.63\ W}$

9-12. $T = 0.6(0.02) = 0.012$ N•m

$\mu = T(1-r_s^2/r_0^2)/(4\pi\omega\ell r_s^2) = 0.012(1 - 2^2/2.25^2)/(4\pi(30)(2\pi/60)(0.1)(0.02)^2)$
$= \underline{1.59\ N\cdot s/m^2}$

9-13. $u = (g \sin\theta/2\nu)y(2d - y)$

u_{max} occurs at the liquid surface where $y = d$

so $u_{max} = (g \sin\theta/(2\nu))d^2$

where $\theta = 30°$, $\nu = 10^{-3} m^2/s$ and $d = 3.5 \times 10^{-4} m$

$u_{max} = (9.81 \times \sin 30°/(2 \times 10^{-3})) \times (3.5 \times 10^{-3})^2$

$u_{max} = 30 \times 10^{-3} m/s = \underline{0.030\ m/s}$

$V = (gd^2 \sin\theta)/(3\nu)$

$= 9.81 \times (3.5 \times 10^{-3}) \sin 30°/(3 \times 10^{-3})$

$V = \underline{0.020\ m/s}$

$V = \underline{(2/3)\ u_{max}}$

9-14. Solution procedure is the same as for P9-13:

$u_{max} = (g \sin\theta/(2\nu))d^2$

$u_{max} = (32.2 \times 0.50/(2 \times 10^{-2})) \times (0.015/12)^2$

$u_{max} = \underline{1.26 \times 10^{-3} ft/s}$

9-15. $Re = Vd/\nu = q/\nu$; $q = 200 \times 1.2 \times 10^{-3} = 0.240$ cfs/ft

$q = (1/3)\gamma d^3 \sin\theta/\mu$; $d^3 = 3\mu q/\gamma \sin\theta = 3\nu q/g \sin\theta = 3 \times 1.2 \times 10^{-3}$

$\times 0.24/(32.2 \times 0.707) = 0.3795 \times 10^{-6}$

$d = \underline{0.00724\ ft = 0.0869\ in.}$

9-16. Total discharge per unit width of roof is:

$q = L \times 1 \times R_r$ (1)

where R_r = rainfall rate

but $q = (1/3)(\gamma/\mu)d^3\sin\theta$

or $d = (3q\mu/(\gamma\sin\theta))^{1/3}$ (2)

$d = (3LR_r\mu/(\gamma\sin\theta))^{1/3}$ (combined Eq's. (1) and (2))

In this problem $L = 15$ ft; $R_r = 0.4$ in./hr. $= 9.26 \times 10^{-6}$ ft/s

$\mu = 2.73 \times 10^{-5}$ lb-s/ft^2 ; $\gamma = 62.4$ lbf/ft^3; $\theta = 10°$

Then $d = (3 \times 15 \times 9.26 \times 10^{-6} \times 2.73 \times 10^{-5}/(62.4 \times \sin 10°))^{1/3}$

$d = 1.02 \times 10^{-3}$ ft $=$ 0.012 in.

9-17. Solution procedure is the same as for P9-16:

$d = (3LR_r\mu/(\gamma\sin\theta))^{1/3}$

$d = (3 \times 6 \times (0.01/3{,}600) \times 1.31 \times 10^{-3}/(9{,}810 \times \sin 10°))^{1/3}$

$d = (3.845 \times 10^{-11})^{1/3} = (38.45 \times 10^{-12})^{1/3} = 3.375 \times 10^{-4}$ m

$d = 3.375 \times 10^{-4}$ m $=$ 0.34 mm

9-18. $V = (gd^2/3\nu)\sin\theta$ from Eq. (9-3)

but $u = (g/2\nu)\sin\theta y(2d - y)$

or $U_{max} = (g/2\nu)\sin\theta(2d^2) = (gd^2/2\nu)\sin\theta$

Then $V/u_{max} = [(gd^2/3\nu)\sin\theta]/[(gd^2/2\nu)\sin\theta] = 2/3$

or $V = (2/3)u_{max}$

9-19. Assume a linear velocity distribution within the oil. The velocity distribution will appear as below:

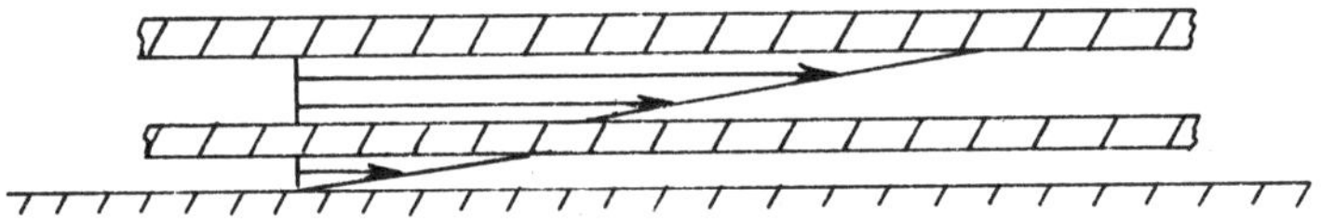

Because the lower plate is moving at a constant speed, the shear stresses on the top and bottom of it will be the same, or

9-19. (Continued)

$$\tau_1 = \tau_2$$

$$\mu_1 dV_1/t_1 = \mu_2 dV_2/t_2$$

$$\mu_1 \times (2 - V_{lower})/t_1 = \mu_2 V_{lower}/t_2$$

$$2\mu_1/t_1 - \mu_1 V_{lower}/t_1 = \mu_2 V_{lower}/t_2$$

$$V_{lower}(\mu_2/t_2 + \mu_1/t_1) = 2\mu_1/t_1$$

$$V_{lower} = \underline{\underline{2\mu_1/t_1/(\mu_2/t_2 + \mu_1/t_1)}}$$

9-20. $u = -(\gamma/2\mu)(By-y^2)dh/ds$

u_{max} occurs at $y = B/2$

So $u_{max} = -(\gamma/2\mu)(B^2/2-B^2/4)dh/ds = -(\gamma/2\mu)(B^2/4)dh/ds$

$dp/ds = -1{,}200$ Pa/m ; $dh/ds = (1/\gamma)dp/ds$

$B = 2\text{mm} = 0.002\text{m}$ and $\mu = 10^{-1}\text{N}\cdot\text{s/m}^2$

Then $u_{max} = -(\gamma/2\mu)(B^2/4)((1/\gamma)(-1{,}200))$

$= (B^2/8\mu)(1{,}200)$

$= (0.002^2/(8 \times 0.1))(1{,}200) = 0.006$ m/s

$= \underline{\underline{6.0 \text{ mm/s}}}$

$F_s = \tau A = \mu(du/dy) \times 2 \times 1.5$

$F_s = \mu \times [-(\gamma/2\mu)(B-2y)dh/ds]$

but τ_{plate} occurs at $y = 0$

Thus $F_s = -\mu \times (\gamma/2\mu) \times B \times (1{,}200/\gamma) \times 3 = (B/2) \times 1{,}200 \times 3$

$F_s = -(0.002/2) \times 1{,}200 \times 3 = \underline{\underline{3.6 \text{ N}}}$

9-21. From the solution to problem 9-20 we have

$u_{max} = -(\gamma B^2/8\mu)((1/\gamma)(dp/ds))$

so $u_{max} = -(0.01^2/(8 \times 10^{-3}))(-12) = \underline{\underline{0.15 \text{ ft/s}}}$

9-22. From solution to Prob. 9-20, we have

$V_{max} = -(\gamma/2\mu)(B^2/4)\ dh/ds$

where $dh/ds = dh/dz = d/dz(p/\gamma + z)$

$= (1/\gamma)dp/dz + 1$

$= (1/(0.8 \times 62.4))(-8) + 1 = -0.16 + 1 = 0.840$

Then $V_{max} = -((0.8 \times 62.4)/(2 \times 10^{-3}))(0.01^2/4)(0.840)$

$V_{max} = \underline{\underline{-0.524\ ft/s}}$ (flow is downward)

9-23. From solution to Prob. 9-20, we have

$V_{max} = -(\gamma/2\mu)(B^2/4)\ dh/ds$

where $dh/ds = dh/dz = d/dz\ (p/\gamma + z)$

$= (1/\gamma)dp/dz + 1$

$= (1/(0.84 \times 9{,}810))\ (-1{,}200) + 1 = 0.854$

Then $V_{max} = -((0.84 \times 9{,}810)/(2 \times 0.1))(0.002^2/4)(0.854) = -0.0352$ m/s

$= \underline{\underline{-35.2\ mm/s}}$ (flow is downward)

9-24. From solution to Prob. 9-20, we have

$V_{max} = -(\gamma/2\mu)(B^2/4)dh/ds$

where $dh/ds = dh/dz = d/dz(p/\gamma + z)$

$= (1/\gamma)dp/dz + 1$

$= ((1/(0.85 \times 9{,}810))(-9{,}000) + 1$

$= -0.0793$

Then $V_{max} = -((0.85 \times 9{,}810)/(2 \times 0.1))(0.002^2/4)(-0.0793)$

$= 0.00331$ m/s $= \underline{\underline{3.31\ mm/s}}$ (flow is upward)

9-25. From solution to P9-20 we have

$V_{max} = -(\gamma/2\mu)(B^2/4)dh/ds$

where $dh/ds = dh/dz = d/dz(p/\gamma + z)$

$= (1/\gamma)dp/dz + 1$

9-25. (Continued)

$= ((1/(0.8 \times 62.4))(-60) + 1 = -0.202$

Then $V_{max} = -((0.80 \times 62.4)/(2 \times 0.001))(0.01^2/4)(-0.202)$

$= \underline{+0.126 \text{ ft/s}}$ (flow is upward)

9-26. $\overline{V} = q/B = 0.00833/(0.10/12) = 1.00$ ft/s

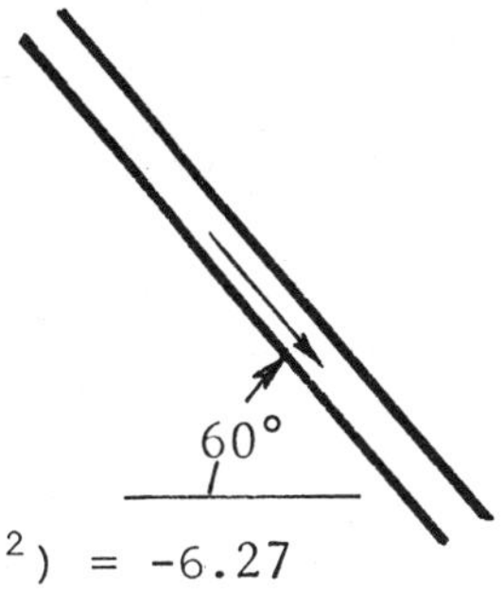

$V_{max} = (3/2)\overline{V} = 1.50$ ft/s

From solution to P.9-20 $dh/ds = -8\mu V_{max}/(\gamma B^2)$

where $\mu = 2 \times 10^{-3}$ lbf•s/ft^2; $\gamma = 55.1$ lbf/ft^3

Then $dh/ds = -8 \times 2 \times 10^{-3} \times 1.50/(55.1 \times (0.1/12)^2) = -6.27$

But $dh/ds = (1/\gamma)dp/ds + dz/ds$ where $dz/ds = -0.866$

Then $-6.27 = (1/\gamma)dp/ds - 0.866$

$dp/ds = \gamma(-6.27 + 0.866) = \underline{-298 \text{ psf/ft}}$

9-27. $\overline{V} = q/B = 24 \times 10^{-4}/(0.002) = 1.2$ m/s

$V_{max} = (3/2)\overline{V} = 1.8$ m/s

From solution to Prob. 9-20 $dh/ds = -8\mu V_{max}/(\gamma B^2)$

where $\mu = 0.1$ N•s/m^2 and $\gamma = 0.8 \times 9{,}810$ N/m^2

Then $dh/ds = -8 \times 0.1 \times 1.8/(0.8 \times 9{,}810 \times 0.002^2) = -45.87$

But $dh/ds = (1/\gamma)\, dp/ds + dz/ds$ where $dz/ds = -0.866$

Then $45.87 = (1/\gamma)\, dp/ds - 0.866$

$dp/ds = \gamma(-45.87 + 0.866) = \underline{-353 \text{ kPa/m}}$

9-28. $F = p_{avg.} \times A$

$= 1/2\ p_{max} \times A$

$= 1/2\ p_{max} \times 0.3\text{m} \times 1\text{m}$

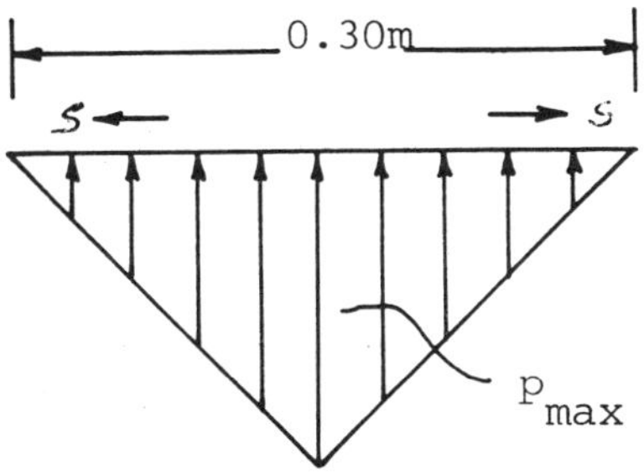

or $p_{max} = 2F/0.3\ \text{m}^2 = 2 \times 50{,}000/0.30$

$= 333{,}333$ N/m^2

Then $dp/ds = -333{,}333$ N/m^3/0.15m $= -2{,}222{,}222$ N/m^3

For flow between walls where $\sin\theta = 0$, we have

9-28. (Continued)

$u_{max} = -(\gamma/2\mu)(B \times B/2 - B^2/4)(d/ds(p/\gamma))$

$u_{max} = -(B^2/8\mu)\ dp/ds$

$V_{avg} = 2/3\ u_{max}$

$= -(1/12)(B^2/\mu)\ dp/ds$

Then $q_{per\ side} = VB = -(1/12)(B^3/\mu)\ dp/ds$

and $q_{total} = 2VB = -(1/6)(B^3/\mu)\ dp/ds$

$= -(1/6) \times ((6\times10^{-4}m)^3/(10^{-1}N\cdot s/m^2)) \times 2{,}222{,}222\ N/m^3)$

$= 8.00 \times 10^{-4} m^3/s$

$q = \underline{\underline{2.88\ m^3/hr}}$

9-29. $\mathrm{Re} = U_0 x/\nu$

$x = \mathrm{Re}\nu/U_0 = 500{,}000 \times 1.22 \times 10^{-5}/6$

$x = 1.017$ ft

$\delta = 5x/\mathrm{Re}_x^{1/2} = 5 \times 1.017/(500{,}000)^{1/2}$

$\delta = 0.0072$ ft $= \underline{\underline{0.086\ \text{in.}}}$

$\tau_0 = 0.332\mu(U_0/x)\mathrm{Re}_x^{1/2}$

$\tau_0 = 0.332 \times 2.36 \times 10^{-5}(6/1.017) \times (500{,}000)^{1/2} = \underline{\underline{0.0327\ \text{lbf/ft}^2}}$

9-30. $F_{s,lam} = C_f A \rho U_0^2/2$

where $C_f = 1.33/\mathrm{Re}^{1/2}$

$= 1.33/(500{,}000)^{1/2}$

$= 0.00188$

$F_{s,lam} = (0.00188 \times 3 \times 1.017) \times 1.94 \times 6^2/2$

$= \underline{\underline{0.200\ \text{lbf}}}$

9-31. $\tau_0 = 0.332\mu(U_0/x)\mathrm{Re}_x^{1/2}$ (9-10)

$c_f = \tau_0/(\rho U_0^2/2);\quad \tau_0 = c_f \rho U_0^2/2$ (9-15)

eliminate τ_0 between Eqs. (9-10) and (9-15)

9-31. (Continued)

Then $c_f \rho U_0^2/2 = 0.332\mu(U_0/x)Re_x^{1/2}$

$$c_f = 0.332 \times 2\ \mu U_0 U_0^{1/2} x^{1/2} \rho^{1/2}/(x\rho U_0^2 \mu^{1/2}) = \underline{\underline{0.664/Re_x^{1/2}}}$$

Similarly, eliminate F_s between Eqs. (9-12) and (9-14) to get

$c_f BL\rho U_0^2/2 = 0.664 B\mu U_0 Re_L^{1/2}$; $c_f = \underline{\underline{1.33/Re_L^{1/2}}}$

9-32. $u/U_0 = (y/\delta)^{1/2}$ $\quad \tau_0 = 1.66\ U_0\mu/\delta$

$$\tau_0 = \rho U_0^2\ d/dx\int_0^\delta (u/U_0(1 - u/U_0))dy \qquad (9\text{-}35)$$

$$= \rho U_0^2\ d/dx\int_0^\delta (y/\delta)^{1/2} - (y/\delta)dy$$

$$= \rho U_0^2\ d/dx[(2/3)(y/\delta)^{3/2} - 1/2(y/\delta)^2]_0^\delta\ \delta$$

$1.66\ U_0\mu/\delta = (1/6)\rho U_0^2\ d\delta/dx$

$\delta\ d\delta/dx = 9.96\mu/(\rho U_0)$

$\delta^2/2 = 9.96\ \mu x/(\rho U_0) = 9.96\ x^2/Re_x$

$\delta = 4.46x/Re_x^{1/2}$ $\qquad$ Blasius $\underline{\underline{\delta = 5x/Re^{1/2}}}$

9-33. $V_0 = 20$ fps; $x = 4$ ft; $\delta = 0.05$ ft; $\nu = 10^{-3}ft^2/s$

$Re = V_0 x/\nu = 20(4)/10^{-3} = 80{,}000 < 500{,}000$; Laminar B.L.

Calculate outer limit of boundary layer

$\delta = 5x/\sqrt{Re} = 5(4)/\sqrt{80{,}000} = 20/283 = 0.0707$

We are therefore in the laminar layer--use Blasius' solution.

$(y/x)\sqrt{R_x} = (0.05/4.00)(2.83)(10^2) = 3.54$

$u/V_0 = 0.92$ from Fig. 9-5; $u = 20(0.92) = \underline{\underline{18.4\text{ fps}}}$

9-34. $Re_x = U_0 x/\nu = 5 \times 2/10^{-4} = 10^5 < 5 \times 10^5 \rightarrow$ laminar

$(y/x)Re_x^{1/2} = (0.015/2)(10^5)^{1/2} = 2.37$

From Fig. 9-5 $u/U_0 = 0.72$; $u = 0.72 \times 5 = \underline{\underline{3.6\text{ m/s}}}$

9-35. $F_{s,2m} = 0.664\ B\mu U_0 Re^{1/2},2$

$F_{s,1m} = 0.664\ B\mu U_0 Re^{1/2},1$

Then $F_{s,upstream} = 0.664\ B\mu U_0 Re^{1/2},1$

$F_{s,downstream} = 0.664\ B\mu U_0 (Re^{1/2},2 - Re^{1/2},1)$

Thus $F_{s,upstream}/F_{s,downstream} = Re^{1/2},1/(Re^{1/2},2 - Re^{1/2},1)$

$= (5 \times 10^4)^{1/2}/((10 \times 10^4)^{1/2} - (5 \times 10^4)^{1/2}) = \underline{\underline{2.41}}$

9-36. $Re_x = 500{,}000;\ U_0 x/\nu = 500{,}000$

$x = 500{,}000\ \nu/U_0 = 500{,}000 \times 1.31 \times 10^{-6}/2 = \underline{\underline{0.327\ m}}$

$\delta = 5x/Re_x^{1/2} = 5 \times 0.327/(500{,}000)^{1/2} = 2.31 \times 10^{-3} m = 2.31\ mm$

$\tau_0 = 0.332\mu\ (U_0/x) Re_x^{1/2}$

$\tau_0 = 0.332 \times 1.31 \times 10^{-3}(2/0.327) \times (500{,}000)^{1/2} = \underline{\underline{1.88\ N/m^2}}$

9-37. $F_s = 0.664\ B\mu U_0 Re_L^{1/2} = 0.664 \times 1 \times 1.31 \times 10^{-3} \times 2 \times (500{,}000)^{1/2}$

$F_s = \underline{\underline{1.23\ N}}$

$F_{s_{total}} = C_f A\rho U_0^2/2;\ Re_L = U_0 \times 1/\nu = 2 \times 1/(1.31 \times 10^{-6}) = \underline{\underline{1.53 \times 10^6}}$

C_f 0.0031 from Fig. 9-13

$F_{s_{total}} = 0.0031 \times 1 \times 500 \times 4 = \underline{\underline{6.20\ N}}$

$F_{s_{lam.}}/F_{s_{total}} = 1.23/6.20 = 0.198;\ \underline{\underline{19.8\%}}$

9-38. $Re_L = U_0 L/\nu = 0.20 \times 1.5/(10^{-6}) = 3.0 \times 10^5$

Re_L is less than 500,000; therefore, laminar boundary layer

$\delta = 5x/Re_x^{1/2} = 5 \times 1.5/(3.0 \times 10^5)^{1/2} = 0.0137 m = \underline{\underline{13.7\ mm}}$

$C_f = 1.33/Re_L^{1/2} = 1.33/(3.0 \times 10^5)^{1/2} = 0.00243$

$F_s = C_f A\rho U_0^2/2 = 0.00243 \times 1.5 \times 1.5 \times 2 \times 1{,}000 \times 0.20^2/2 = \underline{\underline{0.219\ N}}$

9-39. $R_L = U_0 L\rho/\mu = 20 \times 2 \times 1.5/10^{-5} = 6 \times 10^6$

$C_f = (0.074/Re_L^{1/5}) - (1{,}700/Re_L) = 0.00298$

$F_s = C_f(2BL)\rho U_0^2/2$

$= 0.00298 \times (2 \times 2 \times 1.5) \times 20^2/2$

$= \underline{\underline{3.58\ \text{N}}}$

$Re_{1m} = 6 \times 10^6 \times (1/2) = 3 \times 10^6$

$c_f = 0.058/(3 \times 10^6)^{1/5} = 0.00294$

$\tau_0 = c_f \rho U_0^2/2 = 0.00294 \times 1.5 \times 20^2/2 = 0.881\ \text{N/m}^2$

but $\tau_0 = \mu\, du/dy$ or $du/dy = 0.881/10^{-5}$

$= \underline{\underline{8.81 \times 10^4 s^{-1}}}$

9-40. $u/u_* = 8.74(yu_*/\nu)^{1/7}$ (9-38)

but at the outer limit of the boundary layer $u = U_0$ and $y = \delta$

so $U_0 u_* = 8.74(\delta u_*/\nu)^{1/7}$

or $u_*^{8/7} = U_0 \nu^{1/7}/(8.74\delta^{1/7})$

$(u_*^{8/7})^{14/8} = U_*^2 = (U_0\nu^{1/7}/(8.74\delta^{1/7}))^{14/8}$

$u_*^2 = \tau_0/\rho = \underline{\underline{0.0225\ U_0^2(\nu/U_0\delta)^{1/4}}}$

9-41.

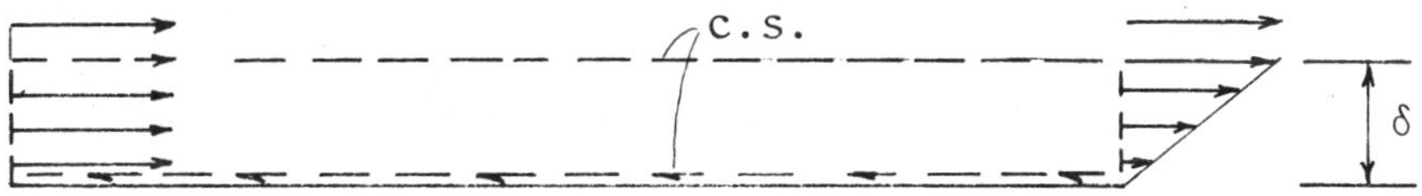

Apply the momentum equation to the c.v. shown above.

$\Sigma F_x = \int_{c.v.} V_x \rho \underline{V} \cdot d\underline{A}$

$F_{s,\text{plate on c.v.}} = -\rho V_1^2 \delta + \int \rho V_2^2 dA + \rho V_1 q_{top}$

where $V_2 = (V_{max}/\delta)y = V_1 y/\delta$

$q_{top} = V_1\delta - \int_0^\delta V_2 dy = V_1\delta - \int_0^\delta V_1 y/\delta dy$

$q_{top} = V_1\delta - V_1 y^2/2\delta \Big|_0^\delta = V_1\delta - 0.5V_1\delta = 0.5V_1\delta$

Then $F_s = -\rho V_1^2\delta + \int_0^\delta \rho(V_1 y/\delta)^2 dy + 0.5\rho\ V_1^2\delta$

$= -\rho V_1^2\delta + \rho V_1^2\delta/3 + 0.5\rho V_1^2\delta$

$= \rho V_1^2\delta(-1 + (1/3) + (1/2)) = -0.1667\rho V_1^2\delta$

9-41. (Continued)

For $V_1 = 40$ m/s, $\rho = 1.2$ kg/m^3 and $\delta = 3 \times 10^{-3}$m we have

$F_s = -0.1667 \times 1.2 \times 40^2 \times 3 \times 10^{-3} = -0.960$N

or the skin friction drag on top side of plate is $F_s = \underline{+0.960 \text{ N}}$

The shear stress at the downstream end of plate is

$\tau = \mu dV/dy = 1.8 \times 10^{-5} \times 40/(3 \times 10^{-3}) = \underline{\underline{0.24 \text{ N/m}^2}}$

9-42. $\tau_0/\rho = U_0^2\, d/dx \int_0^{\delta} (y/\delta)^{1/7}[1 - (y/\delta)^{1/7}]dy$

$= U_0^2 d/dx \int_0^{\delta} [(1/\delta^{1/7})y^{1/7}dy - (1/\delta^{2/7})y^{2/7}dy]$

$= U_0^2\, d/dx[(1/\delta^{1/7})(y^{8/7}/(8/7)) - (1/\delta^{2/7})(y^{9/7}/(9/7))]_0^{\delta}$

$= U_0^2\, d/dx[(7/8)\delta - (7/9)\delta] = \underline{\underline{(7/72)U_0^2 d\delta/dx}}$

9-43. The streamlines will be displaced a distance $\delta^* = q_{defect}/V_1$

where $q_{defect} = \int_0^{\delta} (V_1 - V_2)dy = \int_0^{\delta} (V_1 - V_1 y/\delta)dy$

Then $\delta^* = [\int_0^{\delta} (V_1 - V_1 y/\delta)dy]/V_1 = \int_0^{\delta} (1 - y/\delta)dy = \delta - \delta/2 = \underline{\underline{\delta/2}}$

9-44. $F_s = C_f BL\rho U_0^2/2$

where $C_f = (0.455/(\log_{10} Re_L)^{2.58}) - (1{,}700/Re_L)$

$Re_{L,20} = 20 \times 10/10^{-6} = 2 \times 10^8$

$Re_{L,10} = 10^8$

Then $C_{f,20} = (0.455/(\log_{10}(2 \times 10^8))^{2.58} - (1{,}700/(2 \times 10^8))$

$= 0.00193$

$C_{f,10} = 0.00213$

Then $F_{s,20}/F_{s,10} = (0.00193/0.00213) \times 2$

$= \underline{\underline{1.82}}$

9-45. $F_s = C_f A\rho U_0^2/2$

$R_{e_L} = V_0 L/\nu = 30 \times 30/(1.4 \times 10^{-5})$

9-45. (Continued)

$R_{e_L} = 6.42 \times 10^7$

Then from Fig. 9-13 $C_f = 0.0022$; $\rho = 1.25\ kg/m^3$

$F_s = 0.0022 \times 2 \times 30 \times 1.5 \times 1.25 \times 30^2/2 = 111.4\ N$

$P = FV = 111.4 \times 30 = \underline{\underline{3.34\ kW}}$

9-46. $\Sigma F_z = 0$

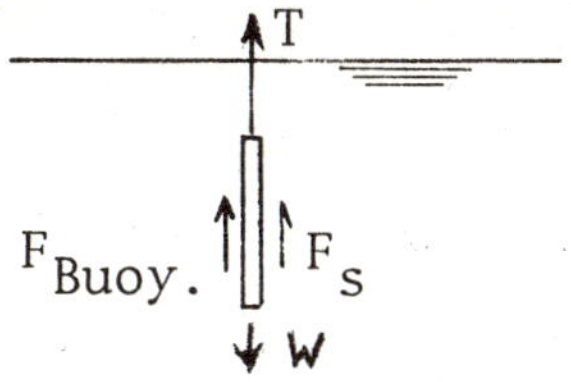

$T + F_s + F_{Buoy.} - W = 0$

$T = W - F_s - F_{Buoy.}$ (1)

where W = 200 N

$F_{Buoy.} = \forall \gamma_{water} = 0.003 \times 3 \times 9{,}810 = 88.3\ N$

$F_s = C_f A \rho U_0^2/2$; $R_{e_L} = VL/\nu = 2 \times 1/(1.31 \times 10^{-6}) = 1.53 \times 10^6$

Therefore, from Fig. 9-13, $C_f = 0.0033$

Then $F_s = 0.0033 \times 2 \times 3 \times 1{,}000 \times 4/2 = \underline{\underline{39.6\ N}}$

Solving Eq. (1): $T = 200 - 39.6 - 88.3 = \underline{\underline{72.1\ N}}$

9-47. $\Sigma F = 0$

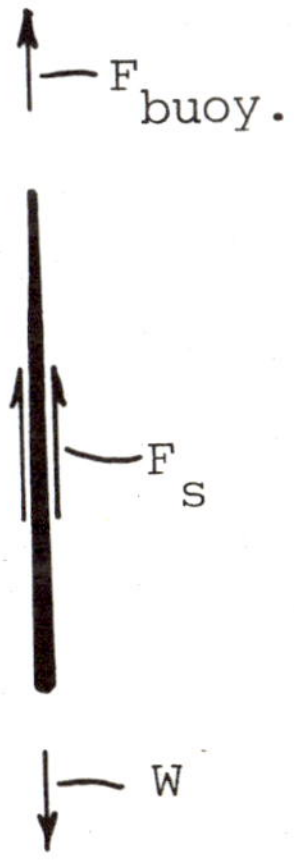

$W - F_B - F_s = 0$

$20 - 16 - F_s = 0$

$F_s = 4N = C_f A \rho U_0^2/2$

Assume $C_f = 0.003$

Then $0.003 \times 2 \times 2 \times 815\ U_0^2/2 = 4$

$U_0 = 0.904\ m/s$

Check Re_L: $Re_L = 0.9 \times 2/10^{-6} = 1.8 \times 10^6$

$C_f = (0.074/(Re_L)^{1/5}) - (1{,}700/Re_L)$

$= (0.074/17.83) - 0.00094 = 0.00321$

Compute U_0 again: $U_0 = 0.904 \times (0.003/0.00321)$

$U_0 = \underline{\underline{0.85\ m/s}}$

9-48. $F_s = C_f A_s \rho U_0^2/2$

where $A_s = \pi DL = \pi \times 0.025 \times 2.65 = 0.208\ m^2$;

$Re_L = U_0 L/\nu = 30 \times 2.65/(1.51 \times 10^{-5})$

$Re_L = 1.1 \times 10^6$ Then from Fig. 9-13, $C_f = 0.0032$; $\rho = 1.20\ kg/m^3$

Then $F_s = 0.0032 \times 0.208 \times 1.2 \times 30^2/2 = \underline{\underline{0.360\ N}}$

$F = m/a$ or $a = F/m = 0.360/(8.0/(9.81) = 0.441\ m/s^2$

$\underline{\underline{\text{Deceleration} = 0.441\ m/s}}$

With tailwind or headwind C_f will still be about the same value:

$C_f \approx 0.0032$

Then $F_{s,headwind} = 0.360 \times (35/30)^2 = \underline{\underline{0.490\ N}}$

$F_{s,tailwind} = 0.360 \times (25/30)^2 = \underline{\underline{0.250\ N}}$

Maximum distance: As a first approximation, assume no drag or lift. So for maximum distance, the original line of flight (from release point) will be at 45° with the horizontal--this is obtained from basic mechanics. Also, from basic mechanics:

$y = -gt^2/2 + V_0 t \sin\theta$ and $x = V_0 t \cos\theta$

or upon eliminating t from the above with Y = 0, we get

$x = 2V_0^2 \sin\theta\cos\theta/g = 2 \times 32^2 \times 0.707^2/9.81 = \underline{\underline{104.4\ m}}$

Then $t = x/V_0\cos\theta = 104.4/(32 \times 0.707) = 4.61\ s$

Then total change in velocity over 4.6s $\approx 4.6 \times a_s = 4.6 \times (-0.44) = 2m/s$

Avg. $V = (32 + 30)/2 = 31\ m/s$

Then, better estimate of distance of throw is: $x = 31^2/9.81 = \underline{\underline{98.0\ m}}$

9-49. $F_s = C_f A_s \rho V_0^2/2$; $Re_L = 1.5 \times 50/(1.31 \times 10^{-6}) = 5.72 \times 10^7$

$C_f = 0.0023$ from Fig. 9-13:

$F_s = 0.0023 \times \pi \times 1 \times 50 \times 1{,}000 \times 1.5^2/2 = \underline{\underline{406\ N}}$

9-50. $F_s = C_f A \rho U_0{}^2/2$

$Re_L = U_0 L/\nu = (100{,}000/3{,}600) \times 150/(1.41 \times 10^{-5})$

$R_{e_{L_{100}}} = 2.95 \times 10^8$; $R_{e_{L_{200}}} = 5.9 \times 10^8$

$C_{f_{100}} = 0.0018$; $C_{f_{200}} = 0.0017$

Then $F_{s_{100}} = 0.0018 \times 10 \times 150 \times 1.25 \times (100{,}000/3{,}600)^2/2$

$F_{s_{100}} = \underline{\underline{1{,}302\ N}}$; $P_{100} = 1{,}302 \times (100{,}000/3{,}600) = \underline{\underline{36.2\ kW}}$

$F_{s_{200}} = \underline{\underline{4{,}919\ N}}$; $P_{200} = 4{,}919 \times (200{,}000/3{,}600) = \underline{\underline{273\ kW}}$

9-51. $F_s = C_f A \rho U_0^2/2$

$Re_L = U_0 L/\nu = 30 \times 300/(1.22 \times 10^{-5})$

$= 7.4 \times 10^8$

Then $C_f = (0.455/(\log_{10} Re_L)^{2.58}) - (1{,}700/Re_L)$

$= (0.455/279) - 2.3 \times 10^{-6}$

$= 0.00163$

$F_s = 0.00163 \times 40{,}000 \times 1.94 \times 30^2/2$

$= \underline{\underline{56{,}900\ lbf}}$

$Re_3 = 30 \times 3/(1.22 \times 10^{-5}) = 7.4 \times 10^6 \leftarrow \underline{\underline{\text{Turbulent}}}$

$\delta_3 = 0.37x/Re^{1/5}$

$= 0.37 \times 3/23.65 = 0.0469\ ft = \underline{\underline{0.563\ in.}}$

At x = 200 ft

$\delta_{200} = x(C_f(0.980 \log Re_x - 0.732))$

$Re_{200} = 7.4 \times 10^8 (200/300) = 4.9 \times 10^8$

$C_{f,200} = 0.00171$

Then $\delta_{200} = 200(0.00171 \times (0.980 \times 8.693 - 0.732))$

$\delta_{200} = \underline{\underline{2.66\ ft}}$

9-52. $R_{e_L} = U_0L/\nu = 4 \times 70/(1.4 \times 10^{-6}) = 2.0 \times 10^8$

From formula: $C_f = 0.00194$

Then $F_s = C_fA\rho U_0^2/2 = 0.00194 \times (70 \times 13) \times 1{,}000 \times 4^2/2 = \underline{\underline{14{,}123\ N}}$

$R_{e_{mid}} = U_0 \times (L/2)/\nu = 1.0 \times 10^8$

$\delta/x = C_f\ (0.980 \log Re_x - 0.732)$

$\delta_{mid} = 35 \times 0.00194(0.980 \times \log(1.0 \times 10^8) - 0.732) = 0.48\ m = \underline{\underline{48\ cm}}$

9-53. $R_{e_L} = U_0L/\nu = (15 \times 0.515) \times 325/(1.4 \times 10^{-6}) = 1.79 \times 10^9$

From formula: $C_f = 0.455/(\log_{10}Re_L)^{2.58} = 0.00146$

Then $F_s = C_fA\rho U_0{}^2/2$

$F_s = 0.00146 \times 325(48 + 38) \times 1{,}026 \times (15 \times 0.515)^2/2 = \underline{\underline{1.250\ MN}}$

$P = 1.250 \times 10^6 \times 15 \times 0.515 = \underline{\underline{9.66\ MW}}$

Get δ at $x = 300$ m

$Re_{300} = U_0x/\nu = 15 \times 0.515 \times 300/(1.4 \times 10^{-6})$

$= 1.66 \quad 10^8$

$C_{f300} = 0.455/(\log_{10} Re_x)^{2.58} = 0.00199$

$\delta_{300} = xC_f(0.980 \log Re_x - 0.732$

$= 300 \times 0.00199\ (8.06 - 0.732)$

$= \underline{\underline{4.37\ ft}}$

9-54. $\nu_m = 1.00 \times 10^{-6} m^2/s$ at 20°C

$\nu_p = 1.31 \times 10^{-6} m^2/s$ at 0°C

$V_m = 1.45$ m/s $\quad V_p = (Lp/Lm)^{1/2} \times V_m = \sqrt{30} \times 1.45 = \underline{\underline{7.94\ m/s}}$

$Re_m = 1.45(250/30)/(1.00 \times 10^{-6}) = 1.2 \times 10^7$

$Re_p = 7.94(250)/1.31 \times 10^{-6} = 1.52 \times 10^9$

$C_f = 0.455/(\log Re)^{2.58} - 1{,}700/Re$

9-54. (Continued)

$C_{f_m} = 0.455/(\text{Log}[1.2 \times 10^7])^{2.58} - 1{,}700/1.2 \times 10^7 = 0.00277$

$C_{f_p} = 0.455/(\text{Log}[1.52 \times 10^9])^{2.58} - (1{,}700/1.52 \times 10^9) = 0.00149$

$F_{sm} = C_{fm} A\rho\, V^2/2 = 0.00277(8{,}800/30^2)998 \times 1.45^2/2 = \underline{\underline{28.42\ \text{N}}}$

$F_{wave_m} = 38.00 - 28.42 = \underline{\underline{9.58\ \text{N}}}$

$F_{wave_p} = (\rho_p/\rho_m)(L_p/L_m)^3\ F_{wave_m} = (1{,}026/1{,}000)30^3(9.58) = 266{,}000\text{N}$

$F_{sp} = C_{f_p} A\rho V^2/2 = 0.00149(8{,}800)1{,}026\ 7.94^2/2 = 424{,}000\text{N}$

$F_p = F_{wave_p} + F_{sp} = 266{,}000 + 424{,}000 = \underline{\underline{690{,}000\ \text{N}}}$

9-55. Minimum τ_0 occurs where C_f is minimum. Two points to check: (1) where Re_x is highest; i.e. $Re_x = Re_L$; (2) end of laminar sublayer where c_f reaches minimum value for the laminar part.

(1) $Re_L = V_0 L/\nu = 20 \times 4/10^{-6} = 8 \times 10^7$

$c_f \approx 0.058/Re_x^{1/5} = 0.00152$

(2) $Re_x = 5 \times 10^5$ (end of laminar boundary layer)

$c_f = 0.664/Re_x^{1/2} = \underline{\underline{0.00094}} \leftarrow$ minimum

So $\tau_{0_{min}} = c_{f_{min}} \rho V_0^2/2 = 0.00094 \times 998 \times 20^2/2 = \underline{\underline{188\ \text{N/m}^2}}$

9-56. $Re_L = VL/\nu = 44(4)/(1.2(10^{-5})) = 144(10^5) = 1.44(10^7)$

$C_f = 0.0027$, Fig. (9-13)

Then $F_D/1\text{ski} = 0.0027(4)(1/2)(1.94)(44^2/2) = 10.135$ lb

$F_D/1\text{ski} = 20.27$ lb

H.P. = 20.27(44)/550 = $\underline{\underline{1.62\ \text{horsepower}}}$

9-57. $Re_L = U_0 L/\nu = 10 \times 80/(1.4 \times 10^{-6})$

$Re_L = 5.7 \times 10^8$; $C_f = 0.0017$ from Fig. 9-13.

Then $F_D = C_f A\rho U_0^2/2 = 0.0017 \times 1{,}500 \times 1{,}026 \times 10^2/2 = \underline{\underline{130.8\ \text{kN}}}$

9-57. (Continued)

$\delta/x = C_f(0.980 \log_{10} Re_x - 0.732$

$= 0.0017(0.980 \times 8.79 - 0.732$

$\delta/x = 0.0133$

or $\delta = 80 \times 0.0133 = \underline{\underline{1.07\ m}}$

9-58. $Re_L = U_0 L/\nu = 50 \times (44/30) \times 8/(1.22 \times 10^{-5}) = 4.8 \times 10^{-7}$

$C_f = 0.0024$ (from Fig. 9-13)

Then $F_D = C_f A\rho U_0^2/2 = 0.0024 \times 40 \times 1.94 \times (73.33)^2/2 = 501$ lbs.

$P = FV = 501 \times 73.33 = 36{,}690$ ft-lbf/sec $= \underline{\underline{66.7\ hp}}$

10-1. Write the energy equation from the 0 elevation to the 10-ft elevation:

$$p_0/\gamma + V_0{}^2/2g + z_0 = p_{10}/\gamma + V_{10}^2/2g + z_{10} + h_L$$

$$200{,}000/10{,}000 + 0 = 110{,}000/10{,}000 + 10 + h_L$$

$$h_L = 20 - 11 - 10 = -1\ m$$

Because h_L is negative, the flow must be downward.

10-2. Write the energy equation from the point of highest elevation to a point 10 meters below. First, check Re:

$$Re = VD\rho/\mu = 1 \times 0.01 \times 1{,}000/0.1 = 100, \text{ laminar}$$

$$p_1/\gamma + V_1^2/2g + z_1 = p_2/\gamma + V_2^2/2g + z_2 + h_L$$

$$300{,}000/(9.81 \times 1{,}000) + 10 = p_2/\gamma + 0 + 32\mu LV/\gamma D^2$$

$$p_2/\gamma = 300{,}000/\gamma + 10 - 32 \times 0.10 \times 10 \times 1/(\gamma \times (0.01)^2)$$

$$p_2 = 300{,}000 + 10 \times 9{,}810 - 320{,}000 = 78.1 \text{ kPa}$$

10-3. $\mu = 3.8 \times 10^{-1}\ N{\cdot}s/m^2$; $\nu = 2.2 \times 10^{-4} m^2/s$

$$V = Q/A = 3 \times 10^{-6}/((\pi/4) \times 0.030^2) = 0.00424 \text{ m/s}$$

$$Re = VD/\nu = 0.00424 \times 0.030/(2.2 \times 10^{-4}) = 0.58 \text{ laminar}$$

Then $\Delta p_f = 32\mu LV/D^2 = 32 \times 0.38 \times 100 \times 0.00424/(0.030)^2 = 5{,}729 \text{ Pa}/100\text{m}$

10-4. Write energy equation from tank surface to pipe end. Neglect velocity head and assume laminar flow:

$$p_1/\gamma + V_1^2/2g + z_1 = p_2/\gamma + V_2^2/2g + z_2 + 32\ \mu LV/(\gamma D^2)$$

$$1 = 32\ \mu LV/(\gamma D^2)$$

$$V = \gamma D^2/32\ \mu L$$

$$= 0.80 \times 62.4 \times (1/48)^2/(32 \times 4 \times 10^{-5} \times 10)$$

$$= 1.693 \text{ ft/s}$$

Check Re: $Re = VD\rho/\mu = 1.693 \times (1/48) \times 0.8 \times 1.94/(4 \times 10^{-5})$

$$= 1{,}368 \text{ (Laminar)}$$

10-4. (Continued)

Therefore, the assumption of laminar flow was O.K.

$$Q = VA = 1.693 \times (\pi/4) \times (1/48)^2$$

$$= \underline{\underline{5.77 \times 10^{-4} ft^3/s}}$$

$Q = \underline{\underline{5.32 \times 10^{-4}}}$ cfs when the effect of velocity head is included.

10-5. $V = Q/A = 0.20/((\pi/4) \times (1/6)^2) = 9.167$ ft/sec

$Re = VD\rho/\mu = 9.167 \times (1/6) \times 0.97 \times 1.94/10^{-2} = 288$, laminar

$\Delta p = 32\mu LV/D^2 = 32 \times 10^{-2} \times 100 \times 9.167/(144 \times (1/6)^2) = \underline{\underline{73.3 \text{ psi}/100 \text{ ft}}}$

10-6. $V = Q/A = 2 \times 10^{-3}/(\pi/4 \times (0.05)^2)$

$V = 1.019$ m/s; $Re = VD\rho/\mu = 1.019 \times 0.05 \times 940/0.048 = 997$

Write energy equation: $p_1/\gamma + V_1^2/2g + z_1 = p_2/\gamma + V_2^2/2g + z_2 + 32\mu LV/\gamma D^2$

$p_1 - p_2 = 32\mu LV/D^2 = 32 \times 0.048 \times 100 \times 1.019/(0.05)^2$

$p_1 - p_2 = \underline{\underline{62.6 \text{ kPa}}}$

10-7. Pressure would increase downward if the fluid were static in the tube; therefore, flow must be downward to counteract the hydrostatic pressure change. Now write the energy equation in the downward direction assuming laminar flow:

$$p_1/\gamma + V_1^2/2g + z_1 = p_2/\gamma + V_2^2/2g + z_2 + 32\mu LV/\gamma D^2$$

Also, $z_1 - z_2 = L$; therefore,

$1 = 32\mu V/\gamma D^2$; $V = \gamma D^2/32\mu$

$V = 8{,}630 \times (0.010)^2/(32 \times 0.1) = 0.270$ m/s ; $Re = 245$ (laminar)

$Q = VA = 0.270 \times (\pi/4) \times (0.010)^2 = \underline{\underline{2.12 \times 10^{-5} m^3/s}}$

10-8. From solution to P10-7:

$V = \gamma D^2/32\mu$; $Q = VA = \gamma(\pi/4)D^4/32\mu$

$Q = 55.1(\pi/4)((3/8)/12)^4/(32 \times 2 \times 10^{-3})$

$Q = \underline{\underline{6.45 \times 10^{-4} ft^3/\text{sec downward}}}$

$Re = VD\rho/\mu = [(6.45 \times 10^{-4})/(\pi/4 \times ((3/8)/12)^2)]$

$\times ((3/8)/12) \times 1.71/(2 \times 10^{-3})$

$Re = 22.5$ laminar; Flow is downward.

10-9. First check Re: $Re = VD\rho/\mu = 0.1 \times 0.1 \times 800/0.01 = 800$

Therefore, the flow is laminar

$$V_{max} = 2V = \underline{\underline{20 \text{ cm/s}}}$$

$$f = 64/Re = 64/800 = \underline{\underline{0.080}}$$

$$u_*/V = \sqrt{f/8} \quad ; \quad u_* = \sqrt{0.08/8} \times 0.1$$

$$= \underline{\underline{0.010 \text{ m/s}}}$$

$$\tau_0 = \rho u_*^2 = 800 \times 10^{-4} = 0.08 \text{ N/m}^2$$

Get $\tau_{r=0.025}$ by proportions:

$$0.025/0.10 = \tau/\tau_0 \quad ; \quad \tau = 0.25\tau_0$$

$$\tau = 0.25 \times 0.080 = \underline{\underline{0.020 \text{ N/m}^2}}$$

10-10. $Re = VD\rho/\mu = (Q/A)D/\nu = 4QD/(\pi D^2\nu) = 4Q/(\pi D\nu)$

$Re = 4 \times 0.03/(\pi \times 0.2 \times 2.37 \times 10^{-6}) = 80{,}580$; $\underline{\underline{\text{Turbulent}}}$

10-11. $Re = VD/\nu = 0.5 \times 0.2/(5.1 \times 10^{-4}) = 196$; $\underline{\underline{\text{laminar}}}$

$$h_f = 32\ \mu LV/\gamma D^2$$

$$= 32 \times (6.2 \times 10^{-1}) \times 100 \times 0.50/(12{,}300 \times 0.20^2)$$

$$= \underline{\underline{2.02 \text{ m}}}$$

Velocity distribution will be parabolic with $V_{max} = 1.0$ m/s

---

10-12. $Re = VD/\nu = 2 \times 1/(5.3 \times 10^{-3}) = 377$; $\underline{\underline{\text{laminar}}}$

$$h_L/L = 32\mu\bar{V}/\gamma D^2 = dh/ds$$

$$V = (\gamma/4\mu)(r_0^2 - r^2)(32\mu\bar{V}/(\gamma D^2))$$

$$V = (1/4)(r_0^2 - r^2)(32\bar{V}/4r_0^2)$$

$$V = (32/16)\bar{V}(1 - (r/r_0)^2) = [1 - (r/r_0)^2]\, 2\bar{V} = 4[1 - (r/r_0)^2]$$

r	r/r_0	V
0	0	4 ft/s
1"	1/6	3.89
2"	1/3	3.56
3"	1/2	3.00
4"	2/3	2.22
5"	5/6	1.22
6"	1	0

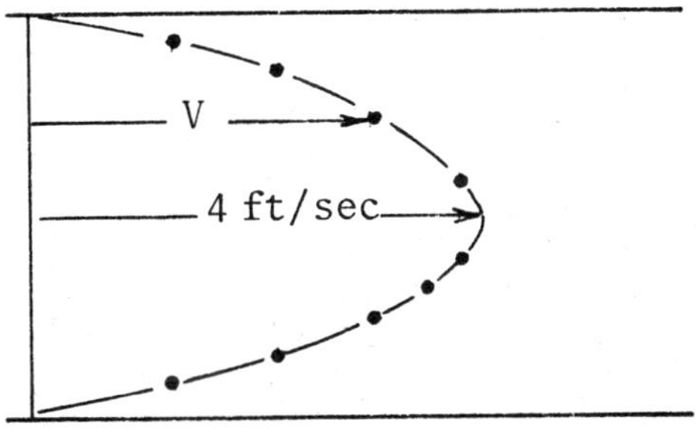

10-13. Assume laminar flow, so $\Delta p_f = 32\mu LV/D^2$ or $\Delta p_f = 32\mu LQ/((\pi/4) \times D^4)$

Then $D^4 = 128\mu LQ/(\pi \Delta p_f) = 128 \times 8.5 \times 10^{-3} \times 5{,}280 \times 0.1/(\pi \times 20 \times 144)$

$D^4 = 0.0635$; $D = 0.502$ ft

A 6-in. pipe would almost fit exactly, or 8-in. pipe could be used if one wanted to be conservative. Check Re on 6" pipe:

$V = Q/A = 0.1/((\pi/4) \times 0.5^2) = 0.51$ ft/sec.

$Re = VD\rho/\mu = 0.51 \times 0.5 \times 0.85 \times 1.94/(8.5 \times 10^{-3}) =$ 47 laminar

---

10-14. $Re = VD/\nu = 0.40 \times 0.04/5.3 \times 10^{-3} =$ 3.02 Laminar

From solution to P10-12: $dh/ds = -32\mu V/(\gamma D^2)$

$dh/ds = -32 \times 6.2 \times 10^{-1} \times 0.40/(12{,}300 \times (0.04)^2)$

$d/ds(p/\gamma + z) = -0.403$ or $(1/\gamma)dp/ds + dz/ds = 0.403$

Because flow is downward $dz/dz = -1$

Then: $dp/ds = \gamma[1 - 0.403] =$ 7.34 kPa/m; pressure increases downward.

Shear stress: $\tau = \tau(r/2)[-dh/ds]$, [from Eq. (10-3)]

or $\tau = 12{,}300(r/2) \times 0.403$

Then at $r = 0$, $\tau = 0$ and $\tau_{wall} = \tau_0 = 12{,}300(0.02/2) \times 0.403$

$\tau_{wall} =$ 49.6 N/m^2

10-15. $Re = VD\rho/\mu = 3 \times 0.04 \times 800/0.1 = 960$; laminar

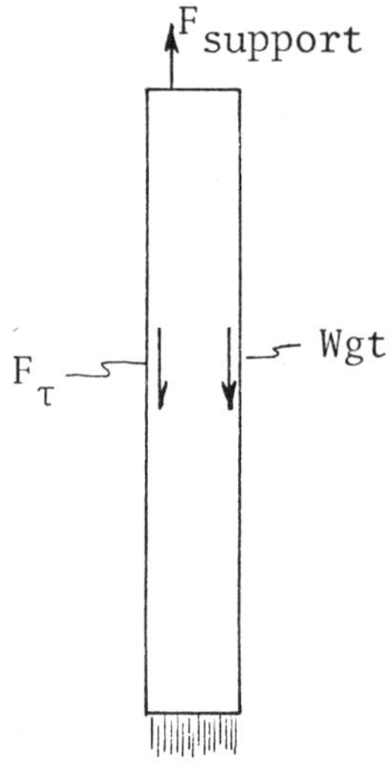

$\Sigma F_z = 0$

$F_{support} - wgt - F_\tau = 0$

$F_{support} = wgt + F_\tau = 200\text{ N} + F_\tau$

From solution to P10-14: $\tau = \gamma(r/2)(-dh/ds)$

$F_\tau = \tau A_{shear} = \gamma(r/z)(32\mu V/(\gamma D^2)) \times (2\pi r \times 7)$

$F_\tau = 56\pi\mu V = 56\pi \times 0.10 \times 3 =$ 52.8 N

Then $F_{support} = 200 + 52.8 =$ 252.8 N

10-16. Since the velocity distribution is parabolic, the flow is laminar.

Then $\Delta p_f = 32\mu LV/D^2$; $\nu = \mu/\rho = \Delta p_f D^2/(32LV\rho)$

$$\nu = 14 \times 1^2/(32 \times 100 \times 3/2 \times 0.9 \times 1.94) = \underline{\underline{0.00167\ \text{ft}^2/\text{s}}}$$

10-17. As in P10-16

$$\nu = \Delta p_f D^2/(32LV\rho) = 1{,}800 \times (0.3)^2/(32 \times 100 \times 0.75 \times 900)$$

$$= \underline{\underline{7.5 \times 10^{-5}\text{m}^2/\text{s}}}$$

10-18. Check Re: $Re_{20°} = VD/\nu = 0.10 \times 0.005/10^{-6} = 500$ So flow is laminar.

Then $\Delta p = 32\mu LV/D^2$

Assume linear variation in μ

Thus $\mu_{avg.} = \mu_{25°} = 8.91 \times 10^{-4}\text{N}\cdot\text{s/m}^2$

and $\Delta p = 32 \times 8.91 \times 10^{-4} \times 5 \times 0.10/(0.005)^2 = \underline{\underline{570\ \text{Pa}}}$

10-19. The flow is downward (from right to left).

$\Delta h = ((13.55 - 0.8)/0.8) \times \text{deflection} = 5.312$ ft of oil $= h_f$

Then $h_f = f(L/D)(V^2/2g)$; $f = 5.312 \times ((1/6)/(30)) \times 2 \times 32.2/(5^2) = 0.076$

Assume flow is laminar. Then $h_f = 32\mu LV/\gamma D^2$

or $\mu = h_f\gamma D^2/(32LV)$ and $Re = VD\rho/\mu$ (1)

So $Re = VD\rho/[h_f\gamma D^2/(32LV)] = 32LV^2/(gh_f D)$

$Re = 32 \times 30 \times 5^2/(32.2 \times 5.312 \times (1/6)) = 842$ laminar

From Eq.(1): $\mu = 5.312 \times 0.8 \times 62.4 \times (1/6)^2/(32 \times 30 \times 5)$

$$\underline{\underline{\mu = 1.53 \times 10^{-3}\ \text{lb-sec/ft}^2}}$$

10-20. The flow is downward (from right to left).

$\Delta h = [(13.55 - 0.8)/0.8] \times \text{deflection} = 1.59\ \text{m} = h_f$

$h_f = f(L/D)(V^2/2g)$; $f = 1.59 \times (0.05/10) \times 2 \times 9.81/1.2^2 = \underline{\underline{0.108}}$

Assume flow is laminar. Then as in P10-21

10-20. (Continued)

$Re = 32LV^2/(gh_fD) = 32 \times 10 \times 1.2^2/(9.81 \times 1.59 \times 0.05) = 590$, laminar

Then $\mu = h_f\gamma D^2/(32LV) = 1.59 \times 9.81 \times 800 \times 0.05^2/(32 \times 10 \times 1.2)$

$= 0.0812\ N{\cdot}s/m^2$

10-21. $h_f/L = 1 = (f/D)(V^2/2g) = (f/0.03)(1/(2 \times 9.81))$

$f = 0.589$

Assume laminar flow: $f = 64/Re$ or $Re = 64/0.589 = 109$, laminar

Indeed, the flow is laminar and it will be laminar if the flow rate is doubled. The head loss varies directly with V (and Q); therefore, the head loss will also be doubled when the flow rate is doubled.

10-22. For a straight pipe there is no momentum change, so the forces on the column of fluid in the pipe are zero, or

$\tau_0 \pi DL = -\Delta pA$ (for horizontal pipe)

$\tau_0 \pi DL = \gamma h_f A$

$\tau_0 \pi DL = \gamma f(L/D)(V^2/2g)(\pi D^2/4) = f\pi DL\rho V^2/8$

Thus, $\tau_0 = f\rho V^2/8 = 0.017 \times 0.82 \times 1.94 \times 6^2/8 = 0.122$ psf

---

10-23. $u_*\delta'_N/\nu = 11.6$; $\delta'_N = 11.6\nu/u_*$

From solution to P10-18 $\tau_0 = (f/8)\rho V^2$

Thus $u_* = \sqrt{\tau_0/\rho} = V\sqrt{f/8}$. Also $Re = VD/\nu$ or $\nu = VD/Re$

So, $\delta'_N = 11.6(VD/Re)/(V\sqrt{f/8})$. From Fig. 10-8 $f = 0.018$

So $\delta'_N = 11.6(0.12/100{,}000)/\sqrt{0.018/8} = 2.93 \times 10^{-4}m = 0.293$ mm

---

10-24. $Re = 4Q/(\pi D\nu) = 4 \times 2 \times 10^5/(\pi \times (10/12) \times 1.06) = 2.9 \times 10^5$

From Fig. 10-8 $f = 0.0145$

10-25. $Re = 4 \times 0.05 \times 10^6/(\pi \times 0.25 \times 1.30) = 1.96 \times 10^5$

From Fig. 10-8 $f = 0.016$

10-26. $V = Q/A = 0.012 \times 4/(\pi \times 0.03^2) = 16.98$ m/s

$\mu = 1.81 \times 10^{-5}$ N•s/m^2; $\rho = p/RT = 110{,}000/(287 \times 293) = 1.31$ kg/m^3

$Re = VD\rho/\mu = 16.98 \times 0.03 \times 1.31/(1.81 \times 10^{-5}) = 3.7 \times 10^4$

Then from Fig. 10-8 $f = 0.0225$; $\Delta p = (0.0225 \times 16.98^2 \times 1.31/(0.03 \times 2)$

$= \underline{\underline{142\ N/m^2/m}}$

10-27. $\Delta p = f(L/D)\rho V^2/2$ $\quad V = Q/A = 20 \times 4/(60 \times \pi \times (1/12)^2) = 61.1$ ft/s

$\rho = p/(RT) = 15 \times 144/(1{,}716 \times 540) = 0.00233$ slugs/ft^3

$\mu = 3.85 \times 10^{-7}$ lbf-s/ft^2 ; $Re = VD\rho/\mu = 61.1 \times (1/12) \times 0.00233$

$/(3.85 \times 10^{-7}) = 3.1 \times 10^4$

Then F = 0.023

$\Delta p = 0.023 \times 1 \times 12 \times 61.1^2 \times 0.00233/2 = \underline{\underline{1.2\ psf/ft}}$

10-28. $\Delta h = h_f = 0.80(2.5 - 1) = 1.2$ ft of water

$h_f = f(L/D)V^2/2g$; $\quad f = 1.2 \times (0.05/4) \times 2 \times 9.81/3^2 = \underline{\underline{0.033}}$

10-29. $Re = VD/\nu = 3(0.3)/(1.31 \times 10^{-6}) = 6.87 \times 10^5$

$k_s/D = 0.00026/0.30 = 0.00087$

From Fig. 10-8 $\underline{\underline{f = 0.020}}$

$u/u_* = 5.75 \log(y/k_s) + 8.5$

where $u_* = V\sqrt{f/8} = 3\sqrt{0.020/8} = 0.15$ m/s

Then $u = 0.15[5.75 \log(y/0.00026) + 8.5]$

y(m) →	0.02	0.04	0.06	0.10	0.15
u(m/s)→	2.90	3.16	3.31	3.50	3.66

10-30. $Re = VD/\nu = 6 \times 1/(1.22 \times 10^{-5}) = 4.9 \times 10^5$

$k_s/D = 0.00085/1 = 0.00085$

So, from Fig. 10-8 $\underline{\underline{f = 0.020}}$

$u/u_* = 5.75 \log(y/k_s) + 8.5$

10-30. (Continued)

where $u_* = V\sqrt{f/8} = 6\sqrt{0.020/8} = 0.30$ ft/s

Then $u = 0.30[5.75 \log(y/0.00085) + 8.5]$ (1)

y(ft) →	0.04	0.08	0.12	0.16	0.20	0.30	0.40	0.50
u(ft/sec) →	5.43	5.95	6.26	6.47	6.64	6.94	7.16	7.33

10-31. $V = Q/A = 0.003([(\pi/4) \times (0.06)^2] = 1.06$ m/s

$Re = VD/\nu = 1.06 \times 0.06/10^{-6} = 6.37 \times 10^4$

From Fig. 10-8 $f = 0.019$

10-32. Write the energy equation between water surfaces of the reservoirs:

$$p_1/\gamma + V_1^2/2g + z_1 = p_2/\gamma + V_2^2/2g + z_2 + \Sigma h_L$$

$$0 + 0 + z_1 = 0 + 0 + 100 + \Sigma h_L$$

where $\Sigma h_L = (K_e + 2K_b + K_E + fL/D)(V^2/2g)$

$K_e = 0.50$; $K_b = 0.40$(assumed); $K_E = 1.0$; $fL/D = 0.025 \times 430/1 = 10.75$

$V = Q/A = 10.0/((\pi/4) \times 1^2) = 12.73$ ft/s

Then $z_1 = 100 + (0.5 + 2 \times 0.40 + 1.0 + 10.75)(12.73^2)/64.4 = 133$ ft

The point of minimum pressure will occur just downstream of the first bend as shown by the hydraulic grade line (below).

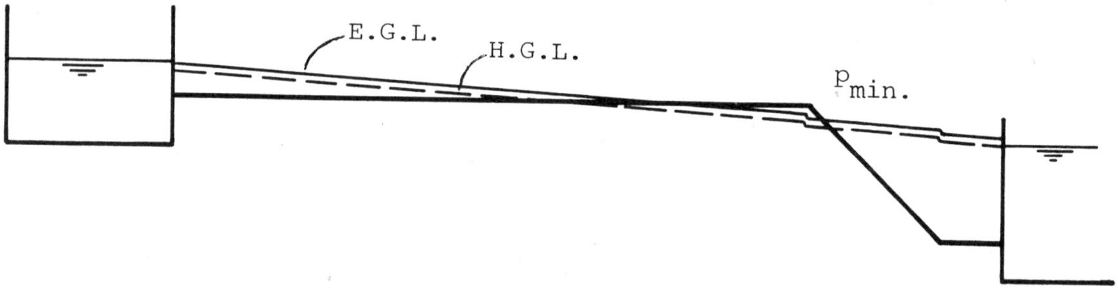

To determine the magnitude of the minimum pressure, write the energy equation from the upstream reservoir to just downstream of bend:

$$z_1 = z_b + p_b/\gamma + V^2/2g + (fL/D)V^2/2g + K_e V^2/2g + K_b V^2/2g$$

$$p_b/\gamma = 133 - 110.70 - (12.73^2/64.4)(1.9\ 0.025 \times 300/1) = -1.35 \text{ ft}$$

10-32. (Continued)

$p_B = -1.35 \times 62.4 = \underline{-84\ \text{psfg}} = \underline{-0.59\ \text{psig}}$

$Re = VD/\nu = 12.73 \times 1/(1.41 \times 10^{-5}) = 9.0 \times 10^5$

With an f of 0.025 at a Reynolds number of 9×10^5 we read a value of 0.0025 (approx) for k_s/D from Fig. 10-8. Then from the table on Fig. 10-8 or Fig. 10-9 the pipe appears to be <u>fairly rough concrete pipe</u>.

10-33. $Re = 4Q/(\pi D\nu) = 4 \times 0.04/(\pi \times 0.15 \times 1.31 \times 10^{-6})$

$Re = 2.59 \times 10^5$; $k_s/D = 0.002$ (Fig. 10-9)

$f = 0.024$ (Fig. 10-8); $h_f = f(L/D)V^2/2g$

$h_f = 0.024 \times (1{,}000/0.15)[(0.04/((\pi/4) \times 0.15^2))^2]/(2 \times 9.81) = \underline{41.7\ \text{m}}$

$\text{Power} = Q\gamma h_f = 0.04 \times 9{,}810 \times 41.7 = \underline{16.4\ \text{kW}}$

10-34. $V = Q/A = 2.50/((\pi/4) \times 1^2) = 3.183\ \text{m/s}$

$Re = VD/\nu = 3.183 \times 1/(10^{-6}) = 3.18 \times 10^6$

$k_s/D = 0.00005$ (Fig. 10-9) and $f = 0.0115$ (Fig. 10-8)

Now write the energy equation from river to canal:

$p_1/\gamma + V_1^2/2g + z_1 + h_p = p_2/\gamma + V_2^2/2g + z_2 + h_L$

$0 + 0 + 100 + h_p = 0 + 0 + 150 + f(L/D)V^2/2g$

$h_p = 50 + 0.0115 \times (2{,}000/1) \times 3.183^2/(2 \times 9.81) = 50 + 11.9 = 61.9\ \text{m}$

Then $P = Q\gamma h_p/0.82 = 2.50 \times 9{,}790 \times 61.9/0.82 = \underline{1{,}847\ \text{kW}}$

10-35. a) Pumps are at A and C

b) A contraction, such as a Venturi meter or orifice, must be at B.

c)

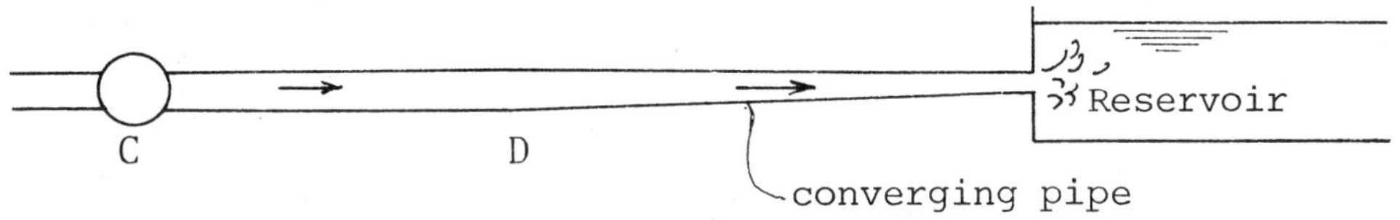

d) Other information:
(1) Flow is from left to right
(2) The pipe between AC is smaller than before or directly after it.
(3) The pipe between BC is probably rougher than AB.

10-36. $V = Q/A = 0.04/((\pi/4) \times 0.15^2) = 2.26$ m/s

$Re = VD/\nu = 2.26 \times 0.15/(10^{-6}) = 3.4 \times 10^5$

$k_s/D = 0.002$ (Fig. 10-9) and $f = 0.024$ (Fig. 10-8)

From Eq. (10-21) $\tau_0 = f\rho V^2/8$

Thus, $\tau_0 = 0.024 \times 998 \times 2.262^2/8 = \underline{15.3 \text{ N/m}^2}$

Assume linear shear stress variation; thus,

$\tau_1 = (6.5/7.5) \times \tau_0 = \underline{13.25 \text{ N/m}^2}$

Assume logarithmic velocity distribution. Thus, $u/u_* = 5.75 \log(y/k_s) + 8.5$

$u_* = \sqrt{\tau_0/\rho} = 0.124$ m/s; $u = 0.124[5.75 \log(0.01/(0.002 \times 0.15)) + 8.5] = \underline{2.14 \text{ m/s}}$

10-37. One possibility is shown below:

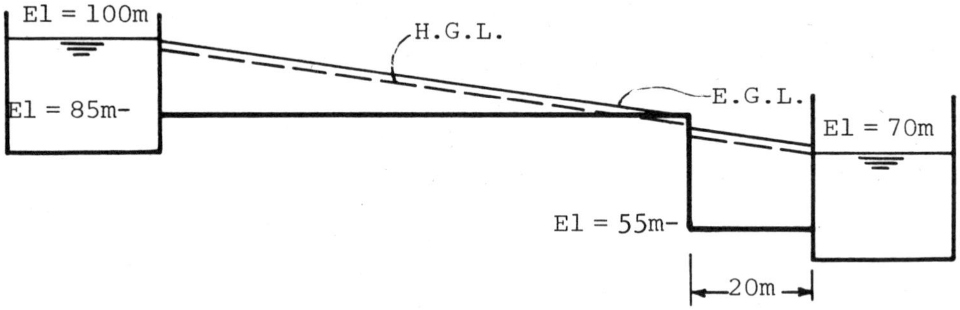

Assume that the pipe dia = 0.50 m, assume $K_b = 0.20$, and $f = 0.015$

Then $100 - 70 = (0.5 + 2 \times 0.20 + 1 + 0.015 \times 130/0.5)V^2/2g$

$V^2/2g = 6.25$

The minimum pressure will occur just downstream of the first bend and its magnitude will be as follows:

$p_{min.}/\gamma = 100 - 85 - (0.5 + 0.20 + (0.015 \times 80/0.5) + 1)\ V^2/2g$

$= -6.25$ m

$p_m = -6.25 \times 9{,}810 = \underline{-61.3 \text{ kPa gage}}$

10-38. $Re = 4Q/(\pi D\nu) = 4 \times 0.002(\pi \times 0.10 \times 10^{-6}) = 2.55 \times 10^5$

$k_s/D = 0.0005$ (Fig. 10-9) and $f = 0.0185$ (Fig. 10-8)

Then $h_f = f(L/D)V^2/2g$ where $V = 0.02/((\pi/4) \times 0.1^2) = 2.546$ m/s

$h_f = 0.0185 \times (80/0.10) \times 2.546^2/(2 \times 9.81) = 4.89$ m

Write energy Eq. from pump to point 80 m higher:

$p_1/\gamma + V_1^2/2g + z_1 = p_2/\gamma + V_2^2/2g + z_2 + h_f$; $V_1 = V_2$

$1.5 \times 10^6/9{,}790 + V_1^2/2g = p_2/\gamma + V_2^2/2g + 80 + 4.89$; $p_2 = \underline{\underline{669 \text{ kPa}}}$

10-39. $Re = VD/\nu = 4 \times 0.03/(2 \times 10^{-6}) = 6 \times 10^4$

$f_{lam} = 64/Re = 64/(6 \times 10^4)$; $f_{turb} = 0.020$ (Fig. 10-8)

Then $h_{f_{lam}}/h_{f_{turb}} = 64/((6 \times 10^4) \times (0.020)) = \underline{\underline{0.0533}}$

10-40. $Re = 4Q/\pi D\nu = 4 \times 0.02/(\pi \times (4/12) \times (1.22 \times 10^{-5}) = 6.3 \times 10^3$

$k_s/D = 0.0025$(Fig. 10-9) Then from Fig. 10-8, $\underline{\underline{f = 0.039}}$

10-41. $Re = 4Q/(\pi D\nu) = 4(0.75)10^2/(\pi(1/2)3.33) = 57$, laminar

$h_f = 32\mu LV/(\gamma D^2) = 32(5 \times 10^{-2})1{,}000(0.75)/(1.5 \times 32.2 \times \pi/4(1/2)^4)$

$= \underline{\underline{50.6 \text{ ft}}}$

10-42. $Re = VD/\nu = 4Q/(\pi D\nu) = 4 \times 0.03/(\pi \times 0.15 \times (10^{-2}/820))$

$Re = 2.09 \times 10^4$ (turbulent)

$k_s = 4.6 \times 10^{-5}$m $k_s/D = 4.6 \times 10^{-5}/0.15 = 3.1 \times 10^{-4}$

$f = 0.027$ from Fig. 10-8 in text; $V = Q/A = 0.03/(\pi \times 0.15^2/4) = 1.698$m/s

Then $h_f = f(L/D)(V^2/2g) = 0.027(1{,}000/0.15)(1.698^2/(2 \times 9.81)) = 26.4$ m

Energy Eq.: $p_A/\gamma + V_A^2/2g + z_A = p_B/\gamma + V_B^2/2g + z_B + h_f$

$p_A = 0.82 \times 9{,}810[(350{,}000/(0.82 \times 9{,}810)) + 20 + 26.4] = \underline{\underline{723 \text{ kPa}}}$

10-43. $h_f = \Delta(p/\gamma + z)_{B-A} = 140{,}000/(9{,}806) - 10 = 4.28$ m $\underline{\underline{\text{flow from B to A}}}$

$Re\, f^{1/2} = (D^{3/2}/\nu)(2gh_f/L)^{1/2} = (0.6^{3/2}/1.3 \times 10^{-6})(2(9.81)4.28/3{,}000)^{1/2}$

$= 5.98 \times 10^4$

10-43. (Continued)

$k_s/D = 0.00048$ (Fig. 10-9) $f = 0.017$

$V = \sqrt{h_f 2gD/(fL)} = \sqrt{4.28(2)9.81(0.6)/(0.017(3{,}000))} = 0.994$ m/s

$Q = VA = 0.965(\pi/4)(0.6)^2 = \underline{0.281\ m^3/s}$

10-44. $h_f = \Delta(p/\gamma + z) = (-20 \times 144/62.4) + 30 = -16.2$ ft

Therefore, flow is from B to A

$Re\, f^{1/2} = (D^{3/2}/\nu)(2gh_f/L)^{1/2} = (2^{3/2}/(1.41 \times 10^{-5})$

$\times (64.4 \times 16.2/(3 \times 5{,}280))^{1/2} = 5.14 \times 10^4$

$k_s/D = 0.0004$ then $f = 0.0175$

$V = \sqrt{h_f 2gD/fL} = \sqrt{16.2 \times 64.4 \times 2)(0.0175 \times 3 \times 5{,}280)} = 2.74$ ft/s

$Q = VA = 2.74 \times (\pi/4) \times 2^2 = \underline{8.60\ cfs}$

10-45. $V = Q/A = 0.10/((\pi/4) \times 0.15^2) = 5.66$ m/s; $V^2/2g = 1.63$ m

$k_s/D = 0.0003$ (Fig. 10-9); $Re = VD/\nu = 5.66 \times 0.15/(1.3 \times 10^{-6})$

$= 6.5 \times 10^5$

Then $f = 0.016$ (Fig. 10-8). Now write the energy equation between the two reservoirs:

$p_1/\gamma + V_1^2/2g + z_1 + h_p = p_2/\gamma + V_2^2/2g + z_2 + \Sigma h_L$

$h_p = z_2 - z_1 + V^2/2g(K_e + f(L/D) + K_0) = 15 - 10 + 1.63$

$\times (0.1 + 0.016 \times 100/(0.15) + 1) = 5 + 19.2 = 24.2$ m

$P = Q\gamma h_p = 0.10 \times 9{,}810 \times 24.2 = 24{,}790W = \underline{23.7\ kW}$

10-46. $p_1/\gamma + V_1^2/2g + z_1 = p_2/\gamma + V_2^2/2g + z_2 + h_f$

$150{,}000/(900 \times 9.81) + 0 + 0 = 120{,}000/(900 \times 9.81) + 0 + 3 + h_f$

$h_f = 0.398$ m

$((D^{3/2})/(\nu)) \times (2gh_f/L)^{1/2} = ((0.08)^{3/2}/10^{-6}) \times (2 \times 9.81 \times 0.398/30)^{1/2}$

$= 1.15 \times 10^4$

$k_s/D = 1.5 \times 10^{-4}/0.08 = 1.9 \times 10^{-3}$; $f = 0.026$ (from Fig. 10-8)

Then $h_f = f(L/D)(V^2/2g)$; $V = \sqrt{(h_f/f)(D/L)2g}$

10-46. (Continued)

$V = \sqrt{(0.398/0.026)(0.08/30) \times 2 \times 9.81} = 0.895$ m/s

$Q = VA - 0.895 \times (\pi/4) \times (0.08)^2 = \underline{4.50 \times 10^{-3} m^3/s}$

10-47. $p_1/\gamma + V_1^2/2g + z_1 = p_2/\gamma + V_2^2/2g + z_2 + h_L$

$0 + 0 + (10 + 2 \times 2 \times 5.28) = 0 + V^2/2g + 0 + f(L/D)V^2/2g$

$31.12 = V^2/2g(1 + f \times 2 \times 5{,}280/2)$

$V^2 = 2g \times 31.12/(1 + 5{,}280f) = 2{,}004/(1 + 5{,}280f)$

$k_s/D = 0.00007$; Assume $f = 0.013$ (Fig. 10-8)

Then $V = (2{,}004/(1 + 5{,}280 \times 0.013))^{1/2} = 5.36$ ft/sec

Then $Re = 5.36 \times 2/(1.22 \times 10^{-5}) = 8.8 \times 10^5$, so $f = 0.013$

$Q = VA = 5.36 \times (\pi/4) \times 2^2 = \underline{16.84 \text{ cfs}}$

10-48. Write the energy equation from the water surface in the upper reservoir to the water surface in the lower reservoir:

$p_1/\gamma + V_1^2/2g + z_1 = p_2/\gamma + V_2^2/2g + z_2 + \Sigma h_L$

$0 + 0 + 80 = 0 + 0 + 40 + (K_e + 2K_v + K_E + fL/D)V^2/2g$

$80 = 40 + (0.5 + 2 \times 0.2 + 1.0 + f \times 200/1)V^2/2g$

$k_s/D = 0.0009$ (from Fig. 10-9); Assume $f = 0.020$

Then $V^2/2g = (80-40)/(0.5 + 0.4 + 1.0 + 4.0) = 6.78$ ft

$V = 20.9$ ft/s; $Re = VD/\nu = 20.9 \times 1/(1.22 \times 10^{-5}) = 1.7 \times 10^6$

Check f: $f = 0.0195$ (from Fig. 10-8)

Better estimate for V : $V^2/2g = 40/(1.9 + 3.9)$; $V = 21.07$ ft/s

$Q = VA = 21.07 \times (\pi/4) \times 1^2 = \underline{16.55 \text{ cfs}}$

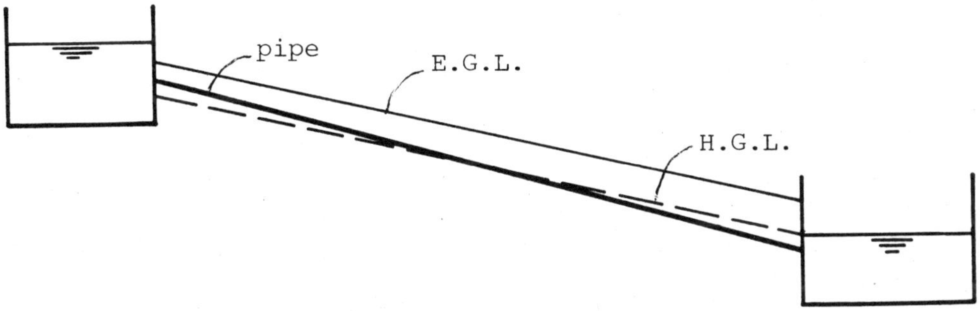

10-49. $p_1/\gamma + V_1^2/2g + z_1 = p_2/\gamma + V_2^2/2g + z_2 + \Sigma h_L$

$0 + 0 + z_1 = 0 + 0 + z_2 + \Sigma h_L$

$20 = (V^2/2g)(K_e + f(L/D) + K_0) = V^2/2g(0.5 + f(L/D) + 1.0)$

$[(\pi/4)^2 \times 2g \times 20/Q^2] = [1.5 + f(L/D)] \times D^{-4}$; $7.94\ D^4 = (1.5 + fL/D)$

For first trial assume f = 0.02 and neglect minor losses:

$D^5 = 0.02 \times 2 \times 5{,}280/7.94$; D = 1.93 ft.

Then $V = Q/A = 10/((\pi/4) \times (1.93)^2) = 3.43$ ft/sec

and $Re = 3.43 \times 1.93/(1.2 \times 10^{-5}) = 5.5 \times 10^5$; $k_s/D = 0.005$; f = 0.0175

2nd trial: $D^5 = 0.0175 \times 2 \times 5{,}280/7.94$; D = 1.88 ft = 22.5 in.

Use next commercial size larger; D = 24 in.

10-50. $h_f = 1$ ft ; L = 1,000 ft ; Q = 300 ft^3/s ; $\nu = 1.22 \times 10^{-5} ft^2/s$

First assume f = 0.015

Then $h_f = (fL/D)\ V^2/2g$

$= (0.015 \times 1{,}000/D)(Q^2/((\pi/4)^2 D^4)/2g)$

1 ft $= 33{,}984/D^5$; D = 8.06 ft ; $k_s/D = 0.00002$

Now get better estimate of f: $Re = 4Q/(\pi D \nu) = 3.9 \times 10^6$

Then f $\approx$ 0.010

Compute D again: $1 = 22{,}656/D^5$; D = 7.43 ft = 89 in.

Use 90 in. pipe.

10-51. $h_f = f(L/D)V^2/2g = f(L/D)(Q^2/(2gA^2)) = f(L/D)(Q^2/(2g(\pi/4)^2 \times D^4)$

$= fLQ^2/(2g(\pi/4)^2 D^5)$, or $D = [8fLQ^2/(g\pi^2 h_f)]^{1/5}$

Assume f = 0.015

$D = [8 \times 0.015 \times 1{,}000 \times 0.1^2/(9.81 \times \pi^2 \times 30)]^{1/5} = 0.21$

Then $k_s/D = 0.0002$ and $Re = 4\ Q/(\pi D \nu) = 4 \times 0.1/(\pi \times 0.21 \times 10^{-5})$

$= 6 \times 10^4$ so f = 0.021

10-51. (Continued)

Try again: $D = (0.022/0.015)^{1/5} \times 0.21 = 0.227$ m = 22.7 cm

Use next commercial size larger; D = 23 cm

Still assume $h_L \approx 30$ m/1,000 m

Then $P = Q\gamma h_f = 0.1 \times 0.93 \times 9{,}810 \times 30 = 27{,}370$W = 27.4 kW/km

---

10-52. $Q = 15$ cfs ; $L = 3 \times 5{,}280$ ft ; $h_L = 30$ ft

Energy Eq.: $30 = (K_e + K_E + fL/D)(Q^2/A^2)/2g$

$K_e = 0.5$; $K_E = 1.0$; Assume $f = 0.015$

Then $30 = (1.5 + 0.015 \times 3 \times 5{,}280/D)(Q^2/((\pi/4)^2 D^4)/2g$

$30 = (1.5 + 237.6/D)(15^2/(0.617D^4)/64.4$

$30 = (1.5 + 237.6/D)(5.66/D^4)$

Solving: $D = 2.15$ ft $Re = 4Q/(\pi D\nu) = 7.3 \times 10^5$ for $T = 60°F$

$k_s/D = 0.00007$ (for commercial pipe)

$f = 0.0135$

Solve again: $30 = (1.5 + 214/D)(5.66/D^4)$

$D = 2.10$ ft = 25.2 in. Use 26 in. steel pipe. (one possibility).

10-53. $p_1/\gamma + V_1^2/2g + z_1 = p_2/\gamma + V_2^2/2g + z_2 + \Sigma h_L$

$0 + 0 + 3 = 0 + V_2^2/2g + 0 + V_2^2/2g(0.1 + fL/D)$

$V_2^2/2g(1.1 + fL/D) = 3$

First trial: Assume $f = 0.020$

Then $V = \sqrt{2g(3/(1.1 + (0.02 \times 40/0.15)))} = 3.02$ m/s

$Re = VD/\nu = 3.02 \times 0.15/(2.37 \times 10^{-6}) = 1.9 \times 10^5$

2nd trial: Then $f = 0.0155$; $V = \sqrt{2g(3/(1.1 + (0.0155 \times 40/0.15)))} = 3.35$ m/s

3rd trial: $Re = 1.9 \times 10^5 \times 3.35/3.02 = 2.1 \times 10^5$; $f = 0.0155$; same

Thus, $Q = VA = 3.35 \times (\pi/4) \times (0.15)^2 = 0.059$ m^3/s

---

10-54. $p_1/\gamma + V_1^2/2g + z_1 = p_2/\gamma + V_2^2/2g + z_2 + (V^2/2g)(K_e + K_0 + fL/D)$

$0 + 0 + 10 = 0 + 0 + 0 + (V^2/2g)(1.1 + fL/D)$

$V^2 = 20\ g/(1.1 + fL/D)$; Assume f = 0.015

$V = [(20 \times 32.2)/(1.1 + 0.015 \times 80/0.5)]^{1/2} = 13.6$ ft/s

$Re = 13.6 \times 0.5/(2.55 \times 10^{-5}) = 2.66 \times 10^5$; f = 0.0145

2nd try: $V = [(20 \times 32.2)/(1.1 + 0.0145 \times 80/0.5)]^{1/2} = 13.7$ ft/s

$Re = (13.7/13.6) \times 2.66 \times 10^5 = 2.68 \times 10^5$; f = 0.0145; O.K.

$Q = VA = 13.7 \times (\pi/4) \times 0.5^2 = \underline{2.69\ ft^3/sec}$

10-55. $p_1/\gamma + V_1^2/2g + z_1 + h_p = p_2/\gamma + V_2^2/2g + z_2 + \Sigma h_L$

$0 + 0 + 100 + h_p = 0 + 0 + 110 + V^2/2g(K_e + fL/D + K_0)$

$h_p = 10 + (V^2/2g)(0.5 + fL/D + 1)$

Here $V = Q/A = 0.20/((\pi/4) \times 0.30^2) = 2.83$ m/s; $V^2/2g = 0.408$ m

$Re = VD/\nu = 2.83 \times 0.30/(10^{-5}) = 8.5 \times 10^4$

$k_s/D = 4.6 \times 10^{-5}/0.3 = 1.5 \times 10^{-4}$; f = 0.019 (from Fig. 10-8)

Then $h_p = 10 + 0.408(0.5 + (0.019 \times 150/0.3) + 1.0) = 14.5$ m

Finally $P = Q\gamma h_p = 0.20 \times (940 \times 9.81) \times 14.5 = 2.67 \times 10^4 W = \underline{26.7\ kW}$

10-56. $Re = VD/\nu = 3 \times 0.40/10^{-5} = 1.2 \times 10^5$

The flow is turbulent and obviously the conduit is very rough (f = 0.06); therefore, one would expect f to be virtually constant. Thus, $h_f \alpha V^2$, so if the velocity is doubled, the head loss will be quadrupled.

10-57. $\dot{m} = 50$ kg/s so $\dot{m}$/tube = 0.50 kg/s

and Q/tube = $0.50/860 = 5.8139 \times 10^{-4} m^3/s$

$V = Q/A = 5.8139 \times 10^{-4}/((\pi/4) \times (2 \times 10^{-2})^2) = 1.851$ m/s

$Re = VD\rho/\mu = 1.851 \times 0.02 \times 860/(1.35 \times 10^{-4}) = 2.35 \times 10^5$

$k_s/D \simeq 0.006$ (Fig. 10-9) and f = 0.034 (Fig. 10-8)

Then $h_f = f(L/D)V^2/2g = 0.034(5/0.02) \times (1.851^2/2 \times 9.81) = 1.48$ m

10-57. (Continued)

a) $P = Q\gamma h_f = 5.8139 \times 10^{-4} \times 860 \times 9.81 \times 1.48 \times 100 = \underline{728\ W}$

b) $k_s/D = 0.5/16 = 0.031$ so $f = 0.058$ (Fig. 10-8)

$P = 728 \times (0.058/0.034) \times (20/16)^4 = \underline{3.03 KW}$

10-58. $p_1/\gamma + V_1^2/2g + z_1 + h_p = p_2/\gamma + V_2^2/2g + z_2 + h_L$

$V_1 = V_2$; $p_1 = p_2$; $z_2 - z_1 = 0.8$ m

average temperature = 50°C; $\nu = 0.58 \times 10^{-6}$ m^2/s

$V = Q/A = 3 \times 10^{-4}/(\pi/4(0.02)^2) = 0.955$

$Re = VD/\nu = 0.955(0.02)/(0.58 \times 10^{-6}) = 3.3 \times 10^4$; $f = 0.023$

$h_L = (fL/D + 19\ K_b)V^2/2g = (0.023(20)/0.02 + 19 \times 0.7)0.955^2/(2(9.81))$

$= 1.69$ m

Note: Examination of the data given indicates that the tubing in the exchanger has an $r/d \approx 1$. Assuming smooth bends of 180°, $K_b \approx 0.7$;

$h_p = z_2 - z_1 + h_L = 0.8 + 1.69 = 2.49$ m

$P = \gamma h_p Q = 9{,}685\ (2.49)\ 3 \times 10^{-4} = \underline{7.23\ W}$

10-59. $Q = 0.1$ gpm $= 2.23 \times 10^{-4}$cfs

$d_1 = (1/4)(1/12) = 0.0208$ ft; $d_2 = (1/32)(1/12) = 0.0026$ ft

$d_2/d_1 = (1/32)/(1/4) = 0.125$; Assume T = 50°F; sp.gr. = 0.68

$\gamma = 62.4(0.68) = 42.4$ lbf/ft^3; From Fig. A-2, $\nu = 5.5 \times 10^{-6}$ft^2/sec

$V_1 = Q/A = 2.23 \times 10^{-4}/(\pi/4(1/48)^2) = 0.653$; $V_1^2/2g = 0.00663$

$V_2 = (32/4)^2 \times 0.653 = 4.18$; $V_2^2/2g = 27.15$ ft

$Re_1 = V_1 D_1/\nu = 0.653(0.0208)/(5.5 \times 10^{-6}) = 2{,}475$; $f \approx 0.044$

$p_1 = 14.7$ psia; $z_2 - z_1 = 2$ ft; $p_2 = 14.0$ psia

$h_L = (fL/D + 5K_b)\ V_1^2/2g + K_e\ V_2^2/2g$

$= (0.044(10)/0.0208 + 5 \times 0.21)0.00663 = 0.15$ ft

$h_p = (p_2 - p_1)/\gamma + z_2 - z_1 + V_2^2/2g + h_L$

$= (14.0 - 14.7)144/42.4 + 2 + 27.15 + 0.15 = 26.9$ ft

$P = \gamma h_p Q/(550e) = 42.4(40.2)0.000223/(550 \times 0.8) = \underline{5.76 \times 10^{-4}\text{hp}}$

10-60. First find Q for valve wide open. Assume valve is a gate valve.

$p_1/\gamma + V_1^2/2g + z_1 = p_2/\gamma + V_2^2/2g + z_2 + \Sigma h_L$

$2 = 0 + 0 + 0 + (V^2/2g)(0.5 + 0.9 + 0.2 + 0.9 + 1 + fL/D)$

$V^2 = 4g/(3.5 + fL/D)$; Assume $f = 0.015$

Then $V = [4 \times 9.81/(3.5 + 0.015 \times 14/0.1)]^{1/2} = 2.65$ m/s

$k_s/D = 0.0005$; $Re = 2.65 \times 0.10/(1.3 \times 10^{-6}) = 2.0 \times 10^5$; $f = 0.019$

Then $V = [4 \times 9.81/(3.5 + 0.019 \times 14/0.10)]^{1/2} = 2.52$ m/s

$Re = 2.0 \times 10^5 \times 2.52/2.65 = 1.9 \times 10^5$; O.K.

for (1/2)Q: $Re = 9.5 \times 10^4$; $f = 0.021$; $V = 1.26$ m/s

So $V^2 = 1.588 = 4 \times 9.81/(3.3 + K_v + 0.021 \times 14/0.1)$

$3.3 + K_v + 2.94 = 24.7$; $\underline{K_v = 18.5}$

10-61. $p_1/\gamma + V_1^2/2g + z_1 = p_2/\gamma + V_2^2/2g + z_2 + h_f$

$(300{,}000/9{,}810) + 0 = (60{,}000/9{,}810) + 10 + h_f$; $h_f = 14.46$ m

$f(L/D)(Q^2/A^2)/2g = 14.46$

$f(L/D)[Q^2/((\pi/4)D^2)^2 2g] = 14.46$

$(4^2 fLQ^2/\pi^2)/2gD^5 = 14.46$; $D = [(8/14.46)fLQ^2/(\pi^2 g)]^{1/5}$

Assume $f = 0.020$; Then

$D = [(8/14.46) \times 0.02 \times 140 \times (0.025)^2/(\pi^2 \times 9.81)]^{1/5} = 0.100$

Then $k_s/D = 0.002$ and $f = 0.024$; Try again:

$D = 0.100 \times (0.024/0.020)^{1/5} = \underline{0.104 \text{ m}}$

Use a <u>12-cm pipe</u>

10-62. $p_1/\gamma + z_1 + V_1^2/2g = p_2/\gamma + z_2 + V_2^2/2g + \Sigma h_L$

$11 = \Sigma h_L = (V_1^2/2g)(Ke + 3K_{b1} + f_1 \times 45/1) + V_2^2/2g)(K_c + 2K_{b2} + K_0 + f_2 \times 30/(1/2))$

$K_e = 0.5$; $K_0 = 1.0$; From Table 10-2, $K_{b1} = 0.35$; $K_{b2} = 0.16$; $K_c = 0.39$

Assume $f_1 = 0.015$; $f_2 = 0.016$

10-62. (Continued)

$$11 \times 2g = V_1^2(0.5 + 3 \times 0.35 + 0.015(45)) + V_2^2(0.39 + 2 \times 0.16 + 1.0 + 0.016(60))$$

$$708 = V_1^2(2.23) + V_2^2(2.67) = Q^2(2.23/((\pi/4)^2(1)^4) + 2.67/((\pi/4)^2(1/2)^4)) = Q^2(72.9)$$

$$Q^2 = 708/72.9 = 9.71; \quad Q = 3.12 \text{ cfs}$$

$$Re = 4Q/(\pi D\nu) \; ; \; Re_1 = 4(3.12)/(\pi(1.22 \times 10^{-5})) = 3.3 \times 10^5$$

$$k_s/D = 0.00015; \quad f = 0.016; \; Re_2 = 6.5\; 10^5; \; k_s/D = 0.0003; \; f = 0.016$$

So $\underline{Q = 3.1 \text{ cfs}}$

10-63. Using a pipe diameter of 10 cm,

$$p_1/\gamma + z_1 + V_1^2/2g = p_2/\gamma + z_2 + V_2^2/2g + \Sigma h_L$$

$$0 + 12 + 0 = 0 + 0 + (V^2/2g)(1 + K_e + K_v + 4K_b + f \times L/D)$$

$$24g = V^2(1 + 0.5 + 10 + 4(0.9) + 0.025 \times 1{,}000/(0.10)) \quad \text{(assuming } f = 0.025)$$

$$V^2 = 24g/265.1 = 0.888 \text{ m}^2/\text{s}^2$$

$$V = 0.942 \text{m/s}; \; Q = VA = 0.942(\pi/4)(0.10)^2 = 0.0074 \text{ m}^3/\text{s};$$

$$Re = 7 \times 10^4 \text{ and } f \simeq 0.025$$

$$p_A/\gamma + z_A + V^2/2g = p_2/\gamma + z_2 + V^2/2g + \Sigma h_L$$

$$p_A/\gamma + 15 = V^2/2g(2K_b + f \times L/D)$$

$$p_A/\gamma = (0.888/2g)(2 \times 0.9 + 0.025 \times 500/0.10) - 15 = -9.26 \text{ m}$$

$$p_A = 9{,}810 \times (-9.26) = \underline{-90.8 \text{ kPa}}$$

Note: This is not a good installation because the pressure at A is near cavitation level.

10-64. Write the energy equation from the downstream side of the lower reservoir surface to the upstream side of the same reservoir.

$$p_1/\gamma + V_1^2/2g + z_1 + h_p = p_2/\gamma + V_2^2/2g + z_2 + h_t + \Sigma h_L$$

$$0 + 0 + 100 + 50 = 0 + 0 + 100 + h_t + \Sigma h_L$$

$$h_t = 50 - \Sigma h_L$$

$$h_t = 50 - V_8^2/2g(K_e + 2K_b + K_E + fL/D) - V_{12}^2/2g\;(K_e + 2K_b + K_E + fL/D)$$

$$V_8 = Q/A_8 = 5/((\pi/4) \times (8/12)^2) = 14.32 \text{ ft/s}; \; V_8^2/2g = 3.186 \text{ ft}$$

$$V_{12} = Q/A_{12} = 6.366 \text{ ft/s}; \; V_{12}^2/2g = 0.629 \text{ ft}$$

10-64. (Continued)

$K_e = 0.5$; $K_b = 1.1$; $K_E = 1.0$; $(fL/D)_8 = 0.018 \times 70/(8/12) = 1.89$;

$(fL/D)_{12} = 0.012 \times 70 = 0.84$

Then $h_t = 50 - 3.186(0.5 + 2.2 + 1.0 + 1.89) - 0.629(0.5 + 2.2 + 1.0 + 0.84)$

$h_t = 29.3$ ft

$P = Q\gamma h_t/550 = 5 \times 62.4 \times 29.3/550 =$ 16.6 horsepower

---

10-65. 1 gallon = 231 in.^{3} = 0.134 ft^3; thus, 20 gallons = 2.67 ft^3

$p_1/\gamma + V_1^2/2g + z_1 = p_2/\gamma + V_2^2/2g + z_2 + \Sigma h_L$

$40 \times 144/62.4 + 0 + 0 = 0 + V_2^2/2g + 8 + h_L$ (1)

Here $h_L = V_{1''}/2g(K_e + fL/D + K_{tee} + K_b) + V_{1/2}^2/2g(K_e + fL/D + K_V)$

Where $V_{1/2} = 4V_1$; $V_{1/2}^2/2g = 16\ V_1^2/2g$

$h_L = V_1^2/2g(0.5 + 0.025 \times (42/(1/12)) + 1.8 + 0.9)$

$+ 16\ V_1^2/2g(0.37 + 0.03 \times (20/(1/24)) + 10)$

$h_L = V_1^2/2g[15.8 + 16(24.8)] = 412.1\ V_1^2/2g$

Then from Eq. (1):

$92.3 - 8 = V_{1/2}^2/2g + 412\ V_1^2/2g = 428\ V_1^2/2g$

$V_1 = [(84.3 \times 64.4)/428]^{1/2} = 3.56$ ft/s

Then $Q = V_1A_1 = 3.56 \times (\pi/4) \times (1/12)^2 = 0.019$ ft^3/s

Finally $Qt = 2.67$ ft^3 or $t = 2.67/0.019 = 140$s = 2.3 min

---

10-66. Write the energy equation from the water surface in the lower reservoir to the water surface in the upper reservoir.

$p_1/\gamma + V_1^2/2g + z_1 + h_p = p_2/\gamma + V_2^2/2g + z_2 + \Sigma h_L$

$0 + 0 + 200\text{m} + h_p = 0 + 0 + 245\text{m} + (V^2/2g)(K_e + K_b + K_E + fL/D)$

$V = Q/A = 0.314/((\pi/4) \times 0.2^2) = 10.0$ m/s; $V^2/2g = 5.09$m

$K_e = 0.5$; $K_b = 0.35$; $K_E = 1.0$; $Re = VD/\nu = 10 \times 0.20/10^{-6} = 2 \times 10^6$

$k_s/D \simeq 0.00025$ so $f = 0.015$ $fL/D = 0.015 \times 140/0.2 = 10.50$

$h_p = 245 - 200 + 5.09(0.5 + 0.35 + 1 + 10.5) = 107.9$ m

$P = Q\gamma h_p = 0.314 \times 9{,}790 \times 107.9 =$ 332 kW

10-67. From the solution to P10-66: $h_p = 45 + 12.35\ V^2/2g$

$$h_p = 45 + 12.35[(Q/((\pi/4) \times 0.2^2))^2/2g] = 45 + 638Q^2$$

System data computed and shown below:

$Q(m^3 s)$ →	0.05	0.10	0.15
h_p (m) →	46.6	51.4	59.3

Then, plotting the system curve on the pump performance curve of Fig. 10-17 yields $Q = 0.12\ m^3/s$ for the operating point.

10-68. $k_s/D = 0.004$ Assume $f = 0.028$ and $r/d \approx 2 \rightarrow K_b \simeq 0.2$

a)

$$p_1/\gamma + z_1 + V_1^2/2g = p_2/\gamma + z_2 + V_2^2/2g + \Sigma h_L$$

$$100 = 64 + (V^2/2g)(1 + 0.5 + K_b + f \times L/D)$$

$$= 64 + (V^2/2g)(1 + 0.5 + 0.2 + 0.028 \times 100/1)$$

$$36 = (V^2/2g)(4.5)$$

$$V^2 = 72g/4.5 = 515 \rightarrow V = 22.7$$

$$Re = 22.7(1)/(1.22 \times 10^{-5}) = 1.9 \times 10^6; \quad f = 0.028$$

$$Q = 22.7(\pi/4)\ 1^2 \quad \underline{17.8\ cfs}$$

b) $V^2/2g = 36/4.5 = 8.0$ ft

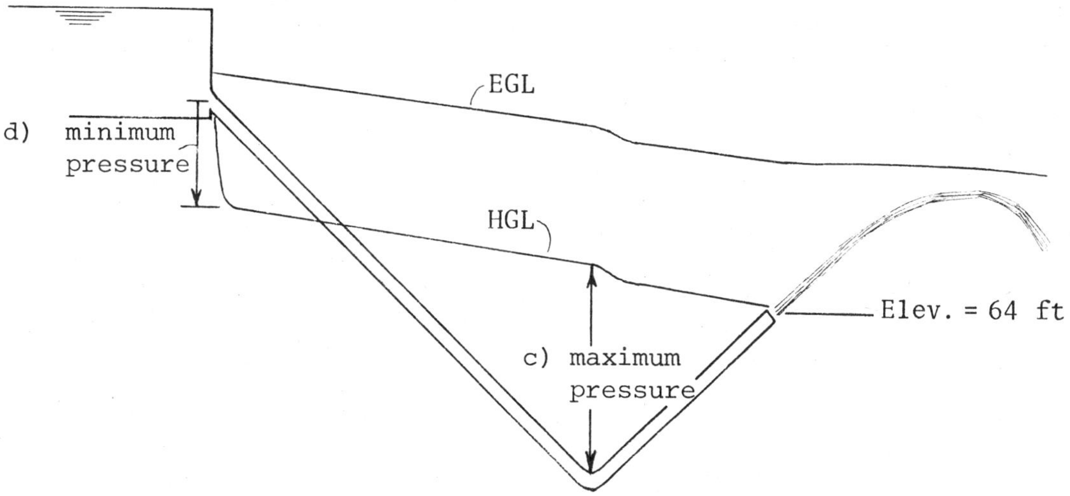

10-68. (Continued)

e) $p_{min}/\gamma = 100 - 95 - (V^2/2g)(1 + 0.5) = 5 - 8(1.5) = -7$ ft

$p_{min} = -7(62.4) = -437$ psfg = $\underline{\underline{-3.03 \text{ psig}}}$

$p_{max}/\gamma + V_m^2/2g + z_m = p_2/\gamma + z_2 + V_2^2/2g + \Sigma h_L$

$p_{max}/\gamma = 64 - 44 + 8.0(0.2 + 0.028(28/1)) = 27.9$ ft

$p_{max} = 27.9(62.4) = 1{,}739$ psfg = $\underline{\underline{12.1 \text{ psig}}}$

10-69. $p_1/\gamma + V_1^2/2g + z_1 + h_p = p_2/\gamma + V_2^2/2g + z_2 + \Sigma h_L$

$0 + 0 + 100 + h_p = 0 + V_2^2/2g + 150 + V_2^2/2g(0.1 + fL/D)$

$V_2 = Q/A_p = 15/((\pi/4) \times 1.5^2) = 8.49$ m/s

$Re = VD/\nu = 8.49 \times 1.5/(1.31 \times 10^{-6}) = 9.72 \times 10^6$; $k_s/D = 0.000035$

$f = 0.0105$ (from Fig. 10-8)

Then $h_p = 150 - 100 + V_2^2/2g(1.1 + 0.0105 \times 200/1.5) = 50 + 7.9 = 57.9$ m

$P = Q\gamma h_p = 15 \times 9{,}810 \times 57.9 = \underline{\underline{8.52 \text{ MW}}}$

10-70. $k_s/D_{15} = 0.1/150 = 0.00067$; $k_s/D_{30} = 0.1/300 = 0.00033$

$V_{15} = Q/A_{15} = 0.1/((\pi/4) \times 0.15^2) = 5.659$ m/s; $V_{30} = 1.415$ m/s

$Re_{15} = VD/\nu = 5.659 \times 0.15/10^{-6} = 8.49 \times 10^5$; $Re_{30} = 1.415 \times 0.3/10^{-6}$

$= 4.24 \times 10^5$

From Fig. 10-8 $f_{15} = 0.0185$; $f_{30} = 0.0165$

Energy Eq: $z_1 - z_2 = \Sigma h_L$

$z_1 - z_2 = (V_{15}^2/2g)(0.5 + 0.0185 \times 50/0.15) + (V_{30}^2/2g)(1 + 0.0165 \times 100/0.30)$

$+ (V_{15} - V_{30})^2/2g$

$z_1 - z_2 = (5.659^2/(2 \times 9.81))(6.67) + (1.415^2/(2 \times 9.81))(6.5)$

$+ (5.659 - 1.415)^2/(2 \times 9.81)$

$z_1 - z_2 = 1.632(6.67) + 0.66 + 0.918 = \underline{\underline{12.47 \text{ m}}}$

10-71. Write energy equation from reservoir water surface to pipe outlet:

$$p_1/\gamma + V_1^2/2g + z_1 = p_2/\gamma + V_2^2/2g + z_2 + \Sigma h_L$$

$$0 + 0 + 100\text{ ft} = 0 + V_2^2/2g + 64 + (V^2/2g)(K_e + K_v + fL/D)$$

$K_e = 0.50$; $K_v = 5.6$; assume $f = 0.015$ for first trial

Then $(V^2/2g)(0.5 + 5.6 + 1 + 0.015 \times 300/1) = 36$

$V = 14.1$ ft/s $\quad Re = VD/\nu = 14.1 \times 1/10^{-4} = 1.4 \times 10^5$

$k_s/D = 0.00015$ so $f \simeq 0.0175$

Second trial: $V = 13.7$ ft/s; $Re = 1.37 \times 10^5$; $f = 0.0175$

$Q = VA = 13.7 \times (\pi/4) \times 1^2 = \underline{\underline{10.8\text{ ft}^3/\text{s}}}$

10-72. $p_1/\gamma + z_1 + V_1^2/2g + h_p = p_2/\gamma + V_2^2/2g + z_2 + \Sigma h_L$

$$0 + 30 + 0 + h_p = 0 + 60 + (V^2/2g)(1 + 0.5 + 4K_b + fL/D)$$

$V = Q/A = 2.0/((\pi/4) \times (1/2)^2) = 10.18$ ft/sec; $V^2/2g = 1.611$ ft

$r/d = 12/6 = 2 \rightarrow K_b = 0.19$; $Re = 4Q/(\pi D\nu) = 4 \times 2/(\pi \times (1/2) \times 1.22 \times 10^{-5})$

$= 4.17 \times 10^5 \rightarrow f = 0.0135$

$h_p = 30 + 1.611(1 + 0.5 + 4 \times 0.19 + 0.0135 \times 1{,}500/(1/2)) = 98.9$ ft

$P = Q\gamma h_p/550 = \underline{\underline{22.44\text{ horsepower}}}$

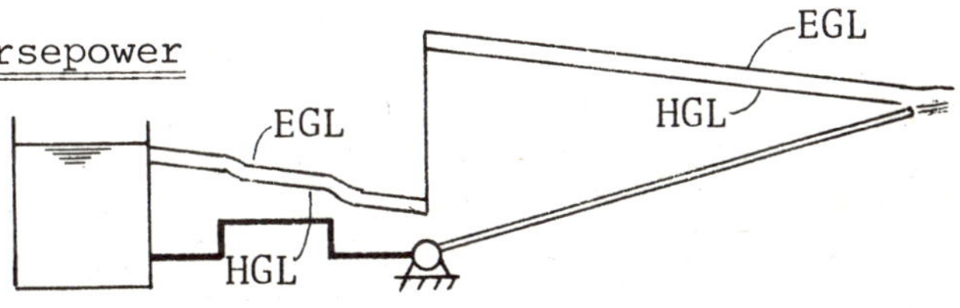

$p_m/\gamma + z_m = z_2 + h_L$

$p_m = \gamma[(z_2 - z_m) + h_L]$

$p_m = 62.4[(60 - 35) + 0.0135 \times (500/0.5) \times 1.611]$

$p_m = 2{,}917$ psf $= \underline{\underline{20.3\text{ psig}}}$

10-73. $p_1/\gamma + V_1^2/2g + z_1 + h_p = p_2/\gamma + V_2^2/2g + z_2 + \Sigma h_L$

$$0 + 0 + 20 + h_p = 0 + 0 + 45 + V^2/2g(K_e + 2K_b + K_0 + fL/D)$$

$$h_p = 25 + V^2/2g(0.5 + 2 \times 0.19 + 1 + fL/D)$$

$V = Q/A = 1/((\pi/4 \times 0.6^2) = 3.54$ m/s; $V^2/2g = 0.639$ m

$Re = VD/\nu = 3.54 \times 0.6/(5 \times 10^{-5}) = 4.25 \times 10^4$; $k_s/D = 0.00009$

$f = 0.021$ (from Fig. 10-8); $h_p = 25 + 0.639(0.5 + 0.38 + 1 + 4.9) = 29.3$

Then $P = Q\gamma h_p = 1 \times 0.94 \times 9{,}810 \times 29.3/0.70 = \underline{\underline{386\text{ kW}}}$

10-74. $p_1/\gamma + V_1^2/2g + z_1 = p_2/\gamma + V_2^2/2g + z_2 + \Sigma h_L$

$0 + 0 + z_1 = 0 + 0 + 12 + (V_{30}^2/2g)(0.5 + fL/D) + (V_{15}^2/2g)(K_e + f(L/D) + 1.0)$

$V_{30} = Q/A_{30} = 0.15/((\pi/4) \times 0.30^2) = 2.12$ m/s; $V_{30}^2/2g = 0.229$ m

$V_{15} = 4V_{30} = 8.488$ m/s; $V_{15}^2/2g = 3.67$ m; $D_2/D_1 = 15/30 = 0.5 \rightarrow K_e = 0.39$

Then $z_1 = 12 + 0.229[0.5 + 0.02 \times (20/0.3)] + 3.67[0.39 + 0.02(10/0.15) + 1.0]$

$z_1 = \underline{\underline{22.4 \text{ m}}}$

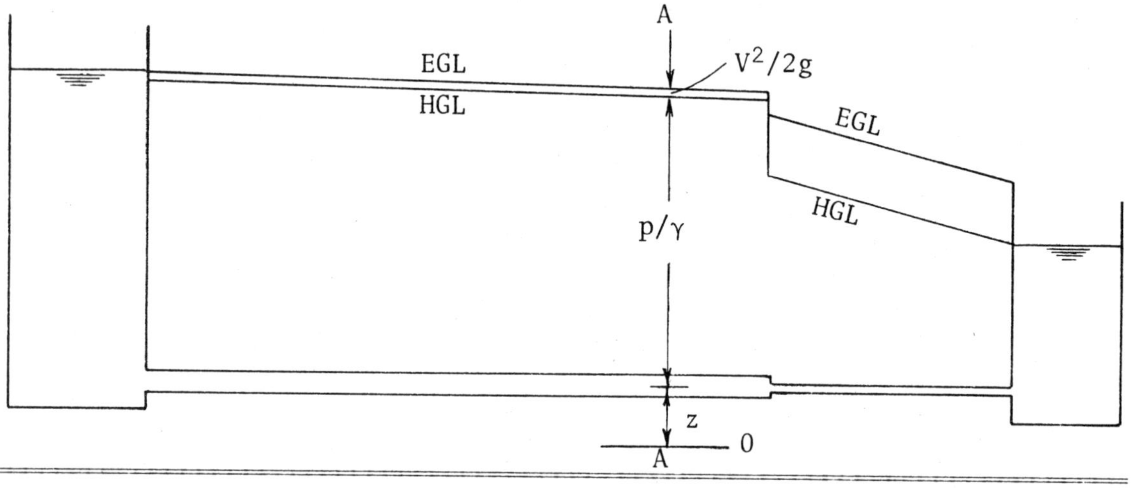

10-75. $p_1/\gamma + z_1 + V_1^2/2g = p_2/\gamma + z_2 + V_2^2/2g + \Sigma h_L$

$p_1/\gamma + 20 + 0 = 0 + 100 + 0 + V^2/2g(0.5 + 2K_b + K_v + f\ (L/D) + 1)$

$k_b = 0.9$, $K_v = 10$ from Table 10-2

$V = Q/A = (45/449)/((\pi/4)(2/12)^2) = 4.59$; $V^2/2g = 4.59^2/64.4 = 0.328$

$Re = 4.59(2/12)/(1.41 \times 10^{-5}) = 5.4 \times 10^4$ $\quad k_s/D = 0.003 \quad f = 0.029$

$p_1 = \gamma[80 + 0.328(0.5 + 2 \times 0.9 + 10 + (0.029 \times 200/(2/12)) + 1.0)]$

$= 62.4(95.8) = 5{,}976$ psfg $= \underline{\underline{41.5 \text{ psig}}}$

10-76. $k_s/D_{20} = 0.0015$; $k_s/D_{15} = 0.0018$ (Fig. 10-9)

$V_{20} = Q/A_{20} = 0.03/((\pi/4) \times 0.20^2) = 0.955$ m/s; $Q/A_{15} = 1.697$ m/s

$Re_{20} = VD/\nu = 0.955 \times 0.2/(1.3 \times 10^{-6}) = 1.5 \times 10^5$

$Re_{15} = 1.697 \times 0.15/1.3 \times 10^{-6} = 1.9 \times 10^5$

From Fig. 10-8: $f_{20} = 0.022$; $\quad f_{15} = 0.024$

$z_1 = z_2 + \Sigma h_L$; $z_1 = 100 + \Sigma h_L$

10-76. (Continued)

$$z_1 = 100 + V_{20}^2/2g(0.5 + 0.022 \times 100/0.2 + 0.19) + V_{15}^2/2g[(0.024 \times 150/0.15)$$

$$+ 1.0 + 0.19)] = 100 + 0.0465(11.5) + 0.1468(25.19)$$

$$= 100 + 0.535 + 3.70 = \underline{104.2 \text{ m}}$$

10-77. One possible design given below:

$L \approx 300 + 50 + 50 = 400$ m; $K_b = 0.19$

$$50 = \Sigma h_L = V^2/2g(K_e + 2K_b + f(L/D) + 1.0) = V^2/2g(1.88 + f(L/D))$$

$$50 = [Q^2/(2gA^2)](f(L/D) + 1.88) = [2.5^2/(2 \times 9.81 \times A^2)]((400\ f/D) + 1.88)$$

Assume $f = 0.015$. Then $50 = [0.318/((\pi/4)^2 \times D^4)](0.015 \times (400/D)) + 1.88)$

Solving, one gets $D \approx 0.59$ m = 59 cm. Try commercial size D = 60 cm.

Then $V_{60} = 2.5/((\pi/4) \times 0.6^2) = 8.84$ m/s

$Re = 8.8 \times 0.6/10^{-6} = 5.3 \times 10^6$; $k_s/D = 0.0001$ and $f \approx 0.013$

Since f = 0.13 is less than originally assumed f, the design is conservative. So use D = $\underline{60 \text{ cm}}$ and $\underline{L \approx 400 \text{ m}}$.

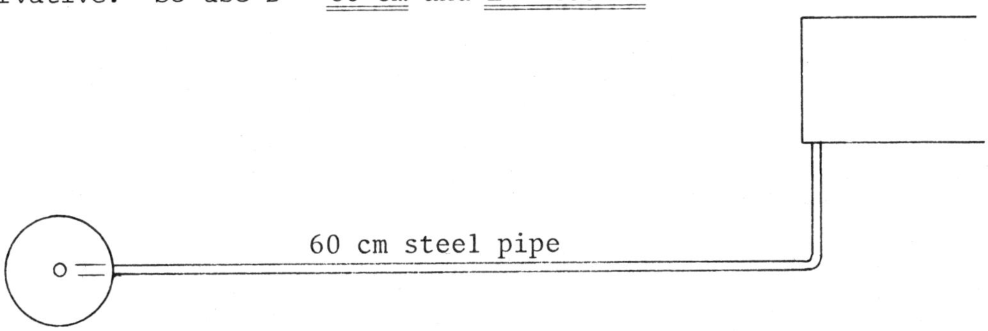

10-78. First write the energy equation from the reservoir to the tank and assume that the same pipe configuration as used in the solution to P10-77 is used. Also a pump, two open gate valves, and two bends will be in the pipe system. Assume steel pipe will be used.

Assume $L \simeq 400$ ft.

$$p_1/\gamma + V_1^2/2g + z_1 + h_p = p_2/\gamma + V_2^2/2g + z_2 + \Sigma h_L$$

$$0 + 0 + 450 + h_p = 0 + 0 + 500 + (V^2/2g)(K_e + 2K_b + K_E + fL/D)$$

Assume $V \simeq 2$ m/s; $A = Q/V = 2.0/2 = 1.00\text{m}^2$

$A = (\pi/4)D^2 = 1.0$ or $D = 1.13$ m Choose a pipe size of 1.0 m

Then $V = Q/A = 2.0/((\pi/4) \times 1^2) = 2.55$ m/s and $V^2/2g = 0.331$m

10-78. (Continued)

$k_s/D = 0.00005$; $Re = VD/\nu = 2.55 \times 1/10^{-6} = 2.55 \times 10^6$

Then $f = 0.0115$ (from Fig. 10-8)

$h_p = 50 + (V^2/2g)(0.5 + 2 \times 0.2 + 2 \times 0.19 + 1.0 + 0.0115 \times 400/1)$

$= 50 + 2.78 = 52.78\text{m}$

$P = Q\gamma h_p = 2.0 \times 9{,}810 \times 52.78$

$= 1.03$ MW

Design will include 1.0m steel pipe and a pump with output of 1.03 MW

Note: An infinite number of other designs is possible. Also, a design solution would include the economics of the problem to achieve the desired result at minimum cost.

10-79. $p_1/\gamma + V_1^2/2g + z_1 + h_p = p_2/\gamma + V_2^2/2g + z_2 + \Sigma h_L$

$0 + 0 + 10 + h_p = 0 + 0 + 20 + V_2^2/2g(K_e + fL/D + k_0$

$h_p = 10 + (Q^2/(2gA^2))(0.1 + 0.02 \times 1{,}000/(10/12) + 1)$

$A = (\pi/4) \times (10/12)^2 = 0.545 \text{ ft}^2$

$h_p = 10 + 1.31\, Q_{cfs}^2$ but $Q_{cfs} = 449$ gpm

$h_p = 10 + 1.31\, Q_{gpm}^2/(449)^2$

$h_p = 10 + 6.51 \times 10^{-6} Q_{gpm}^2$

Q →	1,000	2,000	3,000
h →	16.5	36.0	68.6

Plotting this on pump curve figure yields $Q \simeq$ 2,950 gpm

---

10-80. $V_1/V_2 = [(f_2/f_1)(L_2/L_1)(D_1/D_2)]^{1/2}$

Initially assume $f_1 = f_2$

Then $V_1/V_2 = [(1{,}500/1{,}000)(0.50/0.40)]^{1/2} = 0.913$; $V_1 = 1.369\, V_2$

$V_1A_1 + V_2A_2 = 1$

$1.369\, V_2 \times (\pi/4) \times 0.5^2 + V_2 \times (\pi/4) \times 0.4^2 = 1$

$V_2 = 2.535$ m/s; Then $V_1 = 1.369 \times 2.535 = 3.47$ m/s

$Q_1 = V_1A_1 = 3.47(\pi/4) \times 0.5^2 = 0.68\ \text{m}^3/\text{s}$; $Q_2 = 0.32\text{m}^3/\text{s}$

10-81. $(V_1/V_2) = [(f_2/f_1)(L_2/L_1)(D_1/D_2)]^{1/2}$

Let pipe 1 be large pipe and pipe 2 be smaller pipe

Then $(V_1/V_2) = [(0.013/0.01)(L/3L)(2D/D)]^{1/2} = 0.931$

$(Q_1/Q_2) = (V_1/V_2)(A_1/A_2) = 0.931 \times (2D/D)^2 = 3.72$

$(Q_{large}/Q_{small}) = \underline{\underline{3.72}}$

10-82. $Q_{18} + Q_{12} = 14$ cfs

$h_{L_{18}} = h_{L_{12}}$; $f_{18}(L_{18}/D_{18})(V_{18}^2/2g) = f_{12}(L_{12}/D_{12})(V_{12}^2/2g)$

$f_{18} = 0.018 = f_{12}$ so $L_{18}Q_{18}^2/D_{18}^5 = L_{12}Q_{12}^2/D_{12}^5$

$Q_{18}^2 = (D_{18}/D_{12})^5(L_{12}/L_{18})Q_{12}^2 = (18/12)^5(2{,}000/6{,}000)Q_{12}^2 = 2.53Q_{12}^2$

$Q_{18} = 1.59\ Q_{12}$; $1.59\ Q_{12} + Q_{12} = 14$

$2.59\ Q_{12} = 14$; $\underline{\underline{Q_{12} = 5.4 \text{ cfs}}}$

$Q_{18} = 1.59\ Q_{12} = 1.59(5.4) = \underline{\underline{8.6 \text{ cfs}}}$

$V_{12} = 5.4/((\pi/4(1)^2) = 6.88$ $\quad V_{18} = 8.6/((\pi/4)(18/12)^2) = 4.87$

$h_{L_{12}} = 0.018((2{,}000)/1)(6.88)^2/64.4 = 26.5$

$h_{L_{18}} = 0.018(6{,}000/1.5)(4.87^2/64.4) = 26.5$

Thus, $h_{L_{A-B}} = \underline{\underline{26.5 \text{ ft}}}$

10-83. $Q = Q_{14} + Q_{12} + Q_{16}$

$20 = V_{14} \times (\pi/4) \times (14/12)^2 + V_{12} \times (\pi/4) \times 1^2 + V_{16} \times (\pi/4) \times (16/12)^2$; (1)

Also, $h_{f_{14}} = h_{f_{12}} = h_{f_{16}}$ and assuming f = 0.03 for all pipes

$(3{,}000/14)\ V_{14}^2 = (2{,}000/12)\ V_{12}^2 = (3{,}000/16)\ V_{16}^2$ (2)

$V_{14}^2 = 0.778\ V_{12}^2 = 0.875\ V_{16}^2$

From Eq(1) $20 = 1.069\ V_{14} + 0.890\ V_{14} + 1.49\ V_{14}$; $V_{14} = 5.79$ ft/s

and $V_{12} = 1.134\ V_{14} = 6.56$ ft/s; $V_{16} = 6.19$ ft/s

$\underline{\underline{Q_{12} = 5.15 \text{ ft}^3/\text{sec}}}$; $\underline{\underline{Q_{14} = 6.19 \text{ ft}^3/\text{s}}}$; $\underline{\underline{Q_{16} = 8.64 \text{ ft}^3/\text{s}}}$

$V_{29} = Q/A_{29} = 20/(\pi/4 \times 1.21^2) = 4.36$ ft/s; $V_{30} = 4.074$ ft/s

$h_{L_{AB}} = (0.03/64.4)[(2{,}000/1.21)(4.36)^2 + (2{,}000/1) \times (6.56)^2$

$+ (4{,}000/(30/12) \times (4.074)^2] = \underline{\underline{60.0 \text{ ft}}}$

10-84. $V = Q/A = (9{,}600/60)/((40 \times 6)/144) = 96$ fps

$R = A/P = ((40 \times 6)/144)/(2(40 + 6)/12) = 0.217$ ft

Assume $k_s = 0.0002$ ft; $k_s/(4R) = 0.0002/(4 \times 0.217) = 0.00023$

$Re = V(4R)/\nu = 96 \times 4 \times 0.217/(1.58 \times 10^{-4}) = 5.28 \times 10^5$

Then $f = 0.016$; $h_f = fL\,V^2/(4R2g)$ but

$P = Q\gamma h_f = Q\rho fLV^2/(8R) = 9{,}600(0.00237)0.016(300)96^2/(60 \times 8 \times 0.217)$

$= 9{,}663$ ft-lbf/s = 17.6 hp

10-85. $A = 0.15\ m^2$; $P = 2.30$; $R = A/P = 0.0652$ m; $4R = 0.261$ m

Assume $k_s = 5 \times 10^{-5}$m

$k_s/4R = 50 \times 10^{-5}/0.261 = 1.9 \times 10^{-4}$; $V = Q/A = 5/0.15 = 33.3$ m/s

and $Re = V \times 4R/\nu = 33.3 \times 0.261/(1.46 \times 10^{-5}) = 5.95 \times 10^5$

Then $f = 0.015$ (from Fig. 10-8)

$h_f = f(L/D)(V^2/2g) = 0.015 \times (100/0.26)(33.3^2/(2 \times 9.81)) = 326$ m

$P = Q\gamma h_f = 5 \times 12.0 \times 392 = 19.6$ kW

10-86. Assume $k_s = 10^{-3}$m; $A = 4.5\ m^2$ and $P = 6$m. Then $R = A/P = 0.75$ m

and $4R = 3$ m; $k_s/4R = 0.333 \times 10^{-3}$m; Assume $f = 0.016$

$h_f/L = fV^2/(2g4R)$ or $V = \sqrt{(8g/f)RS} = 3.84$ m/s

$Re = 3.84 \times 3/(1.31 \times 10^{-6}) = 10^7$; $f = 0.015$

Then $V = 3.84 \times \sqrt{0.016/0.015} = 3.97$ m/s

Finally, $Q = 3.97 \times 4.5 = 17.8\ m^3/s$

10-87. $R = A/P = 4 \times 12/(12 + 2 \times 4) = 2.4$; assume $k_s = 0.003$

$k_s/(4R) = 0.003/(4 \times 2.4) = 0.00031$

$Re\,f^{1/2} = ((4R)^{3/2}/\nu)(2gS)^{1/2} = ((4 \times 2.4)^{3/2}/(1.22 \times 10^{-5}))$

$\times (2g \times 10/8{,}000)^{1/2} = 6.9 \times 10^5$; $f = 0.015$

$V = \sqrt{8gRS/f} = \sqrt{8g(2.4)10/(0.015(8{,}000))} = 7.17$; $Q = 7.17(4)12 = 344$ cfs

10-87. (Continued)

Alternate solution:

$Q = (1.49/n)AR^{2/3} S^{1/2}$ Assume n = 0.015

$= (1.49/0.015)\ 4 \times 12(2.4)^{2/3}\ (10/8{,}000)^{1/2} = \underline{\underline{302\ \text{cfs}}}$

10-88. $Q = (1.49/n)AR^{2/3} S^{1/2}$

$R = A/P = (\pi D^2/8)/(\pi D/2) = D/4$; $A = \pi D^2/8$

Assume n = 0.013

Then $Q = (1.49/0.013) \times (\pi D^2/8)(D/4)^{2/3} \times (0.9/1{,}000)^{1/2}$

$Q = \underline{\underline{21.6\ \text{ft}^3/\text{s}}}$

Alternate solution:

$Q = CA\sqrt{RS}$ where $C = \sqrt{8g/f}$; Assume $k_s = 10^{-3}$ft

$k_s/4R = 10^{-3}/(4 \times D/4) = 2.5 \times 10^{-4}$; Assume f = 0.016

Then $C = \sqrt{8 \times 32.2/0.016} = 127$

$Q = 127 \times (\pi \times 4^2/8)\sqrt{1 \times 0.9/1{,}000} = 23.9\ \text{ft}^3/\text{s}$; V = 3.80 ft/s

$Re = V \times 4R/\nu = 3.80 \times 4 \times 1/(1.2 \times 10^{-5}) = 1.3 \times 10^6$; f = 0.015

Solve again: $C = \sqrt{8g/0.015} = 131$; $\underline{\underline{Q = 24.7\ \text{ft}^3/\text{s}}}$

10-89. $R = A/P = (10 + 12)6/(10 + 6\sqrt{5} \times 2) = 132/36.8 = 3.58$

Assume $k_s = 0.003$; $(k_s/4R) = 0.003/(4 \times 3.58) = 0.00021$

$Re\ f^{1/2} = ((4R)^{3/2}/\nu)(2gS)^{1/2} = [(4 \times 3.58)^{3/2}(2g/2{,}000)^{1/2}/(1.41 \times 10^{-5})]$

$= 6.9 \times 10$ Thus, f = 0.014

$V = \sqrt{8gRS/f} = \sqrt{8g \times 3.58/(0.014(2{,}000))} = 5.74$ fps

$Q = VA = 5.74(132) = \underline{\underline{758\ \text{cfs}}}$

Alternate method, assuming n = 0.015

$V = (1.49/n)R^{2/3}S^{1/2} = (1.49/0.015)(3.58)^{2/3}(1/2{,}000)^{1/2} = \underline{\underline{5.18\ \text{fps}}}$

$Q = 5.18(132) = \underline{\underline{684\ \text{cfs}}}$

10-90. $Q = (1/n)AR^{2/3}S^{1/2}$; assume $n = 0.015$

$25 = (1.0/0.015)4d(4d/(4 + 2d))^{2/3} \times 0.004^{1/2}$

Solve by trial and error: $\underline{\underline{d = 1.6 \text{ m}}}$

10-91. $Q = (1.49/n)AR^{2/3}S^{1/2}$; assume $n = 0.012$

$600 = (1.49/0.012)\ 12d\ (12d/(12 + 2d))^{2/3} \times (10/8{,}000)^{1/2}$

Solve by trial-and-error: $\underline{\underline{d = 5.6 \text{ ft}}}$

10-92. Assume $k_s = 30\text{cm}$; $R = A/P \approx 2.21\text{m}$; $k_s/4R = 0.034$; $f \approx 0.060$ (from Fig. 10-8)

$C = \sqrt{8g/f} = 36.2 \text{ m}^{1/2}\text{s}^{-1}$

$Q = CA\sqrt{RS} = 332 \text{ m}^3/\text{s}$

11-1. The force contributing to drag on the downstream face is $F_D = 0.5\ A_p\rho V^2/2$

The force on each side face is $F_s = ((1.0 + 0)/2)A_p\rho V^2/2$

Then the drag force on one side is $F_s \sin\alpha = 0.5\ A_p\rho V_0^2/2 \times 0.5$

The total drag is: $\text{Drag} = 2((0.5\ A_p\rho V_0^2/2) \times 0.5) + 0.5\ A_p\rho V_0^2/2 = C_D A_p \rho V_0^2/2$

Solving for C_D one gets $\underline{\underline{C_D = 1.0}}$

11-2. Similar analysis as for solution of P11-1:

$C_D A_p \rho V_0^2/2 = 0.8A_p\rho V_0^2/2 + ((1.1\ A_p\rho V_0^2/2) \times 0.5)$

Solving: $\underline{\underline{C_D = 1.9}}$

11-3. Solution fimilar to that for P11-1 and P11-2:

$C_D A_p \rho V_0^2/2 = 0.75\ A_p\rho V_0^2/2 + 0.40\ A_p\rho V_0^2/2$

Solving: $\underline{\underline{C_D = 1.15}}$

11-4. Force normal to plate $= \Delta p_{\text{average}} \times A$

$= (1.5\ \rho V_0^2/2) \times b \times 1$ (for unit length of plate)

F_D = Force parallel to free stream direction $= F_{\text{normal}} \cos 60°$

$= (1.5\rho V_0^2/2) \times b \times 1/2$ (1)

But $F_D = C_D A_p\ \rho V_0^2/2$

$= C_D b \sin 30°\ V_0^2/2 = C_D \times 1/2 \times \rho V_0^2/2$ (2)

Eliminate F_D between Eqs. (1) and (2) to yield

$C_D \times 1/2 \times \rho V_0^2/2 = (1.5\ \rho V_0^2/2) \times b \times 1/2$

$\underline{\underline{C_D = 1.5}}$

11-5. $Re = VD/\nu = 30 \times 3/(1.5 \times 10^{-5}) = 6 \times 10^6$

From Fig. 10-5 $C_D \approx 0.60$; $\rho \approx 1.20\ \text{kg/m}^3$

$F_D = C_D A_p \rho V_0^2/2 = 0.60 \times (3 \times 90) \times 1.20 \times (30)^2/2 = 87.5\ \text{kN}$

Then overturning moment is $F_D \times H/2$ or $M = 87.5\ \text{kN} \times 90/2 = \underline{\underline{3.94\ \text{MN}\cdot\text{m}}}$

11-6. $Re = VD/\nu = 25 \times 0.10/(1.5 \times 10^{-5}) = 1.67 \times 10^5$

From Fig. 10-5: $C_D = 0.95$; $\rho \approx 1.20 \text{ kg/m}^3$

Moment $= F_D H/2 = C_D A_p \rho (V_0^2/2) \times H/2$

Moment $= 0.95 \times 0.10 \times ((35)^2/2) \times 1.2 \times (25)^2/2 = \underline{21.8 \text{ kN}\cdot\text{m}}$

11-7. $dF_D = C_D (dr) d\ \rho V_{rel.}^2/2$ where $V_{rel.} = r\omega$

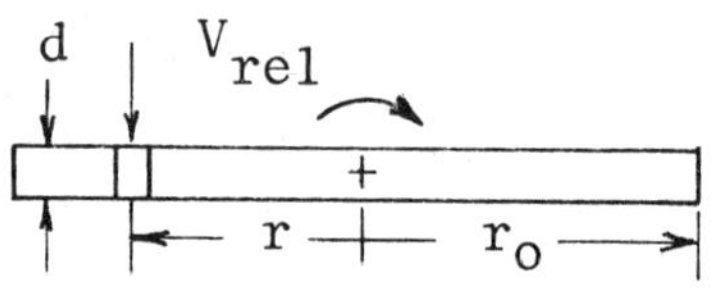

Then $dT = r dF_D = C_D d\rho (V_{rel.}^2/2) r dr$

$$T_{total} = 2\int_0^{r_0} dT = 2\int_0^{r_0} C_D d\rho((r\omega)^2/2) r dr$$

$$T_{total} = C_D d\rho\omega^2 \int_0^{r_0} r^3 dr = C_D d\rho\omega^2 r_0^4/4 \quad \text{but } r_0 = L/2$$

so $T_{total} = C_D d\rho\omega^2 L^4/64$ or $P = T\omega = C_D d\rho\omega^3 L^4/64$

Then for the given conditions:

$P = 1.2 \times 0.02 \times 1.2 \times (100)^3 \times 1^4/64 = \underline{450 \text{ W}}$

11-8. $V_0 = 30$ m/s $Re = 6 \times 10^6$ $S = 0.25$ (from Fig. 11-10)

$S = nd/V_0$ or $n = SV_0/d$

$n = 0.25 \times 30/3 = \underline{2.5 \text{ Hz}}$

11-9. $V_0 = 25$ m/s $Re = 1.7 \times 10^5$ $S \approx 0.21$ (from Fig. 11-10)

$S = nd/V_0$ or $n = SV_0/d$ $n = 0.21 \times 25/0.1 = \underline{52.5 \text{ Hz}}$

11-10. $\nu = 1.58 \times 10^{-4} \text{ft}^2/\text{s}$; $\rho = 0.00237 \text{ slugs/ft}^3$; $V_0 = 60 \text{ mph} = 88 \text{ ft/s}$

$Re = V_0 b/\nu = 88 \times 10/(1.58 \times 10^{-4}) = 5.6 \times 10^6$; $C_D = 1.19$ (Table 11-1)

Then $F_D = C_D A_p \rho V_0^2/2$

$= 1.19 \times 300 \times 0.00237 \times 88^2/2 = \underline{3,276 \text{ lbf}}$

11-11. $F_{edge} = 2\ C_f A\rho V^2/2;\quad F_{normal} = C_D A\rho V^2/2$

Then $F_{normal}/F_{edge} = C_D/2C_f;\quad Re = Re_L = VB/\nu = 1 \times 2/(1.3 \times 10^{-6})$

$= 1.5 \times 10^6;\ C_f = 0.0032$ (from Fig. 9-13); $C_D = 1.18$ (from Table 11-1);

$F_{normal}/F_{edge} = 1.18/(2 \times 0.0032) = \underline{\underline{184}}$

11-12. $C_D = 1.17$ (Table 11-1); $F_D = C_D A_p \rho V^2/2 = 1.17 \times (\pi/4) \times 1^2 \times 1{,}000$

$\times\ 4^2/2 = \underline{\underline{7.35\ \text{kN}}}$

11-13. $\rho = 1.25\ \text{kg/m}^3;\ C_D = 1.17$ (Table 11-1)

$F_D = C_D A_p \rho V^2/2 = 1.17 \times (\pi/4) \times 5^2 \times 1.25 \times 30^2/2 = 12{,}922\ \text{N} = \underline{\underline{12.92\ \text{kN}}}$

11-14. $\rho \approx 1.25\ \text{kg/m}^3;\ C_D = 1.18$ (Table 11-1)

Then $M = 2 \times F_D = 2 \times C_D A_p \rho V^2/2 = 1.18 \times 2 \times 2 \times 1.25 \times 35^2 = \underline{\underline{7.23\ \text{kN}\cdot\text{m}}}$

11-15. $\rho = 0.00237\ \text{slugs/ft}^3;\ \nu = 1.58 \times 10^{-4}\ \text{ft}^2/\text{s}$

$Re = V_0 d/\nu = 100 \times 250/(1.58 \times 10^{-4}) = 1.6 \times 10^8$

$C_D \approx 0.70$ (Fig. 11-5--extrapolated)

Then $F_D = C_D A_p \rho V_0^2/2$

$= 0.70 \times 250 \times 350 \times 0.00237 \times 100^2/2$

$F_D = \underline{\underline{726{,}000\ \text{lbf}}}$

11-16. Assume $T = 20°\text{C};\ C_D = 1.20$ (Table 11-1)

Then $F_D = C_D A_p \rho V^2/2 = 1.2 \times 1.83 \times 0.46 \times 1.2 \times 20^2/2 = 242\ \text{N}$

Power $= FV = 242 \times 20 = \underline{\underline{4.85\ \text{kW}}}$

11-17. Assume C_D will be like that for a rectangular plate: $\ell/b = 1.5/0.2 = 7.5$

Then $C_D \approx 1.25$ (Table 11-1). $V = 100\ \text{km/hr.} = 27.78\ \text{m/s}$

$\Delta P = C_D A_p(\rho V^2/2)V;\quad$ Assume $\rho = 1.20\ \text{kg/m}^3$

Then $\Delta P = 1.25 \times 1.5 \times 0.2 \times 1.2 \times 27.78^2/2 \times 80{,}000/3{,}600 = \underline{\underline{3.86\ \text{kW}}}$

11-18. The energy required per distance of travel = F x distance.

Thus, the energy, E, per unit distance, L, is: E = F

or $E = \mu \times Wgt + C_D A_p \rho V^2/2 = 0.10 \times 3{,}000 + 0.4 \times 20 \times (0.00237/2)V^2$

For V = 55 mph = 80.67 ft/sec: E_{55} = 361.7 ft-lbf

For V = 65 mph = 95.33 ft/sec: E_{65} = 386.2 ft-lbf

Then energy savings = (386.2 - 361.7)/386.2 = 0.063; 6.3%

11-19. $\rho = p/RT = 96{,}000/(287 \times (273 + 20)) = 1.14\ kg/m^3$

Assume C_D is like a rectangular plate: $C_D \approx 1.20$

Then $F_D = C_D A_p \rho V^2/2 = 1.2 \times 1.83 \times 0.30 \times 1.14 \times 30^2/2 = 338$ N

Note: F_D will depend upon C_D and dimensions assumed.

11-20. Assume T = 10°C; $\rho = 1.25\ kg/m^3$

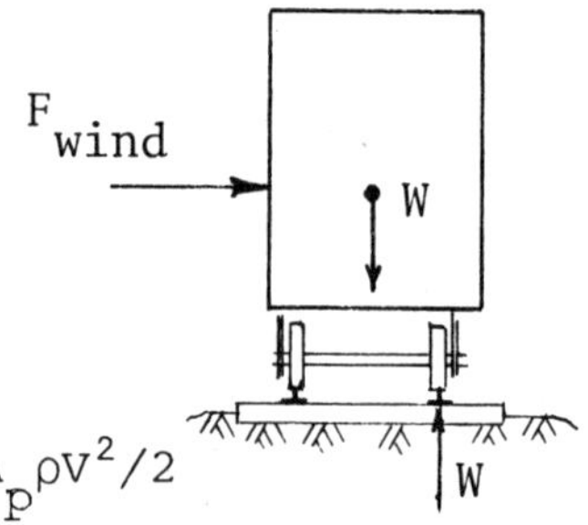

Take moments about one wheel for impending tipping. $\Sigma M = 0$

$W \times (1.44/2) - F_D \times ((3.2/2) + 0.91) = 0$

$F_D = (190{,}000 \times 1.44/2)/2.51 = 54{,}500\ N = C_D A_p \rho V^2/2$

Assume C_D = 1.20 (Table 11-1)

Then V = 54,500 x 2/(1.2 x 12.5 x 3.2 x 1.25); V = 42.6 m/s

11-21. $\Sigma F_s = 0$

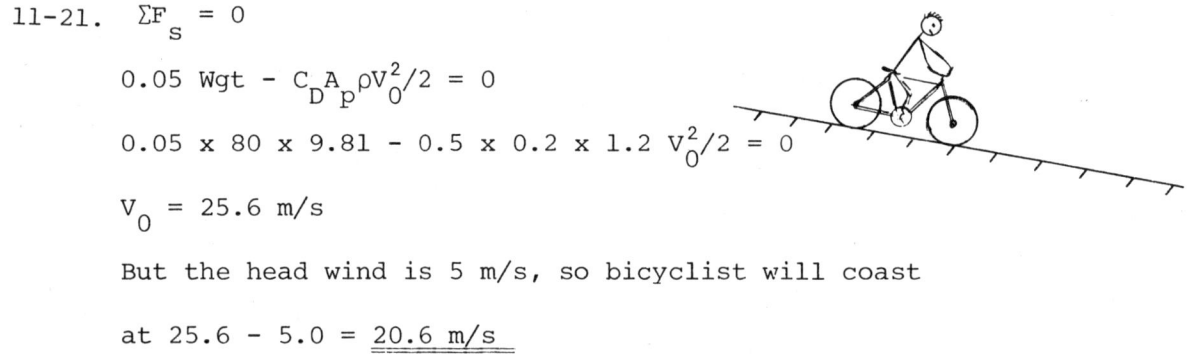

$0.05\ Wgt - C_D A_p \rho V_0^2/2 = 0$

$0.05 \times 80 \times 9.81 - 0.5 \times 0.2 \times 1.2\ V_0^2/2 = 0$

$V_0 = 25.6$ m/s

But the head wind is 5 m/s, so bicyclist will coast at 25.6 - 5.0 = 20.6 m/s

---

11-22. $P = F_D V = C_D A_p \rho (V_R^2/2)V \qquad V_R = (V + 5)$

$100 = 0.3 \times 0.5 \times 1.2(V + 5)^2 \times V/2$; V = 7.3 m/s

---

11-23. $P = FV = (\mu_{roll}Mg + C_D A_p \rho V_0^2/2)V$

$P = \mu_{roll}Mg\ V + C_D A_p \rho V_0^3/2$

For this problem, $\mu = 0.10$, $M = 800$ kg, $A_p = 4m^2$, $\rho = 1.2$ kg/m^3,

and P = 80,000 W

Then $80{,}000 = 0.1 \times 800 \times 9.81\ V + C_D \times 4 \times (1.2/2)V^3$

$80{,}000 = 784.8\ V + 2.40\ C_D V^3$

Solving with $C_D = 0.30$ (roof closed) one gets $\underline{\underline{V = 40.6 \text{ m/s}}}$

Solving with $C_D = 0.42$ (roof open) one gets $\underline{\underline{V = 37.0 \text{ m/s}}}$

11-24. Assume gas consumption is proportional to power. Then gas consumption = $CF_D V$ where V is the speed of the automobile and F_D is the total drag of the auto (including rolling friction).

$F_D = C_D A_p \rho V_0^2/2 + 0.1$ mg

$= 0.3 \times 2 \times 1.2\ V_0^2/2 + 0.1 \times 500 \times 9.81$

$= 0.360\ V_0^2 + 490.5$ N

$V_{0,\text{still air}} = (90{,}000/3{,}600) = 25.0$ m/s

Then $F_{D,\text{still air}} = 0.36 \times 25^2 + 490.5 = 715.5$ N

$P_{\text{still air}} = C \times 715.5 \times 25 = 17.89$ CkW

$P_{\text{head wind}} = C \times 17{,}890 \times 1.20 = (0.36\ V_0^2 + 490.5)(25) \times C$

V_0 = headwind = + 25 = 32 m/s; headwind = $\underline{\underline{7 \text{ m/s}}}$

11-25. $F_D = C_D A_p \rho V^2/2$; Assume $\rho = 1.2$ kg/m^3

$F_D = C_D \times 8.36 \times 1.2 \times (93{,}000/3{,}600)^2/2$

$F_{D_{\text{reduction}}} = 0.25 \times 0.78 \times 8.36 \times 1.2(93{,}000/3{,}600)^2/2$

$F_{D_{\text{reduction}}} = \underline{\underline{653 \text{ N}}}$

11-26. $P = FV$; $P = C_D \times 8.36 \times 1.2\ V^3/2 + 450\ V$

At 80 km/hr: $P_{\text{w/o vanes}} = 8.78 \times 8.36 \times 1.2\ V^3/2 + 450\ V$

$= 52.9$ kW

$P_{\text{with vanes}} = 42.2$ kW

} 20.2% savings

11-26. (Continued)

At 100 km/hr:

$$\left.\begin{array}{l} P_{w/o\ vanes} = 96.4\ kW \\ P_{with\ vanes} = 75.4\ kW \end{array}\right\}\ 21.8\%\ \text{savings}$$

The above savings assume that the fuel savings are directly proportional to power savings.

11-27. $F_{D_{form}} = C_D A_p \rho V_0^{\,2}/2$; Assume $\rho = 1.25\ kg/m^3$

$F_{D_{form}} = 0.80 \times 9 \times 1.25 \times V_0^2/2 = 4.5\ V_0^2$

$F_{D_{skin}} = C_f A \rho V_0^2/2$; $Re_L = VL/\nu = V \times 150/(1.41 \times 10^{-5})$

$Re_{L,100} = (100{,}000/3{,}600) \times 150/(1.41 \times 10^{-5}) = 2.9 \times 10^8$

$Re_{L,200} = 5.8 \times 10^8$

$C_{f,100} = 0.0018$; $C_{f,200} = 0.0017$ (from Fig. 9-13)

V = 100 km/hr	V = 200 km/hr
$F_{D,form,100} = 3{,}472$ N	$F_{D,form,200} = 13{,}889$ N
$F_{D,skin,100} = 1{,}302$ N	$F_{D,skin,200} = 4{,}919$ N
$F_{bearing} = 3{,}000$ N	$F_{bearing} = 3{,}000$ N
$F_{total} = 7{,}774$ N	$F_{total} = 21{,}807$ N
45% form, 17% skin, 38% bearing	64% form, 22% skin, 14% bearing

11-28. $\nu_{air} \simeq 1.5 \times 10^{-5} m^2/s$ then $Re_{air} = VD/\nu = 30 \times 0.05/(1.5 \times 10^{-5}) = 10^5$

$\nu_{oil} = 10^{-3} m^2/s$ then $Re_{oil} = 0.03 \times 0.05/10^{-3} = 1.5$

From Fig. 11-11 we have the following C_D's for the different Re's:

	Sphere	Streamlined body
$Re = 10^5$	$C_D = 0.50$	$C_D = 0.05$
$Re = 1.5$	$C_D = 20$	$C_D > 20$ (because of much greater surface area and most of drag will be skin friction)

11-28. (Continued)

Thus, one concludes that the sphere will have greater drag in air @30m/s, but the streamlined body will have greater drag in oil @30 mm/s.

11-29. $F_{buoy.} = \forall \times \gamma_{oil}$

$= (4/3)\pi \times (1/2)^3 \times 0.85 \times 62.4$

$= 27.77$ lbf

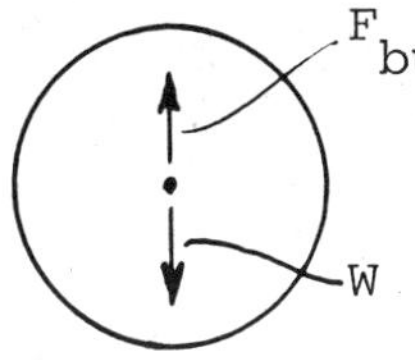

Net force producing motion $= -W + F_{buoy.}$

$= -27.0 + 27.77$ lbf

$= 0.77$ lbf upward

Assume laminar flow.

Then $F_D = 0.77 = 3\pi\mu DV_0$; $V_0 = 0.77/(3\pi D\mu)$

$V_0 = 0.77/(3\pi \times 1 \times 1)$

$V_0 = 0.082$ ft/s upward

$Re = V_0 d\rho/\mu = 0.082 \times 1 \times 1.94 \times 0.85/1$

$= 0.14 \leftarrow$ laminar--Assumption O.K.

11-30. $Re = VD\rho/\mu = 0.03 \times 0.02 \times 900/0.096 = 5.63$; Then $C_D \simeq 7.0$(Fig.11-11)

$\Sigma F = 0 = -F_D - W + F_{buoy.}$; $F_D = F_{buoy.} - W$

$C_D A_p \rho V_0^2/2 = \forall(\gamma_{oil} - \gamma_{sphere})$; $\forall = (4/3)\pi r^3 = 4.19 \times 10^{-6} m^3$

$7 \times \pi \times 0.01^2 \times 900 \times 0.03^2/2 = 4.19 \times 10^{-6}(900\,g - g\rho_{sphere})$

$\rho_{sphere} = 878.3$ kg/m^3 ; $\gamma_{sphere} = 8{,}616$ N/m^3

11-31. Because the viscosity is large, it is expected that the sphere will fall according to Stokes' law.

Thus, $F_D = 3\pi\mu V_0 D = 3\pi\nu\rho V_0 D$

where $F_D = (1/6)\pi D^3(\gamma_{sphere} - \gamma_{oil})$

$= (1/6)\pi(0.0025)^3 \times 9{,}810(1.2 - 0.95) = 2.00 \times 10^{-5}$N

11-31. (Continued)

Then $V_0 = F_D/(3\pi\mu\rho D) = 2.0 \times 10^{-5}/(3\pi \times 10^{-4} \times 950 \times 0.0025)$

$V_0 = 0.0089$ m/s = 8.9 mm/s

Check Re: $Re = V_0 D/\nu = 0.0089 \times 0.0025/10^{-4} = 0.22$

Within Stokes' range so solution is correct.

11-32. $F_D = C_1 \gamma_{liq.} D^3 = C_2 D^3$ (1)

Also $F_D = C_D A_p \rho V^2/2 = C_3 D^2 V^2$ (2)

Eliminating F_D between Eq's (1) and (2) yields

$V^2 = C_4 D$ or $V = \sqrt{C_4 D}$

As the bubble rises it will expand because the pressure decreases with an increase in elevation; thus, the bubble will accelerate as it moves upward. The drag will be form drag because there is no solid surface to the bubble for viscous shear stress to act on.

11-33. $F_D = (1/6)\pi D^3(\gamma_{sphere} - \gamma_{fluid}) = (1/6)\pi(0.05)^3(9{,}810)(0.66 - 0.20)$

$F_D = 0.295$ N; Assume Stokes' law applies.

Then $0.295 = 3\pi\mu V_0 D$; $\mu = 0.295/(3\pi(0.005)(0.05)) = 125$ N•s/m²

Check Re: $Re = VD\rho/\mu = 0.005 \times 0.05 \times 1{,}000 \times 0.66/125 = 1.32 \times 10^{-3}$

So the velocity is well into Stokes' range ($Re < 0.5$)

Thus, $\nu = \mu/\rho = 125$ N•s/m²/(660 kg/m³) = 0.189 m²/s

11-34. Assume $T_{air} = 60°F$; $\rho_{air} = 0.00237$ slugs/ft³; $\nu_{air} = 1.58 \times 10^{-4}$ ft²/sec;

$\mu_{air} = 3.74 \times 10^{-7}$ lbf-sec/ft²

$F_D = 3\pi\mu V_0 D$; $(1/6)\pi D^3 \gamma_{water} = 3\pi\mu_{air} V_0 D$

$D^2 \gamma_{water} = 18\, \mu_{air} V_0$ (1)

Also $VD/\nu = 0.5$; $V = 0.5\, \nu_{air}/D$ (2)

Solve Eq's. (1) & (2) for D:

$D^3 = 9\, \mu^2_{air}/(\rho_{air}\gamma_{water}) = 9 \times (3.74 \times 10^{-7})/(0.00237 \times 62.4)$

$= 8.51 \times 10^{-12}$ ft³

$D = 2.042 \times 10^{-4}$ ft = 0.000204 ft = 0.0024 in.

11-35. $\rho = p/RT = 96{,}000/(287 \times 273) = 1.23\ kg/m^3$

$F_D = \forall \times 6{,}000 = C_D A_p \rho V^2/2$ Assume $C_D = 0.5$

$(1/6)\pi d^3 \times 6{,}000 = 0.5 \times (\pi d^2/4) \times 1.23\ V^2/2$

$V = \sqrt{d \times 1{,}000 \times 16/1.23} = \sqrt{10 \times 16/123} = 11.4\ m/s$

$Re = 11.4 \times 0.01/(1.3 \times 10^{-5}) = 8.8 \times 10^3$; $C_D = 0.4$ (Fig. 11-11)

Recompute V: $V = 11.4 \times (0.5/0.4)^{1/2} = \underline{12.7\ m/s}$

11-36. $Wgt_{air} = (4/3)\pi r^3 \gamma_{rock}$

$45 = 4/3\pi r^3 \gamma_{rock}$ (1)

$F_{buoy} = (4/3)\pi r^3 \gamma_{water} = (45 - 25) = (4/3)\pi r^3 \gamma_{water} = (4/3)\pi r^3 \times 9{,}790$ (2)

Solve Eq's (1) & (2) for γ and r: $\gamma = 22{,}030\ N/m^3$; $r = 0.0787\ m$

$F_D = C_D A_p \rho V_0^2/2$ or $V_0^2 = 2F_D/(C_D A_p \rho)$; $V_0^2 = 2 \times 25/(C_D \times 0.01947 \times 998)$

$V_0 = 1.604/\sqrt{C_D}$

Assume $C_D = 0.4$; also $A_p = \pi r^2 = 0.01947\ m^2$

Then $V_0 = 2.54\ m/s$ and $Re = (VD/\nu) = 2.54(2)(0.0787)/10^{-6} = 4 \times 10^5$

Try $C_D = 0.09$, $V_0 = 5.35\ m/s$, $Re = 8.4 \times 10^5$

Try $C_D = 0.1$, $V_0 = 5.07\ m/s$, $Re = 8 \times 10^5$ O.K.; $\underline{V = 5.07\ m/s}$

11-37. $F_D = C_D A_p \rho V_0^2/2$; $C_D = 1.20$ (Table 11-1)

$V_0 = \sqrt{2F_D/(C_D A_p \rho)} = \sqrt{2 \times 900/(1.2 \times (\pi/4) \times 49 \times 1.2)} = \underline{5.70\ m/s}$

11-38. $F_{buoy} = \forall \gamma_{water} = 0.80 \times (\pi/4) \times 0.20^2 \times 9{,}810 = 246.5\ N$

Then motive force = $F_{buoy} - Wgt = 246.5 - 260.0 = -13.45\ N = F_D$

$C_D = 0.87$ (Table 11-1) Then $13.45 = C_D A_p \rho V_0^2/2$

$V_0 = \sqrt{(13.45 \times 2)/(0.87 \times (\pi/4) \times 0.2^2 \times 1{,}000)} = \underline{0.99\ m/s\ downward}$

11-39. Volumes and weights of the device are calculated first:

$$\forall_{sphere} = (1/6)\pi d^3 = (1/6)\pi(0.06^3) = 11.31 \times 10^{-5} m^3$$

$$\forall_{rod} + \forall_{disk} = 11.31 \times 10^{-5} m^3$$

$$\forall_{total} = 22.62 \times 10^{-5} m^3$$

$$F_D = W - F_{buoy.} = \forall(\gamma_{metal} - \gamma_{water})$$

$$= 22.62 \times 10^{-5}(60{,}000 - 9{,}790) = 11.36 \text{ N}$$

$$F_D = 11.36 = (\Sigma C_D A_p)\, \rho V_0^2/2$$

Neglect drag of rod.

Assume $C_{D,sphere} = 0.50$; $C_{D,disk} = 1.17$

$$11.36 = (0.5 \times \pi \times 0.03^2 + 1.17 \times \pi \times 0.1^2) \times 998 \times V_0^2/2$$

$$V_0 = 0.771 \text{ m/s}$$

Assume T = 20°C Then $Re_{sphere} = 0.771 \times 0.06/10^{-6} = 4.6 \times 10^4$

$C_{D,sphere} = 0.50$ so original assumption was O.K. $V_0 = 0.771$ m/s

---

11-40. $V_0 = (2F_D/(C_D A\rho))^{1/2}$

$$F_{net} = F_D - W_{balloon} - W_{helium} + F_{buoy} = 0$$

$$F_D = +0.05 - (1/6)\pi D^3(\gamma_{air} - \gamma_{He})$$

$$= +0.05 - (1/6)\pi \times (0.30)^3\, 9.81(\rho_{air} - \rho_{He})$$

Assume T = 15°C so $\rho_{air} = 1.22$ kg/m³; $\rho_{He} = 0.169$ kg/m³

$$F_D = +0.05 - (1/6)\pi(0.30)^3 \times 9.81(1.22 - 0.169) = -0.099 \text{ N}$$

Assume $C_D \approx 0.40$ Then $V_0 = ((2 \times 0.099/(0.40 \times (\pi/4) \times 0.3^2 \times 1.3))^{1/2} = 2.32$m/s

Check Re and C_D: $Re = VD/\nu = 2.32 \times 0.3/(1.46 \times 10^{-5}) = 5 \times 10^4$

$C_D \approx 0.40$ O.K.; so V_0 = 2.32 m/s upward

11-41. As in solution to P11-40:

$$F_D = +W_{balloon} + W_{He} - F_{buoy}$$

$$F_D = +0.01 - (1/6)\pi \times 1^3(\gamma_{air} - \gamma_{air} \times 1{,}716/12{,}419)$$

$$F_D = +0.01 - (1/6)\pi \times 1^3 \times 0.0764(1 - 0.138)$$

11-41. (Continued)

$F_D = + 0.010 - 0.0345 = 0\ 0.0245$ lbs

$V_0 = \sqrt{2F_D/(C_D A_p \rho)} = \sqrt{2 \times 0.0245/((\pi/4) \times 0.00237\ C_D)} = \sqrt{26.3/C_D}$

Assume $C_D = 0.40$ Then $V_0 = \sqrt{26.3/0.4} = 8.1$ ft/s upward

$Re = VD/\nu = 8.1 \times 1/(1.58 \times 10^{-4}) = 5.2 \times 10^4$; $C_D = 0.50$

Again: $V_0 = \sqrt{26.3/05} = \underline{7.25 \text{ ft/s}}$

11-42. $\Sigma F_y = 0$; $+T - \text{Wgt} - \text{Drag} + F_{buoy.} = 0$

$T = \text{Wgt} + \text{Drag} - F_{buoy.}$

$T = (\pi/4) \times 0.3^2 \times 0.3\ (15{,}000 - 9{,}810) + C_D(\pi/4) \times 0.3^2$

$\times 1{,}000 \times 1.5^2/2$; $C_D = 0.90$ (Table 11-1)

Then $T = 110 + 71.6 = \underline{181.6 \text{ N}}$

11-43. $V = [(\gamma_s - \gamma_w)(4/3)D/(C_D \rho_w)]^{1/2}$; Assume $C_D = 0.5$

$V = [62.4(2.94 - 1)(4/3) \times (1/(4 \times 12))/(0.5 \times 1.94)]^{1/2}$

$V = 1.86$ ft/s; $Re = 1.86 \times (1/48)/10^{-5} = 3.8 \times 10^3$

$C_D = 0.4$; Recompute V: $V = 1.86 \times (0.5/0.4)^{1/2} = \underline{2.08 \text{ ft/s}}$

11-44. $F_D = 15 - 9{,}810 \times (1/6)\pi D^3 = 15 - 9{,}810 \times (1/6)\pi \times 0.15^3 = 2.336$ N

Buoyant force is greater than weight, so ball will rise.

$2.336 = C_D(\pi D^2/4) \times 1{,}000\ V^2/2$; Assume $C_D = 0.4$

$V = \sqrt{2.336 \times 8/(\pi C_D \times 1{,}000 \times 0.15^2)} = 0.514/\sqrt{C_D}$

$V = 0.813$ m/s; $Re = VD/\nu = 0.813 \times 0.15/(1.3 \times 10^{-6}) = 9 \times 10^4$

$C_D = 0.48$; $V = 0.514/\sqrt{0.48} = \underline{0.742 \text{ m/s upward}}$

11-45. Net $F = 0 = -W_{balloon} - W_{He} + F_{buoy.} + F_D$

$F_D = + 3 - (1/6)\pi D^3(\gamma_{air} - \gamma_{He})$

$= + 3 - (1/6)\pi \times 2^3 \times \gamma_{air}(1 - 287/2{,}077)$

11-45. (Continued)

$= + 3 - (1/6)\pi \times 8 \times 1.225(1 - 0.138)$

$= + 3 - 4.422 = - 1.422$ N

Then $F_D = C_D A_p \rho V_0^2/2$; Then $V_0 = \sqrt{1.422 \times 2/((\pi/4) \times 2^2 \times 1.225\ C_D)} = 0.739/C_D$

Assume $C_D = 0.4$ then $V_0 = \sqrt{0.739/0.4} = 1.36$ m/s

$Re = VD/\nu = 1.36 \times 2/(1.46 \times 10^{-5}) = 1.86 \times 10^5$; $C_D = 0.42$

Try again: $V_0 = \sqrt{0.739/0.42} = \underline{1.33 \text{ m/s upward}}$

11-46. $F_D = C_D A_p \rho V_0^2/2$; Assume $C_D = 0.50$

$(\gamma_s - \gamma_w)\pi d^3/6 = C_D(\pi/4)d^2 \times 998 \quad V_0^2/2$

$\gamma_s = (93.56/d) + \gamma_w$

Now determine values of γ_s for different d values.
Results are shown below for a C_D of 0.50.

d(cm)	10	15	20
$\gamma_s (N/m^3)$	10,725	10,413	10,238

$Re = VD/ = 0.5 \times 0.1/10^{-6} \cong 5 \times 10^4$

$C_D = 0.5$ O.K.

11-47. Assume T = 70°F; then $\rho = 0.0023$ slugs/ft^3; $V_0 = 85$ mph $= 125$ ft/s

$r\omega/V_0 = (9/(12 \times 2\pi)) \times 35 \times 2\pi/125 = 0.21$

Then from Fig. 11-17 $C_L = 3 \times 0.05 = 0.15$

$F_L = C_L A \rho V_0^2/2 = 0.15 \times (9/12\pi)^2 \times (\pi/4) \times 0.0023 \times 125^2/2) = \underline{0.121 \text{ lbf}}$

Deflection will be $s = 1/2\ at^2$ where a is acceleration

$a = F/M$ and $t = L/V_0 = 60/125 = 0.48$ s

$a = F/M = 0.100/((5/16)/(32.2)) = 12.4$ ft/s^2

Then deflection $= (1/2) \times 12.4 \times 0.48^2 = 1.43$ ft

---

11-48. Range: Before corn is popped, it should not be thrown out by the air,

so let $V_{max} = (2F_D/C_D A_p \rho_{air})^{1/2}$ $\rho = 0.83$ kg/m^3 (calculated)

where F_D = weight of unpopped corn $= 0.15 \times 10^{-3} \times 9.81$ N

$A_p = (\pi/4) \times (0.006)^2 m^2$; $\rho_{air,start\ up} \approx 0.83$ kg/m^3; Assume $C_D \simeq 0.4$

Then $V_{max} = [2 \times 0.15 \times 10^{-3} \times 9.81/(0.40 \times (\pi/4)(0.006)^2 \times 1.2)]^{1/2} = \underline{18 \text{ m/s}}$

11-48. (Continued)

Check Re and C_D: $Re = VD/\nu = 14.7 \times 0.006/(2.8 \times 10^{-5}) = 3 \times 10^3$

$C_D \simeq 0.4$ so solution for V_{max} is O.K.

For minimum velocity let popped corn be suspended by stream of air. Assume only that diameter changes.

So $V_{min} = V_{max} \times (A_U/A_P)^{1/2} = V_{max}(D_U/D_P)$

where D_P = diameter of popped corn

and D_U = diameter of unpopped corn

$V_{min} \simeq (6/18) \times V_{max} = \underline{\underline{6 \text{ m/s}}}$

11-49. An American flag is 1.9 times as long as it is high.

Thus $A = 6^2 \times 1.9 = 68.4 \text{ ft}^2$

Assume T = 60°F $\rho = 0.00237 \text{ slugs/ft}^3$

$V = 100 \text{ mph} = 147 \text{ ft/s}$

Compute drag of flag:

$F_D = C_D A \rho V_0^2/2$

$= 0.14 \times 68.4 \times 0.00347 \times 147^2/2$

$F_D = 244 \text{ lbf}$

Make the flag pole of steel using one size for the top half and a larger size for the bottom half. To start the determination of d for the top half, assume that the pipe diameter is 6 in.

Then $F_{on\ pipe} = C_D A_p \rho V_0^2/2$ $Re = VD/\nu = 147 \times 0.5/(1.58 \times 10^{-4}$

$= 4.7 \times 10^5$

With an Re of 4.7×10^5 C_D may be as low as 0.3 (Fig. 11-5); however, for conservative design purposes, assume $C_D = 1.0$.

Then $F_{pipe} = 1 \times 50 \times 0.5 \times 0.00237 \times 147^2/2 = 640 \text{ lbf}$

$M = 244 \times 50 \times 12 + 640 \times 25 \times 12 = 338{,}450 \text{ in.-lbf}$

$I/c = M/s$; assume allowable $s = 30{,}000$ psi

$I/c = 338{,}450/30{,}000 = 11.28 \text{ in}^3$

From handbook it is found that a 6 in. double extra-strength pipe will be adequate.

11-49. (Continued)

Bottom half: $F_{flag} = 244$ lbf Assume bottom pipe will be 12 in. in diameter.

$F_{6in.pipe} = 640$ lbf

$F_{12in.pipe} = 1 \times 50 \times 1 \times 0.00237 \times 147^2/2 = 1{,}280$ lbf

$M = 12(244 \times 100 + 640 \times 75 + 1{,}280 \times 25) = 1{,}253{,}000$ in.-lbf

$M_s = 41.8 \text{ in.}^3 = I/c$

Handbook shows that 12 in. extra-strength pipe should be adequate.
Note: Many other designs are possible.

11-50. Use Fig. 11-23 for characteristics; $\ell/c = 4$ so $C_L = 0.55$

$F_L = C_L A\rho V_0^2/2$; $10{,}000 = 0.55 \times 4\, c^2 \times (1.94/2) \times 3{,}600$

$c^2 = 1.30$ ft; $c = 1.14$ ft; $\ell = 4\,c = 4.56$ ft

Use a foil 1.14 ft wide x 4.56 ft long

11-51. $\rho = 1.23 \text{ kg/m}^3$; $F_L = C_L A\rho V_0^2/2$ or $C_L = (F_L/A)/(\rho V_0^2/2)$

$C_L = (400 \times 9.81/10)/(1.23 \times 50^2/2) = 0.255$

11-52. $C_{L_{max}} = 1.40$ hence the C_L at stall; wgt $= C_L A\rho V_0^2/2$

for landing Wgt $= 1.2\, A\rho V_L^2/2$

for stall Wgt $= 1.4\, A\rho V_s^2/2$ (1)

But $V_L = V_s + 5$ so Wgt $= 1.2\, A\rho(V_s + 5)^2/2$ (2)

Solve Eq's (1) and (2) for V_s

$1.2\,(V_s + 5)^2 = 1.4\, V_s^2$

$V_s = 62.4$ m/s

$V_L = V_s + 5 = 67.4$ m/s

11-53. Calculate p and then ρ: $p = p_0[(T_0 - \alpha(z - z_0))/T_0]^{g/\alpha R}$

$p = 101.3[(288 - (6.5 \times 10^{-3})(3{,}000))/288]^{(9.81/(6.5 \times 10^{-3} \times 287))} = 70.1$ kPa

$T = 288 - 6.5 \times 10^{-3} \times 3{,}000 = 268.5$ K

11.53. (Continued)

Then $\rho = p/RT = 70{,}100/(287 \times 268.5) = 0.910\ kg/m^3$

$C_L = (F_L/A)/(\rho V_0^2/2) = (1{,}000 \times 9.81/20)/(0.91 \times 60^2/2) = 0.299$

Then $C_{D_i} = C_L^2/(\pi(b^2/S)) = 0.299^2/(\pi(14^2/20)) = 0.0029$

Then the total drag coefficient $= C_{D_i} + 0.01 = \underline{0.0129}$

Total wing drag $= 0.0129 \times 20 \times 0.910 \times 60^2/2 = \underline{423\ N}$

Power $= 60 \times 423 = \underline{25.4\ kW}$

11-54. Cavitation will start at point where C_p is minimum, or in this case, where $C_p = -1.95$. Also $p_0 = 0.70 \times 9{,}810$ Pa gage

$C_p = p - p_0/(\rho V_0^2/2)$

and for cavitation $p = p_{vapor} = 1{,}230$ Pa abs.

$p_0 = 0.7 \times 9{,}810 + 101{,}300$ Pa abs.

So $-1.95 = [1{,}230 - (0.7 \times 9{,}810 + 101{,}300)]/(1{,}000\ V_0^2/2)$

$V_0 = \underline{10.5\ m/s}$

Lift: By approximating the C_p diagrams by triangles, it is found that

$C_{p_{avg.}}$ on the top of the lifting vane is approx. -1.0 and

$C_{p_{avg.,bottom}} \approx +0.45$

Thus, $\Delta C_{p_{avg.}} \approx 1.45$

Then $F_{L/length} = 1.45 \times 0.20 \times 1{,}000 \times (10.5)^2/2$

$F_{L/length} = \underline{16{,}000\ N/m}$

11-55. $C_D/C_L = (C_{D_0}/C_L) + (C_L/(\pi\Lambda))$

$d/dC_L(C_D/C_L) = (-C_{D_0}/C_L^2) + (1/(\pi\Lambda)) = 0;\quad \underline{C_L = \sqrt{\pi\Lambda C_{D_0}}}$

$C_D = C_{D_0} + \pi\Lambda C_{D_0}/(\pi\Lambda) = 2\ C_{D_0}$

Then $\underline{C_L/C_D = (1/2)\sqrt{\pi\Lambda/C_{D_0}}}$

11-56. ℓ = 1,000/(sin 17°) = 33,708 m

Lift = Wgt = $(1/2)\rho V^2 C_L S$

200 x 9.81 = 0.5 x 1.2 x V^2 x 1.0 x 2; V = 12.8 m/s

Then t = 33.708 m/(12.8 m/s) = 2,633 s = 43.9 min

12-1. $c = \sqrt{kRT} = \sqrt{(1.66)(2,077)(273 + 40)} = \underline{\underline{1,039\ m/s}}$

12-2. $c = \sqrt{kRT} = \sqrt{(1.41)(24,677)(460 + 68)} = \underline{\underline{4,286\ ft/sec}}$

12-3. $c = \sqrt{kRT} = \sqrt{(1.31)(518)(293)} = \underline{\underline{446\ m/s}}$

12-4. $c_{He} = \sqrt{(kR)_{He}T} = \sqrt{(166)(2,077)(288)} = 996.5\ m/s$

$c_{N_2} = \sqrt{(kR)_{N_2}T} = \sqrt{(1.40)(297)(288)} = 346.0\ m/s$

$c_{He} - c_{N_2} = \underline{\underline{650.5\ m/s}}$

12-5. $c^2 = \partial p/\partial \rho; \quad p = \rho RT$

If isothermal, T = const. $\therefore\ \partial p/\partial \rho = RT$

$\therefore\ c^2 = RT$

$\underline{\underline{c = \sqrt{RT}}}$

12-6. $p - p_0 = E_v \ln(\rho/\rho_0)$

$c^2 = \partial p/\partial \rho = E_v/\rho$

$\therefore\ \underline{\underline{c = \sqrt{E_v/\rho}}}$

$c = \sqrt{2.20 \times 10^9/10^3} = \underline{\underline{1,483\ m/s}}$

12-7. At 10,000 m $c = \sqrt{(1.40)(287)(229)} = 303.3\ m/s$

a) $V = (1.5)(303.3)(3,600/1,000) = \underline{\underline{1,638\ km/hr}}$

b) $T_t = 229(1 + ((1.4 - 1)/2) \times 1.5^2) = 332\ K = \underline{\underline{59°C}}$

c) $p_t = (30.5)(1 + 0.2 \times 1.5^2)^{(1.4/(1.4-1))} = \underline{\underline{112\ kPa}}$

d) $M = 1;\ V = c$

$V = (303.3)(3,600/1,000) = \underline{\underline{1,092\ km/hr}}$

12-8. $c = \sqrt{kRT} = \sqrt{(1.4)(287)(288)} = 340.2\ m/s$

$V = 800\ km/hr = 222.2\ m/s; \quad M = 222.2/340.2 = 0.653$

12-8. (Continued)

c at altitude $= \sqrt{(1.4)(287)(233)} = 306.0$ m/s

$V = \underline{199.8 \text{ m/s}} = \underline{719.3 \text{ km/hr}}$

12-9. $q = (k/2)pM^2 = (1.4/2)(30)(0.9)^2 = 17.01$ kPa

$W = C_L qS = L$

$W = L/S = C_L q = (0.05)(17.01) = 0.850 \text{ kPa} = \underline{850 \text{ Pa}}$

12-10. $c = \sqrt{kRT} = \sqrt{(1.4)(287)(293)} = 343$ m/s

$M = 250/343 = 0.729$

$T_t = (293)(1 + 0.2 \times (0.729)^2) = 293 \times 1.106 = 324 \text{ K} = \underline{51°C}$

$p_t = (200)(1.106)^{3.5} = \underline{284.6 \text{ kPa}}$

12-11. $T_t = T(1 + ((k-1)/2)M^2$

$T = 283 \times (1 + 0.2 \times 0.5^2) = 297$ K

$p = 340/(1.05)^{3.5} = 287$ kPa

$c = [(1.4)(287)(283)]^{1/2} = 337.2$ m/s

$V = (0.5)(337.2) = 168.6$ m/s

$\rho = p/RT = 287 \times 10^3/(287 \times 283) = 3.53 \text{ kg/m}^3$

$\dot{m} = (168.6)(3.53)(0.0065) = \underline{3.87 \text{ kg/s}}$

12-12. $p_t = 300$ kPa; $T_t = 200°C = 473$ K

$T = 473/(1 + 0.2 \times 0.9^2) = 473/1.162 = \underline{407 \text{ K}}$

$p = 300/(1.162)^{3.5} = \underline{177.4 \text{ kPa}}$

$c = [(1.4)(260)(407)]^{1/2} = 384.9$ m/s

$V = (0.9)(384.9) = \underline{346.4 \text{ m/s}}$

12-13. $T_t = 300$ K; $T = 50$ K

$T_0/T = 1 + ((k-1)/2)M^2$

$300/50 = 6 = 1 + 0.2\, M^2$; $\underline{M = 5}$

12-14. $T_t = 20°C = 293\ K$

$P_t = 500\ kPa$

$V = 300\ m/s$

$c_pT + V^2/2 = c_pT_0$

$\therefore\ T = T_t - V^2/(2c_p) = 293 - (300)^2/((2)(14{,}223)) = \underline{\underline{289.8\ K}}$

$c = \sqrt{kRT} = \sqrt{(1.41)(4{,}127)(289.8)} = 1{,}299\ m/s$

$M = 300/1{,}299 = \underline{\underline{0.231}}$

$p = 500/1 + (0.41/2) \times 0.231^2]^{(1.41/0.41)} = \underline{\underline{481.6\ kPa}}$

$\rho = p/RT = (481.6)(10^3)/(4{,}127 \times 289.8) = 0.403\ kg/m^3$

$\dot{m} = \rho AV = (0.403)(0.02)^2(\pi/4)(300) = \underline{\underline{0.038\ kg/s}}$

12-15. $M = 2;\quad p = 600\ kPa;\quad F_D = C_D(1/2)\rho U^2 A$

$p = p_t/[1 + ((k-1)/2)M^2]^{k/(k-1)} = 600/[1 + 0.2(2)^2]^{3.5} = 76.7\ kPa$

$(1/2)\rho U^2 = kpM^2/2 = 1.4 \times 76.7 \times 2^2/2 = 214.8\ kPa$

$F_D = (0.95)(214.8 \times 10^3)(0.01)^2(\pi/4) = \underline{\underline{16.0\ N}}$

12-16. $C_p = (p_t-p)/\rho U^2/2 = (p_t-p)/kpM^2/2 = (2/kM^2)[(p_t/p) - 1]$

$= \underline{\underline{(2/kM^2)[(1 + (k-1/2)M^2)^{(k/(k-1))} - 1]}}$

$C_p(2) = \underline{\underline{2.43}}$

$C_p(4) = \underline{\underline{13.47}}$

$\underline{\underline{C_{p_{inc.}} = 1.0}}$

12-17. $p_t/p = [1 + (k-1)M^2/2]^{k/(k-1)}$

$M = \sqrt{(2/(k-1))[(p_t/p)^{(k-1)/k} - 1]}$

$p_t/p = 1 + \varepsilon;\ (p_t/p)^{(k-1)/k} = (1 + \varepsilon)^{(k-1)/k} = 1 + ((k-1)/k)\varepsilon + O(\varepsilon^2)$

$(p_t/p)^{(k-1)/k} - 1 \simeq ((k-1)/k)\varepsilon + O(\varepsilon^2)$

$M = [(2/(k-1))((k-1)/k)\varepsilon]^{1/2}$ neglecting higher order terms

$\underline{\underline{M = [(2/k)((p_t)/p) - 1)]^{1/2}\ \text{as}\ \varepsilon \to 0}}$

12-18. $V_1 = 500$ m/s; $T_1 = -40°C = 233$ K; $p_1 = 70$ kPa

$c_1 = \sqrt{kRT} = \sqrt{(1.4)(297)(233)} = 311$ m/s

$M_1 = 500/311 = 1.61$

$M_2^2 = [(k-1)M_1^2 + 2]/[2kM_1^2 - (k-1)] = [(0.4)(1.61)^2 + 2]/[(2)(1.4)(1.61)^2 - 0.4]$

$M_2 = \underline{\underline{0.665}}$

$p_2 = p_1(1 + k_1M_1^2)/[(1 + k_1M_2^2)] = (70)(1 + 1.4 \times 1.61^2)/(1 + 1.4 \times 0.665^2)$

$= \underline{\underline{200 \text{ kPa}}}$

$T_2 = T_1(1 + ((k-1)/2)M_1^2)/(1 + ((k-1)/2)M_2^2)$

$= 233\ [1 + 0.2 \times 1.61^2]/[1 + 0.2 \times 0.665^2] = 325 \text{ K} = \underline{\underline{52°C}}$

$\Delta s = R\ln[(p_1/p_2)(T_2/T_1)^{k/(k-1)}]$

$= R[\ln(p_1/p_2) + (k/(k-1))\ln(T_2/T_1)]$

$= 297\ [\ln(70/200) + 3.5\ \ln(325/233)] = \underline{\underline{34.1 \text{ J/kg K}}}$

12-19. $M = 3$; $T = 45°F = 505°R$; $p = 30$ psia

$M_2^2 = [(k-1)M_1^2 + 2]/[2kM_1^2 - (k-1)]$; $M_2 = \underline{\underline{0.475}}$

$(T_2/T_1) = [1 + ((k-1)/2)M_1^2]/[1 + ((k-1)/2)M_2^2]$

$= (1 + (0.2)(9))/(1 + (0.2)(0.475)^2) = 2.679$

$T_2 = 505 \times 2.679 = 1353°R = \underline{\underline{893°F}}$

$p_2/p_1 = (1 + kM_1^2)/(1 + kM_2^2) = (1 + 1.4 \times 9)/(1 + 1.4 \times (0.475)^2) = 10.33$

$p_2 = (10.33)(30) = \underline{\underline{310 \text{ psia}}}$

12-20. $p_{t_2} = 150$ kPa; $p_1 = 40$ kPa $\qquad p_{t_2}/p_1 = 3.75$

$p_{t_2}/p_1 = 3 = (p_{t_2}/p_{t_1})(p_{t_1}/p_1)$

Using compressible flow tables:

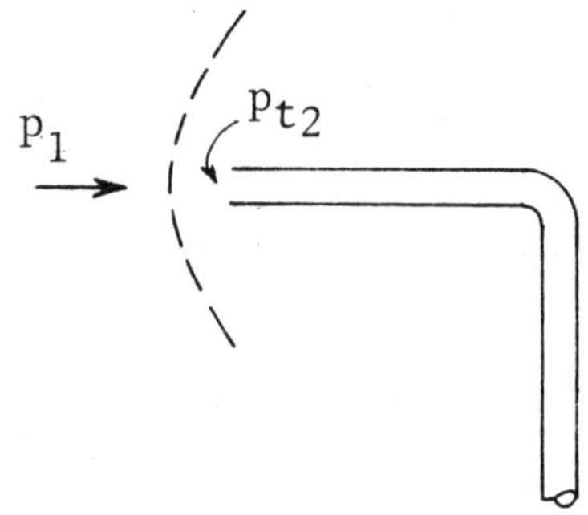

M	p_{t_2}/p_{t_1}	p_1/p_{t_1}	p_{t_2}/p_1
1.60	0.8952	0.2353	3.80
1.50	0.9278	0.2724	3.40
1.40	0.9582	0.3142	3.04
1.35	0.9697	0.3370	2.87

Therefore, interpolating, $M = \underline{\underline{1.59}}$

12-21. $M = 2$; $p = 100$ kPa, abs; $T = 20°C = 293$ K; $k = 1.31$

$M_2^2 = [(k-1)M_1^2 + 2]/[2kM_1^2 - (k-1)] = ((0.31)(4)+2)/((2)(1.31)(4)-0.31) = 0.3186$

$M_2 = 0.564$

$p_2/p_1 = (1 + kM_1^2)/(1 + kM_2^2) = (1 + 1.31 \times 4)/(1 + 1.31 \times 0.3186) = 4.40$

$\underline{\underline{p_2 = 440 \text{ kPa, abs}}}$

$T_2/T_1 = [1 + ((k-1)/2)M_1^2]/[1 + ((k-1)/2)M_2^2] = 1.54$

$T_2 = (293)(1.54) = \underline{451 \text{ K}} = \underline{178°C}$

$\rho_2 = p_2/(RT_2) = (440)(10^3)/((518)(451)) = \underline{\underline{1.88 \text{ kg/m}^3}}$

12-22. $M_2 = 0.8$; $k = 1.66$; $R = 2{,}077$ J/kgK; $T_2 = 100°C = 373$ K

$M_1^2 = [(k-1)M_2^2 + 2]/[2kM_2^2 - (k-1)] = 1.653$; $M_1 = 1.28$

$T_1/T_2 = [1+((k-1)/2)M_2^2]/[1 + ((k-1)/2)M_1^2] = 0.786$; $T_1 = (0.786)(373) = 293$K

$c_1 = (1.66 \times 2{,}077 \times 293)^{1/2} = 1005$ m/s

$V_1 = (1005)(1.28) = 1286$ m/s

12-23. $M_2^2 = ((k-1)M_1^2 + 2)/(2kM_1^2 - (k-1))$

Because $M_1 >> 1$, $(k-1)M_1^2 >> 2$

$2kM_1^2 >> (k-1)$

So in limit $M_2^2 \to ((k-1)M_1^2)/2kM_1^2 = (k-1)/2k$

$\therefore$ $M_2 \to \sqrt{(k-1)/2k}$

$\rho_2/\rho_1 = (p_2/p_1)(T_1/T_2)$

$= ((1 + kM_1^2)/(1 + kM_2^2))(1+((k-1)/2)M_2^2)/(1+((k-1)/2)M_1^2)$

in limit $M_2^2 \to (k-1)/2k$ and $M_1 \to \infty$

$\therefore$ $\rho_2/\rho_1 \to [(kM_1^2)/((k-1)/2)M_1^2][(1 + (k-1^2/4k)/(1 + k(k-1)/2k)]$

$\rho_2/\rho_1 \to (k+1)/(k-1)$

$M_2(\text{air}) = 0.378$

$\rho_2/\rho_1(\text{air}) = 6.0$

12-24. $M_2^2 = [(k-1)M_1^2 + 2]/[2kM_1^2 - (k-1)]$

$= [(k-1)(1+\varepsilon)+2]/[2k(1+\varepsilon) - (k-1)] = [k+1+(k-1)\varepsilon]/[k+1+2k\varepsilon]$

$= [1+(k-1)\varepsilon/(k+1)]/[1+(2k\varepsilon)/(k+1)]$

$\simeq [1+(k-1)\varepsilon/(k+1)][1-(2k\varepsilon)/(k+1)]$

12-24. (Continued)

$\approx 1+(k-1-2k)\varepsilon/(k+1)$

$\approx 1-\varepsilon$

$\approx 1-(M_1^2-1)$

$\approx 2-M_1^2$

M_1	M_2	M_2 (Table A-1)
1.0	1.0	1.0
1.05	0.947	0.953
1.1	0.889	0.912
1.2	0.748	0.842

12-25. $A_e = 5\ cm^2$; $\dot{m} = 0.25\ kg/s$; $T_e = 10°C$; $p = 100\ kPa$

$c_e = \sqrt{kRT_e} = \sqrt{(1.4)(287)(283)} = 337\ m/s$

Assuming sonic flow at exit and exhausting to 100 kPa, one finds

$\rho_e = p/RT_e = 100 \times 10^3/(287)(283) = 1.23\ kg/m^3$

$\dot{m} = (1.23)(5 \times 10^{-4})(337) = 0.207\ kg/s$

Because the mass flow is too low, flow must exit sonically at pressure higher than the back pressure.

$\therefore\ \rho_e = \dot{m}/(c_e A_e) = 0.25/((337)(5 \times 10^{-4})) = 1.48\ kg/m^3$

$\therefore\ p_e = \rho_e R T_e = 1.20 \times 10^5\ Pa$

$\therefore\ p_t/p_e = ((k+1)/2)^{k/(k-1)} = (1.2)^{3.5} = 1.893$

$\therefore\ p_t = 2.27 \times 10^5\ Pa = \underline{227\ kPa}$

12-26. a) $p_t = 130\ kPa$; Helium $k = 1.66$

If sonic at exit, $p_* = [2/(k+1)]^{k/(k-1)} p_t = 0.487 \times 130\ kPa = 63.3\ kPa$

$\therefore$ Flow must exit subsonically

$M_e^2 = (2/(k-1))[(p_t/p_b)^{(k-1)/k} - 1]$

$= 3.03[(130/100)^{0.4} - 1] = 0.335$

$M_e = 0.579$

$\therefore\ T_e = T_t/(1+((k-1)/2)M^2) = 301/(1+(1/3)(0.335)) = 271\ K$

$\rho_e = 100 \times 10^3/[(2{,}077)(271)] = 0.178\ kg/m^3$

$\dot{m} = \rho_e A_e V_e = (0.178)(12 \times 10^{-4})(0.579)\sqrt{(1.66)(2{,}077)(254)}$

$\underline{\dot{m} = 0.120\ kg/s}$

12-26. b) $p_t = 350$ kPa

$\therefore p_* = (0.487)(350) = 170$ kPa

$\therefore$ Flow exits sonically

$\dot{m} = 0.727\, p_t A_* / \sqrt{RT_t} = (0.727)(350)10^3(12 \times 10^{-4})/\sqrt{2{,}077 \times 301}$

$\underline{\underline{\dot{m} = 0.386 \text{ kg/s}}}$

12-27. $A_T = 3 \text{ cm}^2 = 3 \times 10^{-4} \text{m}^2$

$p_t = 300$ kPa; $T_t = 20°C = 293$ K

$p_b = 90$ kPa

$p_b/p_t = 90/300 = 0.3$

Because $p_b/p_t < 0.528$, sonic flow at exit.

$\therefore \dot{m} = 0.685\, p_t A_*/\sqrt{RT_t} = (0.685)(3 \times 10^5)(3 \times 10^{-4})/\sqrt{(287)(293)} = \underline{\underline{0.212 \text{ kg/s}}}$

12-28. $A_T = 3 \text{ cm}^2 = 3 \times 10^{-4} \text{m}^2$

$A_p = 12 \text{ cm}^2 = 12 \times 10^{-4} \text{m}^2$

$p_t = 150$ kPa; $T_t = 303$ K

$p_b = 100$ kPa; $k = 1.31$; $R = 518$ J/kgK

$p_b/p_t = 100/150 = 0.667$; $p_*/p_t\big|_{\text{methane}} = (2/(k+1))^{k/(k-1)} = 0.544$

$p_b > p_*$, subsonic flow at exit

1) $M_e = \sqrt{(2/(k-1))[(p_t/p_b)^{(k-1)/k} - 1]} = \sqrt{6.45[(1.5)^{0.2366} - 1]} = 0.806$

$T_e = 303 \text{ K}/(1+(0.31/2)\times(0.806)^2) = 275$ K

$c_e = \sqrt{(1.31)(518)(275)} = 432$ m/s

$\rho_e = p_b/(RT_e) = 100 \times 10^3/(518 \times 275) = 0.702 \text{ kg/m}^3$

$\dot{m} = \rho_e V_e A_T = (0.702)(0.806)(432)(3 \times 10^{-4}) = \underline{\underline{0.0733 \text{ kg/s}}}$

2) Assuming Bernoulli's equation is valid, $p_t - p_b = (1/2)\rho V_e^2$

$V_e = \sqrt{2(150-100)10^3/0.702} = 377$ m/s

$\dot{m} = (0.702)(377)(3 \times 10^{-4}) = \underline{\underline{0.0794 \text{ kg/s}}}$

Error = 8.3% (too high)

12-29. $U = 50$ m/s; $T = 600°C = 873$ K; $p = 100$ kPa; $R = 287$ J/kgK; $k = 1.4$

$\rho = p/RT = 100 \times 10^3/(287)(873) = 0.399\ kg/m^3$

$\dot{m} = (0.399)(50)(\pi/4)(4 \times 10^{-3})^2 = \underline{\underline{0.000251\ kg/s}}$

$M = 50/\sqrt{(1.4)(287)(873)} = 0.0844$

$p_t = (100)[1+(0.2)(0.0844)^2]^{3.5} = 100.5$ kPa

$T_t = 874$ K

If sonic flow at constriciton, then

$\dot{m} = 0.685(100.5 \times 10^3)(\pi/4)(2 \times 10^{-3})^2/\sqrt{(287)(873)} = \underline{\underline{0.000432\ kg/s}}$

∴ flow must be subsonic at constriciton.

Solution must be found iteratively.

Assume M at constriction:

$\rho_e = \rho_t(1+((k-1)/2)M^2)^{(-1/(k-1))} = \rho_t(1+0.2M^2)^{-2.5}$

$c_e = c_t(1+((k-1)/2)M^2)^{-1/2} = c_t(1+0.2M^2)^{-0.5}$

$\dot{m} = \rho_e A_e c_e M_e = A_e M_e \rho_t c_t (1+0.2M^2)^{-3}$

$\rho_t = (0.399)[1+(0.2)(0.0844)^2]^{2.5} = 0.400\ kg/m^3$

$c_t = \sqrt{(1.4)(287)(874)} = 593$ m/s

∴ $\dot{m} = 7.45 \times 10^{-4} M(1+0.2M^2)^{-3}$

M	$\dot{m} \times 10^4$
0.5	3.22
0.4	2.71
0.35	2.42
0.36	2.48
0.365	2.51 (correct flow rate)

∴ $p_b = (100.5)(1+0.2 \times 0.365^2)^{-3.5} = \underline{\underline{91.6\ kPa}}$

12-30. $M = 2.5$; $p = 1.5$ psia; $T = 10°F$; $k = 1.4$

$A/A_* = (1/M)[(1+((k-1)/2)M^2)/((k+1)/2)]^{(k+1)/(2(k-1))}$

$= (1/2.5)[(1+0.2 \times 2.5^2)/1.2]^3 = \underline{\underline{2.64}}$

From Table A1, $p/p_t = 0.0585$; $T/T_t = 0.444$

∴ $p_t = 1.5\ psia/0.0585 = \underline{\underline{25.6\ psia}}$

$T_t = 450°R/0.444 = \underline{\underline{1,013°R}} = \underline{\underline{553°F}}$

12-31. $p_e = 30$ kPa; $k = 1.4$; $R = 297$ J/kgK

$p_t = 10^6$Pa $= 1{,}000$ kPa; $\dot{m} = 5$ kg/s; $T_t = 550$ K

$M_e = \sqrt{(2/(k-1))[(p_t/p_e)^{(k-1)/k}-1]} = \sqrt{5[(1{,}000/30)^{0.286}-1]} = 2.94$

$A_e/A_* = (1/2.94)[(1+(0.2)(2.94)^2)/1.2]^3 = \underline{\underline{4.00}}$

$\dot{m} = 0.685\ p_t A_T/\sqrt{RT_t}$

$A_T = \dot{m}\sqrt{RT_t}/(0.685 \times p_t) = 5 \times \sqrt{(297)(550)}/(0.685)(10^6) =$

$= \underline{\underline{0.00295\ m^2}} = \underline{\underline{29.5\ cm^2}}$

12-32. $A/A_* = 4$; $p_t = 1.3$ MPa $= 1.3 \times 10^6$ Pa; $p_e = 35$ kPa; $k = 1.4$

From Table A1: $M_e \approx 2.94 \Rightarrow p_e/p_t \approx 0.030$

$\therefore p_e = 39$ kPa

$\therefore p_e > p_b$ (under expanded)

12-33. $p_b = 20$ kPa; $A/A_* = 4$; $p_t = 1.2$ MPa

$T_t = 3{,}000°C = 3{,}273$ K; $k = 1.2$; $R = 400$ J/kgK; $A_* = 100\ cm^2 = 10^{-2}m^2$

$A/A_* = (1/M_e)((1+0.1 \times M_e^2)/1.1)^{5.5} = 4$

Solve for M by iteration:

M_e	A/A_*
3.0	6.73
2.5	3.42
2.7	4.45
2.6	3.90
2.62	4.00

1) $\therefore M_e = \underline{\underline{2.62}}$

$p_e/p_t = (1+0.1 \times 2.62^2)^{-6} = 0.0434$

$\therefore p_e = (0.0434)(1.2 \times 10^6) = \underline{\underline{52.1 \times 10^3\ Pa}}$

$T_e/T_t = (1+0.1 \times 2.62^2)^{-1} = 0.593$

$T_e = (3{,}273 \times 0.593) = 1{,}941$ K

$\rho_e = p_e/(RT_e) = (52.1 \times 10^3)/(400 \times 1{,}941) = \underline{\underline{0.0671\ kg/m^3}}$

$c_e = \sqrt{(1.2 \times 400 \times 1{,}941)} = 965$ m/s

$V_e = (965)(2.62) = \underline{\underline{2{,}528\ m/s}}$

12-33. (Continued)

2) $\dot{m} = \rho_e A_e V_e = (0.0671)(4)(10^{-2})(2{,}528) = \underline{\underline{6.78\ kg/s}}$

3) $T = (6.78)(2{,}528) + (52.1-20) \times 10^3 \times 4 \times 10^{-2} = \underline{\underline{18.42\ kN}}$

4) $p_t = 20/0.0434 = 461\ kPa$

$\dot{m} = (20/52.1)(6.78) = 2.60\ kg/s$

$T = (2.60)(2{,}528) = \underline{\underline{6.57\ kN}}$

12-34. $p_b = 100\ kPa;\ p_t = 1.8\ MPa;\ T_t = 3{,}300\ K;\ k = 1.2;\ R = 400\ J/kgK$

$A_* = 10\ cm^2 = 10^{-3} m^2$

$p_t/p_e = (1+((k-1)/2)M^2)^{k/(k-1)} = (1+0.1\ M^2)^6$

$M_e = \sqrt{10[(p_t/p_e)^{1/6}-1]} = \sqrt{10[(1{,}800/100)^{1/6}-1]} = 2.49$

$A_e/A_* = (1/M_e)[(1+0.1\ M_e^2)/1.1]^{5.5} = \underline{\underline{3.38}}$

$T_e = 3{,}300/(1+(0.1)(2.49)^2) = 2{,}037\ K$

$\rho_e = 100 \times 10^3/(400 \times 2{,}037) = 0.123\ kg/m^3$

$c_e = \sqrt{(1.2)(400)(2{,}037)} = 989\ m/s$

$\dot{m} = \rho_e A_e V_e = (0.123)(3.38)(10^{-3})(989)(2.49) = 1.024\ kg/s$

1) $T = (1.024)(989)(2.49) = \underline{\underline{2{,}522\ N}}$

$A_e/A_* = (0.9)(3.38) = 3.042$

$3.042 = (1/M_e)((1+0.1\ M_e^2)/1.1)^{5.5}$

Solve by iteration:

M_e	A/A_*
2.0	1.88
2.2	2.36
2.3	2.65
2.4	3.010
2.42	3.088
2.41	3.049

$p_e/p_t = (1+0.1\ M_e^2)^{-6} = 0.0641$

$p_e = (0.0641)(1.8 \times 10^6) = 115\ kPa$

$T_e = 3{,}300/(1+0.1 \times 2.41^2) = 2{,}087\ K$

$c_e = \sqrt{(1.2)(400)(2{,}087)} = 1{,}001\ m/s$

$T = (1.024)(1{,}001)(2.41) + (115-100) \times 10^3 \times 3.042 \times 10^{-3}$

2) $= \underline{\underline{2{,}516\ N}}$

12-35. $A_e/A_T = 4$; $k = 1.4$; $p_t = 200$ kPa; $p_b = 100$ kPa; $p_b/p_t = 0.5$

Solution by iteration:

(1) Choose M

(2) Determine A/A*

(3) Find $p_{t_2}/p_{t_1} = A_{*1}/A_{*2}$

(4) $(A_e/A_*)_2 = 4(A_{*1}/A_{*2})$

(5) Find M_e

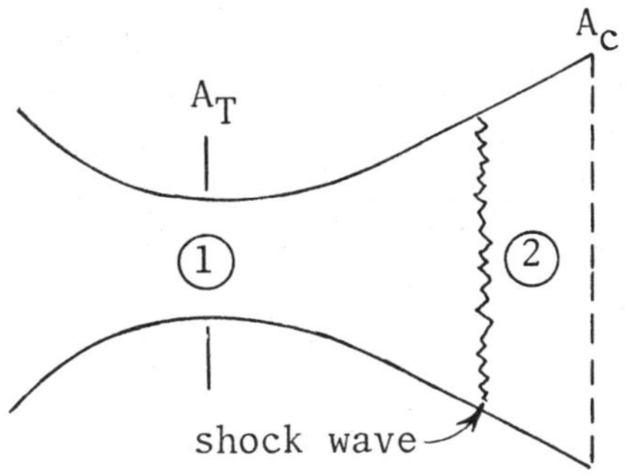

(6) $p_e/p_{t_1} = (p_e/p_{t_2})(p_{t_2}/p_{t_1})$ and converge on $p_e/p_{t_1} = 0.5$

M	A/A_*	p_{t_2}/p_{t_1}	$(A_e/A_*)_2$	M_e	p_e/p_{t_1}	
2	1.69	0.721	2.88	0.206	0.7	
2.5	2.63	0.499	2.00	0.305	0.468	
2.4	2.40	0.540	2.16	0.28	0.511	$\therefore A/A_* = \underline{\underline{2.46}}$
2.43	2.47	0.527	2.11	0.287	0.497	
2.425	2.46	0.530	2.12	0.285	0.50	

12-36. Use same iteration scheme as problem 12-35 but with $k = 1.2$ to find A/A_* of shock:

$p_b/p_t = 100/250 = 0.4$ $\qquad A_e/A_T = (8/4)^2 = 4$

M	A/A_*	p_{t_2}/p_{t_1}	$(A_e/A_*)_2$	M_e	p_e/p_{t_1}	
2.0	1.88	0.671	2.68	0.227	0.568	
2.4	3.01	0.463	1.85	0.341	0.432	
2.5	3.42	0.416	1.65	0.385	0.380	$\therefore A/A_* = 3.25$
2.46	3.25	0.434	1.74	0.366	0.400	

From geometry: $d = d_t + 2x \tan 15°$

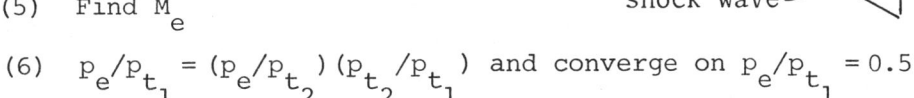

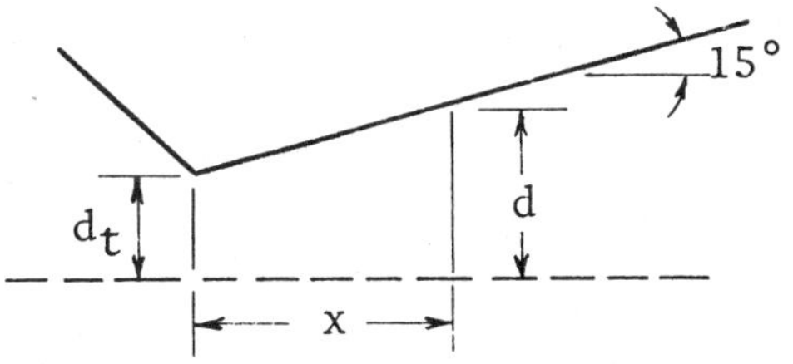

$d/d_t = 1 + (2x/d_t)\tan 15°$

$A/A_* = (d/d_t)^2 = 3.06$

$= [1 + (2x/d_t)(0.268)]^2$

$= [1 + (0.536x/d_t)]^2$

$\therefore x/d_t = 1.498$

$x = (1.498)(4) = \underline{\underline{5.99 \text{ cm}}}$

12-37. $A_s/A_* = 4;\ k = 1.41$

$4 = (1/M)((1+0.205 \times M^2)/1.205)^{2.939}$

Solve iteratively for M:

M	A/A_*
2	1.68
3	4.16
2.9	3.79
2.95	3.97
2.96	4.01
2.957	4.00

$M_1 = 2.957$

$M_2^2 = ((k-1)M_1^2+2)/(2kM_1^2-(k-1))$

$M_2 = 0.480$

$p_2/p_1 = (1+kM_1^2)/(1+kM_2^2) = 10.06$

$p_t/p\big|_1 = (1+((k-1)/2)M_1^2)^{k/(k-1)} = 34.2$

$p_t/p\big|_2 = 1.172$

$p_{t_2}/p_{t_1} = (p_{t_2}/p_2)(p_2/p_1)(p_1/p_{t_1}) = 0.345$

$\Delta s = R\ell n(p_{t_1}/p_{t_2}) = 4{,}127\ \ell n(1/0.345) = \underline{4{,}392\ J/kgK}$

12-38. $q = (k/2)pM^2 = (k/2)p_t[1+((k-1)/2)M^2]^{-k/(k-1)}M^2$

$\ell nq = \ell n(kp_t/2)-(k/(k-1))\ell n(1+((k-1)/2)M^2)+2\ell nM$

$(\partial/\partial M)\ell nq = (1/q)(\partial q/\partial M) = (-k/(k-1))[1/(1+((k-1)/2)M^2)][(k-1)M]+2M$

$0 = [-kM^2]/[1+((k-1)/2)M^2]+(2/M) = [-kM^2+2+(k-1)M^2]/[(1+((k-1)/2)M^2)M]$

$0 = 2-M^2 \rightarrow \underline{M = \sqrt{2}}$

$A/A_* = (1/M)[1+((k-1)/2)M^2]/[(k+1)/2]^{(k+1)/2(k-1)}$

$= (1/\sqrt{2})[(1+0.2(2))/1.2]^3 = \underline{1.123}$

12-39. $M = 2.1$ from Table A-1 $A/A_* = 1.837;\ p/p_t = 0.1094$

$A_* = 100/1.837 = 54.4;\quad p_t = 65/0.1094 = 594$ kPa

$A_2/A_* = 75/54.4 = 1.379 \rightarrow p_2/p_t = 0.1904 \rightarrow p_2 = 0.1904(594) = 113$ kPa

after shock, $M_2 = 0.630;\quad p_2 = 3.377(113) = 382$ kPa

12-39. (Continued)

$A_2/A_* = (1/M)((1+0.2M^2)/1.2)^3 = 1.155$; $p_t/p_2 = (1+0.2M^2)^{3.5} = 1.307$

$A_* = 75/1.155 = 64.9$; $p_t = 382(1.307) = \underline{\underline{499\ kPa}}$

$A_3/A_* = 120/64.9 = 1.849$; from Table A-1, $M_3 = \underline{\underline{0.336}}$

$p_3/p_t = 0.9245$; $p_3 = 0.9245(499) = \underline{\underline{461\ kPa}}$

12-40. $M_1 = 0.3$; $A/A_* = 2.0351$; $A_* = 200/2.0351 = 98.3\ cm^2$

$p/p_t = 0.9395$; $p_t = 400/0.9395 = 426\ kPa$; $A_s/A_* = 120/98.3 = 1.2208$

By interpolation from Table A-1:

$M_{s1} = 1.562$; $p_1/p_t = 0.2490 \rightarrow p_1 = 0.249(426) = 106\ kPa$

$M_{s2} = 0.680$; $p_{s2}/p_1 = 2.679 \rightarrow p_{s2} = 2.679(106) = 284\ kPa$

$A_s/A_{s2} = 1.1097 \rightarrow A_{*2} = 120/1.1097 = 108\ cm^2$

$p_{s2}/p_{t2} = 0.7338$; $p_{t2} = 284/0.7338 = 387\ kPa$

$A_2/A_{*2} = 140/108 = 1.296 \rightarrow M_2 = 0.525$

$p_2/P_{t2} = 0.8288$; $p_2 = 0.8288(387) = \underline{\underline{321\ kPa}}$

12-41. $V_1 = 150$ ft/sec; $R = 1{,}716$ ft-lbf/slug; $d = 1$ in.; $p = 30$ psia;

$T = 67°F = 527°R$

$c = \sqrt{(1.4)(1{,}716)(527)} = 1{,}125$ ft/sec

$M_1 = 150/1{,}125 = 0.133$

$\rho = p/RT = (30 \times 144)/(1{,}716 \times 527) = 0.00478\ slug/ft^3$

$\mu = 3.8 \times 10^{-7}\ lbf\text{-}sec/ft^2$

$Re = (150 \times 1/12 \times 0.00478)/(3.8 \times 10^{-7}) = 1.57 \times 10^5$

From Figs. 10-8 and 10-9, $f = 0.025$

$\overline{f}(x_*-x_M)/D = (1-M^2)/kM^2 + ((k+1)/2k)\ln[(k+1)M^2/(2+(k-1)M^2)] = 36.4$

$\therefore\ x_*-x_M = L = (36.4)(D/\overline{f}) = (36.4 \times 1/12)/0.025 = \underline{\underline{121.3\ ft}}$

$p_M/p_* = 8.2$ from Eq. (12-79)

$\therefore\ p_* = 30/8.2 = \underline{\underline{3.66\ psia}}$

12-42. $M_e = 0.8$; $d = 3\text{ cm} = 3 \times 10^{-2}\text{m}$; $T_t = 373\text{ k}$; $R = 287\text{ J/kgK}$

$P_a = 100\text{ kPa}$; brass-tube

$T_e = 373/(1+0.2 \times 0.8^2) = 331\text{ K}$

$c_e = \sqrt{(1.4)(287)(331)} = 365\text{ m/s}$

$V_e = (0.8)(365) = 292\text{ m/s}$

$\mu_e = 2.03 \times 10^{-5}\text{N}\cdot\text{s/cm}^2$

$\rho_e = (100 \times 10^3)/(287 \times 331) = 1.053\text{ kg/m}^3$

$Re = (292)(1.053)(3 \times 10^{-2})/(2.03 \times 10^{-5}) = 4.54 \times 10^5$

from Figs. 10-8 and 10-9, $f = 0.0145$

$\bar{f}(x_*-x_{0.8})/D = 0.1$

$\bar{f}(x_*-x_{0.2})/D = 14.5$

$\therefore\ \bar{f}(x_{0.8}-x_{0.2})/D = 14.4 = \bar{f}L/D$

$\therefore\ L = (14.4)(3 \times 10^{-2})/0.0145 = \underline{\underline{29.8\text{ m}}}$

12-43. By Eq. (12-75)

$M = 0.2\quad \bar{f}(x_*-x_{0.2})/D = 14.53$

$M = 0.6\quad \bar{f}(x_*-x_{0.6})/D = 0.49$

$\bar{f}(x_{0.6}-x_{0.2})/D = 14.04$

$\bar{f} = 14.04(0.5)/(20 \times 12) = \underline{\underline{0.0293}}$

12-44. O_2 in 2.5 cm iron pipe; 10 m long

$p_b = 100\text{ kPa}$; $k \doteq 1.4$; $R \doteq 260\text{ J/kgK}$

$p_1 = 300\text{ kPa}$; $T_t = 293\text{ K}$; $\dot{m} = ?$

Assume sonic flow at exit.

$T_e = 293/1.2 = 244 = -29°\text{C}$

$c_e = V_e = \sqrt{(1.4)(260)(244)} = 298\text{ m/s}$

$\nu_e \simeq 1 \times 10^{-5}\text{m}^2/\text{s}$ (Fig. A3)

$Re = (298 \times 2.5 \times 10^{-2})/(1 \times 10^{-5}) = 7.45 \times 10^5$

12-44. (Continued)

From Figs. 10-8 and 10-9, f = 0.024

$\therefore$ $f(x_*-x_M)/D = (10 \times 0.024)/0.025 = 9.6$

$\therefore$ M at entrance = 0.235 (from Fig. 12-19)

$\therefore$ $p_M/p_* = 4.6$

$\therefore$ $p_1 = 460$ kPa > 300 kPa

$\therefore$ flow must be subsonic at exit. $p_e/p_1 = 100/300 = 0.333$

Use iterative procedure:

M_1	$\frac{f(x_*-x_M)}{D}$	Re x 10^5	f	fL/D	$\frac{f(x_*-x_e)}{D}$	M_e	p_e/p_1
0.20	14.5	6.34	0.024	9.6	4.9	0.31	0.641
0.22	11.6	6.97	0.024	9.6	2.0	0.42	0.516
0.23	10.4	7.30	0.024	9.6	0.8	0.54	0.416
0.232	10.2	7.34	0.024	9.6	0.6	0.57	0.396
0.234	10.0	7.38	0.024	9.6	0.4	0.62	0.366
0.2345	9.9	7.40	0.024	9.6	0.3	0.65	0.348

For M_1 near 0.234, $p_M/p_* = 4.65$, $p_e/p_* = (p_M/p_*)(p_e/p_M)$

$\therefore$ $p_e/p_* = (4.65)(0.333) = 1.55$

which corresponds to $M_e = 0.68$

$\therefore$ $T_e = 293/(1+(0.2)(0.68)^2) = 268$ K

$c_e = \sqrt{(1.4)(260)(268)} = 312$ m/s

$V_e = 212$ m/s

$\rho_e = 10^5/(260 \times 268) = 1.435$ kg/m^3

$\therefore$ $\dot{m} = (1.435)(212)(\pi/4)(0.025)^2 = \underline{\underline{0.149 \text{ kg/s}}}$

12-45. From problem 12-44, we know flow at exit must be sonic since

$p_1 > 460$ kPa. Iterative solution:

Assume f = 0.025

$\bar{f}(x_*-x_M)/D = 10$

M = 0.23

$T_t = 293/(1+0.2(0.23)^2) = 290$ K

12-45. (Continued)

$c_1 = \sqrt{(1.4)(290)(260)} = 325$ m/s

$\rho_1 = (500 \times 10^3)/(260 \times 290) = 6.63$ kg/m^3

$\mu_1 = 1.79 \times 10^{-5}$ N•s/m^2 (assuming μ not a function of pressure)

$\therefore$ Re $= (0.23)(325)(6.63)(2.5 \times 10^{-2})/(1.79 \times 10^{-5}) = 6.9 \times 10^5$

$\therefore$ f = 0.024 from Figs. 10-8 and 10-9

Try f = 0.024

$f(x_* - x_M)/D = 9.6$; M = 0.235; $T_t \simeq 290$

$c_1 = 325$; $\rho_1 = 6.63$; $\mu_1 \simeq 1.79 \times 10^{-5}$; Re $= 7 \times 10^5$

gives same f: f = 0.024

For M = 0.235 $p_M/p_x = 4.64$

$\therefore$ $p_* = 107.8$ kPa

$T_e = 293/1.21 = 244$

$c_e = 298$

$\rho_e = (107.8 \times 10^3)/(260 \times 244) = 1.70$ kg/m^3

$\therefore$ $\dot{m} = (1.70)(298)(\pi/4)(0.025)^2 =$ 0.248 kg/s

---

12-46. Assume $M_e = 1$; $p_e = 100$ kPa; $T_e = 373(0.8333) = 311$ K

$c_e = \sqrt{1.4(287)311} = 353$ m/s; $\rho_e = 100 \times 10^3/(287 \times 311) = 1.12$ kg/m^3

$A = \dot{m}/(\rho V) = 0.2/(1.12 \times 353) = 5.06 \times 10^{-4}$ m^2 $= 5.06$ cm^2

$D = ((4/\pi)A)^{1/2} = 2.54$ cm

Re $= (353 \times 0.0254)/(1.7 \times 10^{-5}) = 5.3 \times 10^6 \rightarrow f = 0.0132$

$f\Delta x/D = (0.0132 \times 10)/0.0254 = 5.20$ from Fig. 12-19 $M_1 = 0.302$

from Fig. 12-20 $p/p_* = 3.6$

$p_1 = 100(3.6) = 360$ kPa $>$ 240 kPa

$\therefore$ Case B

Solve by iteration.

12-46. (Continued)

M_e	T_e	c_e	V_e	ρ_e	$A \times 10^4$	$Re \times 10^{-5}$	M_1	p_1/p_e
0.8	331	365	292	1.054	6.51	4.54	0.314	2.55
0.7	340	369	259	1.026	7.54	4.11	0.322	2.18

By interpolation, for $p_1/p_e = 2.4$, $M_e = 0.76$

$T_e = 334$; $c_e = 367$; $V_e = 279$; $\rho_e = 1.042$

$A = 6.89 \times 10^{-4} m^2$; $D = 0.0296$ m = 2.96 cm

12-47. Assume $M_e = 1$; $p_e = 7$ psia

$T_e = 560(0.8333) = 467°R$; $c_e = \sqrt{1.4(1,776)467} = 1,077$ ft/s

$\rho_e = 7(144)32.2/(1,776 \times 467) = 0.039$ lbm/ft^3

$A = \dot{m}/(\rho V) = 0.06/(0.039 \times 1,077) = 1.43 \times 10^{-3} ft^2$; $D = 0.0425$ ft = 0.51 in.

$Re = (1,077)(0.0425)(0.039)/(1.36 \times 10^{-7} \times 32.2) = 4.1 \times 10^5$

$k_s/D = 0.0117$; $f = 0.040$

$f\Delta x/D = (0.04 \times 10)/0.0426 = 9.40$ from Fig. 12-19 $M_1 = 0.24$

from Fig. 12-20 $p_1/p_* = 4.54$; $p_1 = 31.8$ psia < 45 psia ∴ Case D

$M = 1$ at exit and $p_e > 7$ psia

Solve by iteration:

M_1	T_1	V_1	ρ_1	D	$Re \times 10^{-5}$	f	M_1	p_e
0.24	553	281	0.212	0.0358	1.62	0.040	0.223	9.16
0.223	554	262	0.212	0.0371	1.56	0.040	0.223	9.16

D = 0.0371 ft = 0.445 inch

12-48. Assuming viscosity of particle-laden flow is same as air,

$c = \sqrt{1.4(287)288} = 340$ m/s

$M_e = 50/340 = 0.147 \rightarrow \bar{f}(x_* - x_{0.147})/D = 29.2$; $p_e/p_* = 7.44$

$Re = 50(0.2)/(1.44 \times 10^{-5}) = 6.94 \times 10^5$; $k_s/D = 0.00025$; $f = 0.0158$

$\bar{f}\,\Delta x/D = [\bar{f}(x_* - x_M)/D] - [\bar{f}(x_* - x_{0.147})/D]$

$\bar{f}\,\Delta x/D = 0.0158(150)/0.2 = 11.8$

$\bar{f}(x_* - x_M)/D = 29.2 + 11.8 = 41.0 \rightarrow M_1 = 0.13$; $p_1/p_* = 8.41$

$p_1/p_e = (p_1/p_*)(p_*/p_e) = 8.41/7.45 = 1.13$

12-48. (Continued)

$p_1 = 1.13(100) = \underline{\underline{113\ kPa}}$

$V_1 = 0.13(340) = \underline{\underline{44.2\ m/s}}$

$T_1 = T_t/(1+0.2M_1^2) = 288/(1+0.2(0.13)^2) = 287$

$\rho_1 = (113 \times 10^3)/(287 \times 287) = \underline{\underline{1.37\ kg/m^3}}$

12-49. $c_1 = \sqrt{1.31(518)320} = 466\ m/s$

$\rho_1 = 10^6/(518 \times 320) = 6.03\ kg/m^3$

$M_1 = 20/466 = 0.043$

$\bar{f}(x_* - x_{0.043})/D = 407$ by Eq. (12-75)

$p_1/p_* = 25.0$ by Eq. (12-79)

$Re = 20(0.15)6.03/(1.5 \times 10^{-3}) = 1.2 \times 10^6; \quad k_s/D = 0.00035$

$f = 0.0162; \quad f\Delta x/D = 0.0162(3{,}000)/0.15 = 324$

$[f(x_* - x_{0.043})/D] - [\bar{f}(x_* - x_M)/D] = f\Delta x/D$

$f(x_* - x_M)/D = 407 - 324 = 83 \rightarrow M_e = 0.093$

by Eq. (12-79) $p_e/p_* = 11.5$

$p_e = (p_e/p_*)(p_*/p_1)\ p_1 = (11.5/25.0)10^6 = \underline{\underline{460\ kPa}}$

12-50. $R = 4{,}127\ J/kgK; \ k = 1.41; \ \nu = 1.01 \times 10^{-4} m^2/s$

Speed of sound at entrance $= \sqrt{(1.41)(4{,}127)(288)} = 1{,}294\ m/s$

$\therefore M = 200/1{,}294 = 0.154$

$\therefore kM^2 = 0.0334; \quad \sqrt{k}M = 0.183$

Reynolds number $= (200)(0.1)/(1.01 \times 10^{-4}) = 1.98 \times 10^5$

From Figs 10-8 and 10-9 $f = 0.019$

At entrance $f(x_m - x_1)/D = \ln(0.0334) + (1-0.0334)/0.0334 = 25.5$

At exit $f(x_M - x_2)/D = f(x_M - x_1)/D + f(x_1 - x_2)/D = 25.5 - (0.019)(50)/0.1$

$= 25.5 - 9.5 = 16.0$

From Fig. 12-22, $kM^2 = 0.05$ or $\sqrt{k}M = 0.2236$

$p_2/p_1 = (p_m/p_1)(p_2/p_m) = 0.183/0.2236 = 0.818 \ \therefore p_2 = 163.6\ kPa$

$\Delta p = \underline{\underline{36.4\ kPa}}$

12-51. $R = 2{,}077$ J/kgK; $k = 1.66$; $\nu = 1.14 \times 10^{-4} m^2/s$

$c = \sqrt{(1.66)(2.077)(288)} = 996$ m/s

$p_2/p_1 = 100/120 = 0.833$

Iterative solution:

V_1	M_1	Re $\times 10^{-4}$	f	kM_1^2	$\frac{f(x_T - x_M)}{D}$	$\frac{f(x_T - x_e)}{D}$	kM_2^2	p_2/p_1
100	0.100	4.4	0.022	0.0166	55.1	11.1	0.0676	0.495
50	0.050	2.2	0.026	0.00415	234.5	182.5	0.0053	0.885
55	0.055	2.4	0.025	0.00502	192.9	142.9	0.006715	0.864
60	0.060	2.6	0.25	0.00598	161.1	111.1	0.008555	0.836
61	0.061	2.6	0.25	0.00618	155.8	105.8	0.00897	0.830
60.5	0.0605	2.6	0.25	0.006076	158.5	108.5	0.00875	0.833

$\therefore \quad \rho = 120 \times 10^3/(2{,}077)(288) = 0.201 \text{ kg/m}^3$

$\dot{m} = (0.201)(60.6)(\pi/4)(0.05)^2 = \underline{\underline{0.0239 \text{ kg/s}}}$

13-1. $\rho_{air} = 1.25\ kg/m^3$; $\Delta h_{air} = 0.0008 \times 1{,}000/1.25 = 0.64$ ft

Then $V = \sqrt{2g\Delta h} = 3.54$ m/s

Check C_p: $Re = Vd/\nu = 3.54 \times 0.002/(1.41 \times 10^{-5}) = 503$

$C_p \approx 1.002$; $V = 3.54/\sqrt{C_p} = 3.54/\sqrt{1.002} = \underline{\underline{3.54\ m/s}}$

13-2. $\nu \approx 1.4 \times 10^{-5} m^2/s$

Then $Re = Vd/\nu = 12 \times 0.002/(1.4 \times 10^{-5}) = 1{,}714$

From Fig. 13-1 $C_p \approx 1.00$; $\Delta p = \rho V^2/2$

where $\rho = p/RT = 98{,}000/(287 \times (273 + 10)) = 1.21\ kg/m^3$

Then $\Delta p = 9{,}810\Delta h = 1.21 \times 12^2/2$; $\Delta h = 8.88 \times 10^{-3} m = \underline{\underline{8.88\ mm}}$

13-3. $\nu = 1.55 \times 10^{-5}$; $\rho = p/RT = 100{,}000/(287 \times 298) = 1.17\ kg/m^3$

$V = \sqrt{2\Delta p/\rho} = \sqrt{2 \times 5/1.17} = 2.92$ m/s

Check C_p: $Re = Vd/\nu = 2.92 \times 0.002/(1.55 \times 10^{-5}) = 377$; $C_p = 1.002$

% error $= (1 - 1/\sqrt{1.002}) \times 100 = \underline{\underline{0.1\%}}$

13-4. Because $V = \sqrt{2\Delta p/(\rho C_p)}$ a 2% deviation in C_p from unity will yield a 1% error in V when the equation is applied by assuming $C_p = 1$. Thus, find Re where $C_p = 1.02$. From Fig. 13-1, $Re \approx 60$.

Then $Vd/\nu = 60$; $V = 60\nu/d$ where $\nu = 1.45 \times 10^{-5} m^2/s$ and $d = 0.002$ m

Thus $V = 60 \times 1.45 \times 10^{-5}/0.002 = \underline{\underline{0.43\ m/s}}$

13-5. From P13-4, $Re \approx 60$; $V = 60\ \nu/d$ where $\nu = 10^{-6} m^2 s$

Then $V = 60 \times 10^{-6}/0.002 = \underline{\underline{0.03\ m/s}}$

13-6. $\rho = p/RT = 100{,}000/(410 \times 573) = 0.426\ kg/m^3$

$1.4 = \Delta p/(\rho V_0^2/2)$ or $V_0 = \sqrt{2\Delta p/(1.4\rho)}$

where $\Delta p = 0.01$ m $\times$ 9,810 Pa and $\rho = 0.426\ kg/m^3$

Then $V_0 = \sqrt{2 \times 98.1/(1.4 \times 0.426)} = \underline{\underline{18.1\ m/s}}$

13-7. $\gamma_{water,20°C} = 9{,}790\ N/m^3$; Then $\dot{w} = w/t = 10{,}000/(4 \times 60) = 41.67\ N/s$

But $\gamma = 9{,}790\ N/m^3$ so $Q = \dot{w}/\gamma = 41.67/9{,}790 = \underline{4.26 \times 10^{-3} m^3/s}$

13-8. $Q = \forall/t = 78/372 = \underline{0.210\ m^3/s}$

$Q = 0.210\ m^3/s/(0.02832\ m^3/s/cfs) = \underline{7.40\ cfs}$

$Q = 7.40\ cfs \times 449\ gpm/cfs = \underline{3{,}324\ gpm}$

13-9.

r(m)	V(m/s)	2 Vr	area(by trapezoidal rule)
0	8.7	0	
0.01	8.6	0.54	0.0027
0.02	8.4	1.06	0.0080
0.03	8.2	1.55	0.0130
0.04	7.7	1.94	0.0175
0.05	7.2	2.26	0.0210
0.06	6.5	2.45	0.0236
0.07	5.8	2.55	0.0250
0.08	4.9	2.46	0.0250
0.09	3.8	2.15	0.0231
1.10	2.5	1.57	0.0186
0.105	1.9	1.25	0.0070
0.11	1.4	0.97	0.0056
0.115	0.7	0.51	0.0037
0.12	0	0	0.0013

$\underline{Q = 0.196\ m^3/s}$

$V_{mean} = Q/A = 0.196/(0.785(0.24)^2)$

$= 4.33\ m/s$

$V_{max}/V_{mean} = 8.7/4.33 = 2.0$

Laminar flow

13-10. $r = 8 - y$

y(in.)	r(in.)	V(ft/s)	$2\pi rV(ft^2/s)$	area(ft^3/s)
0.0	8.0	0	0	
0.1	7.9	72	297.8	1.24
0.2	7.8	79	322.6	2.58
0.4	7.6	88	350.2	5.61
0.6	7.4	93	360.3	5.92
1.0	7.0	100	366.5	12.11
1.5	6.5	106	360.8	15.15
2.0	6.0	110	345.6	14.72
3.0	5.0	117	306.3	27.16
4.0	4.0	122	255.5	23.41
5.0	3.0	126	197.9	18.89
6.0	2.0	129	135.1	13.88
7.0	1.0	132	69.1	8.51
8.0	0.0	135	0	2.88

$\underline{Q = 152.1\ ft^3/s = 9{,}124\ cfm}$

$V_{mean} = Q/A = 152.1/(0.785(1.33)^2) = 109\ ft/s$

$V_{max}/V_{mean} = 135/109 = 1.24$; appears to be turbulent

$\rho = 14.3(144)/(53.3)(530) = 0.0728\ lbm/ft^3$; $\dot{m} = 0.0728(152.1) = \underline{11.1\ lbm/s}$

13-11. a) $\pi r_m^2 = (\pi/4)[(D/2)^2 - r_m^2]$

$(r_m/D)^2 = 1/16 - (r_m/D)^2(1/4)$

$5/4(r_m/D)^2 = 1/16; \quad 5(r_m/D)^2 = 1/4$

$r_m/D = \sqrt{1/20} = \underline{\underline{0.2236}}$

b) $r_c A = \int_{0.2236D}^{D/2} [r \sin(\alpha/2)/(\alpha/2)](\pi/4)2r\,dr = (\pi/2)(r^3/3)\Big|_{0.2236D}^{0.5D}$

$(r_c)(\pi/4)[(D/2)^2 - (0.2236D)^2] = 0.90(\pi/6)[(0.5D)^3 - (0.2236D)^3]$

$r_c/D = \underline{\underline{0.341}}$

c) $\rho = p/(RT) = 110 \times 10^3/(400 \times 573) = 0.480\ \text{kg/m}^3$

$V = \sqrt{2\Delta p/\rho_g} = \sqrt{(2)\rho_w g\Delta h/\rho_g} = \sqrt{(2)(1{,}000)(9.81)/0.48}\ \sqrt{\Delta h} = 202.2\sqrt{\Delta h}$

Station	Δh	V
1	0.012	7.00
2	0.011	6.71
3	0.011	6.71
4	0.009	6.07
5	0.0105	6.55

$\dot{m} = \Sigma A_{sector}\,\rho\, V_{sector} = A_T \rho(\Sigma V/5)$

$= (\pi(2)^2/4)(0.480)(6.61) = 9.96\ \text{kg/s}$

13-12. a) $\pi r_m^2 = (\pi/6)[(D/2)^2 - r_m^2]$

$7/6(r_m/D)^2 = (1/6)(1/4)$

$(r_m/D)^2 = 1/28$

$r_m/D = 0.189$

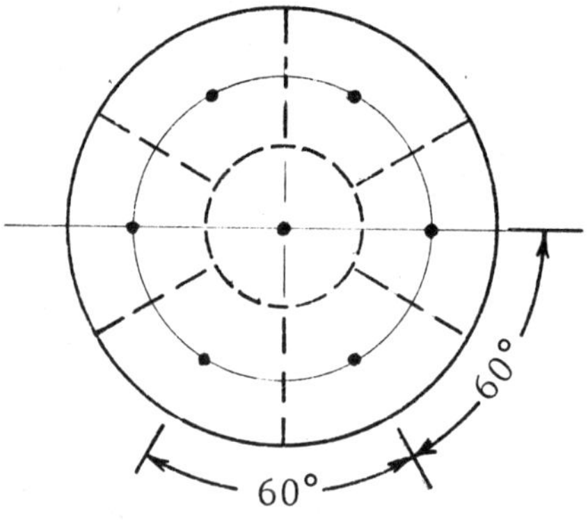

b) $r_c A = 1/6\int_{0.189D}^{0.5D} [r \sin(\alpha/2)/(\alpha/2)]2\pi r\,dr$

$(\pi r_c/6)[(D/2)^2 - (r_m)^2] = 0.955(\pi/3)(r^3/3)\Big|_{0.189D}^{0.50D}$

$r_c(0.5^2 - 0.189^2) = 0.955(6/9)[0.5^3 - 0.189^3]D$

$r_c/D = (0.955)6(0.118)/(9(0.2143)) = \underline{\underline{0.351}}$

c) $\rho = p/RT = 115 \times 10^3/((420)(250+273)) = 0.523\ \text{kg/m}^3$

$V = \sqrt{2g\rho_w \Delta h/\rho_g} = \sqrt{(2)(9.81)(1{,}000)/0.523}\ \sqrt{\Delta h} = 193.7\ \sqrt{\Delta h}$

$\dot{m} = (\pi D^2/4)\rho V_{avg} = ((\pi)(1.5)^2/4)(0.523)(17.75) = 16.40\ \text{kg/s}$

13-12. (Continued)

Station	Δh(mm)	V
1	8.2	17.54
2	8.6	17.96
3	8.2	17.54
4	8.9	18.27
5	8.0	17.32
6	8.5	17.86
7	8.4	17.75

Average = 17.75

13-13. $Q = \Sigma V_i A_i$

V	A	V x A
1.32 m/s	7.6 m	10.0
1.54	21.7	33.4
1.68	18.0	30.2
1.69	33.0	55.8
1.71	24.0	41.0
1.75	39.0	68.2
1.80	42.0	75.6
1.91	39.0	74.5
1.87	37.2	69.6
1.75	30.8	53.9
1.56	18.4	28.7
1.02	8.0	8.2

$Q = 549.1\ m^3/s$

13-14. Assume $V_j = \sqrt{2g \times 1.90}$ Then $C_V = V_j/V_{theor} = \sqrt{2g \times 1.90}/\sqrt{2g \times 2}$

$C_V = \sqrt{1.9/20} = 0.975$

$C_c = A_j/A_0 = (8/10)^2 = 0.64$

$C_D = C_V C_d = 0.975 \times 0.64 = 0.624$

13-15. $C_c = A_j/A_0 = (1.75/2)^2 = 0.766$

13-16. $Q = KA_0\sqrt{2g\Delta h}$; Assume K = 0.60 (from Fig 13-11 for d/D = 0)

Then $\Delta h = (Q/(KA_0\sqrt{2g}))^2 = (3.8/(0.60 \times (\pi/4) \times 0.5^2))^2/(2g)$

Δh = 16.2 ft of water

Then $p_0/\gamma = 16.2 - 6 = 10.2$ ft of water or $p_0 = 62.4 \times 10.2 = 636$ psf

Check K: $Re = 4Q/(\pi d\nu) = 4 \times 3.8/(\pi \times 0.5 \times 1.2 \times 10^{-5}) = 8.1 \times 10^5$

K = 0.60 ∴ Solution is valid.

13-17. Solution is like that for P13-16. $K = 0.60$

$\Delta h = (0.36/(0.60 \times (\pi/4) \times 0.20^2))^2/2g$

$\Delta h = 18.59$ m

$p_0/\gamma = 18.59 - 5 = 13.59$ m of water

Then $p_0 = 13.59 \times 9{,}810 = \underline{133 \text{ kPa}}$

13-18. $d/D = 0.60$

$Re_d = 4Q/(\pi d\nu) = 4 \times 3/(\pi \times 0.5 \times 1.22 \times 10^{-5}) = 6.3 \times 10^5$

from Fig. 13-11: $K = 0.65$; $A = (\pi/4) \times 0.5^2 = 0.196$ ft^2

Then $\Delta h = (Q/KA)^2/2g = (3/(0.65 \times 0.196))^2/64.4 = 8.61$ ft of water

$h = \Delta h/12.6 = 0.683$ ft $= \underline{8.2 \text{ in.}}$

13-19. $h = 10.16$ cm; $d/D = 3/5 = 0.60$; flow is from right to left

$\Delta h = \text{deflect}\,(1 - \gamma_{oil}/\gamma_{liq}) = 10.16(1 - 0.80/0.95) = 1.6$ cm

$Re/K = \sqrt{2 \times 9.81 \times 0.016} \times 0.03/10^{-5} = 1.7 \times 10^3$; $K = 0.76$

$Q = KA_0\sqrt{2g\Delta h} = 0.76(\pi/4)(0.03)^2\sqrt{2 \times 9.81 \times 0.016}$

$\underline{Q = 3.01 \times 10^{-4} \text{m}^3/\text{s}}$

13-20. $\Delta p_{AB} \neq \Delta p_{DE}$

Get Δh: $Q = KA\sqrt{2g\Delta h}$ where $Q = 0.10$ m^3/s; $A = (\pi/4)d^2 = (\pi/4)(0.10)^2$

$= 7.85 \times 10^{-3}$m^2

Then $4Q/(\pi d\nu) = 4 \times 0.10/(\pi \times 0.10 \times 1.31 \times 10^{-6}) = 9.7 \times 10^5$

$K = 0.60$ (from Fig. 13-11)

Thus $\Delta h = Q^2/(K^2A^2 2g) = 0.1^2/(0.6^2 \times (7.85 \times 10^{-3})^2 \times 2 \times 9.81)$

$\Delta h = 22.97$ m of water

$p_A - p_B = \gamma\Delta h = 9{,}790 \times 22.97 = \underline{224.9 \text{ kPa}}$

$((p_D/\gamma) + z_D) - ((p_E/\gamma) + z_E) = \Delta h = 22.97$ ft

$p_D - p_E = (22.97 - 0.30) \times 9{,}790 = \underline{221.9 \text{ kPa}}$

Deflection on manometer $= 22.97/(13.6 - 1) = \underline{1.82 \text{ m.}}$ The deflection will be the same for both manometers.

13-21. Assume large Re

Then $Q_{15} = K_{15}A_{15}\sqrt{2g\Delta h}$; $K_{15} = 0.62$

$Q_{15} = 0.62 \times (\pi/4)(0.15)^2\sqrt{2g\Delta h}$; $K_{20} = 0.685$

$Q_{20} = 0.685 \times (\pi/4)(0.20)^2\sqrt{2g\Delta h}$

$Q_{15} = 0.01395(\pi/4)\sqrt{2g\Delta h}$

$Q_{20} = 0.0274(\pi/4)\sqrt{2g\Delta h}$

Thus the % increase is $(0.0274 - 0.01395/0.01395) \times 100 = \underline{96\%}$

13-22. $\sqrt{2g\Delta h}\, d/\nu = \sqrt{2 \times 9.81 \times 2} \times 0.05/(1.31 \times 10^{-6}) = 2.4 \times 10^5$

$d/D = 0.50$ so $K = 0.63$

$Q = KA\sqrt{2g\Delta h} = 0.63 \times (\pi/4) \times (0.05)^2\sqrt{2 \times 9.81 \times 2} = \underline{0.00775\ m^3/s}$

13-23. $Q = KA\sqrt{2g\Delta h}$; where $\Delta h = 5$ ft; $A = (\pi/4) \times (3/12)^2 = 0.0491\ ft^2$

$\nu = 1.22 \times 10^{-5} ft^2/s$; $d/D = 3/4$

Then $\sqrt{2g\Delta h}\, d/\nu = 3.7 \times 10^5$

$K = 0.76$ (from Fig. 13-11)

Thus $Q = 0.75 \times 0.0491\sqrt{2 \times 32.2 \times 5} = \underline{0.67\ cfs}$

13-24. $\Delta h = (p_1/\gamma + z_1) - (p_2/\gamma + z_2)$

$\Delta h = ((65{,}000/9{,}790) + 0.3) - ((50{,}000/9{,}790) + 0)$

$\Delta h = 1.832$ m of water; $d/D = 10/50 = 0.20$

Then $Re/K = \sqrt{2 \times 9.81 \times 1.83} \times 0.10/10^{-6} = 6 \times 10^5$;

$K = 0.60$ (from Fig. 13-11)

Then $Q = 0.60 \times (\pi/4) \times (0.10)^2\sqrt{2 \times 9.81 \times 1.83} = \underline{0.0282\ m^3/s}$

13-25. $Re = 4Q/(\pi d\nu)$

$= 4 \times 20/(\pi \times 1 \times 1.41 \times 10^{-5}) = 1.8 \times 10^6$

Then for $d/D = 0.50$ $K = 0.625$

$Q = KA\sqrt{2g\Delta h}$ or $\Delta h = (Q/(KA))^2/2g$ where $A = \pi/4$

Then $\Delta h = (20/(0.625 \times (\pi/4)))^2/2g$

$\Delta h = 25.8$ ft; $\Delta p = \gamma\Delta h = 62.4 \times 25.8 = \underline{1{,}608 \text{ psf}}$

To get power supplied write the energy equation from the upstream reservoir water surface to downstream reservoir surface:

$$p_1/\gamma + V_1^2/2g + z_1 + h_p = p_2/\gamma + V_2^2/2g + z_2 + \Sigma h_L$$

$$0 + 0 + 10 + h_p = 0 + 0 + 5 + \Sigma h_L$$

$$h_p = -5 + V^2/2g(K_e + K_E + fL/D) + h_{L,\text{ orifice}}$$

$K_e = 0.5$; $K_E = 1.0$

The orifice head loss will be like that of an abrupt expansion:

$$h_L = (V_j - V_{pipe})^2/(2g)$$

Here, V_j is the jet velocity as the flow comes from the orifice.

$$V_j = Q/A_j \quad \text{where } A_j = C_c A_0$$

Assume $C_c \cong 0.65$ Then $V_j = 20/((\pi/4) \times 1^2 \times 0.65) = 39.2$ ft/s

Also $V_p = Q/A_p = 20/\pi = 6.37$ ft/s

Then $h_{L,\text{orifice}} = (39.2 - 6.37)^2/(2g) = 16.74$ ft

Finally, $h_p = -5 + (6.37^2/(2g))(0.5 + 1.0 + (0.015 \times 300/2)) + 16.74$

$h_p = 14.10$ ft

$P = Q\gamma h_p/550$

$= 20 \times 62.4 \times 14.10/550 = \underline{32.0 \text{ horsepower}}$

The HGL and EGL are shown below:

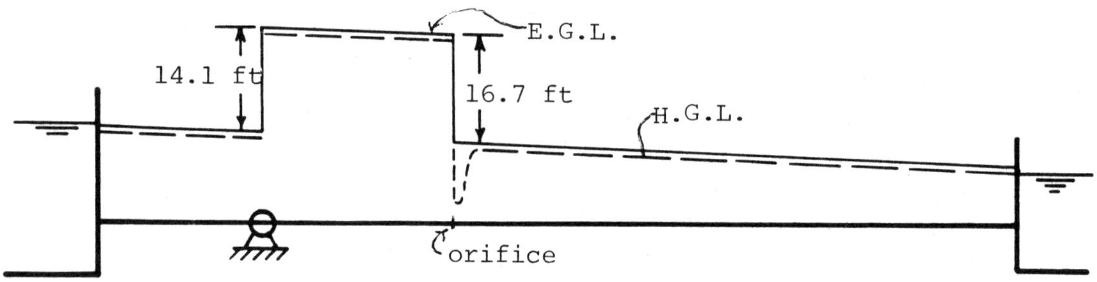

13-26. $\Delta h = 12.6 \times 1 = 12.6$ m of water

Assume $K = 0.7$; $A = Q/(K\sqrt{2g\Delta h})$

or $d^2 = (4/\pi)Q/(K\sqrt{2g\Delta h})$

$d^2 = (4/\pi) \times 0.03/(0.7\sqrt{2g \times 12.6}) = 3.47 \times 10^{-3} m^2$; $d = 5.89$ cm

$d/D = 0.39$; $Re_d = 4 \times 0.03/(\pi \times 0.0589 \times 10^{-6}) = 6.5 \times 10^5$

$K = 0.62$ so $d = \sqrt{(0.7/0.62)} \times 0.0589 = 0.0626$ m

$d = \underline{6.26 \text{ cm}}$

13-27. Assume $T = 20°C$; $\nu = 4 \times 10^{-7} m^2/s$ (Fig. A-3); $d/D = 0.60$;

$\Delta h = \Delta p/\gamma = 35,000/(0.68 \times 9,810) = 5.25$ m

Then $\sqrt{2g\Delta h}\, d/\nu = \sqrt{2 \times 9.81 \times 5.25} \times 0.06/(4 \times 10^{-7}) = 1.52 \times 10^6$

$K = 0.650$; Then $Q = KA\sqrt{2g\Delta h} = 0.650 \times (\pi/4)(0.06)^2\sqrt{2g \times 5.25}$

$\underline{Q = 0.0187 \text{ m}^3/\text{s}}$

13-28. Follow same procedure as for P13-26:

$\Delta h = 8$ m of water; $Q = 2 m^3/s$; $D = 1$ m; $K = 0.65$ (assume)

Then $d^2 = (4/\pi) \times 2/((0.65\sqrt{2g \times 8})) = 0.313$; $d = 0.56$ m

Try again: $d/D = 0.56$; $Re = 4Q/(\pi d\nu) \simeq 4.5 \times 10^6$; $K = 0.63$ (Fig. 13-11)

Then $d = \sqrt{0.65/0.63} \times 0.56 = 0.569$ m; $K = 0.63$ (same)

Thus $\underline{d = 56.9 \text{ cm}}$

13-29. Assume $K = 0.65$; $T = 20°C$; $\Delta h = \Delta p/\gamma = 50,000/9,790 = 5.11$ m

Then following the procedure for P13-26:

$d^2 = (4/\pi) \times 3.0/(0.65\sqrt{2 \times 9.81 \times 5.11}) = 0.587$; $d = 0.766$ m

Check K: $Re_d = 4Q/(\pi d\nu) = 4 \times 3.0/(\pi \times 0.766 \times 10^{-6}) = 5 \times 10^6$

$d/D = 0.766/1.2 = 0.64$ Thus, $K = 0.67$ (from Fig. 13-11)

Try again: $d = \sqrt{(0.65/0.64)} \times 0.766 = 0.778$

Check K: $Re_d = 5 \times 10^6$ and $d/D = 0.65$ so $K = 0.675$ (Fig. 13-11)

$d = \sqrt{(0.67/0.675)} \times 0.778 = \underline{0.775 \text{ m}}$

13-30. $p_1 + \rho V_1^2/2 = p_2 + \rho V_2^2/2$

$V_1 A_1 = V_2 A_2$; $V_1 = V_2 A_2/A_1$

$V_2 = \sqrt{2(p_1 - p_2)/\rho}/\sqrt{1 - (A_2^2/A_1^2)}$

or $Q = (A_2/\sqrt{1 - (A_2^2/A_1^2)})\sqrt{2\Delta p/\rho}$

but $A_2 = C_c A_0$ where A_0 is area of orifice

Then $Q = (C_c A_0/\sqrt{1 - (A_2^2/A_1^2)})\sqrt{2\Delta p/\rho}$

or $Q = KA_0\sqrt{2\Delta p/\rho}$ where K is the flow coefficient

Assume $K = 0.65$; Also $A = (\pi/8) \times 0.30^2 = 0.0353\ m^2$

Then $Q = 0.65 \times 0.0353\sqrt{2 \times 80{,}000/1{,}000} = \underline{\underline{0.290\ m^3/s}}$

13-31. $Re_d = 4 \times 0.57/(\pi \times 0.30 \times 1.49 \times 10^{-5}) = 1.6 \times 10^5$; $d/D = 0.50$; $K = 1.00$

$\Delta h = (Q/(KA))^2/(2g) = (0.57/(1 \times (\pi/4) \times 0.3^2)^2/(2 \times 9.81) = 3.32\ m$

deflection $h = 3.32/12.6 = \underline{\underline{0.263\ m}}$

13-32. Assume $T = 20°C$; $\nu = 10^{-6} m^2/s$

$\Delta p = 100$ kPa so $\Delta h = \Delta p/\gamma = 100{,}000/9{,}790 = 10.2\ m$

Then $\sqrt{2g\Delta h}\ d/\nu = \sqrt{2 \times 9.81 \times 10.2} \times 1/10^{-6} = 1.4 \times 10^7$

Then $K \approx 1.02$ (extrapolated from Fig. 13-11).

Thus $Q = KA\sqrt{2g\Delta h} = 1.02 \times (\pi/4) \times 1^2\sqrt{2g \times 10.2}$

$\underline{\underline{Q = 11.33\ m^3/s}}$

13-33. Assume $K = 1.01$; Assume $T = 20°C$

$Q = KA\sqrt{2g\Delta h}$ where $\Delta h = 200{,}000\ Pa/9{,}790\ N/m^3 = 20.4\ m$

Then $A = Q/(K\sqrt{2g\Delta h})$ or $\pi d^2/4 = Q/(K\sqrt{2g\Delta h})$

$d = (4Q/(\pi K\sqrt{2g\Delta h}))^{1/2}$

$d = (4 \times 10/(\pi \times 1.01\sqrt{2g \times 20.4}))^{1/2} = 0.794\ m$

Check K: $Re = 4Q/(\pi d\nu) = 1.6 \times 10^7$; $d/D = 0.4$ so $K \approx 1.0$ (from Fig. 13-11)

Try again: $d = (1.01/1.0)^{1/2} \times 0.794 = \underline{\underline{0.798\ m}}$

13-34. $\Delta h = 4$ ft and $d/D = 0.33$

$Re_d/K = (1/3)\sqrt{2 \times 32.2 \times 4}/(1.22 \times 10^{-5}) = 4.4 \times 10^5$; $T = 60°F$; $K = 0.96$

$Q = KA\sqrt{2g\Delta h} = 0.96(\pi/4) \times (0.333)^2\sqrt{2g \times 4}$

$Q = \underline{1.34 \text{ cfs}}$

13-35. $\Delta p = 6.20$ psi $= 6.20 \times 144$ psf or $\Delta h = 6.20 \times 144/62.4 = 14.3$ ft

Then $\sqrt{2g\Delta h}\, d/\nu = \sqrt{2 \times 32.2 \times 14.3} \times (4/12)/(1.4 \times 10^{-5}) = 7 \times 10^5$

$K = 1.01$ Then $Q = KA\sqrt{2g\Delta h} = 1.01 \times (\pi/4) \times (4/12)^2\sqrt{2 \times 32.2 \times 14.3} = \underline{2.67 \text{ cfs}}$

13-36. $\Delta h = 50{,}000/(0.69 \times 9{,}810) = 7.39$ m $\nu = \mu/\rho = 3 \times 10^{-4}/690 = 4.3 \times 10^{-7}$

Then $\sqrt{2\,g\Delta h}\, d/\nu = \sqrt{2 \times 9.81 \times 7.39} \times 0.20/(4.3 \times 10^{-7}) = 5.6 \times 10^6$

$K = 1.02$ (from Fig. 13-11)

Then $Q = KA\sqrt{2g\Delta h} = 1.02 \times (\pi/4) \times (0.20)^2\sqrt{2 \times 9.81 \times 7.39} = \underline{0.386 \text{ m}^3/\text{s}}$

13-37. $h_L = (V_j - V_0)^2/2g$

but $V_0A_0 = V_jA_j$; $V_j = V_0A_0/A_j = V_0 \times (3/1)^2 = 9V_0$

Then $h_L = (9V_0 - V_0)^2/2g = \underline{64V_0^2/2g}$

13-38. a) $t_1 = L/(c+V)$; $t_2 = L/(c - V)$

$\Delta t = t_2 - t_1 = L[(1/(c - V)) - (1/(c + V))] = +L(2V)/(c^2 - V^2)$

$\therefore \quad (c^2 - V^2)\Delta t = 2LV$

$V^2\Delta t + 2LV - c^2\Delta t = 0$

$V^2 + (2LV/\Delta t) - c^2 = 0$

Solving for V:

$V = [(-2L/\Delta t) \pm \sqrt{(2L/\Delta t)^2 + 4c^2}]/2 = (-L/\Delta t) + \sqrt{(L/\Delta t)^2 + c^2}$

(only reasonable root)

$\underline{V = (L/\Delta t)[-1 + \sqrt{1 + (c\Delta t/L)^2}]}$

b) From above

$\Delta t = 2LV/c^2$ for $c \gg V$

13-38. (Continued)

$\underline{V = c^2\Delta t/2L}$

c) $V = (300)^2(10 \times 10^{-3})/((2)(20)) = \underline{22.5 \text{ m/s}}$

13-39. $Q = K\sqrt{2g}\, LH^{3/2}$ where L = 2m; H = 0.13 m; H/P = 0.43

Then K = 0.40 + 0.05 x 0.43 = 0.422

$Q = 0.422\sqrt{2 \times 9.81} \times 2 \times (0.13)^{3/2} = \underline{0.175 \text{ m}^3/\text{s}}$

13-40. $Q = 0.179\sqrt{2g}\, H^{5/2}$

$Q = 0.179\sqrt{2g}\,(0.30)^{5/2} = \underline{0.039 \text{ m}^3/\text{s}}$

13-41. This involves a trial-and-error solution. First assume the head on the orifice is 1.05 m. Then

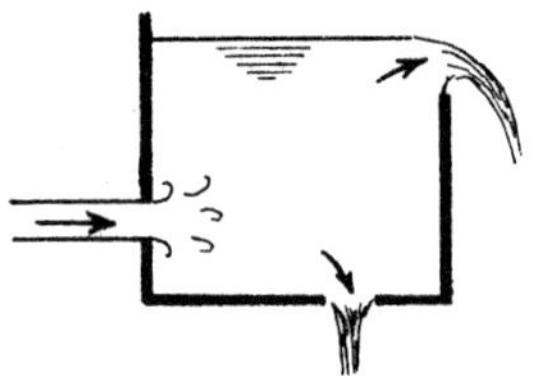

$Q_{orifice} = KA_0\sqrt{2gh}$; $k \approx 0.595$

$Q_{orifice} = 0.595 \times (\pi/4) \times (0.10)^2\sqrt{2 \times 9.81 \times 1.05} = 0.0212 \text{ m}^3/\text{s}$

Then $Q_{weir} = K\sqrt{2g}\, LH^{3/2}$; $H_{weir} \approx (Q/(K\sqrt{2g}\, L))^{2/3}$ where $K \approx 0.405$

$H_{weir} = ((0.10 - 0.0212)/(0.405\sqrt{2 \times 9.81} \times 1))^{2/3} = 0.124 \text{ m}$

Try again: $Q_{orifice} = (1.124/1.05)^{1/2} \times 0.0212 \text{m}^3/\text{s} = 0.0219 \text{ m}^3/\text{s}$

$H_{weir} = ((0.10 - 0.0219)/(0.405\sqrt{2 \times 9.81} \times 1))^{2/3} = \underline{0.124 \text{ m}}$

H_{weir} is same as before, so iteration is complete.

Depth of water in tank is $\underline{1.124 \text{ m}}$

13-42. $Q = K\sqrt{2g}\, LH^{3/2}$ where L = 2m, H = 0.25 m, H/P = 0.25

Then K = 0.40 + 0.25 x 0.05 = 0.413

So $Q = 0.413\sqrt{2 \times 9.81} \times 2 \times (0.25)^{3/2} = \underline{0.457 \text{ m}^3/\text{s}}$

13-43. $Q = K\sqrt{2g}\, LH^{3/2}$ where L = 6 ft, H = 1 ft, H/P = 0.50

Then K = 0.40 + 0.5 x 0.05 = 0.425

$Q = 0.425\sqrt{2 \times 32.2} \times 6 \times 1 = \underline{20.5 \text{ ft}^3/\text{s}}$

13-44. $Q = 0.179\sqrt{2g}\, H^{5/2}$ where H = 1.5 ft

Then $Q = 0.179\sqrt{2g} \times (1.5)^{5/2} = \underline{3.96 \text{ ft}^3/\text{sec}}$

13-45. $Q = K\sqrt{2g}\, LH^{3/2}$ where L = 3m, $Q = 6 \text{ m}^3/\text{s}$

Assume $K \approx 0.41$ then $H = (Q/(0.41\sqrt{2g} \times 3))^{2/3}$

$H = (6/(0.41 \times \sqrt{2 \times 9.81} \times 3))^{2/3} = 1.10$ m

Then $P \approx 2.0 - 1.10 = 0.90$ m $H/P \approx 1.22$

Try again: $K = 0.40 + 1.22 \times 0.05 = 0.461$

$H = (6/(0.461 \times \sqrt{2 \times 9.81} \times 3))^{2/3} = 0.986$ m

So height of weir $P = 2.0 - 0.986 = \underline{1.01 \text{ m}}$; $H/P = 0.976$

Try again: $K = 0.40 + 0.976 \times 0.05 = 0.449$

$H = (6/(0.449 \times \sqrt{2 \times 9.81} \times 3))^{2/3} = 1.00$ m

$P = 2.00 - 1.00 = \underline{1.00 \text{ m}}$

13-46. $p_t/p_1 = (1 + (k-1/2)M^2)^{k/(k-1)}$

$= 1 + 0.2M^2)^{3.5}$ for air

$(140/100) = (1 + 0.2M^2)^{3.5}$; $M = \underline{0.710}$

$T_t/T = 1 + 0.2\, M^2$

$T = 300/110 = 273$

$c = \sqrt{(1.4)(287)(273)} = \underline{331 \text{ m/s}}$

$V = Mc = (0.71)(331) = \underline{235 \text{ m/s}}$

13-47. The purpose of the algebraic manipulation is to express p_1/p_{t_2} as a function of M_1 only.

For convenience, express the group of variables below as

$F = 1 + ((k-1)/2)M^2$ and $G = kM^2 - ((k-1)/2)$

$$p_1/p_{t_2} = (p_1/p_{t_1})(p_{t_1}/p_{t_2}) = (p_1/p_{t_1})(p_1/p_2)(F_1/F_2)^{k/k-1}$$

13-47. (Continued)

From Eq. 12-38, $p_1/p_2 = (1+kM_2^2)/(1+kM_1^2)$

So $p_1/p_{t_2} = (p_1/p_{t_1})((1+kM_2^2)/(1+kM_1^2))(F_1/F_2)^{k/k-1}$

From Eq. 12-40, we have

$(M_1/M_2) = ((1+kM_1^2)/(1+kM_2^2))(F_2/F_1)^{1/2}$

Thus, we can write

$(p_1/p_{t_2}) = (p_1/p_{t_1})(M_2/M_1)(F_1/F_2)^{k+1/(2(k-1))}$

But, from Eq. 12-41

$M_2 = (F_1/G_1)^{1/2}$ Also, $p_1/p_{t_1} = 1/(F_1^{k/k-1})$

So, $p_1/p_{t_2} = 1/(F_1^{k/k-1})(F_1^{1/2}/G_1^{1/2})(1/M_1)(F_1/F_2)^{k+1/(2(k-1))}$

$= (G_1^{-1/2}/M_1)F_2^{-(k+1)/2(k-1)}$

However, $F_2 = 1 + ((k-1)/2)M_2^2 = 1 + ((k-1)/2)(F_1/G_2) = ((k+1)/2)M_1)^2/G_1$

Substituting for F_2 in expression for p_1/p_{t_2} gives

$p_1/p_{t_2} = (1/M_1)(G_1^{1/k-1})/((k+1)/2M_1)^{k+1/k-1}$

Multiplying numerator and denominator by $(2/k+1)^{1/k-1}$ gives

$p_1/p_{t_2} = ((2kM_1^2/(k+1) - (k-1)/(k+1))^{1/(k-1)}/((\frac{k+1}{2})M_1^2)^{k/k-1}$

13-48. Using the Rayleigh pitot tube formula

$54/200 = (1.1667\ M_1^2 - 0.1667)^{2.5}/(1.893M_1^2$

and solving for M_1 gives $M_1 = \underline{\underline{1.57}}$

$\therefore T_1 = 350/(1+0.2(1.57)^2) = 234$ K

$c_1 = \sqrt{(1.4)(287)(234)} = 307$ m/s

$V_1 = 1.57 \times 307 = \underline{\underline{482\ \text{m/s}}}$

13-49. $P_1 = 120$ kPa $P_2 = 80$ kPa $K = 1.66$ $D_2/D_1 = 0.5$

$T_1 = 17°C$ $R = 2{,}077$ J/kgK

13-49. (Continued)

$\rho_1 = 120 \times 10^3/(2{,}077 \times 290) = 0.199\ \text{kg/m}^3$; $p_1/\rho_1 = 6.03 \times 10^5$

Using Eq. 13-15,

$V_2 = ((5)(6.03 \times 10^5)(1-0.666^{0.4})/(1-(0.666^{1.2} \times 0.54)))^{1/2} = 686\ \text{m/s}$

$\rho_2 = (p_2/p_1)^{1/k}\rho_1 = (0.666)^{0.6}\rho_1 = 0.784\ \rho_1 = 0.156\ \text{kg/m}^3$

$\dot{m} = (0.005)^2(0.785)(0.156)(686) = \underline{\underline{0.0021\ \text{kg/s}}}$

13-50. $p_1 = 150$ kPa $p_2 = 110$ kPa $T = 300$ K $R = 518$ J/kgK $k = 1.31$

$\rho_1 = 150 \times 10^3/(518 \times 300) = 0.965\ \text{kg/m}^3$ $d = 0.8$ cm $d/D = 0.5$

$2g\Delta h = 2\Delta p/\rho_1 = (2(40\text{x}10^3))/0.965 = 8.29 \times 10^4$; $\nu = 1.6 \times 10^{-5}\text{N}\cdot\text{s/m}^2$

$Re/K = ((0.008)/(1.6 \times 10^{-5}))\sqrt{8.29 \times 10^4} = 1.43 \times 10^5$

From Fig. 13-11:

$K = 0.62$

$V = 1 - ((1/1.31)(1-(110/150))(0.41 + 0.35(0.4)^4)) = 0.915$

$\dot{m} = (0.915)(0.785)(0.008)^2\sqrt{(2)(0.965)(40\text{x}10^3)} = \underline{\underline{0.0128\ \text{kg/s}}}$

14-1. $C_T = F_T/\rho D^4 n^2 = 0.048$

Thus, $F_T = 0.048\rho D^4 n^2 = 0.048 \times 1.05 \times 3^4 \times (1{,}400/60)^2 = \underline{\underline{2{,}223\text{N}}}$

14-2. $V_0/nD = (80{,}000/3{,}600)/((1{,}400/60) \times 3) = 0.317$

$C_T = 0.020$ (from Fig. 14-3)

Then $F_T = 0.020 \times \rho D^4 n^2 = 0.020 \times 1.1 \times 3^4 \times (1{,}400/60)^2 = \underline{\underline{970\ \text{N}}}$

$C_p = 0.011$ (from Fig. 14-3)

Then $P = 0.011\rho D^5 n^3 = 0.011 \times 1.1 \times 3^5 \times (1{,}400/60)^3 = \underline{\underline{37.4\ \text{kW}}}$

14-3. $D = 8$ ft; $n = 1{,}000/60 = 16.67$ rev/sec; $V_0 = 30$ mph $= 44$ fps

$V_0/nD = 44/(16.67 \times 8) = 0.33$; from Fig. 14-3 $C_T = 0.0182$; $C_p = 0.011$

$F_T = 0.0182 \times 0.0024 \times 8^4 \times 16.67^2 = \underline{\underline{49.7\ \text{lbf}}}$

Power $= 0.011 \times 0.0024 \times 8^5 \times 16.67^3 = 4{,}005$ ft-lb/sec $= \underline{\underline{7.3\ \text{hp}}}$

If $V_0 = 0$, $C_T = 0.0475$

$F_T = 0.0475 \times 0.0024 \times 8^4 \times 16.67^2 = \underline{\underline{130\ \text{lbf}}}$

14-4. $D = 6$ ft; $V_0 = 30$ mph $= 44$ fps

From Fig. 14-3, at maximum efficiency, $V_0/(nD) = 0.285$

$n = 44/(0.285 \times 6) = 25.73$ rps; $N = \underline{\underline{1{,}544\ \text{rpm}}}$

14-5. At maximum efficiency $C_T = 0.023$ and $C_p = 0.012$

$F_T = 0.023 \times 0.0024 \times 6^4 \times 25.73^2 = \underline{\underline{47.4\ \text{lbf}}}$

Power $= 0.012 \times 0.0024 \times 6^5 \times 25.73^3 = 3{,}815$ ft-lb/sec $= \underline{\underline{6.94\ \text{hp}}}$

14-6. At maximum efficiency $V_0/(nD) = 0.285$

Then $n = V_0/(0.285D) = (50{,}000/3{,}600)/(0.285 \times 2) = 24.4$ rev/sec

$N = 24.4 \times 60 = \underline{\underline{1{,}462\ \text{rpm}}}$

14-7. At maximum efficiency $C_T = 0.023$ and $C_P = 0.012$

$F_T = 0.023 \times 1.1 \times 2^4 \times (24.36)^2 = \underline{\underline{240\ N}}$

$P = 0.012 \times 1.1 \times 2^5 \times (24.36)^3 = \underline{\underline{6.11\ kW}}$

14-8. $C_T = 0.048$

Thus $F_T = 0.048 \rho D^4 n^2 = 0.048 \times 1.1 \times 2^4 \times (1{,}000/60)^2 = 235\ N$

$a = F/M = 235/300 = \underline{\underline{0.782\ m/s^2}}$

14-9. $V_{tip} = 0.9c = 0.9 \times 335 = 301.5\ m/s$

$V_{tip} = \omega r = n(2\pi)r;\quad n = 301.5/(2\pi r) = 301.5/(\pi D)$

for D = 2m,	n = 48.0 rev/sec;	N = $\underline{\underline{2{,}879\ rpm}}$
3m	32.0 rev/sec	$\underline{\underline{1{,}919\ rpm}}$
4m	24.0 rev/sec	$\underline{\underline{1{,}440\ rpm}}$

14-10. $D = 40\ cm;\ n = 1{,}000/60 = 16.67\ rev/sec;\ \Delta h = 3\ m$

$C_H = \Delta hg/D^2n^2 = 3 \times 9.81/((0.4)^2 \times (16.67)^2) = 0.662$

from Fig. 14-6, $C_Q = Q/(nD^3) = 0.625$

Then $Q = 0.625 \times 16.67 \times (0.4)^3 = \underline{\underline{0.667\ m^3/s}}$

14-11. $n = 690/60 = 11.5\ rev/sec;\quad D = 71.2\ cm;\quad \Delta h = 10\ m$

$C_H = \Delta hg/(n^2D^2) = 10 \times 9.81/((0.712)^2(11.5)^2) = 1.46$

from Fig. 14-6, $C_Q = 0.40$ and $C_P = 0.76$

$Q = C_Q nD^3 = 0.40 \times 11.5 \times 0.712^3 = \underline{\underline{1.66\ m^3/s}}$

Power $= C_P \rho D^5 n^3 = 0.76 \times 1{,}000 \times 0.712^5 \times 11.5^3 = \underline{\underline{211\ kW}}$

14-12. At maximum efficiency, from Fig. 14-6,

$C_Q = 0.64;\ C_P = 0.60;$ and $C_H = 0.75$

$D = 2\ ft;\quad n = 1{,}100/60 = 18.33\ rev/sec$

$Q = C_Q nD^3 = 0.64 \times 18.33 \times 2^3 = \underline{\underline{93.8\ cfs}}$

$\Delta h = C_H n^2 D^2/g = 0.75 \times 18.33^2 \times 2^2/32.2 = \underline{\underline{31.3\ ft}}$

Power $= C_P \rho D^5 n^3 = 0.60 \times 1.94 \times 2^5 \times 18.33^3 = 229{,}398$ ft-lb/sec $= \underline{\underline{417\ hp}}$

14-13. At maximum efficiency, from Fig. 14-6,

$C_Q = 0.64;\ C_P = 0.60:\ C_H = 0.75;\ D = 0.50\ m;\ n = 45\ rps$

$Q = C_Q nD^3 = 0.64 \times 45 \times 0.5^3 = \underline{\underline{3.60\ m^3/s}}$

$\Delta h = C_H n^2 D^2/g = 0.75 \times 45^2 \times 0.5^2/9.81 = \underline{\underline{38.7\ m}}$

$\text{Power} = C_P \rho D^5 n^3 = 0.60 \times 1{,}000 \times 0.5^5 \times 45^3 = \underline{\underline{1.709\ MW}}$

14-14. $D = 14/12 = 1.167$ ft; $n = 900/60 = 15$ r/s

$\Delta h = C_H n^2 D^2/g = C_H (15)^2 (1.167)^2/32.2 = 9.52\ C_H$ ft

$Q = C_Q nD^3 = C_Q 15 (1.167)^3 = 23.8\ C_Q$ cfs

C_Q	C_H	Q(cfs)	Δh(ft)
0.0	2.9	0.0	27.60
0.1	2.55	2.38	24.27
0.2	2.0	4.76	19.04
0.3	1.7	7.15	16.18
0.4	1.5	9.53	14.28
0.5	1.2	11.91	11.42
0.6	0.85	14.29	8.09

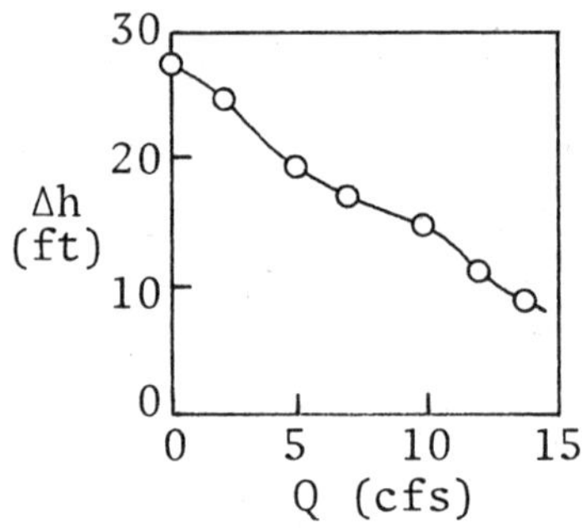

14-15. $D = 60$ cm $= 0.60$ m; $N = 690$ rpm $= 11.5$ rev/sec

Then $\Delta h = C_H D^2 n^2/g = 4.853\ C_H$

$Q = C_Q nD^3 = 2.484\ C_Q$

C_Q	C_H	Q(m³/s)	h(m)
0.0	2.90	0.0	14.1
0.1	2.55	0.248	12.4
0.2	2.00	0.497	9.7
0.3	1.70	0.745	8.3
0.4	1.50	0.994	7.3
0.5	1.20	1.242	5.8
0.6	0.85	1.490	4.2

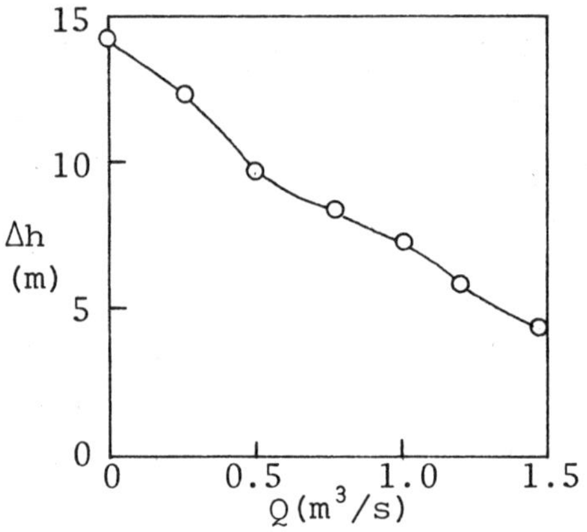

14-16. $D = 35.6$ cm; $n = 11.5$ r/s

Writing the energy equation from the reservoir surface to the center of the pipe at the outlet,

$$p_1/\gamma + V_1^2/(2g) + z_1 + h_p = p_2/\gamma + V_2^2/(2g) + z_2 + \Sigma h_L$$

$$h_p = 21.5 + 20 + [Q^2/(A^2 2g)](1 + fL/D + k_e + k_b)$$

14-16. (Continued)

L = 64 m assume f = 0.014 $r_b/D = 1$

from Table 10-2, $k_b = 0.35$ $k_e = 0.1$

(1) $h_p = 1.5 + [Q^2((0.014(64)/0.356)+0.35+0.1+1)]/[2(9.81)(\pi/4)^2(0.356)^4] = 1.5+20.42Q^2$

$C_Q = Q/(nD^3) = Q/[(11.5)(0.356)^3] = 1.93Q$

(2) $h_p = C_H n^2 D^2/g = C_H(11.5)^2(0.356)^2/9.81 = 1.71C_H$

Q(m/s)	C_Q	C_H	h_p(1) (m)	h_p(2) (m)
0.10	0.193	2.05	1.70	3.50
0.15	0.289	1.70	1.96	2.91
0.20	0.385	1.55	2.32	2.65
0.25	0.482	1.25	2.78	2.13
0.30	0.578	0.95	3.34	1.62
0.35	0.675	0.55	4.00	0.94

Then plotting the system curve and the pump curve, we obtain the operating condition:

Q = 0.21 m^3/s; Power = 6.7 kW (from Fig. 14-7)

Graph for solution of Problems 14-16 & 14-17:

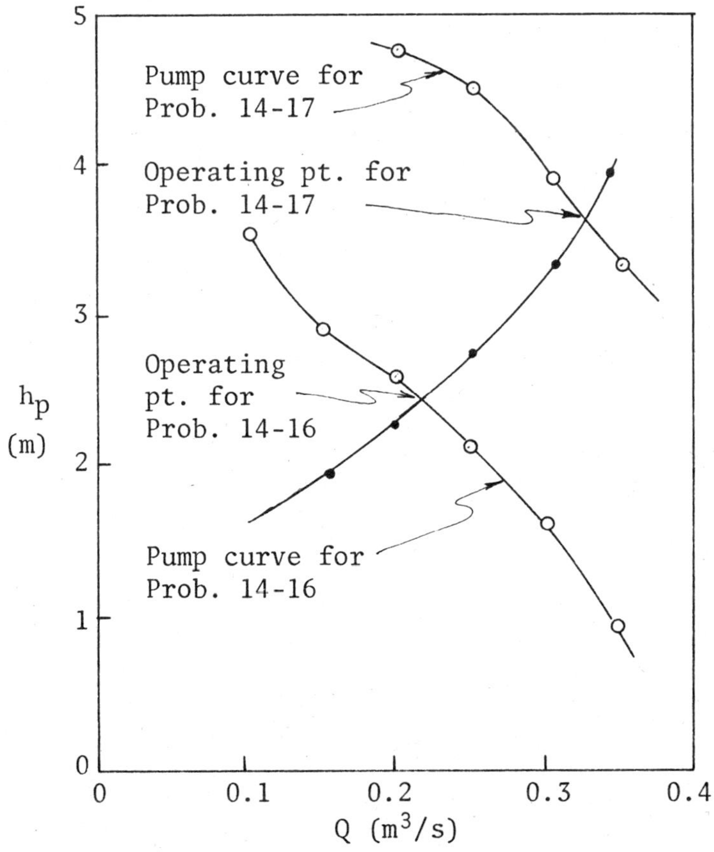

14-17. The system curve will be the same as in Problem 14-16.

$C_Q = Q/[nD^3] = Q/[15(0.356)^3] = 1.48Q$

$h_p = C_H n^2 D^2/g = C_H (15)^2 (0.356)^2/9.81 = 2.91 C_H$

Q	C_Q	C_H	h_p
0.20	0.296	1.65	4.79
0.25	0.370	1.55	4.51
0.30	0.444	1.35	3.92
0.35	0.518	1.15	3.34

Plotting the pump curve with the system curve gives the operating condition:

$Q = \underline{0.32 \text{ m}^3/\text{s}}$; $C_Q = 1.48(0.32) = 0.474$

Then from Fig. 14-6, $C_p = 0.70$

Power $= C_p n^3 D^5 \rho = 0.70(15)^3(0.356)^5 1{,}000 = \underline{13.5 \text{ kW}}$

14-18. $D = 0.36$ m; $L = 610$ m; $\Delta z = 450 - 366 = 84$ m

Assume $\Delta h = 90$ m$[>\Delta z]$, then from Fig. 14-9, $Q = 0.24 \text{ m}^3/\text{s}$

$V = Q/A = 0.24/[(\pi/4)(0.36)^2] = 2.36$ m/s; $k_s/D = 0.00012$

Assuming $T = 20°C$, $Re = VD/\nu = 2.36(0.36)/10^{-6} = 8.5 \times 10^5$

from Fig. 10-8, $f = 0.014$

$h_f = (0.014(610)/0.36)((2.36)^2/(2 \times 9.81)) = 6.73$ m; $h \approx 84 + 6.7 = 90.7$ m

from Fig. 14-9, $Q = 0.23 \text{m}^3/\text{s}$; $V = 0.23/((\pi/4)(0.36)^2) = 2.26$ m/s

$h_f = [0.014(610)/0.36](2.26)^2/(2 \times 9.81) = 6.18$ m

so $\Delta h = 84 + 6.2 = 90.2$ m and from Fig. 14-9 $\underline{Q = 0.225 \text{ m}^3/\text{s}}$

14-19. $D = 0.371$ m $= 1.217$ ft; $n = 1{,}500/60 = 25$ rps

$\Delta h = C_H n^2 D^2/g$ so $C_H = 160(32.2)/[(25)^2(1.217)^2] = 5.57$

from Fig. 14-10 $C_Q = 0.105$

Then $Q = C_Q n D^3 = 0.105(25)(1.217)^3 = \underline{4.73 \text{ cfs}}$

14-20. $C_H = \Delta H g/D^2 n^2$ Since C_H will be the same for the maximum head condition, then $\Delta H \propto n^2$ or $H_{1,500} = H_{1,000} \times (1{,}500/1{,}000)^2$

$H_{1,500} = 102 \times 2.25 = \underline{229.5 \text{ ft}}$

14-21. $H \alpha n^2$ so $H_{30}/H_{35.6} = (30/35.6)^2$

or $H_{30} = 104 \times (30/35.6)^2 = \underline{\underline{73.8 \text{ m}}}$

14-22. $D = 0.40$ m $\quad n = 25$ rps

$C_H = \Delta hg/(n^2D^2) = 50(9.81)/[(25)^2(0.40)^2] = 4.91$

from Fig. 14-10 $\quad C_Q = 0.136$

then $Q = C_Q nD^3 = 0.136(25)(0.40)^3 = \underline{\underline{0.218 \text{ m}^3/\text{s}}}$

14-23. $D = 0.371 \times 2 = 0.742$ m; $n = 2{,}133.5/(2 \times 60) = 17.77$ rps

from Fig. 14-10, at peak efficiency $C_Q = 0.121$, $C_H = 5.15$

$\Delta h = C_H n^2D^2/g = 5.15(17.77)^2(0.742)^2/9.81 = \underline{\underline{91.3 \text{ m}}}$

$Q = C_Q nD^3 = 0.121(17.77)(0.742)^3 = \underline{\underline{0.878 \text{ m}^3/\text{s}}}$

14-24. $D = 20$ cm; $N = 5{,}000$ rpm $= 83.33$ rps; $\rho = 814$ kg/m^3

from Fig. 14-10: At maximum efficiency $C_Q = 0.125$; $C_H = 5.15$; $C_p = 0.69$

$Q = C_Q nD^3 = (0.125)(83.33)(0.20)^3 = 0.0833$ m^3/sec

$\Delta h = C_H D^2n^2/g = (5.15)(0.20)^2(83.33)^2/(9.81) = 145.8$ m

$P = C_p \rho D^5 n^3 = (0.69)(814)(0.20)^5(83.33)^3 = 104.0$ kW

14-25. $D = 1.52$ m; $n = 500/60 = 8.33$ rps

$Q = C_Q nD^3 = C_Q(8.33)(1.52)^3 = 29.27\ C_Q$ m^3/s

$\Delta h = C_H n^2D^2/g = C_H(8.33)^2(1.52)^2/9.81 = 16.36\ C_H$ m

C_Q	Q	C_H	Δh
0.0	0.0	5.80	94.9
0.04	1.17	5.80	94.9
0.08	2.34	5.75	94.1
0.10	2.93	5.60	91.6
0.12	3.51	5.25	85.9
0.14	4.10	4.80	78.5
0.16	4.68	4.00	65.4

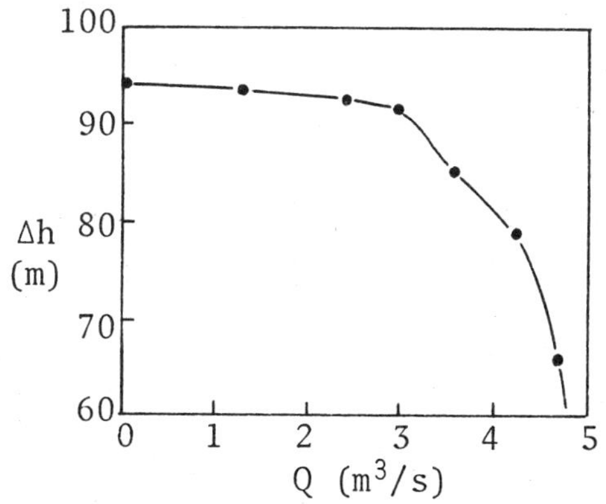

14-26. $n = 11.5$ rps; $D = 0.356$ m; $Q = 0.15\ m^3/s$; $H = 2.95$ m

$$n_s = n\,Q^{1/2}/(gH)^{3/4} = 11.5(0.15)^{1/2}/(9.81 \times 2.95)^{3/4} = \underline{0.357}$$

Assuming that this is a single suction axial flow pump, this is in safe operation according to Fig. 14-12.

(An n_s less than 1.0 is allowed.)

14-27. N = 1,500 rpm so n = 25 rps; Q = 12 cfs; h = 25 ft

$$n_s = n\sqrt{Q}/[g^{3/4}h^{3/4}] = (25)(12)^{1/2}/[(32.2)^{3/4}(25)^{3/4}] = 0.57$$

Then from Fig. 14-11, $n_s < 0.60$, so use a mixed flow pump.

14-28. $n = 25$ rps; $Q = 0.30\ m^3/sec$; $h = 8$ meters

$$n_s = n\sqrt{Q}/[g^{3/4}h^{3/4}] = (25(0.3)^{1/2}/[(9.81)^{3/4}(8)^{3/4}] = 0.52$$

Then from Fig. 14-11, $n_s < 0.60$ so use a mixed flow pump.

14-29. N = 1,100 rpm = 18.33 rps; $Q = 0.4\ m^3/sec$; h = 70 meters

$$n_s = n\sqrt{Q}/[g^{3/4}h^{3/4}] = (18.33)(0.4)^{1/2}/[(9.81)^{3/4}(70)^{3/4}]$$

$$= (18.33)(0.63)/[(5.54)(24.2)] = 0.086$$

Then from Fig. 14-11, $n_s < 0.23$ so use a radial flow pump.

14-30. N = 1,100 rpm = 18.33 rps; Q = 12 cfs; h = 600 ft

$$n_s = n\sqrt{Q}/[g^{3/4}h^{3/4}] = (18.33)(12)^{1/2}/[(32.2)^{3/4}(600)^{3/4}]$$

$$= (18.33)(3.46)/[(13.5)(121)] = 0.039$$

Then from Fig. 14-11, $n_s < 0.23$, so use a radial flow pump.

14-31. $h = 5$ m; $Q = 0.40\ m^3/s$; suction head = 1.5 m

From Fig. 14-12 the maximum $n_s = 0.86$, so

$$n = n_s h^{3/4} g^{3/4}/Q^{1/2} = 0.86(5)^{3/4}(9.81)^{3/4}/(0.40)^{1/2} = 25.2 \text{ rps} = \underline{1{,}512 \text{ rpm}}$$

14-32. $n_s = n\sqrt{Q}/(g^{3/4}h^{3/4})$; $n = 10$ rps; $Q = 1.0\ m^3/s$; $h = 3 + (1.5+fL/D)V^2/(2g)$;

$V = 1.27$ m/s Assume $f = 0.01$, so

$$h = 3 + (1.5 + 0.01 \times 20/1)(1.27)^2/(2 \times 9.81) = 3.14 \text{ m}$$

14-32. (Continued)

Then $n_s = 10 \times \sqrt{1}/(9.81 \times 3.14)^{3/4} = 0.76$

From Fig. 14-11, use axial flow pump.

14-33. Max. air speed = 30 m/s; Area = $0.36\ m^2$; $n = 2{,}000/60 = 33.3$ rps;

$Q = 30.0 \times 0.36 = 10.8\ m^3/s$; $\rho = 1.2\ kg/m^3$ at 20°C

From Fig. 14-6, at maximum efficiency, $C_Q = 0.63$ and $C_p = 0.60$

$C_Q = Q/nD^3$, so $D^3 = Q/(nC_Q) = 10.8/(33.3 \times 0.63) = 0.61\ m^3$

$D = 0.80\ m$

$C_p = P/(\rho n^3 D^5)$, so $P = C_p \rho n^3 D^5 = 0.6(1.2)(33.3)^3(0.848)^5 = 11.7\ kW$

14-34. Volume = $10^5 m^3$; time for discharge = 15 min = 900 sec

$N = 600$ rpm = 10 rps; $\rho = 1.22\ kg/m^3$ at 60°F

$Q = (10^5 m^3)/(900\ sec) = 111.1\ m^3/sec$

From Fig. 14-6, at maximum efficiency, $C_Q = 0.63$; $C_p = 0.60$

For two blowers operating in parallel, the discharge per blower will be

1/2, or $Q = 55.55\ m^3/sec$, then $D^3 = Q/nC_Q = (55.55)/[10 \times 0.63] = 8.815$

$D = 2.066$ meters

$P = C_p \rho D^5 n^3 = (0.6)(1.22)(2.066)^5(10)^3 = 27.6\ kW$

14-35 $\dot{m} = 1$ kg/s; $p_1 = 100$ kPa; $p_2 = 150$ kPa; $T_1 = 27°C$; $e = 0.65$; $k = 1.26$;

$R = 518$

$P_{th} = (k/(k-1))Qp_1[(p_2/p_1)^{(k-1)/k} - 1] = (k\dot{m}/(k-1))RT_1[(p_2/p_1)^{(k-1)/k} - 1]$

$= (1.26/0.26)(1)518(300)[(1.5)^{0.26/1.26} - 1] = 65.6$ kW

$P_{ref} = P_{th}/e = 65.6/0.65 = 101$ kW

14-36. $P_{th} = 10\ kW \times 0.6 = 6$ kW

$P_{th} = (k/(k-1))Qp_1[(p_2/p_1)^{(k-1)/k} - 1] = (1.3/0.3)Q \times 9 \times 10^4[(140/90)^{0.3/1.3} - 1]$

$= 4.18 \times 10^4 Q$; $Q = 6.0/41.8 = 0.143\ m^3/s$

14-37. $P_{th} = p_1 Q_1 \ln(p_2/p_1) = \dot{m}RT_1 \ln(p_2/p_1) = 1 \times 287 \times 288 \ln 4 = 114.6$ kW

$P_{ref} = 114.6/0.5 = \underline{229 \text{ kW}}$

14-38. Assume T = 10°C

Writing the energy equation from reservoir to turbine jet,

$p_1/\gamma + V_1^2/2g + z_1 = p_2/\gamma + V_2^2/2g + z_2 + \Sigma h_L$

$0 + 0 + 650 = 0 + V_{jet}^2/2g + 0 + (fL/D)(V_{pipe}^2/2g)$

but from continuity, $V_{pipe}A_{pipe} = V_{jet}A_{jet}$

$V_{pipe} = V_{jet}(A_{jet}/A_{pipe}) = V_{jet}(0.16) = 0.026\ V_{jet}$

so, $(V_{jet}^2/2g)(1 + (fL/D)0.026^2) = 650$

$V_{jet} = [(2 \times 9.81 \times 650)/(1+(0.016(10{,}000)/1)0.026^2)]^{1/2} = 107.3$ m/s

Power $= Q\gamma V_{jet}^2 e = 107.3(\pi/4)(0.16)^2 9{,}810(107.3)^2 0.83/(2 \times 9.81) = \underline{10.31 \text{ MW}}$

$V_{bucket} = (1/2)V_{jet} = 53.7$ m/s $= (D/2)\omega$; $D = 53.7 \times 2/(360 \times (\pi/30)) = \underline{2.85 \text{ m}}$

14-39. Referencing velocities to the bucket

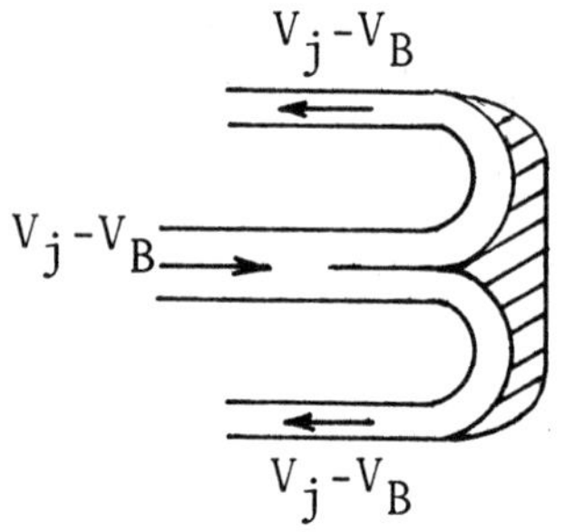

$\Sigma F_{bucket\ on\ jet} = \rho Q[-(V_j-V_B)-(V_j-V_B)]$

Then, $\Sigma F_{on\ bucket} = \rho V_j A_j 2(V_j-V_B)$

assuming the combination of buckets to be intercepting flow at the rate of $V_j A_j$.

Then, Power $= FV_B = 2\rho A_j[V_j^2 V_B - V_j V_B^2]$

For maximum power production, d Power/d$V_B = 0$

so, $0 = 2\rho A(V_j^2 - V_j 2V_B)$

$0 = V_j - 2V_B$ or $V_B = 1/2\ V_j$

14-40. Consider the power developed from the force on a single bucket. Referencing velocities to the bucket gives

$\Sigma F_{on\ water} = \rho Q_{rel.\ to\ bucket}(-(1/2)V_j - (1/2)V_j)$

Then $F_{on\ bucket} = \rho(V_j - V_B)A_j(V_j)$

but $V_j - V_B = 1/2\ V_j$ so $F_{on\ bucket} = 1/2\ \rho A V_j^2$

Then Power $= FV_B = (1/2)\rho Q\ V_j^3/2$

14-40. (Continued)

This power is 1/2 that given by Eq. (14-20). The extra power comes from the operation of more than a single bucket at a time so that the wheel as a whole turns the full discharge; whereas, a single bucket intercepts flow at a rate of 1/2 V_jA_j.

14-41. $V_{r_1} = 4/(2\pi \times 1.5 \times 0.3) = 1.415$ m/s; $V_{r_2} = 4/(2\pi \times 1.2 \times 0.3) = 1.768$ m/s;

$\omega = (60/60)2\pi = 2\pi\ s^{-1}$

$\alpha_1 = \text{arc cot}((r_1\omega/V_{r_1}) + \cot\beta_1) = \text{arc cot}((1.5(2\pi)/1.415) + \cot 85°)$

$\alpha_1 = \text{arc cot}(6.66 + 0.0875) = \underline{8°25'}$

$V_{tan_1} = r_1\omega + V_{r_1}\cot\beta_1 = 1.5(2\pi) + 1.415(0.0875) = 9.549$

$V_{tan_2} = r_2\omega + V_{r_2}\cot\beta_2 = 1.2(2\pi) + 1.768(-3.732) = 0.940$

$T = \rho Q(r_1V_{tan_1} - r_2V_{tan_2}) = 1{,}000(4)((1.5 \times 9.549) - 1.2 \times 0.940) = \underline{52{,}780\ \text{N-m}}$

Power $= T\omega = 52{,}780 \times 2\pi = \underline{331.6\ \text{kW}}$

14-42. $\omega = 120/60 \times 2\pi = 4\pi\ s^{-1}$; $V_{r_1} = 113/(2\pi(2.5)0.9) = 7.99$ m/s

$\alpha_1 = \text{arc cot}((r_1\omega/V_{r_1}) + \cot\beta_1) = \text{arc cot}((2.5(4\pi)/7.99) + \cot 45°)$

$= \text{arc cot}(3.93 + 1) = \underline{11°28'}$

14-43. $V_{r_1} = Q/(2\pi r_1 B) = 126/(2\pi \times 5 \times 1) = 4.01$ m/s

$\omega = 60 \times 2\pi/60 = 2\pi$ rad./s

a) $\alpha_1 = \text{arc cot}((r_1\omega/V_{r_1}) + \cot\beta_1) = \text{arc cot}((5 \times 2\pi/4.01) + 0.577) = \underline{6.78°}$

$\alpha_2 = \text{arc tan}(V_{r_2}/(\omega r_2)) = \text{arc tan}((4.01 \times 5/3)/(3 \times 2\pi)) = \text{arc tan}\ 0.355$

$= 15.5°$

b) $V_1 = V_{r_1}/\sin\alpha_1 = 4.01/0.118 = 39.97$ m/s; $V_2 = V_{r_2}/\sin\alpha_2 = 20.0$ m/s

$P = \rho Q\omega(r_1V_1\cos\alpha_1 - r_2V_2\cos\alpha_2)$

$P = 998 \times 126 \times 2\pi(5 \times 39.97 \times \cos 6.78° - 3 \times 20.0 \times \cos 15.5°) = \underline{111.1\ \text{MW}}$

c) Increase β_2

14-44. $P_{max} = (16/54)\rho U^3A = (16/54) \times 1.2 \times (50{,}000/3{,}600)^3\pi \times 2^2/4 = \underline{2.99\ \text{kW}}$

14-45. $P_{max} = (16/54)\rho U^3A$

so $A_{min.} = P \times (54/16)/\rho U^3 = 500 \times (54/16)/(1.2 \times (20{,}000/3{,}600)^3) = \underline{8.20\ \text{m}^2}$

15-1. $V = Q/A = 20/(5 \times 1) = 4$ m/s

$F = V/\sqrt{gy} = 4/\sqrt{9.81 \times 1} = \underline{1.3\text{(supercritical)}}$

15-2. $V = Q/A;\ A = Q/V = 10/1 = 10\ m^2;\quad d = 10/5 = 2m$

$F = V/\sqrt{gy} = 1/\sqrt{9.81 \times 2} = \underline{0.22\ \text{(subcritical)}}$

15-3. $F = V/\sqrt{gy} = (Q/A)/\sqrt{gy} = (Q/(By))/\sqrt{gy}$

$F = Q/(B\sqrt{g}\ y^{3/2})$

$F_{0.3} = 10/(3\sqrt{9.81} \times 0.3^{3/2}) = \underline{6.48\ \text{(supercritical)}}$

$F_{1.0} = 10/(3\sqrt{9.81} \times 1.0^{3/2}) = \underline{1.06\ \text{(supercritical)}}$

$F_{2.0} = 10/(3\sqrt{9.81} \times 2.0^{3/2}) = \underline{0.376\ \text{(subcritical)}}$

$y_c = (q^2/g)^{1/3} = ((Q/B)^2/9.81)^{1/3} = \underline{1.04\ m}$

15-4. $E_{30} = y_1 + q^2/(2gy_1^2) = 0.30 + (10/3)^2/(2 \times 9.81 \times 0.3^2) = \underline{6.59\ m}$

Then $y_2 + q^2/(2gy_2^2) = 6.59$ m where $q = (10/3)\ m^2/s$

Solving: $y_{alt.} = \underline{6.58\ m}$

15-5. Check Froude number:

$Fr = V/\sqrt{gy} = 6/\sqrt{0.1 \times 9.81} = 6.06$

The Froude number is greater than 1 so the flow is supercritical.

$E = y + V^2/2g$

$E = 0.1 + 6^2/(2 \times 9.81) = 1.935$ m

Solving for the alternate depth for an E of 1.935 yields $y_{alt.} = \underline{1.93\ m}$

15-6. $V_c^2/g = y_c;\quad y_c = \underline{0.408\ m}$

15-7. $Q = (1/n)AR^{2/3}S^{1/2}$

$9 = (1/0.014) \times 4y(4y/(B+2y))^{2/3} \times (0.005)^{1/2}$

Solving for y gives: $y = 0.693$ m and $V = Q/(By) = 3.25$ m/s

Then $F = V/\sqrt{gy} = \underline{1.24\ \text{(supercritical)}}$

15-8.

y (m)	E (m)
0.25	7.59
0.30	5.40
0.40	3.27
0.50	2.33
0.60	1.87
0.70	1.64
0.80	1.52
0.90	1.47
1.00	1.46
1.10	1.48
1.40	1.63
2.00	2.11
4.00	4.03
7.00	7.01

$E = y + q^2/(2gy^2)$ (for a rectangular channel)

For this problem $Q = Q/B = 18/6 = 3m^2/s$

So $E = y + 3^2/(2gy^2)$

or $E = y + 0.4587/y^2$

E vs. y is shown in table at left.

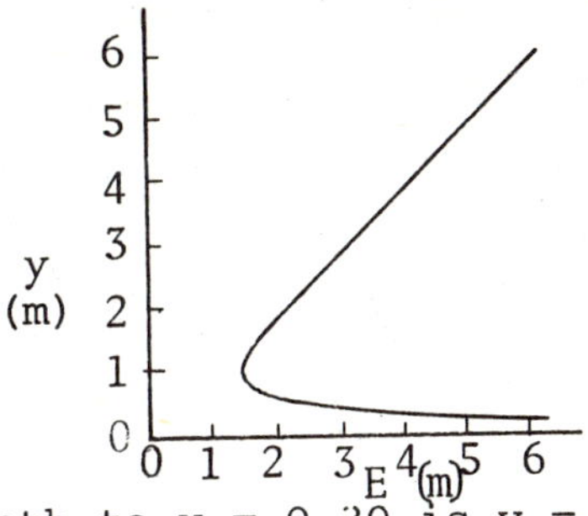

The alternate depth to y = 0.30 is $y = 5.38$ m

Sequent depth: $y_2 = (y_1/2)(\sqrt{1 + 8F_1^2} - 1)$

$F_1 = V/\sqrt{gy_1} = (3/0.3)/\sqrt{9.81 \times 0.30} = 5.83$

Then $y_2 = (0.3/2)(\sqrt{1 + 8 \times 5.83^2} - 1) = \underline{2.33 \text{ m}}$

15-9. $d_{brink} \approx 0.71\, y_c = 0.71(q^2/g)^{1/3}$

Then for $d_{brink} = 0.25$ m $q = (0.25 \times g^{1/3}/0.71)^{3/2}$

$q = 0.654\ m^2/s$

Then $\underline{Q = 3q = 1.96\ m^3/s}$

15-10. Solution like that for P15-9:

$q = ((1.20 \times (32.2)^{1/3}/0.71)^{3/2}$

$q = 12.47\ m^2/s$

Then $Q = 15 \times 12.47 = \underline{187 \text{ cfs}}$

15.11. $y_{brink} = 0.71\, y_c$ where $y_c = \sqrt[3]{q^2/g}$; $q = 15/5 = 3m^3/s/m$

$y_{brink} = 0.71 \sqrt[3]{3^2/9.81} = \underline{0.690 \text{ m}}$

15-12. $Q = 0.545\sqrt{g}\, LH^{3/2}$; L = 20 ft, and H = 1.5 ft

Then $Q = 0.545\sqrt{32.2} \times 20 \times (1.5)^{3/2} = \underline{114 \text{ cfs}}$

15-13. $Q = 0.545\sqrt{g}\ LH^{3/2}$; $L = 10$ m and $H = 0.60$ m

Then $Q = 0.545\sqrt{9.81} \times 10 \times (0.60)^{3/2} = \underline{7.93\ m^3/s}$

15-14. $Q = 0.545\sqrt{g}\ LH^{3/2}$; $H = (Q/(0.545\sqrt{g}\ L))^{2/3}$

Then $H = (50/(0.545\sqrt{9.81} \times 20)^{2/3} = 1.29$ m

So, water surface elevation upstream = $\underline{101.29\ m}$

15-15. Solution is like that for P15-14:

$H = (Q/(0.545\sqrt{g}\ L))^{2/3} = (1{,}500/(0.545\sqrt{32.2} \times 50))^{2/3} = 4.55$ ft

Then W.S. elevation upstream = $\underline{304.55\ ft}$

15-16. $V_1 = 3$ m/s So $E_1 = y_1 + V_1^2/2g = 3 + 3^2/(2 \times 9.81) = 3.46$ m

$F_1 = V_1/\sqrt{gy_1} = 3/\sqrt{9.81 \times 3} = 0.55$ (subcritical)

Then $E_2 = E_1 - \Delta z_{step} = 3.46 - 0.30 = \underline{3.16\ m}$

$y_2 + q^2/(2gy_2^2) = 3.16$ m

$y_2 + 9^2/(2gy_2^2) = 3/16$

$y_2 + 4.13/y_2^2 = 3.16$

Solving for y_2 yields $y_2 = 2.50$ m

Then $\Delta y = y_2 - y_1 = 3.00 - 2.50 = \underline{-0.50}$

W.S. drops $\underline{0.20\ m}$

For a downward step $E_2 = E_1 + \Delta z_{step} = 3.46 + 0.3 = \underline{3.76\ m}$

$y_2 + 4.13/y_2^2 = 3.76$ Solving: $y_2 = 3.40$ m

Then $\Delta y = y_2 - y_1 = 3.40 - 3 = \underline{0.40\ m}$

W.S. elevation change = $\underline{+0.10\ m}$

Max. upward step before altering upstream conditions:

$y_c = y_2 = \sqrt[3]{q^2/g} = \sqrt[3]{9^2/9.81} = 2.02$

$E_1 = \Delta z_{step} + E_2$ where $E_2 = 1.5\ y_c = 1.5 \times 2.02 = 3.03$ m

Max. $z_{step} = E_1 - E_2 = 3.46 - 3.03 = \underline{0.43\ m}$

15-17.

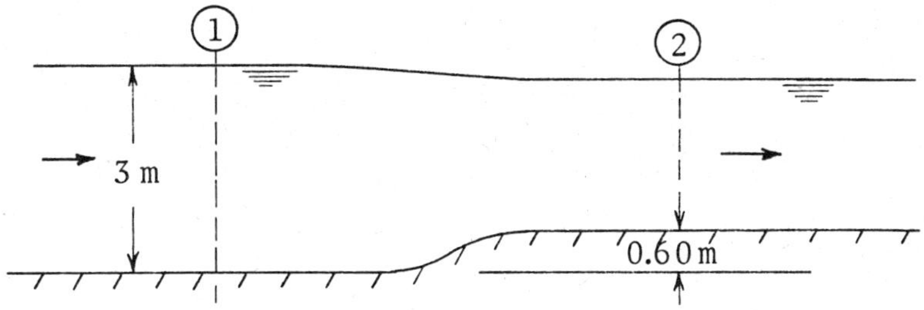

$E_2 = E_1 - 0.60$; $V_1 = 2$ m/s; $F_1 = V_1/\sqrt{gy_1} = 2/\sqrt{9.81 \times 3} = 0.369$

Then $E_2 = (3 + (2^2/(2 \times 9.81)) - 0.60 = 2.60$ m

Solve for y_2: $y_2 + q^2/(2gy_2^2) = 2.60$ where $q = 2 \times 3 = 6m^3/s/m$

Then $y_2 + 6^2/(2 \times 9.81 \times y_2^2) = 2.60$

$y_2 + 1.83/y_2^2 = 2.60$

Solving, one gets $y_2 = 2.24$ m; $\Delta y = y_2 - y_1 = 2.24 - 3.00 = \underline{\underline{-0.76m}}$

Water surface drops $\underline{\underline{0.16\ m}}$

For downward step of 15 cm we have

$E_2 = (3 + (2^2/(2 \times 9.81)) + 0.15 = 3.35$ m

$y_2 + 6^2/(2 \times 9.81 \times y_2^2) = 3.35$

$y_2 + 1.83/y_2^2 = 3.35$

Solving: $y_2 = 3.17$ m or $y_2 - y_1 = 3.17 - 3.00 = \underline{\underline{+0.17\ m}}$

Water surface rises $\underline{\underline{0.02\ m}}$

The maximum upstep possible before affecting upstream water surface levels is for $y_2 = y_c$

$y_c = \sqrt[3]{q^2/g} = 1.54$ m

Then $E_1 = \Delta z_{step} + E_{2,crit}$

$\Delta z_{step} = E_1 - E_{2,crit} = 3.20 - (y_c + V_c^2/2g) = 3.20 = 1.5 \times 1.54$

$z_{step} = \underline{\underline{+0.89\ m}}$

15-18. $F_1 = V_1/\sqrt{gy_1} = 3/\sqrt{9.81 \times 3} = 0.55$ (subcrit)

$E_1 = E_2 = y_1 + V_1^2/2g = 3 + 3^2/\sqrt{2 \times 9.81} = 3.46$ m

$q_2 = Q/B_2 = 27/2.6 = 10.4\ m^3/s/m$

Then $y_2 + q^2/(2gy_2^2) = y_2 + (10.4)^2/(2 \times 9.81 \times y_2^2) = 3.46$

$y_2 + 5.50/y_2^2 = 3.46$

15-18. (Continued)

Solving: $y_2 = 2.71$ m

$\Delta z_{\text{water surface}} = \Delta y = y_2 - y_1 = 2.71 - 3.00 = \underline{\underline{0.29\text{ m}}}$

Max. contraction without altering the upstream depth will occur with $y_2 = y_c$

$E_2 = 1.5\, y_c = 3.46;\quad y_c = 2.31$ m

Then $V_c^2/2g = y_c/2 = 2.31/2$ or $V_c = 4.76$ m/s

$Q_1 = Q_2 = 27 = B_2 y_c V_c;\quad B_2 = 27/(2.31 \times 4.76) = 2.46$ m

The width for max. contraction = $\underline{\underline{2.46\text{ m}}}$

15-19. Write the energy equation from a section in the channel upstream of the ship to a section where the ship is located.

$E_1 = E_2$

$V_1^2/2g + y_1 = V_2^2/2g + y_2$

$A_1 = 35 \times 200 = 7{,}000\text{ m}^2\ ;\ V_1 = 5 \times 0.515 = 2.575$ m/s

$2.575^2/(2 \times 9.81) + 35 = (Q/A_2)^2/(2 \times 9.81) + y_2$ (1)

where $Q = V_1 A_1 = 2.575 \times 7{,}000\text{ m}^3/\text{s}$ (2)

$A_2 = 200\text{ m} \times y_2 - 29 \times 63$ (3)

Substituting Eq's (2) and (3) into Eq. (1) and solving for y_2

yields $y_2 = 34.70$ m

Therefore, the ship squat is $y_1 - y_2 = 35.0 - 34.7 = \underline{\underline{0.30\text{ m}}}$

15-20. Apply the momentum equation for a unit width

$\Sigma F_x = \Sigma V_x \rho \underline{V} \cdot \underline{A}$

$\gamma y_1^2/2 - \gamma y_2^2/2 - 2{,}000 = -\rho V_1^2 y_1 + \rho V_2^2 y_2$

let $V_1 = q/y_1$ and $V_2 = q/y_2$ and divide by γ

$y_1^2/2 - y_2^2/2 - 200/\gamma = -q_1^2 y_1/(g y_1^2) + q_2^2 y_2/(g y_2^2)$

$1/2 - y_2^2/2 - 3.205 = (-(20)^2/32.2)(-1 + 1/y_2)$

Solving for y_2 yields: $y_2 = \underline{\underline{1.43\text{ ft}}}$

15-21.

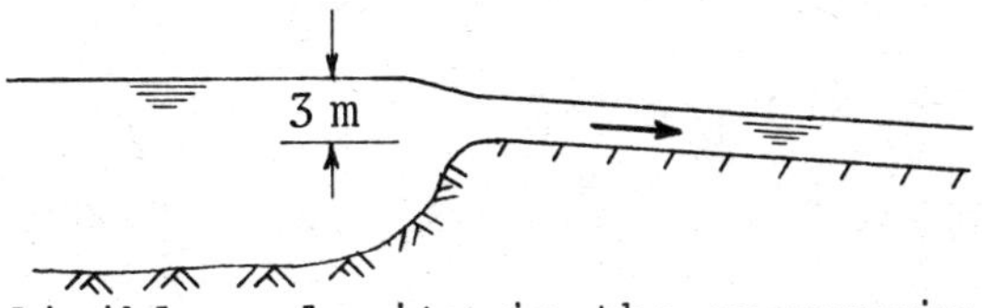

Assume negligible velocity in the reservoir and negligible energy loss. Then the channel entrance will act like a broad crested weir.

Thus $Q = 0.545\sqrt{g}\ LH^{3/2}$ where L = 4 m and H = 3 m

Then $Q = 0.545\sqrt{9.81} \times 4 \times 3^{3/2} = \underline{35.5\ m^3/s}$

15-22. $V = \sqrt{gy} = \sqrt{9.81 \times 0.30} = \underline{1.71\ m/s}$

15-23. $V = \sqrt{gy};\ 3.0 = \sqrt{9.81}\ \sqrt{y}$

$y = 3^2/9.81 = \underline{0.917\ m}$

15-24. As the waves travel into shallower water their speed is decreased ($V = \sqrt{gy}$); therefore, the wave lags that in deeper water. Thus, the wave crests tend to become parallel to the shoreline.

15-25. Let the upstream section (where y = 3 ft) be section 1 and the downstream section (y = 2 ft) be section 2.

Then $V_1 = 18/3 = 6$ ft/s and $V_2 = 18/2 = 9$ ft/s

$$y_1 + V_1^2/2g + z_1 = y_2 + V_2^2/2g + z_2 + h_L$$

$$3 + 6^2/(2 \times 32.2) + 2 = 2 + 9^2/(2 \times 32.2) + h_L$$

$$h_L = \underline{2.30\ ft}$$

$$P = Q\gamma h_L/550$$

$$= 18 \times 62.4 \times 2.3/550 = \underline{4.70\ \text{horsepower}}$$

Determine the force of ramp by writing the momentum equation between section 1 and 2. Let F_x be the force of the ramp on the water and assume x positive in the direction of flow. Then

$$\Sigma F_x = \rho q(V_{2x} - V_{1x})$$

$$\gamma y_1^2/2 - \gamma y_2^2/2 + F_x = 1.94 \times 18(9-6)$$

$$(62.4/2)(3^2-2^2) + F_x = 104.8$$

$$F_x = -51.2\ \text{lbf}$$

The ramp exerts a force of <u>51.2 lbs opposite to the direction of flow</u>.

15-26. $y_0 + q^2/(2gy_0^2) = y_1 + q^2/(2gy_1^2)$; $q = 2\ m^3/s/m$; $y_0 = 5$ m

$5 + 2^2/(2(9.81)5^2) = y_1 + 2^2/(2(9.81)y_1^2) \rightarrow y_1 = 0.206$ m

$F_1 = q/\sqrt{gy_1^3} = 2/\sqrt{9.81(0.206)^3} = 6.829$

$y_2 = (y_1/2)(\sqrt{1 + 8F_1^2} - 1) = (0.206/2)(\sqrt{1+8(6.829^2)} - 1) = \underline{1.89\text{m}}$

15-27. $F_1 = q/\sqrt{gy^3} = 1.8/\sqrt{9.81(0.3)^3} = 3.5 > 1$

$\therefore$ Jump can form.

$y_2 = (y_1/2)(\sqrt{1 + 8F_1^2} - 1) = (0.3/2)(\sqrt{1+8(3.5)^2}-1) = \underline{1.34\text{ m}}$

15-28. $F_1 = V/\sqrt{gy} = 5/\sqrt{9.81(0.4)} = 2.52$

$y_2 = (0.4/2)(\sqrt{1+8(2.52)^2}-1) = \underline{1.24\text{ m}}$

15-29. From Eq. 15-26,

$F_1 = q/\sqrt{gy_1^3} = ((1/8)[(2(y_2/y_1)+1)^2-1])^{1/2}$

$q = ((gy_1^3/8)[(2(y_2/y_1)+1)^2-1])^{1/2}$

$= ((9.81(0.15)^3/8)[(2(4.0/0.15)+1)^2-1])^{1/2} = \underline{3.49\ m^3/s/m}$

15-30. Assume negligible energy loss for flow under the sluice gate. Write the Bernoulli equation from a section upstream of the sluice gate to a section immediately downstream of the sluice gate.

$y_0 + V_0^2/2g = y_1 + V_1^2/2g$

$65 + \text{neglig.} = 1 + V_1^2/2g$

$V_1 = \sqrt{64 \times 64.4} = 64.2$ ft/s

$F_1 = V_1/\sqrt{gy_1} = 64.2/\sqrt{32.2 \times 1} = 11.3$

Now solve for the depth after the jump:

$y_2 = (y_1/2)(\sqrt{1 + 8F_1^2} - 1)$

$= (1/2)(\sqrt{1 + 8 \times 11.3^2} - 1) = 15.5$ ft

$h_L = (y_2 - y_1)^3/(4y_1y_2)$

$= (15.51)^3/(4 \times 1 \times 15.51) = \underline{49.2\text{ ft}}$

$P = Q\gamma h_L/550$

$= (64.2 \times 1 \times 5) \times 62.4 \times 49.2/550 = \underline{1{,}793\text{ horsepower}}$

15-31. Solution procedure is the same as for P15-30.

$y_0 + V_0^2/2g = y_1 + V_1^2/2g$

$20 = 0.30 + V_1^2/2g; \quad V_1 = 19.66 \text{ m/s}$

$F_1 = V_1/\sqrt{gy_1} = 19.66/\sqrt{9.81 \times 0.3} = 11.5$

$y_2 = (y_1/2)(\sqrt{1 + 8F_1^2} - 1)$

$= (0.3/2)(\sqrt{1 + 8 \times 11.5^2} - 1) = 4.71\text{m}$

$h_L = (y_2 - y_1)^3/(4y_1y_2)$

$= (4.71-0.3)^3/(4 \times 0.3 \times 4.71) = \underline{15.2\text{m}}$

15-32. $V = (1/n)R^{2/3}S_0^{1/2}$ where n = 0.015 (assume)

$R = A/P = (0.4 \times 10)/(2 \times 0.4 + 10) = 0.370 \text{ m}$

Then $V = (1/0.015)(0.370)^{2/3} \times (0.04)^{1/2} = 6.87 \text{ m/s}$

Then $F_1 = V/\sqrt{gy_1} = 6.87/\sqrt{9.81 \times 0.40} = 3.47$ (supercritical)

Then $y_2 = (y_1/2)(\sqrt{1+8 \times F_1^2} - 1) = (0.40/2)(\sqrt{1+8 \times (3.47)^2} - 1) = \underline{1.77 \text{ m}}$

15-33. Assume the shear stress will be the averate of τ_{0_1}, uniform approaching the jump, and τ_{0_2}, uniform flow leaving the jump.

$\tau_0 = f\rho V^2/8 \quad (10\text{-}21)$

where $f = f(Re, k_s/4R)$

$R_{e_1} = V_1(4R_1)/\nu$	$R_{e_2} = V_2 \times (4R_2)/\nu$
From sol. to P15-28:	$V_2 = V_1 \times 0.4/1.77 = 1.55 \text{ m/s}$
$R_{e_1} = 6.87 \times (4 \times 0.37)/10^{-6}$	$R_2 = A/P = (1.77 \times 10)/(2 \times 1.77 + 10) = 1.31 \text{ m}$
$R_{e_1} = 10^7$	$R_{e_2} = 1.55 \times (4 \times 1.31)/10^{-6}$
assume $k_s = 3 \times 10^{-3}\text{m}$	$R_{e_2} = 8 \times 10^6$
$k_s/4R_1 = 3 \times 10^{-3}/(4 \times 0.37)$	$k_s/4R_2 = 3 \times 10^{-3}/(4 \times 1.31)$
$k_s/4R_1 = 2 \times 10^{-3}$	$k_s/4R_2 = 6 \times 10^{-4}$
From Fig. 10-8, $f_1 = 0.024$	$f_2 = 0.018$
Then $\tau_{0_1} = 0.024 \times 1{,}000 \times (6.87)^2/8$	$\tau_{0_2} = 0.018 \times 1{,}000 \times (1.55)^2/8$
$\tau_{0_1} = 142 \text{ N/m}^2$	$\tau_{0_2} = 5.4 \text{ N/m}^2$

15-33. (Continued)

$$\tau_{avg} = (142 + 5.4)/2 = 74 \text{ N/m}^2$$

Then $F_s = \tau_{avg}A_s = \tau_{avg}PL$

where $L \approx y_2$, $P \approx B + (y_1+y_2)$

Then $F_s \approx 74(10+(0.40+1.77))(6 \times 1.77) = 9{,}560$ N

$F_H = (\gamma/2)(y_2^2-y_1^2)B = (9{,}810/2)((1.77)^2-(0.40)^2) \times 10 = 145{,}820$ N

Thus, $F_s/F_H = 9{,}560/145{,}820 = \underline{\underline{0.066}}$

Note: The above estimate probably gives an excessive amount of wgt. to τ_{0_1} because τ_0 will not be linearly distributed. A better estimate might be to assume a linear distribution of velocity with an average f and integrate $\tau_0 dA$ from one end to the other.

15-34. $q = 0.40 \times 10 = 4.0 \text{ m}^3/\text{s/m}$

Then $y_c = \sqrt[3]{q^2/g} = \sqrt[3]{(4.0)^2/9.81} = 1.18$ m

Then we have $y < y_n < y_c$; therefore, the water surface profile will be an $\underline{\underline{S3}}$.

Shear stress: Assume a boundary layer develops similar to a flat plate downstream of the plane of the sluice gate.

Then $Re_x \approx V \times 0.5/\nu$

$Re_x = 10 \times 0.5/10^{-6} = 5 \times 10^6$

$c_f = 0.058/Re_x^{1/5} = 0.00265$ (from Ch. 9)

Then $\tau_0 = c_f \rho V_0^2/2 = 0.00265 \times 998 \times 10^2/2 = \underline{\underline{132 \text{ N/m}^2}}$

15-35. $q = 5/3$ $F_1 = q/\sqrt{gy^3} = (5/3)/\sqrt{9.81(0.3)^3} = 3.24 > 1$ (supercritical)

Flow over weir, $Q = (0.40+0.05\ H/P)L\sqrt{2g}\ H^{3/2}$

$$5 = (0.40+0.05\ H/1.6) \times 3\sqrt{2(9.81)}H^{3/2}$$

Solving by iteration gives H = 0.917 m

Depth upstream of weir = 0.917 + 1.6 = 2.52 m

$F_2 = (5/3)/\sqrt{9.81(2.52)^3} = 0.133 < 1$ (subcritical)

$\therefore$ A hydraulic jump forms. $y_2 = (0.3/2)(\sqrt{1+8(3.24)^2} - 1) = 1.23$ m

15-35. (Continued)

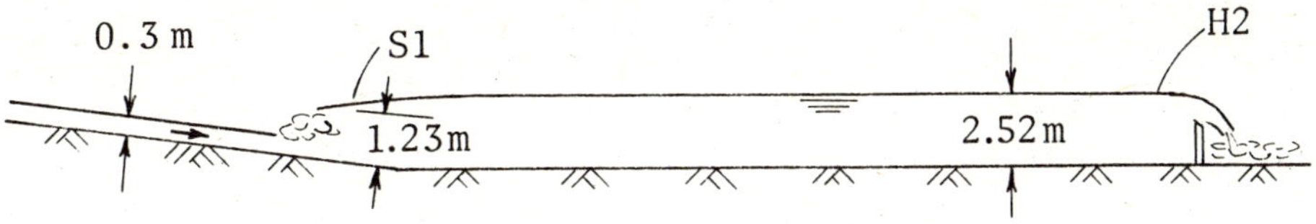

15-36. $F_1 = q/\sqrt{gy^3} = 3/\sqrt{9.81(0.2)^3} = 10.71$

$F_2 = 3/\sqrt{9.81(0.6)^3} = 2.06$

$\therefore$ Continuous H-3 profile

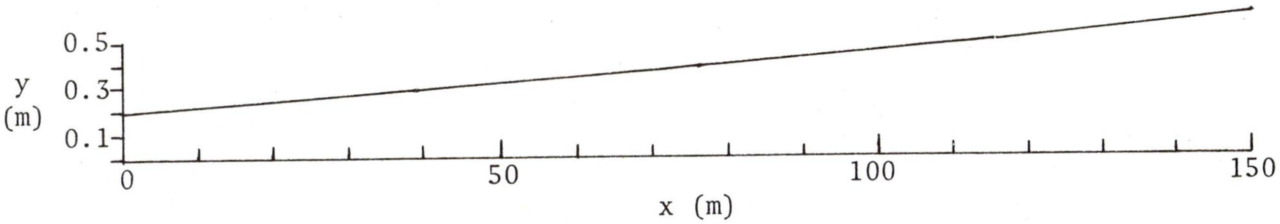

y	$\bar{y}$	V	$\bar{V}$	E	ΔE	S_f	Δx	x
0.2		15		11.6678				0
	0.25		12.5		6.2710	0.1593	39.4	
0.3		10		5.3968				39.4
	0.35		8.75		2.1298	0.0557	38.2	
0.4		7.5		3.2670				77.6
	0.45		6.75		0.9321	0.0258	36.1	
0.5		6.0		2.3349				113.7
	0.55		5.5		0.4607	0.0140	32.9	
0.6		5.0		1.8742				146.6

15-37.

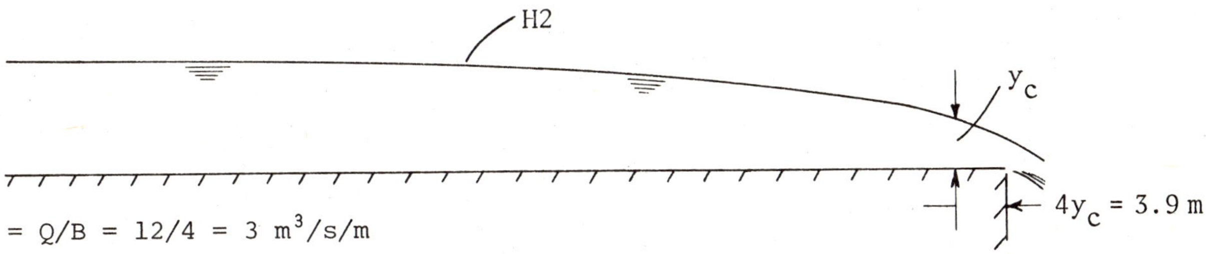

$q = Q/B = 12/4 = 3\ m^3/s/m$

$y_c = \sqrt[3]{q^2/g} = 0.972$ m (This depth occurs near brink.)

Carry out a step solution for the profile upstream from the brink.

15-37. (Continued)

$Re \approx V \times 4R/\nu \approx 3 \times 1/10^{-6} \approx 3 \times 10^6$; $k_s/4R \approx 0.3 \times 10^{-3}/4 \approx 0.000075$;

$f \approx 0.010$

See following page for solution table.

Check Δy from 1.2 to 1.1

$V_{avg} = Q/(A_1+A_2/2) = 12/(4.8+4.4)/2 = 2.61$ ft/s

$V_m^2 = 6.805$

$R_{1.2} = 1.2 \times 4/(6.4) = 0.75$

$R_m = 0.729$ m

$R_{1.1} = 1.1 \times 4/(6.2) = 0.7097$

$h_f/L = S_f = fV^2/(8gR_m) = (0.01 \times 6.805)/(8 \times 9.81 \times 0.729) = 1.189 \times 10^{-3}$

$\Delta h_f = S_f \times 33 = 0.0392$ m

$y_1 + V_1^2/2g = y_2 + V_2^2/2g + \Delta h_f$

$y_1 - y_2 = 0.379 - 0.319 + 0.0392 = 0.0996$ m

15-38. Upstream of jump the profile will be an H3.

Downstream of jump the profile will be an H2.

The baffle blocks will cause the depth upstream of A to increase; therefore, the jump will move towards the sluice gate.

15-39.

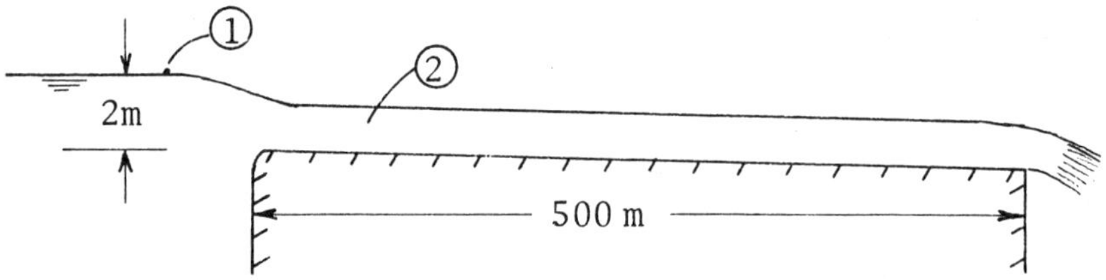

The channel is steep; therefore, critical depth will occur just inside the channel entrance. Then write the energy equation from the reservoir, (1), to the entrance section (2).

$y_1 + V_1^2/2g = y_2 + V_2^2/2g$; Assume $V_1 = 0$

Then $2 = y_2 + V_2^2/2g = y_c + 0.5\, y_c$

Solving for y_c: $y_c = 2/1.5 = 1.33$ m

Get $V_c = V_2$: $V_c^2/g = y_c = 1.33$ or $V_c = 3.62$ m/s

Then $Q = V_c A_2 = 3.62 \times 1.33 \times 4 = \underline{\underline{19.2 \text{ m}^3/\text{s}}}$

Solution Table for Problem 15-37.

Section number upstream of y_c	Depth y, m	Velocity at section V, m/s	Mean Velocity in reach $(V_1+V_0)/2$	V^2	Hydraulic Radius $R=A/P$, m	Mean Hydraulic Radius $R_m=(R_1+R_2)/2$	$S_f=fV^2_{mean}/8gR_{mean}$	$\Delta x = ((y_2+V_2^2/2g)-(y_1+V_1/2g))/S_f$	Distance upstream from brink x, m
1(at $y=y_c$)	0.972	3.086			0.654				3.9 m
			3.073	9.443		0.656	1.834×10^{-3}	0.1 m	4.0 m
2	0.98	3.060			0.658				
			3.045	9.272		0.660	1.790×10^{-3}	0.4 m	4.4 m
3	0.99	3.030			0.662				
			2.986	8.916		0.669	1.698×10^{-3}	1.7 m	6.1 m
4	1.02	2.941			0.675				
			2.886	8.327		0.684	1.551×10^{-3}	4.7 m	10.9 m
5	1.06	2.830			0.693				
			2.779	7.721		0.701	1.403×10^{-3}	7.7 m	18.6 m
6	1.10	2.727			0.710				
			2.613	6.828		0.730	1.192×10^{-3}	33.2 m	51.8 m
7	1.20	2.500			0.750				
			2.404	5.779		0.769	9.576×10^{-4}	55.3 m	107.1 m
8	1.30	2.308			0.788				
			2.225	4.951		0.806	7.83×10^{-4}	80.0 m	187.1 m
9	1.40	2.143			0.824				
			2.0715	4.291		0.841	6.501×10^{-4}	107.4 m	294.5 m
10	1.50	2.00			0.857				

The depth 300 m upstream is approximately 1.51 m

15-40. a) Assume uniform flow is established in the channel except near the downstream end. Then if the energy equation is written from the reservoir to a section near the upstream end of the channel, we have:

$$2.5 \approx V_n^2/2g + y_n \quad (1)$$

$$\text{Also, } V_n = (1/n)R^{2/3} S^{1/2} \quad \text{or } V_n^2/2g = (1/n^2)R^{4/3} S/2g \quad (2)$$

$$\text{where } R = A/P = 3.5y_n/(2y_n + 3.5) \quad (3)$$

Then combining Eqs. (1), (2), and (3) we have

$$2.5 = ((1/n^2)((3.5y_n/(2y_n + 3.5))^{4/3} S/2g) + y_n \quad (4)$$

Assuming n = 0.012 and solving Eq. (4) for y_n yields:

y_n = 2.16 m; Also solving (2) yields V_n = 2.58 m/s

Then Q = VA = 2.58 x 3.5 x 2.16 = 19.5 m^3/s

b) With only a 100 m-long channel, uniform flow will not become established in the channel; therefore, a trial-and-error type of solution is required. Critical depth will occur just upstream of the brink so assume a value of y_c, then calculate Q and calculate the water surface profile back to the reservoir. Repeat the process for different values of y_c until a match between the reservoir water surface elevation and the computed profile is achieved.

15-41. q = 10 $m^3/s/m$ $y_c = \sqrt[3]{q^2/g} = \sqrt[3]{10^2/9.81} = 2.17$ m

y	$\bar{y}$	V	$\bar{V}$	E	ΔE	$S_f \times 10^4$	Δx	x	elev.
52.17		0.1917		52.170				0	52.17
	51.08		0.1958		2.168	0.00287	-5,429		
50		0.20		50.002				-5,430	52.17
	45		0.2222		9.999	0.00419	-25,024		
40		0.25		40,003				-30,450	52.18
	35		0.2857		9.997	0.00892	-25,048		
30		0.333		30.006				-55,550	52.22
	25		0.400		9.993	0.02447	-25,146		
20		0.50		20.013				-80,650	52.26
	15		0.6667		9.962	0.11326	-25,631		
10		1.00		10.051				-106,280	52.51
	9		1.1111		1.971	0.5244	-5,671		
8		1.25		8.080				-111,950	52.78
	7		1.4286		1.938	1.1145	-6,716		
6		1.667		6.142				-118,670	53.47

15-42. First, one has to determine whether the uniform flow in the channel is super or subcritical. Determine y_n and then see if for this y_n the Froude number is greater or less than unity.

$Q = (1.49/n)\ AR^{2/3} S^{1/2}$; Assume $n = 0.015$

$12 = (1.49/0.015) \times y \times y^{2/3} \times (0.04)^{1/2}$

$y_n = 0.739$ ft and $V = Q/y_n = 16.23$ ft/s

$F = V/\sqrt{gy_n} = 3.33$ Therefore, uniform flow in the channel is supercritical and one can surmise that a hydraulic jump will occur upstream of the weir. One can check this by determining what the sequent depth is. If it is less than the weir height plus head on the weir then the jump will occur.

Get sequent depth:

$$y_2 = (y_1/2)(\sqrt{1 + 8F_1^2} - 1)$$

$$= (0.739/2)(\sqrt{1 + 8 \times 3.33^2} - 1)$$

$$y_2 = \underline{\underline{3.13 \text{ ft}}}$$

Get head on weir:

$$Q = K\sqrt{2g}\ LH^{3/2} \qquad \text{Assume } K = 0.42$$

$$12 = 0.42\sqrt{64.4} \times 1 \times H^{3/2}$$

$H = 2.33$ ft; $H/P = 2.33/3 = 0.78$ so $K = 0.40 + 0.05 \times 0.78$

Better estimate for H: $H = 2.26$ ft $\qquad = 0.44$

Then depth just upstream of weir = 3 + 2.26 = $\underline{\underline{5.56 \text{ ft.}}}$
Therefore, it is proved that a jump will occur.
A rough estimate for the distance to where the jump will occur may be found by applying Eq.(15-35) with a single step computation. A more accurate calculation would include several steps.

The single-step calculation is given below:

$$\Delta x = (y_1 - y_2) + (V_1^2 - V_2^2)/2g/(S_f - S_0)$$

where $y_1 = 3.13$ ft; $V_1 = q/y_1 = 12/3.13 = 3.83$ ft/s; $V_1^2 = 14.67\ \text{ft}^2/\text{s}^2$

$y_2 = 5.56$ ft; $V_2 = 2.16$ ft/s $\qquad V_2^2 = 4.67\ \text{ft}^2/\text{s}^2$

$S_f = fV_{avg}^2/(8gR_{avg})$; $V_{avg} = 3.00$ ft/s; $\qquad R_{avg} = 4.34$ ft

Assume $k_s = 0.001$ ft; $k_s/4R = 0.00034$

$$Re = V \times 4R/\nu = ((3.83 + 2.16)/2) \times 4 \times 4.34/(1.22 \times 10^{-5}) = 4.3 \times 10^6$$

Then $f = 0.015$ and $S_f = 0.015 \times 3.0^2/(8 \times 32.2 \times 4.34) = 0.000121$

15-42. (Continued)

Δx = (3.13 - 5.56) + (14.67 - 4.67)/(64.4)/(0.000121 - 0.04) = 57.0 ft

Thus the water surface profile is shown below:

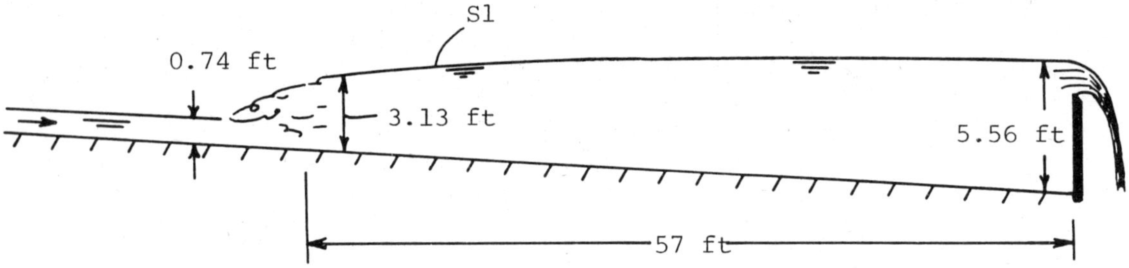

16-1.
$$y_{i+1} = y_i + y_i'\Delta x + y_i'' \frac{\Delta x^2}{2!} + y_i''' \frac{\Delta x^3}{3!} \cdots \quad (1)$$

$$y_{i+2} = y_i + 2y_i'\Delta x + y_i'' \frac{4\Delta x^2}{2!} + y_i''' \frac{8\Delta x^3}{3!} \quad (2)$$

Multiply Eq.(1) by 4 and subtract Eq.(2) gives

$$y_i' = \frac{-3y_i + 4y_{i+1} - y_{i+2}}{2\Delta x} + O(\Delta x^2)$$

16-2.

$$r^2\frac{dv}{dr}\bigg|_{i+\frac{1}{2}} = r^2_{i+\frac{1}{2}}\frac{(v_{i+1} - v_i)}{\Delta r}$$

$$r^2\frac{dv}{dr}\bigg|_{i-\frac{1}{2}} = r^2_{i-\frac{1}{2}}\frac{(v_i - v_{i-1})}{\Delta r}$$

$$\frac{d}{dr}\left(r^2\frac{dv}{dr}\right) = \frac{r^2\frac{dv}{dr}\Big|_{i+\frac{1}{2}} - r^2\frac{dv}{dr}\Big|_{i-\frac{1}{2}}}{\Delta r}$$

$$\frac{d}{dr}\left(r^2\frac{dv}{dr}\right) - r\frac{dv}{dr} - v = 0$$

$$\frac{r^2_{i+\frac{1}{2}}(v_{i+1} - v_i)}{\Delta r^2} - \frac{r^2_{i-\frac{1}{2}}(v_i - v_{i-1})}{\Delta r^2} - \frac{r_i(v_{i+1} - v_{i-1})}{2\Delta r} - v_i = 0$$

$$v_{i+1}\left(\frac{r^2_{i+\frac{1}{2}}}{\Delta r^2} - \frac{r_i}{2\Delta r}\right) - v_i\left(\frac{r^2_{i+\frac{1}{2}}}{\Delta r^2} + \frac{r^2_{i-\frac{1}{2}}}{\Delta r^2} + 1\right) + v_{i-1}\left(\frac{r^2_{i-\frac{1}{2}}}{\Delta r^2} + \frac{r_i}{2\Delta r}\right) = 0$$

16-3.
$$\mu_{i+\frac{1}{2}}u_{i+1} - (\mu_{i+\frac{1}{2}} + \mu_{i-\frac{1}{2}})u_i + \mu_{i-\frac{1}{2}}u_{i-1} = 0$$

$$T = 313.2 + 60\, y/h$$

$$\mu = 6.24 \times 10^{-9}\exp(5900/T)$$

VELOCITY DISTRIBUTION BETWEEN PLATES *****

I	U(I)
1	0.00000
2	0.04114
3	0.12151
4	0.27133
5	0.53914
6	1.00000

16-4. $$\psi_{i+1} = \psi_i + a\Delta x\psi'_i + a^2\frac{\Delta x^2}{2!}\psi''_i \ . \ . \ . \qquad (1)$$

$$\psi_{i-1} = \psi_i - \Delta x\psi'_i + \frac{\Delta x^2}{2}\psi''_i \qquad (2)$$

Subtract Eq.(2) from Eq.(1) to obtain

$$\psi_{i+1} - \psi_{i-1} = (a+1)\Delta x\psi'_i + \frac{\Delta x^2}{2!}(a^2-1) \ . \ . \ .$$

$$\psi'_i = \frac{\psi_{i+1}-\psi_{i-1}}{(a+1)\Delta x} + O(\Delta x)$$

$$\left.\frac{d\psi}{dx}\right|_{i+\frac{1}{2}} = \frac{\psi_{i+1}-\psi_i}{a\Delta x} \qquad \left.\frac{d\psi}{dx}\right|_{i-\frac{1}{2}} = \frac{\psi_i-\psi_{i-1}}{\Delta x}$$

$$\frac{d^2\psi}{dx^2} = \left(\frac{\psi_{i+1}-\psi_i}{a\Delta x} - \frac{\psi_i-\psi_{i-1}}{\Delta x}\right)/\frac{(a+1)\Delta x}{2}$$

$$\frac{d^2\psi}{dx^2} = \left(\frac{2}{a(a+1)}\right)\frac{\psi_{i+1}-\psi_i(1+a)+a\psi_{i-1}}{\Delta x^2}$$

16-5.

a) $$\frac{d}{dr}\left(\mu r^3\frac{d\omega}{dr}\right) = 0$$

or

$$\frac{d}{dr}\left(r^3\frac{d\omega}{dr}\right) = 0$$

$$\frac{r^3_{i+\frac{1}{2}}\left.\frac{d\omega}{dr}\right|_{i+\frac{1}{2}} - r^3_{i-\frac{1}{2}}\left.\frac{d\omega}{dr}\right|_{i-\frac{1}{2}}}{\Delta r} = 0$$

$$\frac{r^3_{i+\frac{1}{2}}(\omega_{i+1}-\omega_i) - r^3_{i-\frac{1}{2}}(\omega_i-\omega_{i-1})}{\Delta r^2} = 0$$

$$r^3_{i+\frac{1}{2}}\omega_{i+1} - (r^3_{i+\frac{1}{2}} + r^3_{i-\frac{1}{2}})\omega_i + r^3_{i-\frac{1}{2}}\omega_{i-1} = 0$$

Analytic solution:

$$\mu r^3\frac{d\omega}{dr} = \text{const}$$

$$d\omega = \frac{C_1 dr}{r^3}$$

$$\omega = -\frac{C_1}{2r^2} + C_2$$

$\omega = 10$ at $r = 0.5$

$\omega = 0$ at $r = 1.0$

$$v = \frac{10}{3}\left(\frac{1}{r} - r\right)$$

VELOCITY DISTRIBUTION BETWEEN PLATES

I	U(I)
1	5.00000
2	3.56608
3	2.44014
4	1.50892
5	0.70846
6	0.00000

Analytic result

I	U(I)
1	5.0
2	3.5555
3	2.4286
4	1.5000
5	0.7037
6	0.0

b)

VELOCITY DISTRIBUTION BETWEEN PLATES *****

I	U(I)
1	9.50000
2	7.55940
3	5.63973
4	3.74035
5	1.86063
6	0.00000

Linear profile

I	U(I)
1	9.5
2	7.6
3	5.7
4	3.8
5	1.9
6	0.0

c) $T = 313.2 + 60\,\dfrac{\ell n(r)}{\ell n(0.5)}$ (r in cm)

Finite difference equation

$$(\mu r^3)_{i+\frac{1}{2}}\omega_{i+1} - [(\mu r^3)_{i+\frac{1}{2}} + (\mu r^3)_{i-\frac{1}{2}}]\omega_i + (\mu r^3)_{i-\frac{1}{2}}\omega_{i-1} = 0$$

$$T = 2\pi\mu_1 r_1^3\left(\frac{\omega_2 - \omega_1}{\Delta r}\right)$$

VELOCITY DISTRIBUTION BETWEEN PLATES *****

I	U(I)
1	5.00000
2	1.94530
3	0.79862
4	0.32211
5	0.10623
6	0.00000

TORQUE ON INNER CYLINDER = 0.348E-05 N-M/CM OF LENGTH

16-6.

a) $$\frac{d}{dy}\left(\mu\frac{du}{dy}\right) = -\frac{dp_z}{ds}$$

$$\frac{d^2u}{dy^2} = -\frac{1}{\mu}\frac{dp_z}{ds}$$

$$\frac{d^2\bar{u}}{d\bar{y}^2} = -1 \qquad \text{when } \bar{u} = \frac{u\mu}{h^2}\left(\frac{dp_z}{ds}\right)^{-1} = \frac{u}{\beta}, \ \bar{y} = \frac{y}{h}$$

Analytic solution $\bar{u} = \bar{y}(1-\bar{y})/2$

Finite difference equation

$$\bar{u}_{i-1} - 2\bar{u}_i + \bar{u}_{i+1} = -\Delta\bar{y}^2$$

B = h**2/u * dP/dS

U/B DISTRIBUTION BETWEEN PLATES *****

I	U/B
1	0.00000
2	0.08000
3	0.12000
4	0.12000
5	0.08000
6	0.00000

Analytic solution

I	U/B
1	0.0
2	0.08
3	0.12
4	0.12
5	0.08
6	0.0

b) $$\frac{d}{d\bar{y}}\left(\bar{\mu}\frac{d\bar{u}}{d\bar{y}}\right) = -1 \text{ when } \bar{u} = \frac{\mu_o u}{h^2}\left(\frac{dp_z}{ds}\right)^{-1}$$

$$T = 303 + 60\,\bar{y}$$

$$\bar{\mu} = \exp\left(\frac{1770}{T}\right)/\exp\left(\frac{1770}{303}\right)$$

$$\bar{\mu}_{i-\frac{1}{2}}\bar{u}_{i-1} - (\bar{\mu}_{i-\frac{1}{2}}+\bar{\mu}_{i+\frac{1}{2}})\bar{u}_i + \bar{\mu}_{i+\frac{1}{2}}\bar{u}_{i+1} = -\Delta\bar{y}^2$$

VELOCITY DISTRIBUTION BETWEEN PLATES *****

I	U(I)
1	0.00000
2	0.10642
3	0.18275
4	0.20815
5	0.15726
6	0.00000

MEAN VELOCITY = 0.1091 m/s

DISCHARGE = 0.1091 cubic meters per meter of width

16-7. Continuity eqn. $\frac{d}{dt} \int \rho dv + \rho Q = 0$

$$V = \frac{\pi(h \tan 15)^2 h}{3}$$

$$\therefore \rho\frac{d}{dt}\left(\frac{\pi}{3}h^3\tan^2 15\right) + \rho Q = 0$$

$$\frac{dh}{dt} = - \frac{Q(t)}{\pi h^2 \tan^2 15}$$

Explicit: $h_{n+1} = h_n - \frac{Q_o}{\pi} \frac{[1+\cos(\omega t_n)]\Delta t}{h_n^2 \tan^2 15}$

Implicit: $h_{n+1} + \frac{\Delta t}{\pi} Q_o \frac{[1+\cos(\omega t_{n+1})]}{h_{n+1}^2 \tan^2 15} = h_n$

16-8.

$$\frac{\partial^2 \psi}{\partial x^2} = \frac{2}{a(a+1)}\left[\frac{\psi_E + a\psi_N - (a+1)\psi_P}{\Delta x^2}\right]$$

$$\frac{\partial^2 \psi}{\partial y^2} = \frac{2}{b(b+1)}\left[\frac{\psi_N + b\psi_S - (b+1)\psi_P}{\Delta y^2}\right]$$

$$\frac{\partial^2 \psi}{\partial x^2} + \frac{\partial^2 \psi}{\partial y^2} = 0$$

$$\Psi_p = \frac{ab\Delta x^2 \Delta y^2}{b\Delta y^2 + a\Delta x^2}\left[\frac{\psi_E + a\psi_W}{a(a+1)\Delta x^2} + \frac{\psi_N + b\psi_S}{b(b+1)\Delta y^2}\right]$$

16-9. $u = 0.5 + 0.5y$

$$\nabla^2 \psi = -\Omega_z = \frac{\partial v}{\partial x} - \frac{\partial u}{\partial y} = 0.5$$

Finite difference equation

$$\psi_{i,j-1} - 4\psi_{i,j} + \psi_{i,j+1} = -\psi_{i-1,j} - \psi_{i+1,j} + 0.5\Delta\ell^2$$

$$\psi = \psi_{CL} + \int u dy = 0.5y + 0.25y^2$$

16-9. (Continued)

*STREAM FUNCTION DISTRIBUTION IN DUCT WITH A CONTRACTION RATIO OF TWO AND A CONSTANT VORTICITY OF .5

NIT=137 ERROR= 0.99E-02

J=	1	3	5	7	9	11	13	15	17	19	21
1	0.000	0.052	0.110	0.172	0.240	0.312	0.390	0.472	0.560	0.652	0.750
4	0.000	0.054	0.113	0.177	0.246	0.318	0.396	0.477	0.564	0.654	0.750
7	0.000	0.056	0.117	0.183	0.252	0.326	0.403	0.483	0.568	0.657	0.750
10	0.000	0.059	0.123	0.190	0.261	0.335	0.412	0.492	0.574	0.660	0.750
13	0.000	0.063	0.130	0.201	0.274	0.350	0.427	0.505	0.584	0.666	0.750
16	0.000	0.069	0.141	0.217	0.294	0.372	0.449	0.526	0.601	0.675	0.750
19	0.000	0.076	0.156	0.239	0.322	0.405	0.485	0.562	0.633	0.696	0.750
22	0.000	0.087	0.177	0.270	0.364	0.455	0.542	0.621	0.691	0.750	0.000
25	0.000	0.100	0.204	0.311	0.420	0.527	0.625	0.712	0.000	0.000	0.000
28	0.000	0.113	0.233	0.359	0.492	0.630	0.750	0.000	0.000	0.000	0.000
31	0.000	0.125	0.258	0.400	0.558	0.750	0.000	0.000	0.000	0.000	0.000
34	0.000	0.133	0.273	0.421	0.580	0.750	0.000	0.000	0.000	0.000	0.000
37	0.000	0.137	0.280	0.430	0.587	0.750	0.000	0.000	0.000	0.000	0.000
40	0.000	0.139	0.283	0.433	0.589	0.750	0.000	0.000	0.000	0.000	0.000
43	0.000	0.140	0.284	0.434	0.590	0.750	0.000	0.000	0.000	0.000	0.000
46	0.000	0.140	0.285	0.435	0.590	0.750	0.000	0.000	0.000	0.000	0.000
49	0.000	0.140	0.285	0.435	0.590	0.750	0.000	0.000	0.000	0.000	0.000

16-10. $\psi = \dfrac{1}{x^2+y^2}$

$$u = \frac{\partial\psi}{\partial y} = \frac{-2y}{(x^2+y^2)^2} \qquad \frac{\partial u}{\partial y} = \frac{-2}{(x^2+y^2)^2} + \frac{8y^2}{(x^2+y^2)^3}$$

$$v = -\frac{\partial\psi}{\partial x} = \frac{2x}{(x^2+y^2)^2} \qquad \frac{\partial v}{\partial x} = \frac{2}{(x^2+y^2)^2} - \frac{8x^2}{(x^2+y^2)^3}$$

$$\frac{\partial v}{\partial x} - \frac{\partial u}{\partial y} = \frac{4}{(x^2+y^2)^2} - \frac{8(x^2+y^2)}{(x^2+y^2)^3} \neq 0$$

Flow is rotational.

16-11. $u = \dfrac{\partial\psi}{\partial y} = x$

$$v = -\frac{\partial\psi}{\partial x} = -y$$

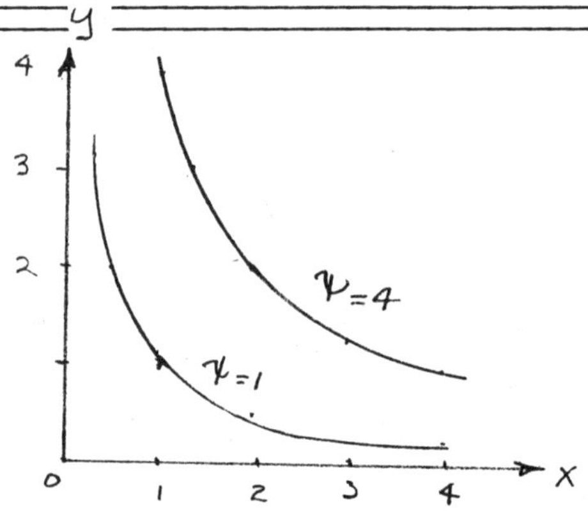

16-12. $u = U, \quad v = 0$

$$\frac{\partial \psi}{\partial x} = -v = 0 \qquad \therefore \psi = f(y)$$

$$\frac{d\psi}{dy} = U, \quad \psi = Uy + \text{const}$$

16-13. $y = ax^3 + bx^2 + cx + d$

$y(-2) = 2 \quad y'(-2) = -1, \quad y(2) = 0 \quad y'(2) = 0$

$y = 0.125x^2 - 0.5x + 0.5$

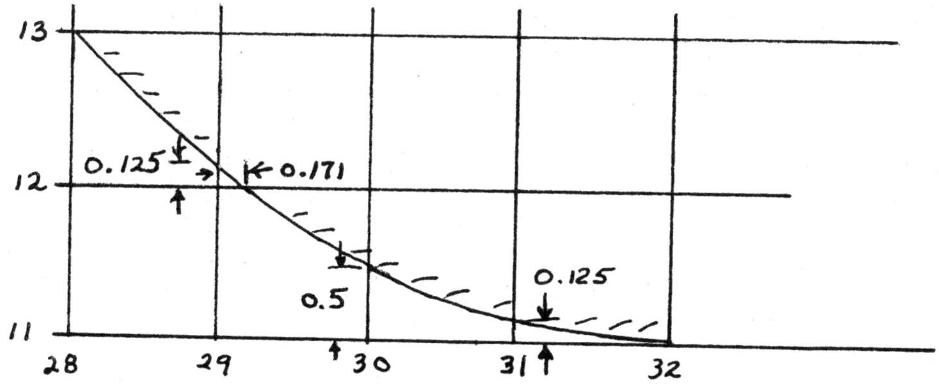

General finite difference equation:

$$C_n\psi_{i,j+1} + C_s\psi_{i,j-1} + C_e\psi_{i+1,j} + C_w\psi_{i-1,j} = (C_n+C_s+C_e+C_w)\psi_{i,j}$$

at point (29,12), a(east) = 0.171 b(north) = 0.125

CN(29,12) = 14.2222 CE(29,12) = 9.9880
CS(29,12) = 1.7778 CW(29,12) = 1.7079

at point (30,11) b(north) = 0.5

CN(30,11) = 2.6667
CS(30,11) = 1.3333

at point (31,11) b(north) = 0.125

CN(31,11) = 14.2222
CS(31,11) = 1.7778

16-13. (Continued)

*STREAM FUNCTION DISTRIBUTION IN DUCT WITH A CONTRACTION RATIO OF TWO

NIT=109 ERROR= 0.98E-02

J=	1	3	5	7	9	11	13	15	17	19	21
1	0.000	0.100	0.200	0.300	0.400	0.500	0.600	0.700	0.800	0.900	1.000
4	0.000	0.102	0.203	0.304	0.405	0.506	0.605	0.705	0.803	0.902	1.000
7	0.000	0.104	0.207	0.310	0.412	0.512	0.612	0.710	0.808	0.904	1.000
10	0.000	0.107	0.213	0.317	0.421	0.522	0.622	0.719	0.814	0.907	1.000
13	0.000	0.111	0.221	0.329	0.435	0.538	0.637	0.733	0.825	0.913	1.000
16	0.000	0.117	0.233	0.346	0.456	0.562	0.662	0.756	0.843	0.924	1.000
19	0.000	0.125	0.250	0.371	0.488	0.599	0.701	0.794	0.876	0.945	1.000
22	0.000	0.137	0.273	0.406	0.534	0.654	0.763	0.858	0.938	1.000	0.000
25	0.000	0.152	0.303	0.452	0.598	0.735	0.856	0.957	0.000	0.000	0.000
28	0.000	0.168	0.337	0.507	0.679	0.850	1.000	0.000	0.000	0.000	0.000
31	0.000	0.182	0.366	0.556	0.758	1.000	0.000	0.000	0.000	0.000	0.000
34	0.000	0.191	0.385	0.583	0.788	1.000	0.000	0.000	0.000	0.000	0.000
37	0.000	0.196	0.394	0.593	0.796	1.000	0.000	0.000	0.000	0.000	0.000
40	0.000	0.198	0.398	0.597	0.798	1.000	0.000	0.000	0.000	0.000	0.000
43	0.000	0.199	0.399	0.599	0.799	1.000	0.000	0.000	0.000	0.000	0.000
46	0.000	0.200	0.400	0.600	0.800	1.000	0.000	0.000	0.000	0.000	0.000
49	0.000	0.200	0.400	0.600	0.800	1.000	0.000	0.000	0.000	0.000	0.000

	PRESSURE COEFFICIENTS ALONG WALL
1	0.0116
4	0.0360
7	0.0816
10	0.1487
13	0.2556
16	0.4355
19	0.7778
22	0.4408
25	-0.2897
28	-2.2121
31	-7.9182
34	-3.6240
37	-3.1967
40	-3.0720
43	-3.0279
46	-3.0119
49	-3.0073

16-14. $\frac{\partial\psi}{\partial y} = U \cos \alpha; \quad \psi = U y \cos \alpha + f(x)$

$$\frac{\partial\psi}{\partial x} = -v = -U \sin \alpha = f'(x)$$

16-14. (Continued)

$$f(x) = -Ux \sin \alpha + \text{const}$$

$$\psi = U(y \cos \alpha - x \sin \alpha) + \text{const}$$

16-15. $\alpha = Uy(1 - \frac{a^2}{x^2+y^2})$

$$u = \frac{\partial \psi}{\partial y} = U(1 - \frac{a^2}{x^2+y^2}) + \frac{2Uy^2a^2}{(x^2+y^2)^2}$$

$$u(0,a) = 2U$$

$$v = -\frac{\partial \psi}{\partial x} = \frac{2Uyxa^2}{(x^2+y^2)^2}$$

$$v(0,a) = 0$$

$$C_p = 1 - \frac{u^2+v^2}{U^2} = -3$$

16-16. $\nabla\psi \cdot \nabla\phi = \frac{\partial \psi}{\partial x}\frac{\partial \phi}{\partial x} + \frac{\partial \psi}{\partial y}\frac{\partial \phi}{\partial y}$

$$= -v\,u + u\,v = 0$$

∴ Mutually orthogonal

16-17. $u = +\frac{\partial \psi}{\partial y} \quad v = -\frac{\partial \psi}{\partial x}, \; U = 1$

$$C_p = 1 - (u^2+v^2)$$

Use expression for 2nd-order accuracy for velocities.

$$u_{wall} = \frac{\partial \psi}{\partial y} = (3\psi_{i,wall} - 4\psi_{i,wall-1} + \psi_{i,wall-2})/2\Delta y$$

$$u_{axis} = (4\psi_{i,2} - \psi_{i,3})/2\Delta y$$

16-17. (Continued)

	PRESSURE COEFFICIENT ALONG AXIS	PRESSURE COEFFICIENT ALONG WALL
1	-0.0142	0.0064
4	-0.0461	0.0206
7	-0.1139	0.0508
10	-0.2296	0.1030
13	-0.4362	0.1981
16	-0.8100	0.3768
19	-1.4888	0.7516
22	-2.7076	0.2712
25	-4.7775	-1.2016
28	-7.7943	-5.9644
31	-11.0266	-24.9116
34	-13.2832	-16.3812
37	-14.3670	-15.3606
40	-14.7841	-15.1081
43	-14.9283	-15.0341
46	-14.9751	-15.0116
49	-14.9872	-15.0060

16-18. $\frac{d}{dt} \int \rho dV\!\!\!\!- + \Sigma\, \rho\vec{V}\cdot\vec{A} = 0$

Incompressible fluid,

$\vec{V}\cdot\vec{A} = 0$

$$2\pi U_r r\Delta z\Big|_{r=r_o} + \frac{\partial}{\partial r}(2\pi U_r r\Delta z)\Delta r - 2\pi U_r r\Delta z\Big|_{r=r_o}$$

$$+ 2\pi r\Delta r\, U_z\Big|_{z=z_o} + \frac{\partial}{\partial z}(2\pi r\Delta r U_z)\Delta z - 2\pi U_z r\Delta r\Big|_{z=z_o} = 0$$

$$\therefore \frac{1}{r}\frac{\partial}{\partial r}(rU_r) + \frac{\partial U_z}{\partial z} = 0$$

16-19.

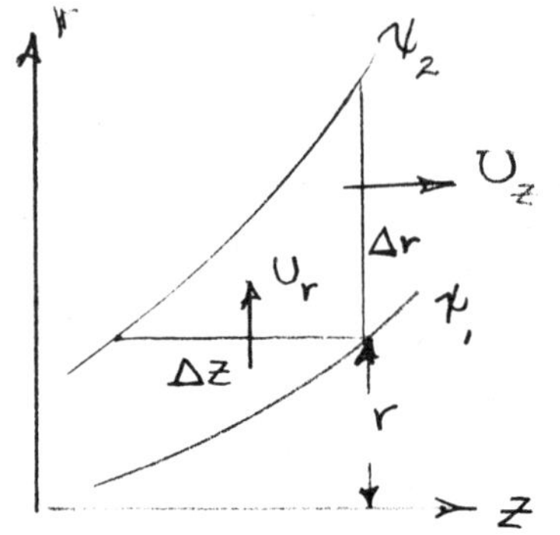

$$U_r 2\pi r\Delta z = \psi(r,z-\Delta z) - \psi(r,z)$$

$$U_r = -\frac{1}{2\pi r}\,\frac{\psi(r,z)-\psi(r,z-\Delta z)}{\Delta z}$$

In limit: $U_r = -\frac{1}{r}\frac{\partial\psi}{\partial z}$ (without 2π)

Similarly: $U_z = \frac{1}{r}\frac{\partial\psi}{\partial r}$

16-19. (Continued)

$$rU_r = -\frac{\partial\psi}{\partial z} \quad rU_z = \frac{\partial\psi}{\partial r}$$

$$\frac{\partial}{\partial r}(rU_r) + \frac{\partial}{\partial z}(rU_z) = -\frac{\partial^2\psi}{\partial r\partial z} + \frac{\partial^2\psi}{\partial r\partial z} = 0$$

16-20. $$\frac{\partial^2\psi}{\partial z^2} + r\frac{\partial}{\partial r}\left(\frac{1}{r}\frac{\partial\psi}{\partial r}\right) = 0$$

$$\frac{\partial^2\psi}{\partial z^2} = \frac{\psi_{i+1}-2\psi_i+\psi_{i-1}}{\Delta\ell^2}$$

$$r\frac{\partial}{\partial r}\left(\frac{1}{r}\frac{\partial\psi}{\partial r}\right) = r_j\left[\frac{1}{r_{j+\frac{1}{2}}}\frac{(\psi_{j+1}-\psi_j)}{\Delta\ell^2} - \frac{1}{r_{j-\frac{1}{2}}}\frac{(\psi_j-\psi_{j-1})}{\Delta\ell^2}\right]$$

Finite-difference equation:

$$C_e\psi_{i+1,j} + C_w\psi_{i-1,j} + C_n\psi_{i,j+1} + C_s\psi_{i,j-1} = (C_n+C_e+C_w+C_s)\psi_{i,j}$$

In general

$$C_e = C_w = 1, \quad C_n = r_j/r_{j+\frac{1}{2}}, \quad C_s = r_j/r_{j-\frac{1}{2}}$$

At point (20,20)

$$C_n = 1.524r_j/(r_j+ 0.357\Delta r) \qquad C_s = 1.143r_j/(r_j-0.5\Delta r)$$

At point (30,11)

$$C_n = 6.4r_j/(r_j+0.125\Delta r) \qquad C_s = 1.6r_j/(r_j-0.5\Delta r)$$

On axis $$u = \frac{1}{r}\frac{\partial\psi}{\partial r}\bigg|_{r\to 0} = \frac{\lim_{r\to 0}\frac{\partial}{\partial r}\left(\frac{\partial\psi}{\partial r}\right)}{\lim_{r\to 0} 1} = \frac{\partial^2\psi}{\partial r^2}\bigg|_{r=0} = \frac{2\psi_{i,2}}{\Delta r^2}$$

16-20. (Continued)

Boundary conditions

$\psi = r^2/2$ at i=1

$\psi = 1/2$ at wall

$\psi_{i,3} = 4\psi_{i,2}$ along j=3

*STREAM FUNCTION DISTRIBUTION IN DUCT WITH A CONTRACTION RATIO OF TWO

NIT= 75 ERROR= 0.98E-02

J=	1	3	5	7	9	11	13	15	17	19	21
1	0.000	0.005	0.020	0.045	0.080	0.125	0.180	0.245	0.320	0.405	0.500
4	0.000	0.005	0.020	0.046	0.081	0.127	0.182	0.247	0.322	0.406	0.500
7	0.000	0.005	0.021	0.047	0.083	0.130	0.185	0.250	0.324	0.407	0.500
10	0.000	0.006	0.022	0.049	0.087	0.134	0.190	0.255	0.328	0.410	0.500
13	0.000	0.006	0.024	0.053	0.093	0.142	0.199	0.265	0.336	0.414	0.500
16	0.000	0.007	0.027	0.059	0.102	0.155	0.216	0.282	0.351	0.424	0.500
19	0.000	0.008	0.031	0.069	0.119	0.178	0.244	0.313	0.381	0.445	0.500
22	0.000	0.010	0.038	0.084	0.145	0.216	0.292	0.368	0.439	0.500	0.000
25	0.000	0.012	0.048	0.106	0.184	0.276	0.370	0.459	0.000	0.000	0.000
28	0.000	0.015	0.059	0.135	0.240	0.372	0.500	0.000	0.000	0.000	0.000
31	0.000	0.017	0.070	0.161	0.296	0.500	0.000	0.000	0.000	0.000	0.000
34	0.000	0.019	0.076	0.174	0.314	0.500	0.000	0.000	0.000	0.000	0.000
37	0.000	0.020	0.079	0.178	0.318	0.500	0.000	0.000	0.000	0.000	0.000
40	0.000	0.020	0.080	0.179	0.319	0.500	0.000	0.000	0.000	0.000	0.000
43	0.000	0.020	0.080	0.180	0.320	0.500	0.000	0.000	0.000	0.000	0.000
46	0.000	0.020	0.080	0.180	0.320	0.500	0.000	0.000	0.000	0.000	0.000
49	0.000	0.020	0.080	0.180	0.320	0.500	0.000	0.000	0.000	0.000	0.000

	PRESSURE COEFFICIENT ALONG AXIS	PRESSURE COEFFICIENT ALONG WALL
1	-0.0142	0.0064
4	-0.0461	0.0206
7	-0.1139	0.0508
10	-0.2296	0.1030
13	-0.4362	0.1981
16	-0.8100	0.3768
19	-1.4888	0.7516
22	-2.7076	0.2712
25	-4.7775	-1.2016
28	-7.7943	-5.9644
31	-11.0266	-24.9116
34	-13.2832	-16.3812
37	-14.3670	-15.3606
40	-14.7841	-15.1081
43	-14.9283	-15.0341
46	-14.9751	-15.0116
49	-14.9872	-15.0060

16-21. $F = p_1A_1 - p_2A_2 + \frac{(p_1+p_2)}{2}(A_2-A_1)$

$$= p_1(A_1 + A_2/2 - A_1/2) - p_2(A_2 - A_2/2 + A_1/2)$$

$$= (p_1-p_2)\frac{(A_1+A_2)}{2}$$

16-22. $u_i = u_i^\circ + \frac{A_i}{m}(\Delta p_{i-1} - \Delta p_i)$

$$\rho_i = \rho_i^\circ + \frac{\partial\rho}{\partial p}\Delta p_i = \rho_i^\circ + \frac{1}{k}\frac{\rho_i}{p_i}\Delta p_i$$

$$\rho_i u_i A_i = \rho_i^\circ u_i^\circ A_i + \rho_i^\circ \frac{A_i^2}{\dot{m}}\Delta p_{i-1} - \left(\frac{\rho_i^\circ A_i^2}{\dot{m}} - \frac{u_i^\circ \rho_i^\circ A_i}{kp_i}\right)\Delta p_i$$

Continuity equation

$$\rho_i^\circ u_i^\circ A_i - \rho_{i+1}^\circ A_{i+1} u_{i+1}^\circ = -\frac{\rho_i^\circ A_i^2}{\dot{m}}\Delta p_{i-1} + \left(\frac{\rho_i^\circ A_i^2}{\dot{m}} - \frac{u_i^\circ \rho_i^\circ A_i}{kp_i} + \frac{\rho_{i+1}^\circ A_{i+1}^2}{\dot{m}}\right)\Delta p_i - \left(\frac{\rho_{i+1}^\circ A_{i+1}^2}{\dot{m}} - \frac{u_{i+1}^\circ \rho_{i+1}^\circ A_{i+1}}{kp_{i+1}}\right)\Delta p_{i+1}$$

```
***FLOW RATE, VELOCITY AND PRESSURE DISTRIBUTION FOR
   FLOW THROUGH AN EXTENDED LENGTH VENTURI APPROACH SECTION
   WITH A PRESSURE DIFFERENCE OF  4.00E 01 KPA

 *ITERATION NO=123    FLOW RATE= 1.852E-02 KG/S
  REYNOLDS NUMBER=  2.86E 06   RESIDUAL=  2.17E-06
```

I	DUCT DIA M	VELOCITY M/S	PRESSURE KPA
1	0.0200	49.61	100.0
11	0.0191	54.37	99.7
21	0.0181	60.94	99.3
31	0.0171	68.83	98.6
41	0.0160	78.45	97.8
51	0.0150	90.38	96.6
61	0.0140	105.57	94.9
71	0.0129	125.57	92.3
81	0.0119	153.44	87.9
91	0.0109	197.02	79.8
101	0.0100	285.87	60.0

Analytic Solution:

$$\frac{P_2}{P_1} = 0.6 \quad \frac{D_2}{D_1} = 0.5 \quad \rho_1 = 1.189 \text{ kg/m}^3 \quad p_1 = 10^5 \text{ Pa} \quad A_2 = (0.01)^2(0.785)$$

From Eqn. (13-16)

$$\dot{m} = 7.85 \times 10^{-5} (0.6)^{0.7143} \left[\frac{7 \cdot 10 \cdot 1.189(1-0.6^{0.286})}{1 - (0.6^{1.428})(0.5)^4} \right]^{\frac{1}{2}}$$

$$= \underline{0.0186} \text{ kg/s}$$

16-23. $\quad u_i > 0$

$$u\frac{\partial u}{\partial x} = \frac{u_i - u_{i-1}}{\Delta x} \left(\frac{u_i + u_i}{2}\right) + \frac{u_{i+1} - u_i}{\Delta x} \cdot \left(\cancel{\frac{u_i - u_i}{2}}^0\right) = u_i \frac{(u_i - u_{i-1})}{\Delta x}$$

$u_i < 0$

$$u\frac{\partial u}{\partial x} = \frac{u_i - u_{i-1}}{\Delta x} \cancel{\frac{|u_i| - |u_i|}{2}}^0 - |u_i| \frac{u_{i+1} - u_i}{\Delta x}$$

$$= u_i \frac{(u_{i+1} - u_i)}{\Delta x}$$

16-24. Momentum equation:

$$\dot{m} u_{i+1} = \dot{m} u_i + A_{i+1}(p_i - p_{i+1}) - 8\eta u_{i+1} \pi \Delta x - \frac{4}{3}\tau_o \pi D_{i+1} \Delta x$$

Define $\quad p_i^o = \frac{16}{3} \tau_o \sum_{i=N-1}^{1} \frac{\Delta x}{D_i}$

$$\dot{m} u_{i+1} = \dot{m} u_i + A_{i+1}(\bar{p}_i - \bar{p}_{i+1}) - 8\eta u_{i+1} \pi \Delta x$$

where $\quad \bar{p} = p_i - p_i^o$

Thus, $\quad u_{i+1} = \left[\dot{m} u_i + \frac{A_{i+1}}{\dot{m}}(\bar{p}_i - \bar{p}_{i+1}) \right] / (\dot{m} + 8\eta \pi \Delta x)$

Initial guess for flow rate based on equilibration of pressure drop and shear force.

****FLOW OF BINGHAM PLASTIC THROUGH EXTENDED
LENGTH VENTURI FOR

PRESSURE DROP= 0.4724E 05PA AND
MASS FLOW = 0.2020E-05KG/SEC

I	AREA(M**2)	VEL(M/S)	PRESS(PA)
1	0.3140E-03	0.4724E 05	0.4288E-05
11	0.2871E-03	0.4378E 05	0.4690E-05
21	0.2570E-03	0.4013E 05	0.5240E-05
31	0.2285E-03	0.3627E 05	0.5893E-05
41	0.2017E-03	0.3216E 05	0.6675E-05
51	0.1766E-03	0.2778E 05	0.7624E-05
61	0.1532E-03	0.2308E 05	0.8791E-05
71	0.1314E-03	0.1802E 05	0.1025E-04
81	0.1113E-03	0.1254E 05	0.1210E-04
91	0.9286E-04	0.6564E 04	0.1450E-04
101	0.7850E-04	0.5960E-06	0.1715E-04

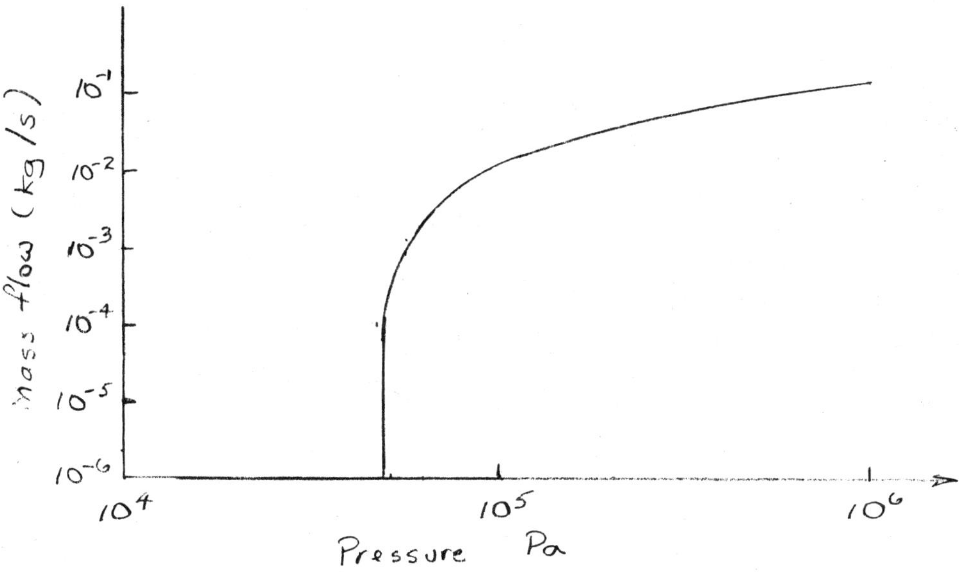

16-25.

$$\frac{u(\Omega_{i+1,j} - \Omega_{i-1,j})}{2\Delta \ell} + \frac{v(\Omega_{i,j+1} - \Omega_{i,j-1})}{2\Delta \ell}$$

$$= \nu\left(\frac{\Omega_{i+1,j} + \Omega_{i-1,j} - 2\Omega_{i,j}}{\Delta \ell^2}\right) + \nu\left(\frac{\Omega_{i,j+1} + \Omega_{i,j-1} - 2\Omega_{i,j}}{\Delta \ell^2}\right)$$

16-25. (Continued)

$$(1-\frac{u\Delta\ell}{2\nu})\Omega_{i+1,j} + (1+\frac{u\Delta\ell}{2\nu})\Omega_{i-1,j} + (1+\frac{v\Delta\ell}{2\nu})\Omega_{i,j-1} + (1-\frac{v\Delta\ell}{2\nu})\Omega_{i,j+1} = 4\Omega_{i,j}$$

All positive if $\left|\frac{u\Delta\ell}{\nu}\right|$ and $\left|\frac{v\Delta\ell}{\nu}\right| < 2.$

16-26. At screen location

$$\dot{m}u_{i+1} = \dot{m}u_i + A_{i+1}(p_i - p_{i+1}) - \frac{\rho u_{i+1}^2}{2}(c_f P_{i+1}\Delta x + k_L)$$

At all other locations $k_L = 0$.

```
***FLOW RATE, VELOCITY AND PRESSURE DISTRIBUTION FOR
   FLOW THROUGH AN EXTENDED LENGTH VENTURI APPROACH SECTION
   WITH A PRESSURE DIFFERENCE OF  1.00E 01 KPA

 *ITERATION NO=114     FLOW RATE= 3.392E-01 KG/S
  REYNOLDS NUMBER=  4.32E 04    RESIDUAL=  3.63E-05
```

I	DUCT DIA M	VELOCITY M/S	PRESSURE KPA
1	0.0200	1.08	10.0
11	0.0191	1.18	9.9
21	0.0181	1.32	9.7
31	0.0171	1.48	9.5
41	0.0160	1.68	9.1
51	0.0150	1.92	7.8
61	0.0140	2.21	7.3
71	0.0129	2.58	6.4
81	0.0119	3.05	5.0
91	0.0109	3.65	2.9
101	0.0100	4.32	0.0

16-27. $\Omega = \frac{\partial v}{\partial x} - \frac{\partial u}{\partial y}$

at wall $v = 0$, $u = \frac{\partial \psi}{\partial y}$

$$\Omega_{wall} = -\frac{\partial^2\psi}{\partial y^2}$$

$$\psi_{wall+2} = \psi_{wall} + \frac{\partial\psi}{\partial y} 2\Delta y + \frac{\partial^2\psi}{\partial y^2}\frac{4\Delta y^2}{2}$$

$$\frac{\partial\psi}{\partial y} = u = 0$$

$$\Omega_{wall} = (\psi_{wall} - \psi_{wall+2})/2\Delta y^2$$

16-28. $\frac{\partial h}{\partial t} + \frac{\partial A}{\partial x} = 0$

$$\frac{\partial A}{\partial t} + \frac{\partial B}{\partial x} = 0 \qquad B = Av + \frac{gh^2}{2}$$

$$\frac{\partial^2 h}{\partial t^2} = -\frac{\partial^2 A}{\partial x \partial t}$$

$$\frac{\partial^2 A}{\partial x \partial t} = -\frac{\partial^2 B}{\partial x^2}$$

$$\frac{\partial^2 h}{\partial t^2} = \frac{\partial^2 B}{\partial x^2} = \frac{\partial^2}{\partial x^2}(Av) + gh\frac{\partial^2 h}{\partial x^2} + g\left(\frac{\partial h}{\partial x}\right)^2$$

$$\frac{\partial^2 h}{\partial t^2} = gh\frac{\partial^2 h}{\partial x^2}$$

16-29. $c = \sqrt{gh} = \sqrt{9.81 \times 5} = 7 \text{ m/s}$

$T = 4.50/7 = 28.6$ sec

$$\omega_{Nat} = \frac{2\pi}{28.6} = 0.22/\text{sec}$$

***WATER SURFACE PROFILE OF BASIN OPENING ONTO
RESERVOIR WITH SINUSOIDALLY VARYING WATER SURFACE LEVEL

I=	1	21	41	61	81	101
TIME=	20.0					
H(I)	5.29	5.27	5.13	4.87	4.65	4.52
V(I)	0.00	0.34	0.78	1.34	1.79	2.04
TIME=	40.0					
H(I)	7.48	7.41	7.15	6.45	5.34	5.29
V(I)	0.00	-0.34	-0.78	-1.65	-3.04	-3.00
TIME=	60.1					
H(I)	2.45	2.46	2.70	4.06	4.72	5.30
V(I)	0.00	0.50	0.59	-1.21	-1.55	-1.62
TIME=	80.1					
H(I)	6.14	6.00	5.48	4.90	4.58	4.53
V(I)	0.00	1.61	2.77	3.72	4.30	4.42

16-30. $\frac{\partial h}{\partial t} + \frac{\partial}{\partial x}(Vh) = 0$ continuity

$$h\frac{\partial V}{\partial t} + V\frac{\partial h}{\partial t} + V\frac{\partial}{\partial x}(hV) + hV\frac{\partial V}{\partial x} + gh\frac{\partial h}{\partial x} = -c_f\frac{V|V|}{2}(\frac{P}{W}) \quad \text{momentum}$$

Subtracting continuity and dividing by h:

$$\frac{\partial V}{\partial t} + V\frac{\partial V}{\partial x} = -g\frac{\partial h}{\partial x} - c_f\frac{V|V|}{2}(\frac{P}{Wh})$$

16-31. Continuity $\frac{d}{dt}\int \rho h dx + \rho hV|_2 - \rho hV|_1 = 0$

$$\frac{\partial h}{\partial t} + \frac{\partial}{\partial x}(hv) = 0$$

Momentum $\frac{d}{dt}\int \rho hvdx + \rho hV^2|_2 - \rho hV^2|_1 = (\frac{\gamma h^2}{2}|_1 - \frac{\gamma h^2}{2}|_2) \cos\alpha$

$$+ \rho gh\Delta x \sin\alpha - c_f \frac{|V|V}{2} \rho P\Delta x$$

Assuming $\cos\alpha \simeq 1$ and $\sin\alpha = S_o$,

$$\frac{\partial}{\partial t}(hV) + \frac{\partial}{\partial x}(hV^2 + \frac{gh^2}{2}) = ghS_o - c_f\frac{|V|V}{2}P$$

16-32. Initial condition on h:

$$h = 2.5 + \frac{2.5x}{L}$$

Include gravity effect in source term:

$$C_i = -gh_iS_o + (c_f/2)|V_i|V_iP_i$$

16-32. (Continued)

***WATER SURFACE PROFILE OF BASIN OPENING ONTO
RESERVOIR WITH SINUSOIDALLY VARYING WATER SURFACE LEVEL

I=	1	21	41	61	81	101
TIME=	20.0					
H(I)	3.92	4.35	4.65	4.80	5.12	5.45
V(I)	0.00	0.35	0.70	1.13	1.22	1.22
TIME=	40.0					
H(I)	3.34	3.76	4.06	4.29	4.47	4.62
V(I)	0.00	-0.07	-0.02	0.06	0.16	0.23
TIME=	60.1					
H(I)	2.86	3.18	3.62	4.05	4.46	4.86
V(I)	0.00	-0.91	-1.25	-1.39	-1.44	-1.44
TIME=	80.1					
H(I)	2.78	3.33	3.91	4.52	5.05	5.49
V(I)	0.00	0.06	0.15	0.32	0.41	0.41

16-33. $R = \frac{A}{P} = \frac{(5)(10)}{2x5+10} = \frac{50}{20} = 2.5 \text{ m}$

$$C = \frac{2.5^{1/6}}{0.04} = 29.1$$

$$C = (8g/f)^{\frac{1}{2}}, \quad f = \frac{8g}{C^2} = \frac{8 \cdot 9.81}{29.1^2} = .0926$$

$$c_f = 0.023$$

16-33. (Continued)

```
***WATER SURFACE PROFILE OF BASIN OPENING ONTO
RESERVOIR WITH SINUSOIDALLY VARYING WATER SURFACE LEVEL
I=          1      21      41      61      81      101

TIME=  20.0
H(I)     5.99    5.96    5.85    5.74    5.60    5.45
V(I)     0.00   -0.01    0.06    0.12    0.18    0.22

TIME=  40.0
H(I)     4.49    4.49    4.49    4.49    4.54    4.62
V(I)     0.00   -0.01   -0.01   -0.03    0.03    0.10

TIME=  60.1
H(I)     4.64    4.64    4.66    4.69    4.76    4.86
V(I)     0.00   -0.09   -0.18   -0.25   -0.35   -0.47

TIME=  80.1
H(I)     5.81    5.78    5.73    5.65    5.57    5.49
V(I)     0.00    0.19    0.28    0.36    0.41    0.44
```

TRANSPARENCY MASTERS

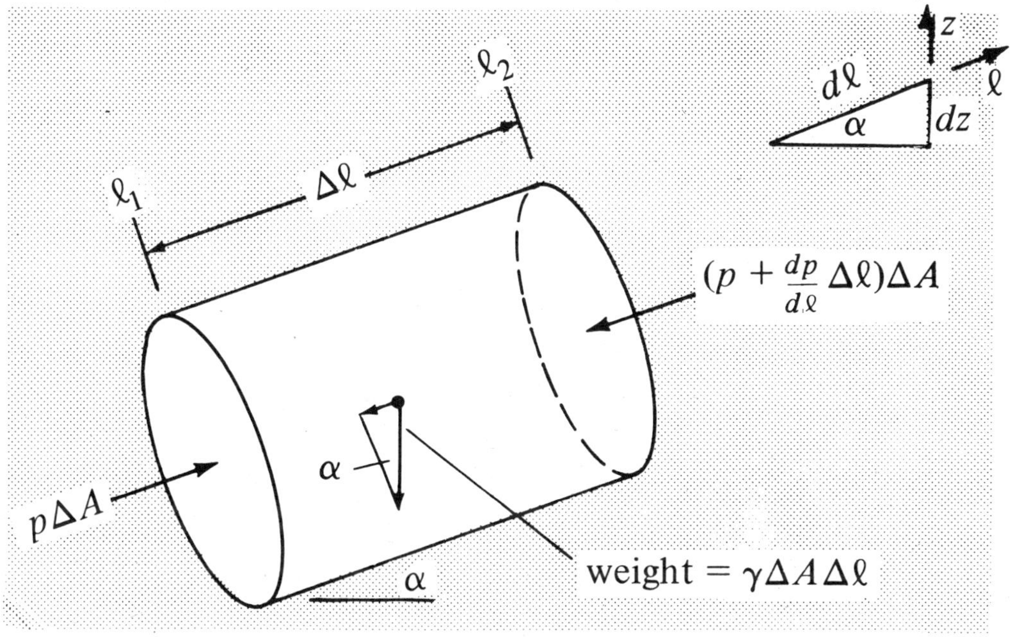

FIGURE 3-4 Variation in pressure with elevation

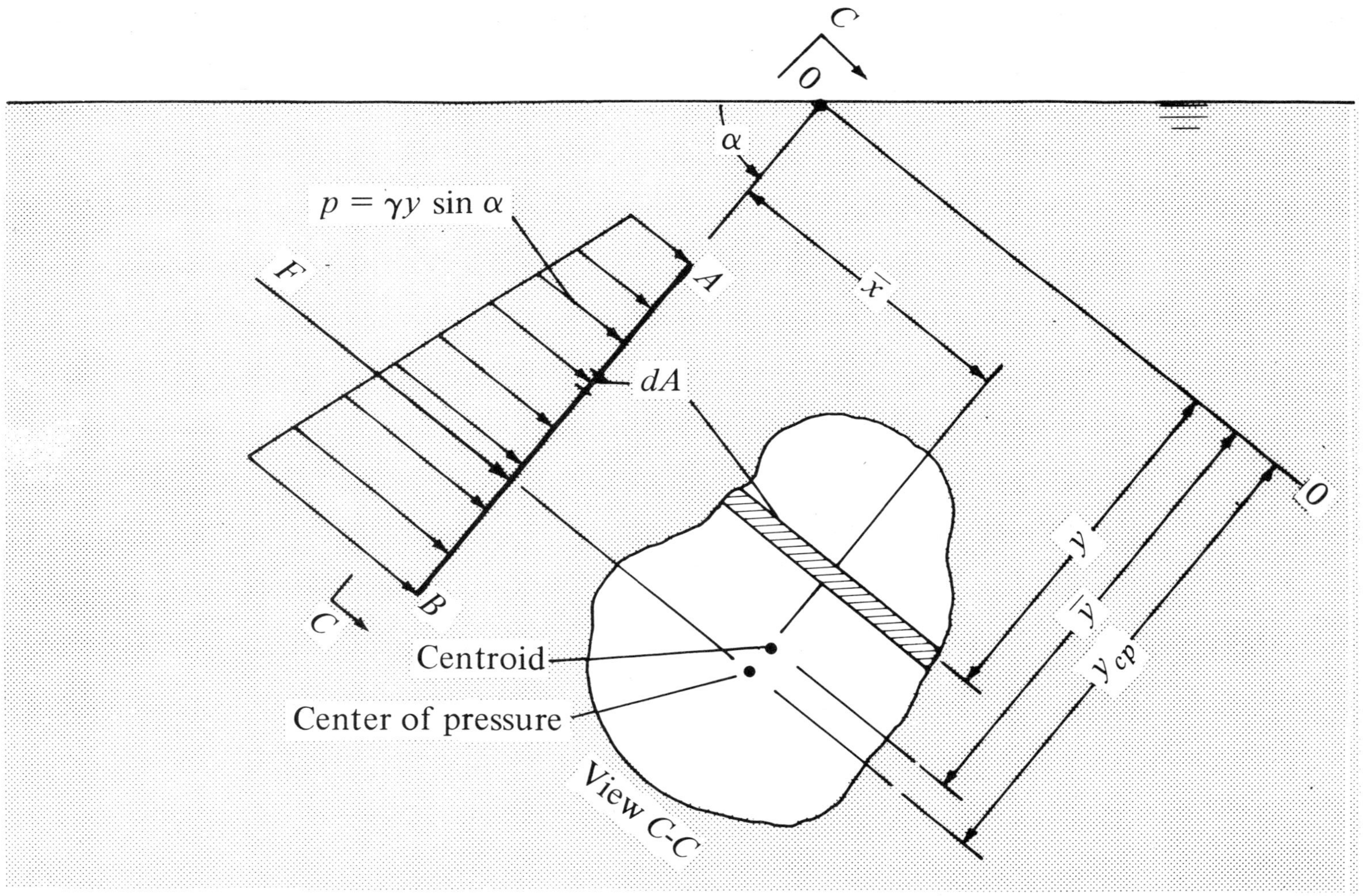

FIGURE 3-10 Distribution of hydrostatic pressure on a plane surface

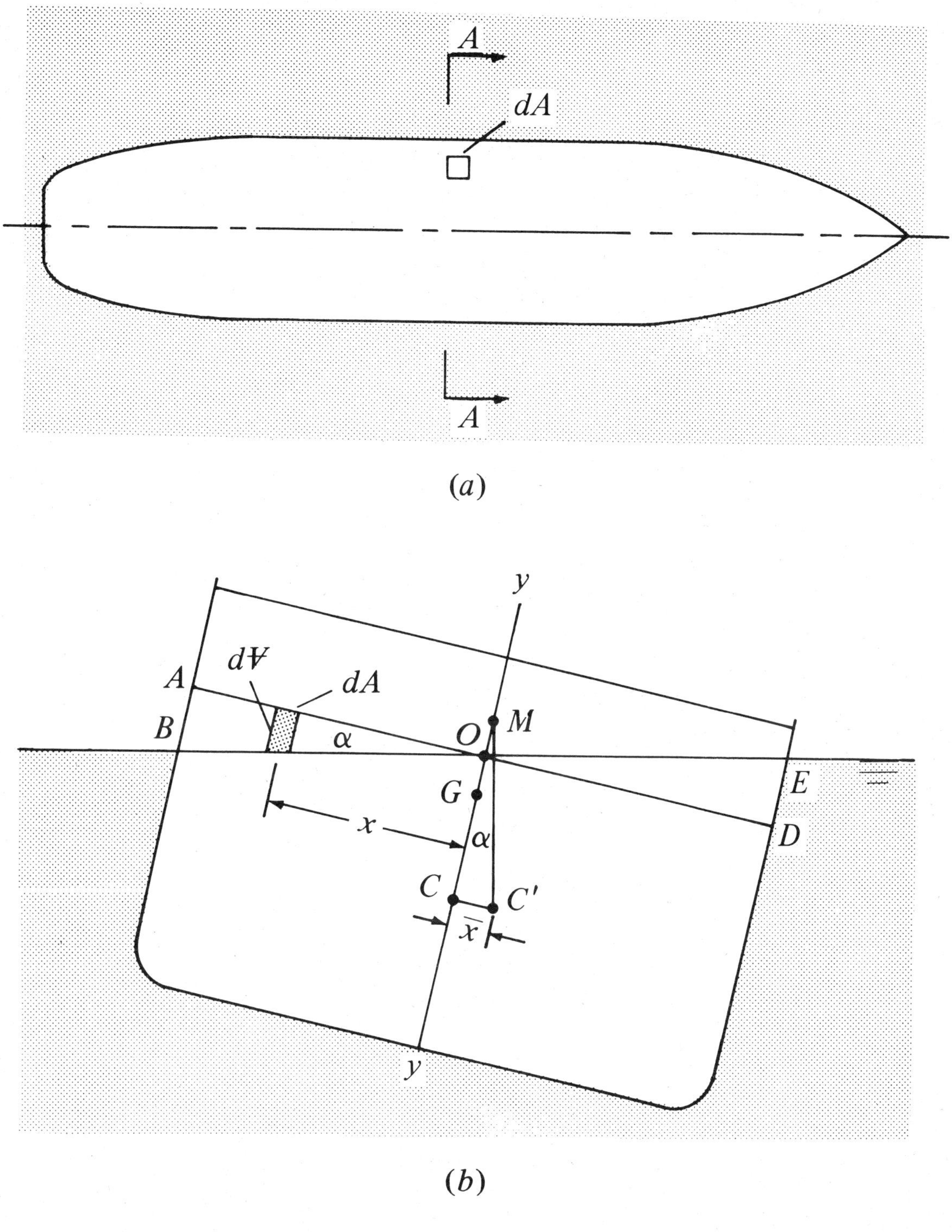

FIGURE 3-17 (*a*) Plan view of ship at waterline. (*b*) Section *A*-*A* of ship.

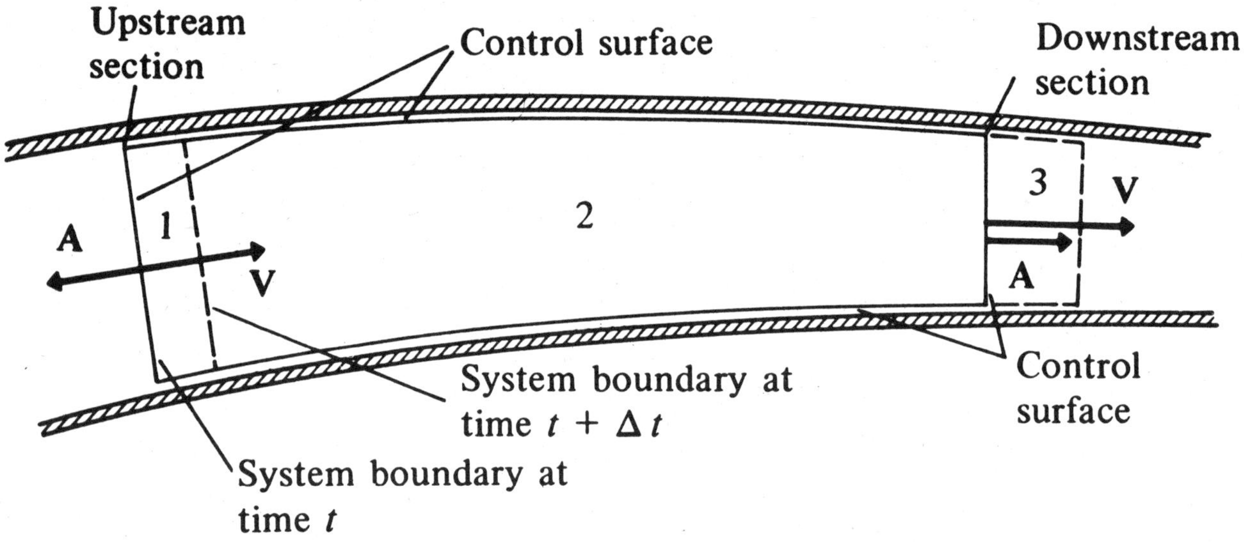
Upstream
section
Control surface
Downstream
section
1
2
3
A
V
V
A
System boundary at
time $t + \Delta t$
Control
surface
System boundary at
time t

FIGURE 4-13

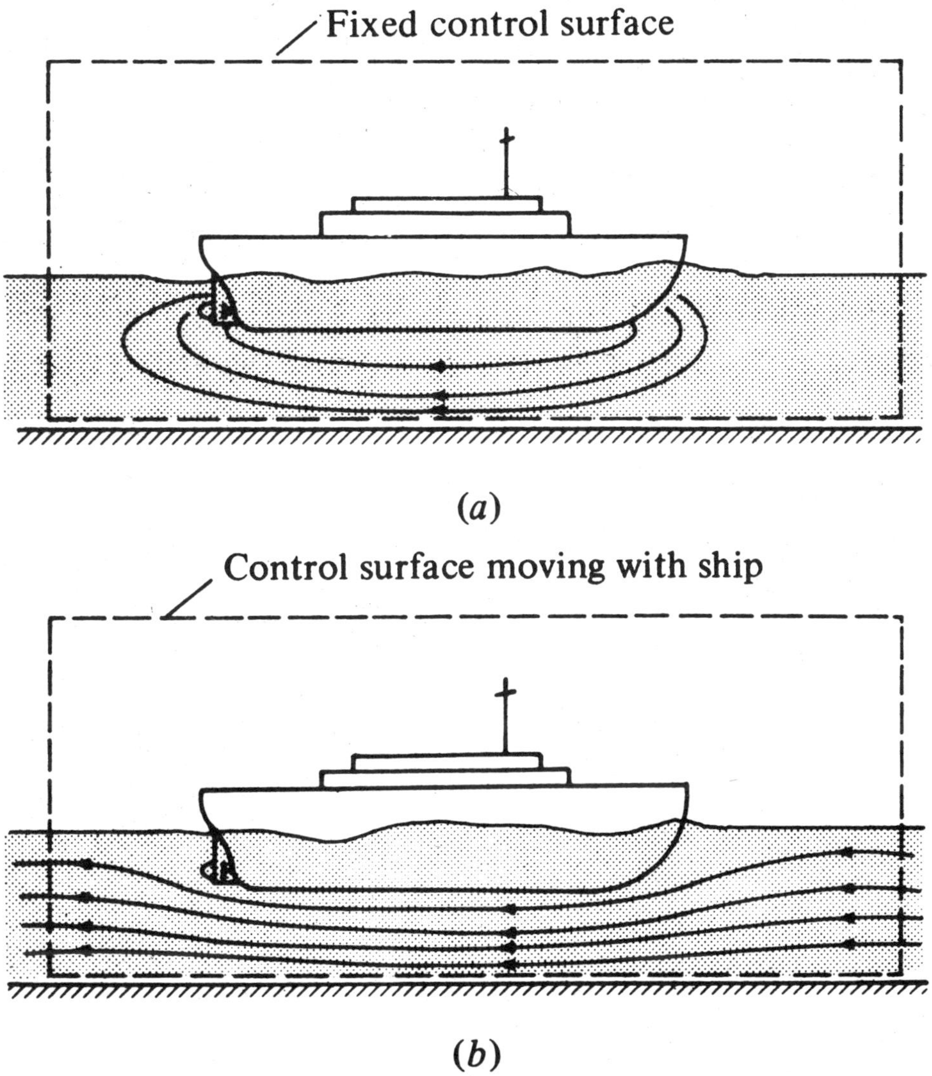

FIGURE 4-14 Change from unsteady to steady flow by change of the velocity of the control volume. (*a*) Unsteady flow. (*b*) Steady flow.

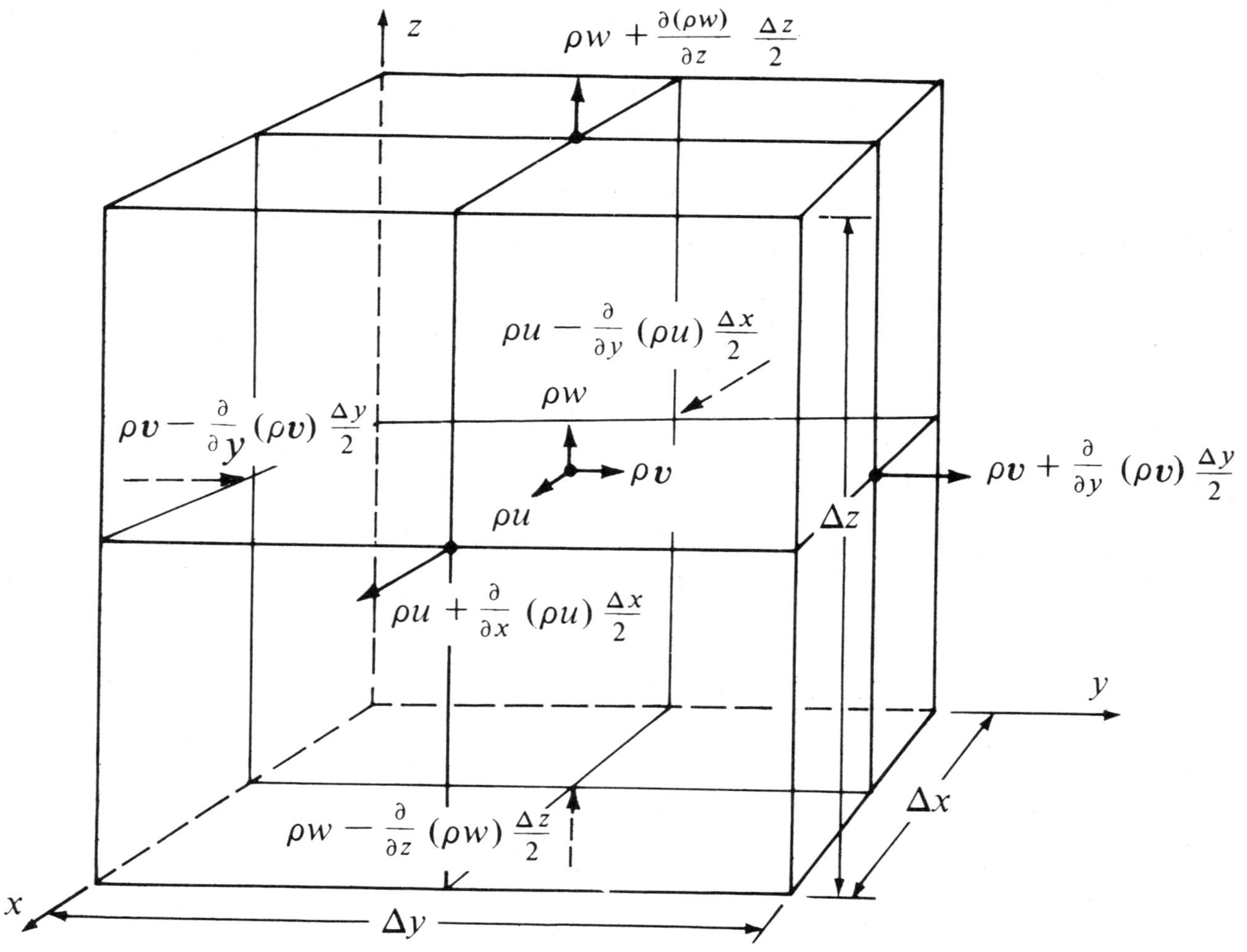

FIGURE 4-16 Continuity for elemental control volume

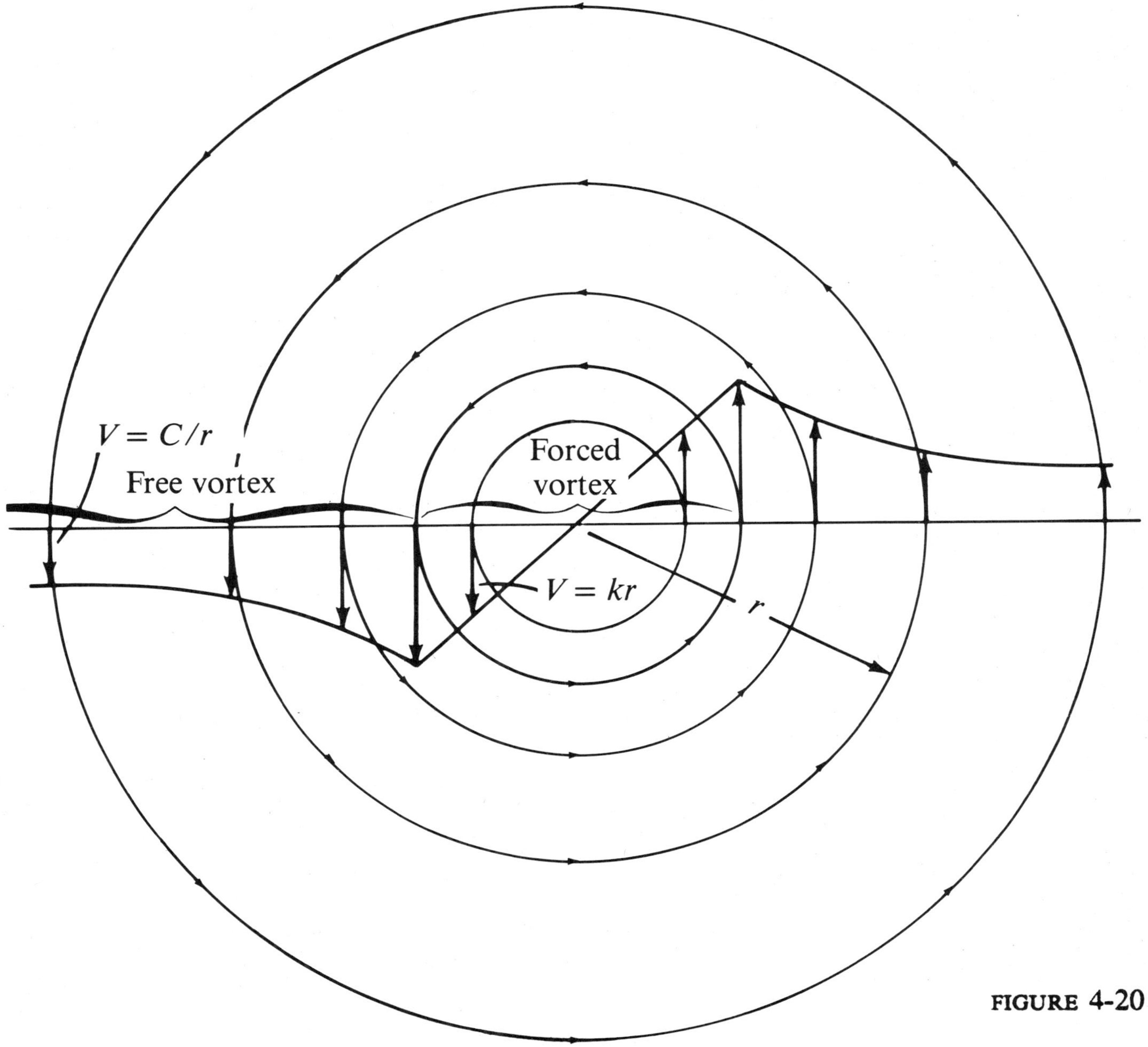

FIGURE 4-20

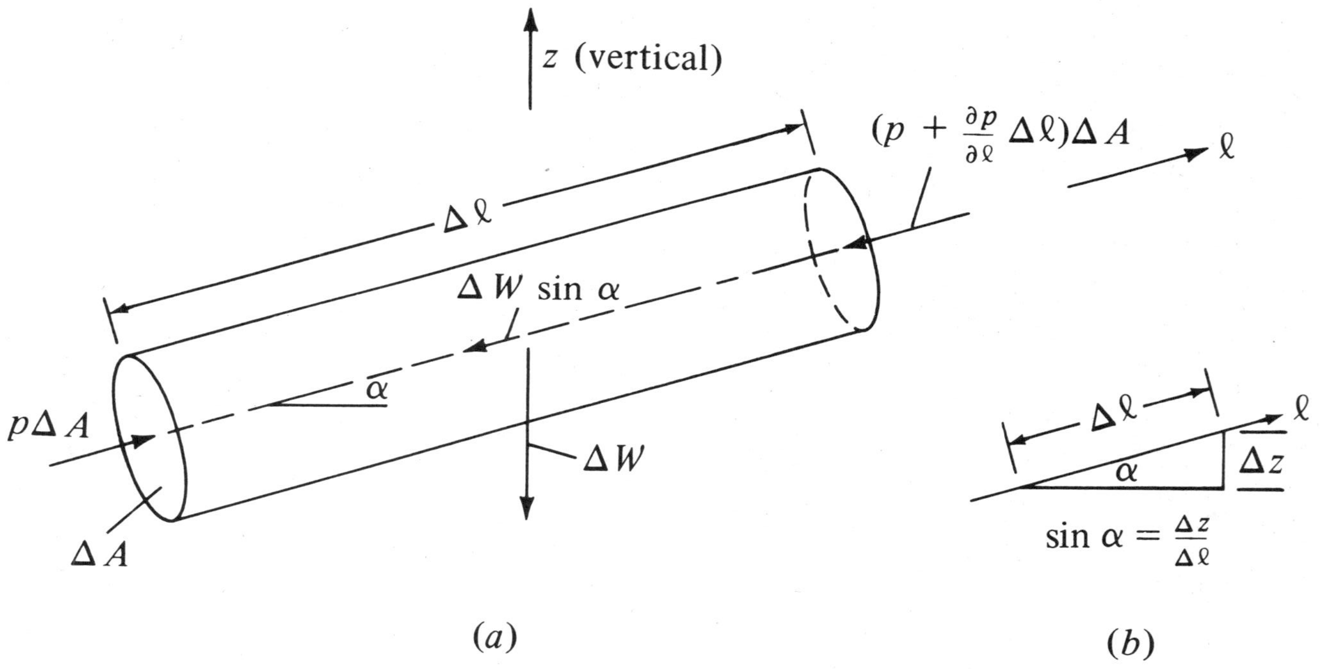

FIGURE 5-2 Pressure and weight forces acting on an accelerating fluid element. (*a*) Fluid element. (*b*) Trigonometric relation.

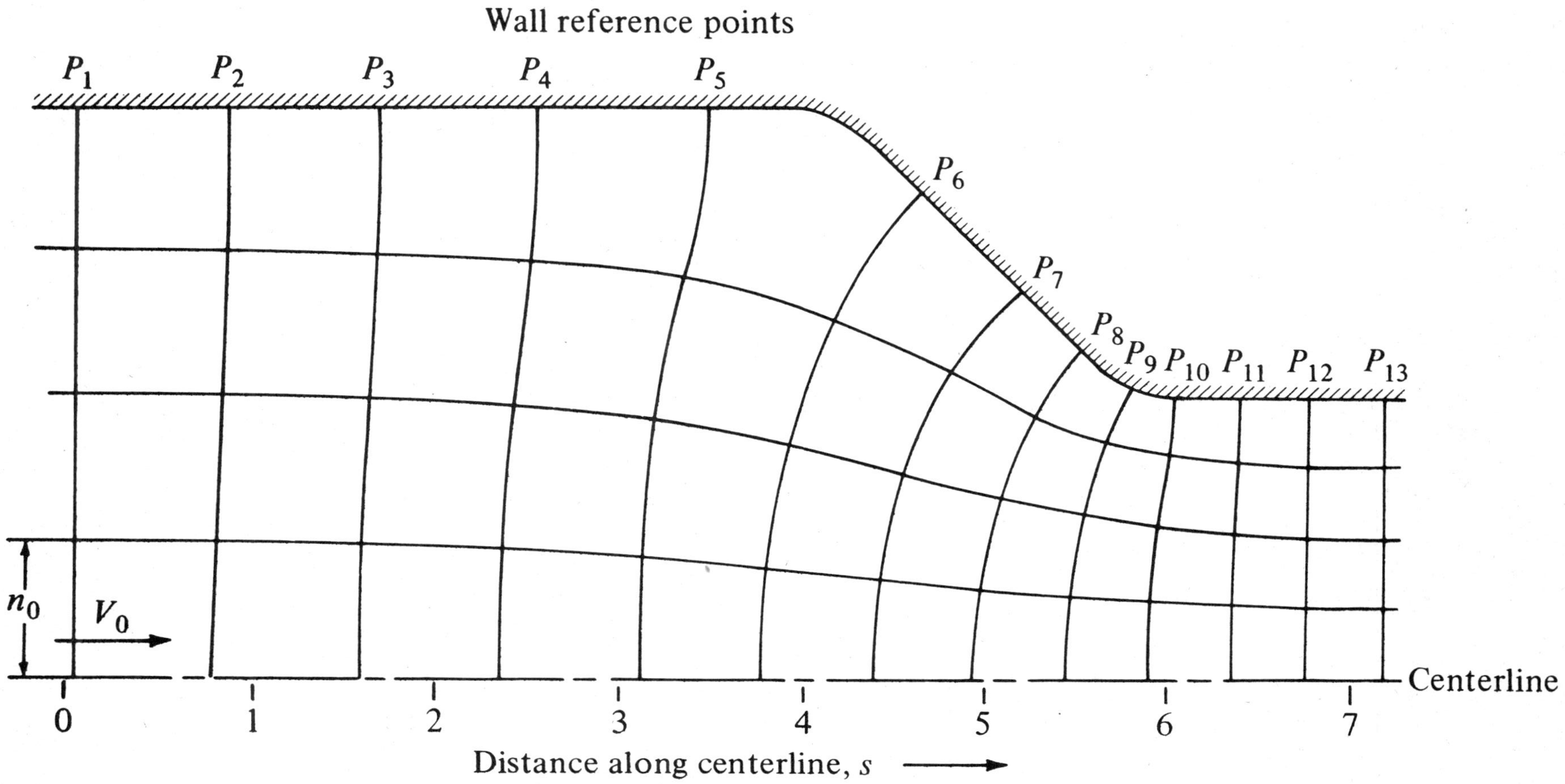

FIGURE 5-7 Flow net for transition (half-section)

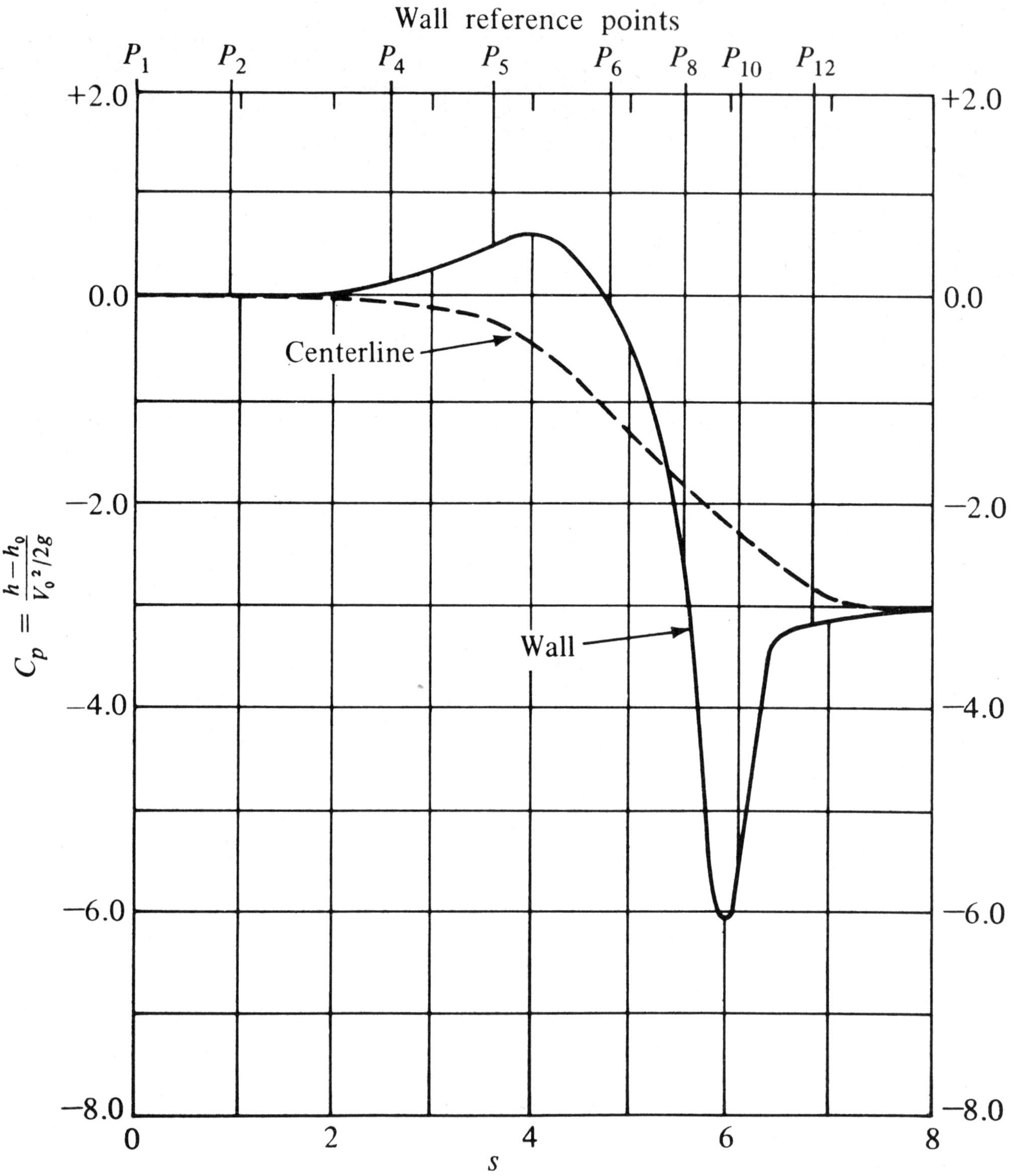

FIGURE 5-8 Relative piezometric head along the wall and centerline of transition in Fig. 5-7.

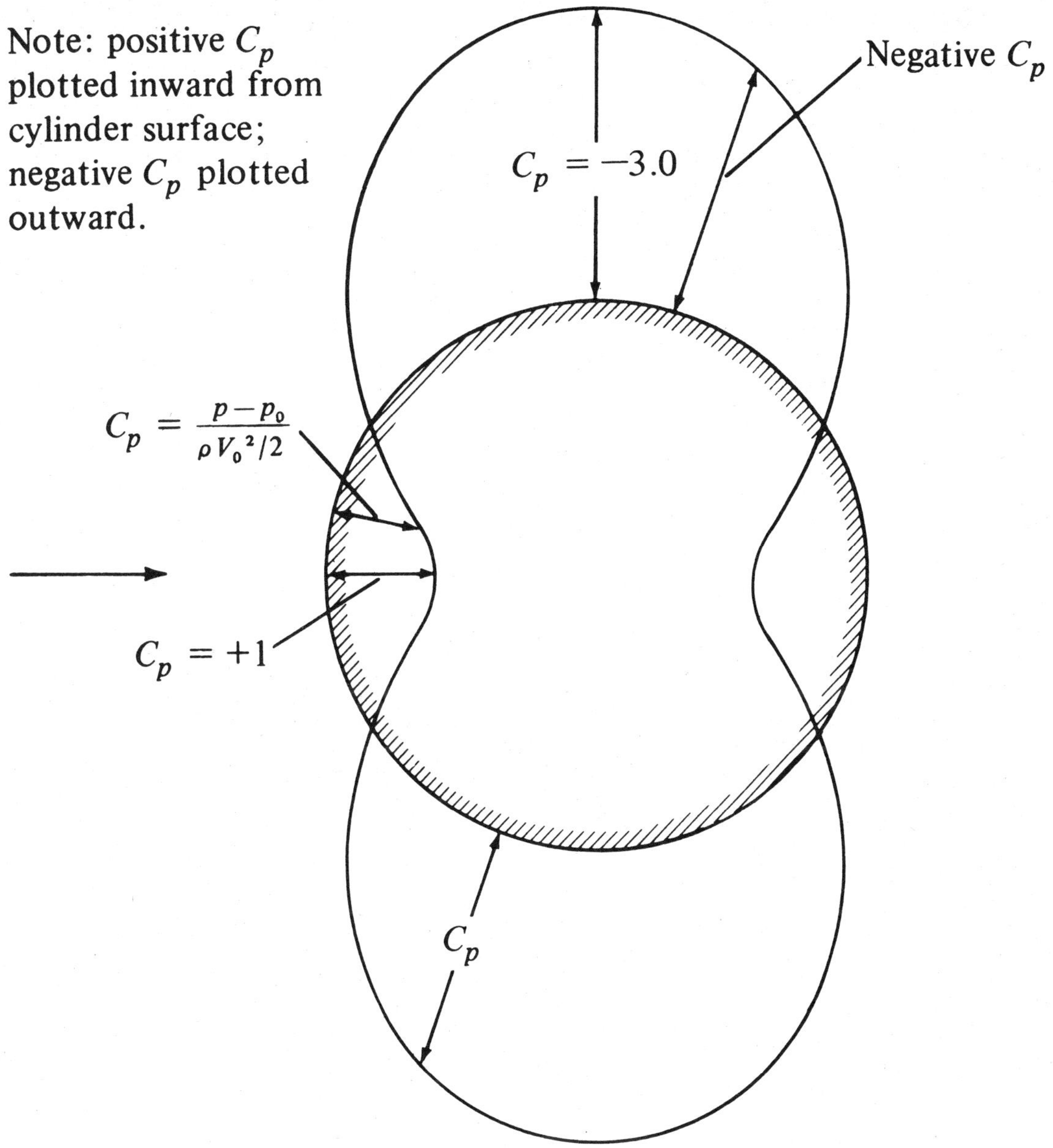

FIGURE 5-10 Pressure distribution on a cylinder—irrotational flow

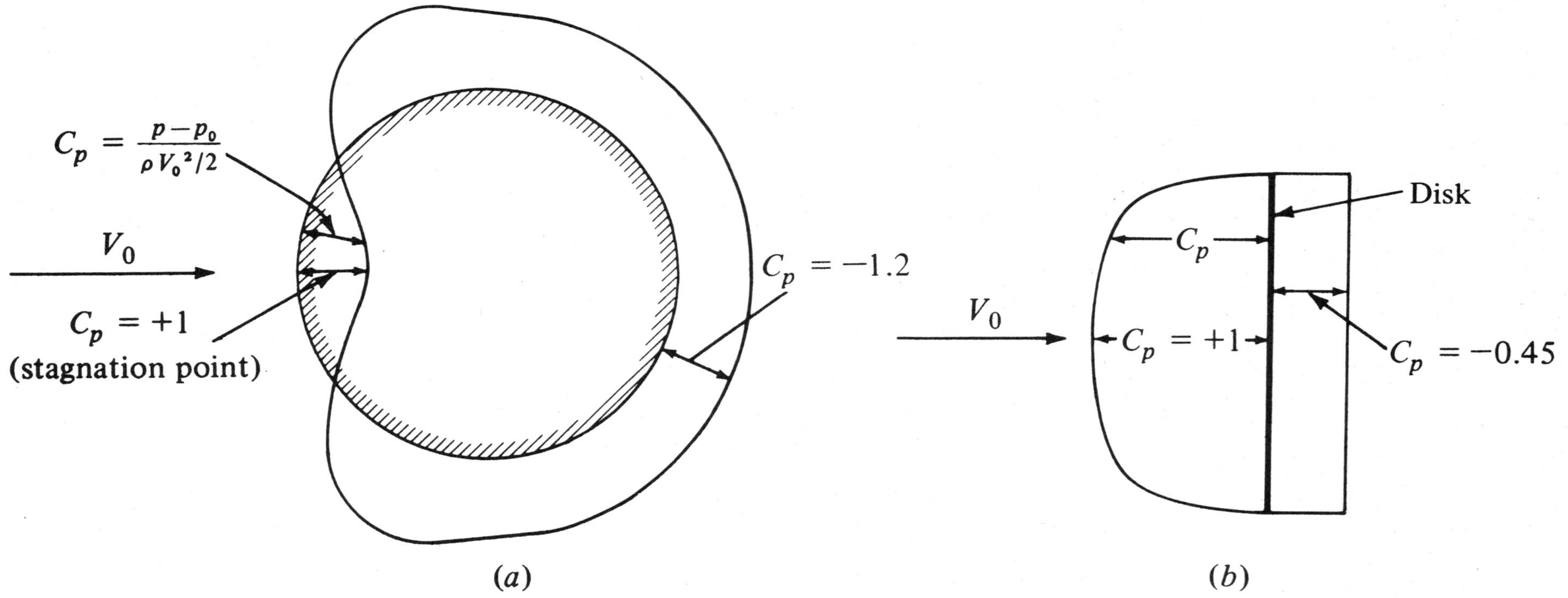

FIGURE 5-13 Pressure distribution on a circular cylinder and a disk. (*a*) Circular cylinder, Re = 10^5; after Fage and Warsap (2). (*b*) Disk, Re = 10^5; after Rouse (5).

FIGURE 6-8

Water-hammer process.

(*a*) Initial condition.

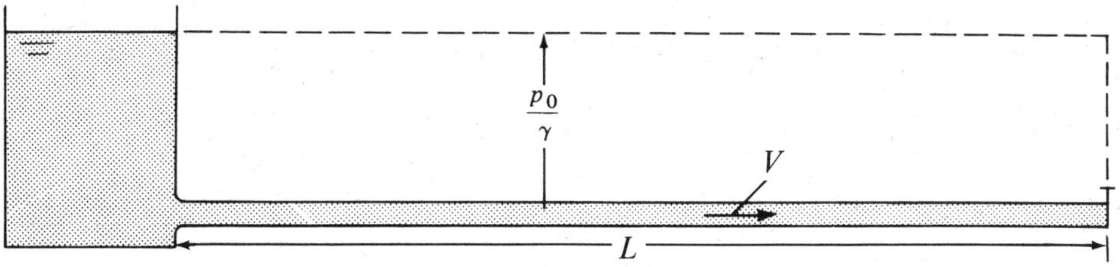

(*a*) Water hammer process-initial condition

(*b*) Condition during time $0 < t < L/c$.

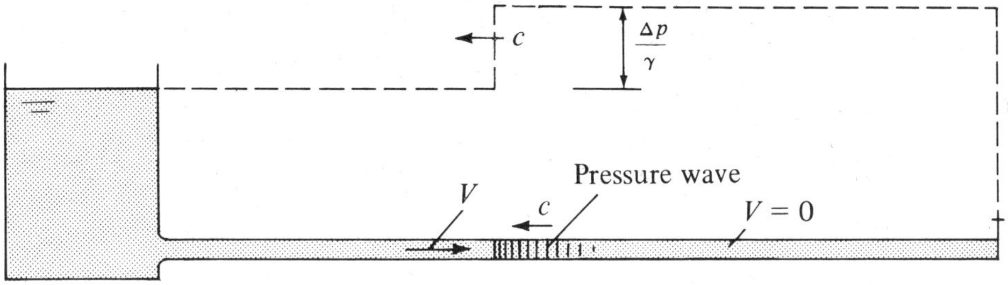

(*b*) Condition during time $0 < t < L/c$

(*c*) Condition during time $L/c < t < 2L/c$.

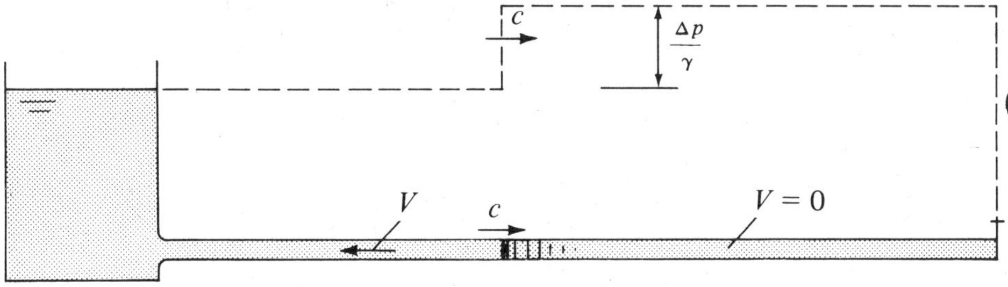

(*c*) Condition during time $L/c < t < 2L/c$

(*d*) Condition during time $2L/c < t < 3L/c$.

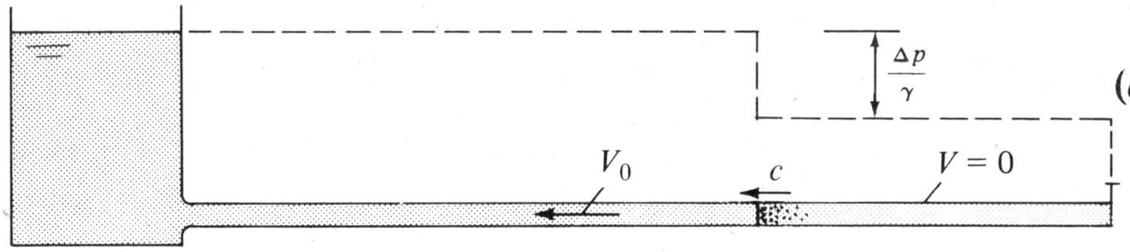

(*d*) Condition during time $2L/c < t < 3L/c$

(*e*) Condition during time $3L/c < t < 4L/c$.

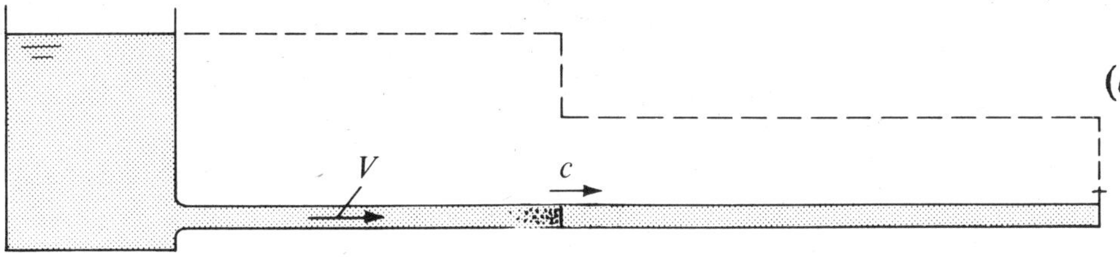

(*e*) Condition during time $3L/c < t < 4L/c$

(*f*) Condition at time $t = 4L/c$.

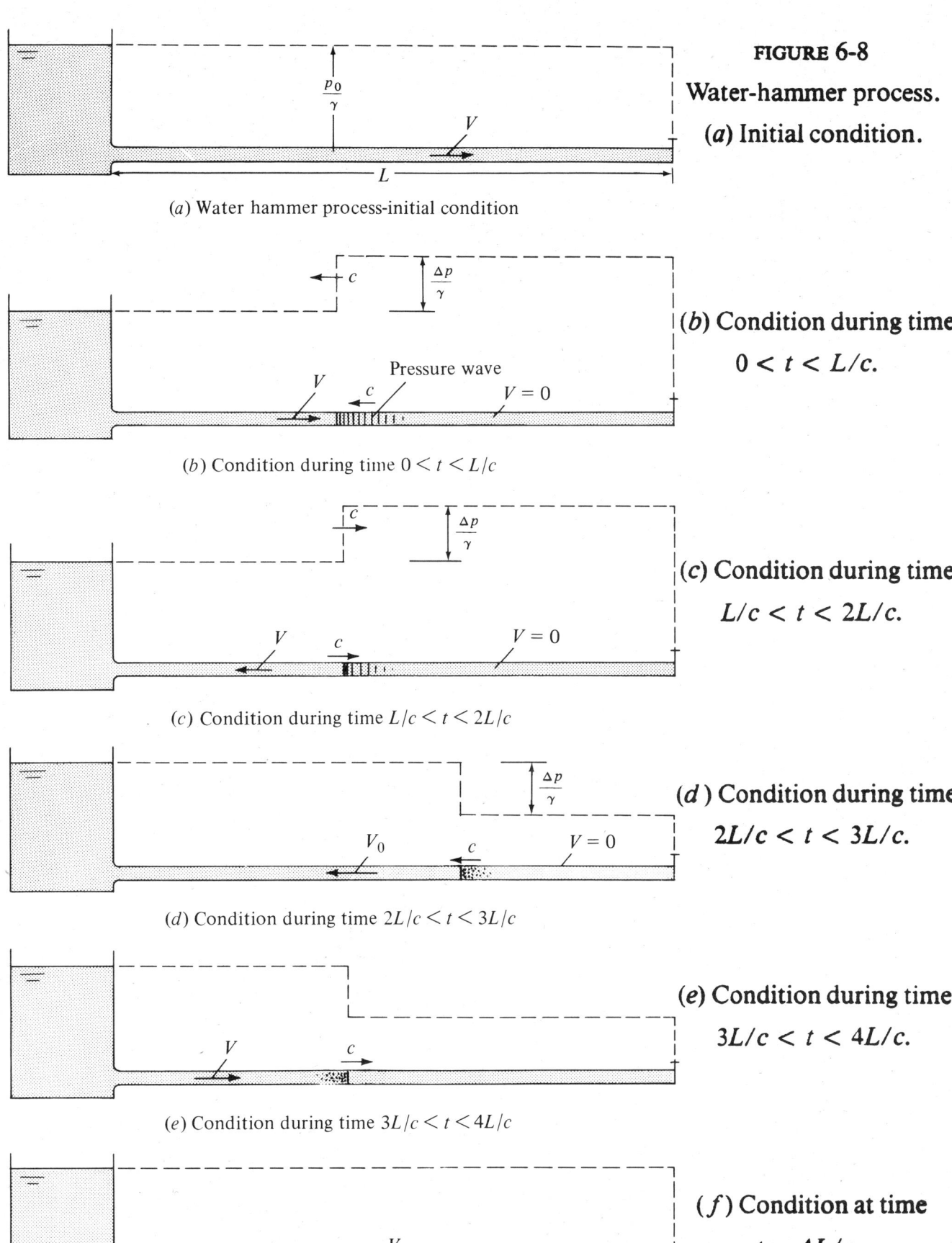

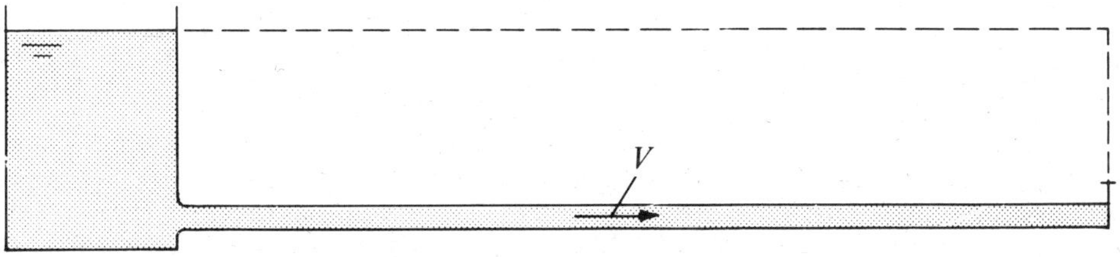

(*f*) Condition at time $t = 4L/c$

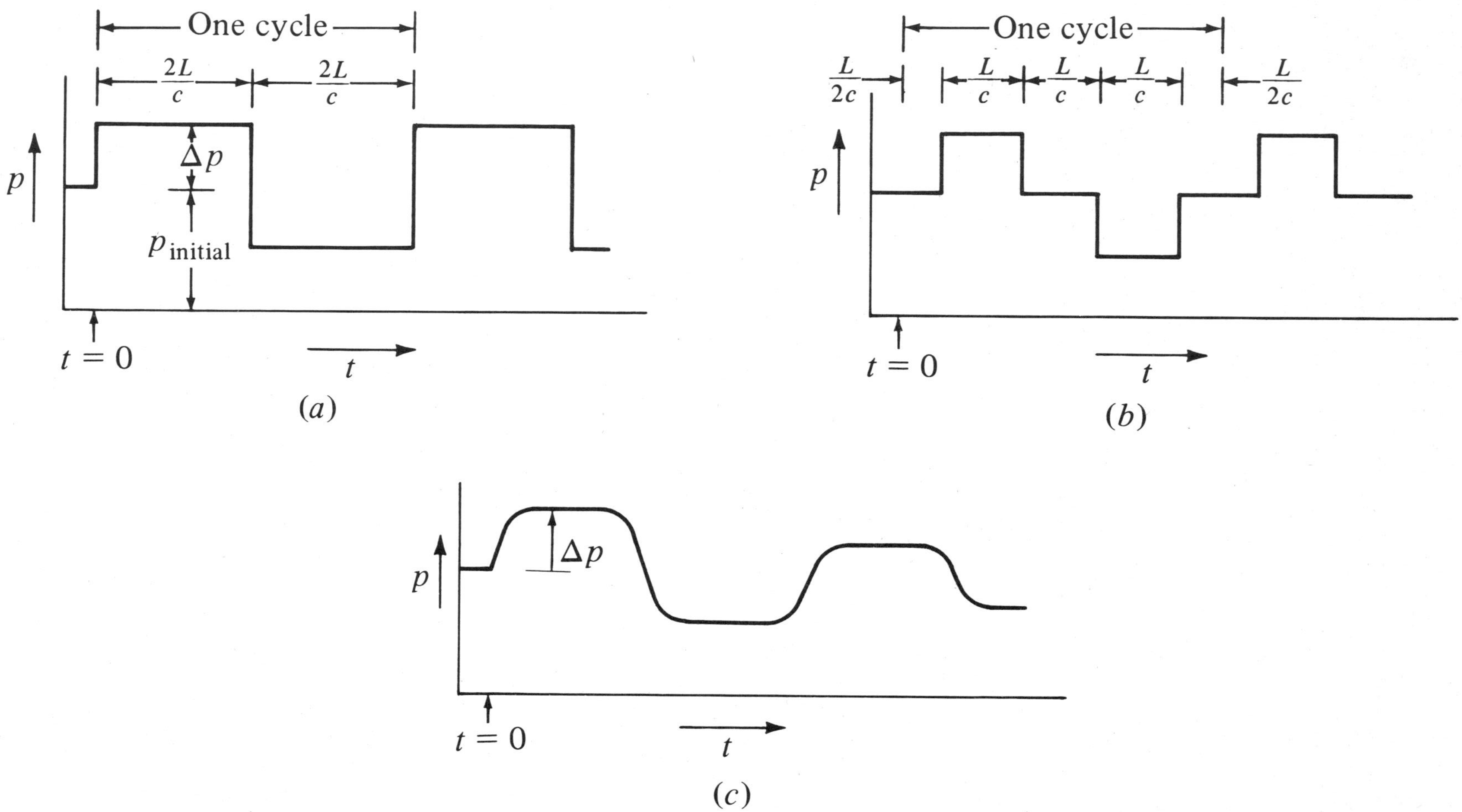

FIGURE 6-9 Variation of water-hammer pressure with time at two points in a pipe. (*a*) Location: adjacent to valve. (*b*) Location: at midpoint of pipe. (*c*) Actual variation of pressure near valve.

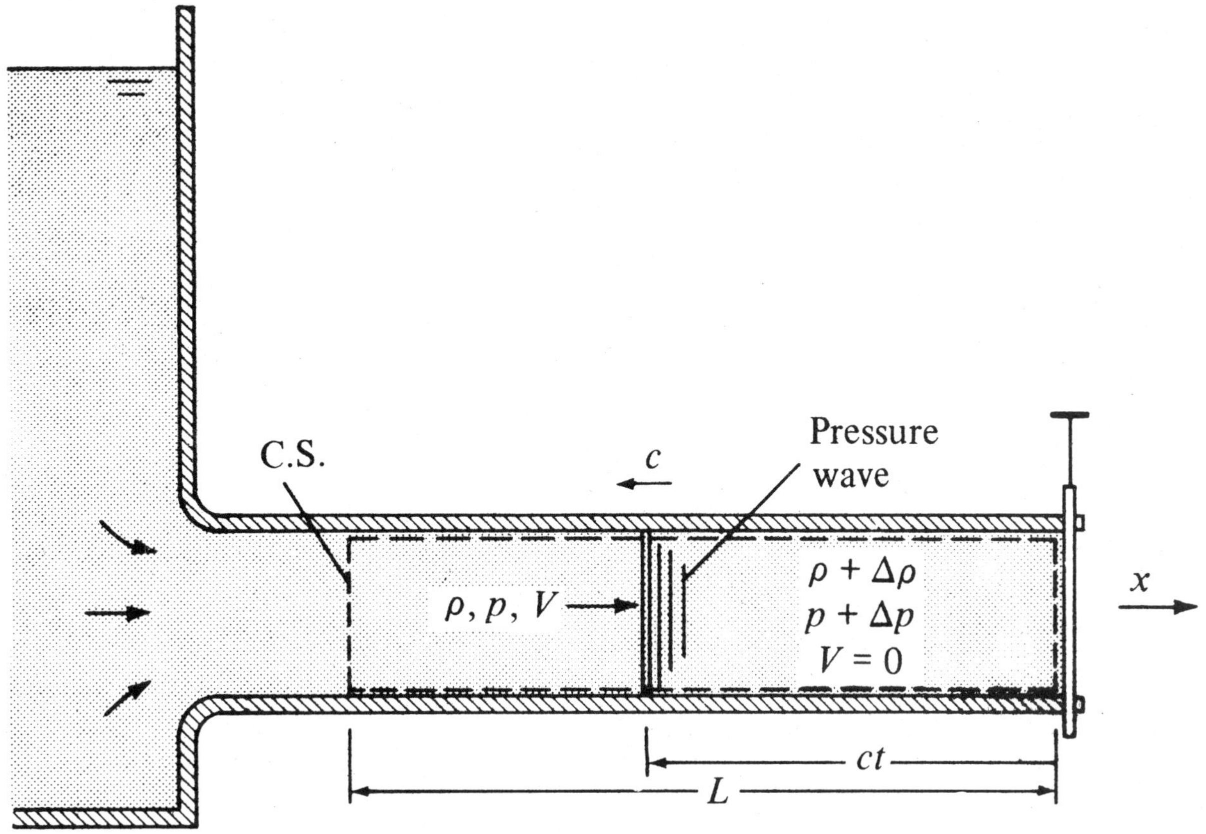

FIGURE 6-10 Pressure wave in a pipe

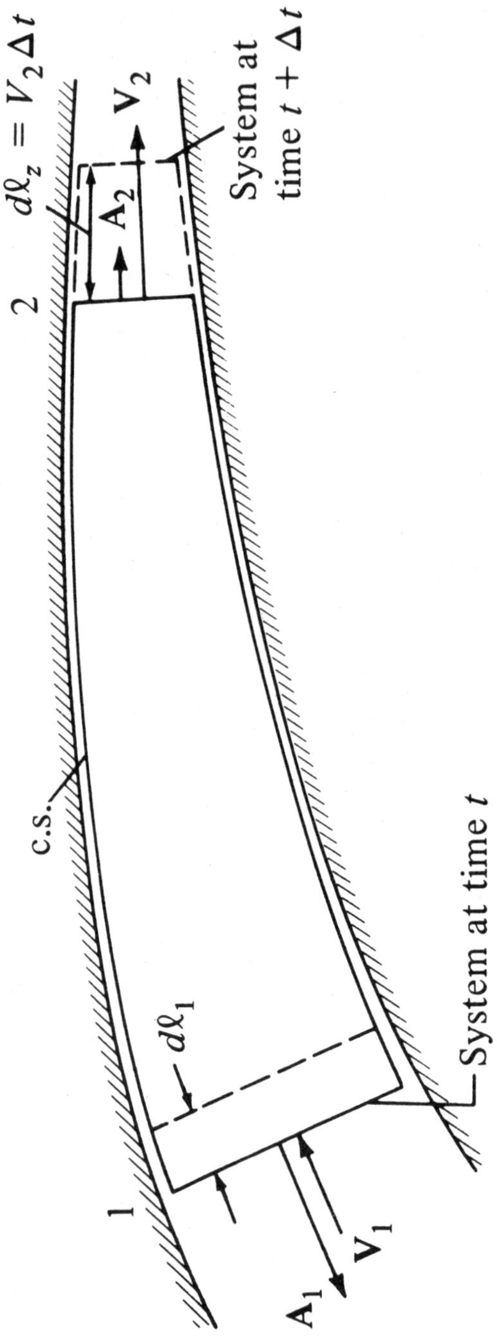

$d\ell_2 = V_2 \Delta t$
2
A_2
V_2
System at
time $t + \Delta t$
c.s.
$d\ell_1$
1
A_1
V_1
System at time t

FIGURE 7-1

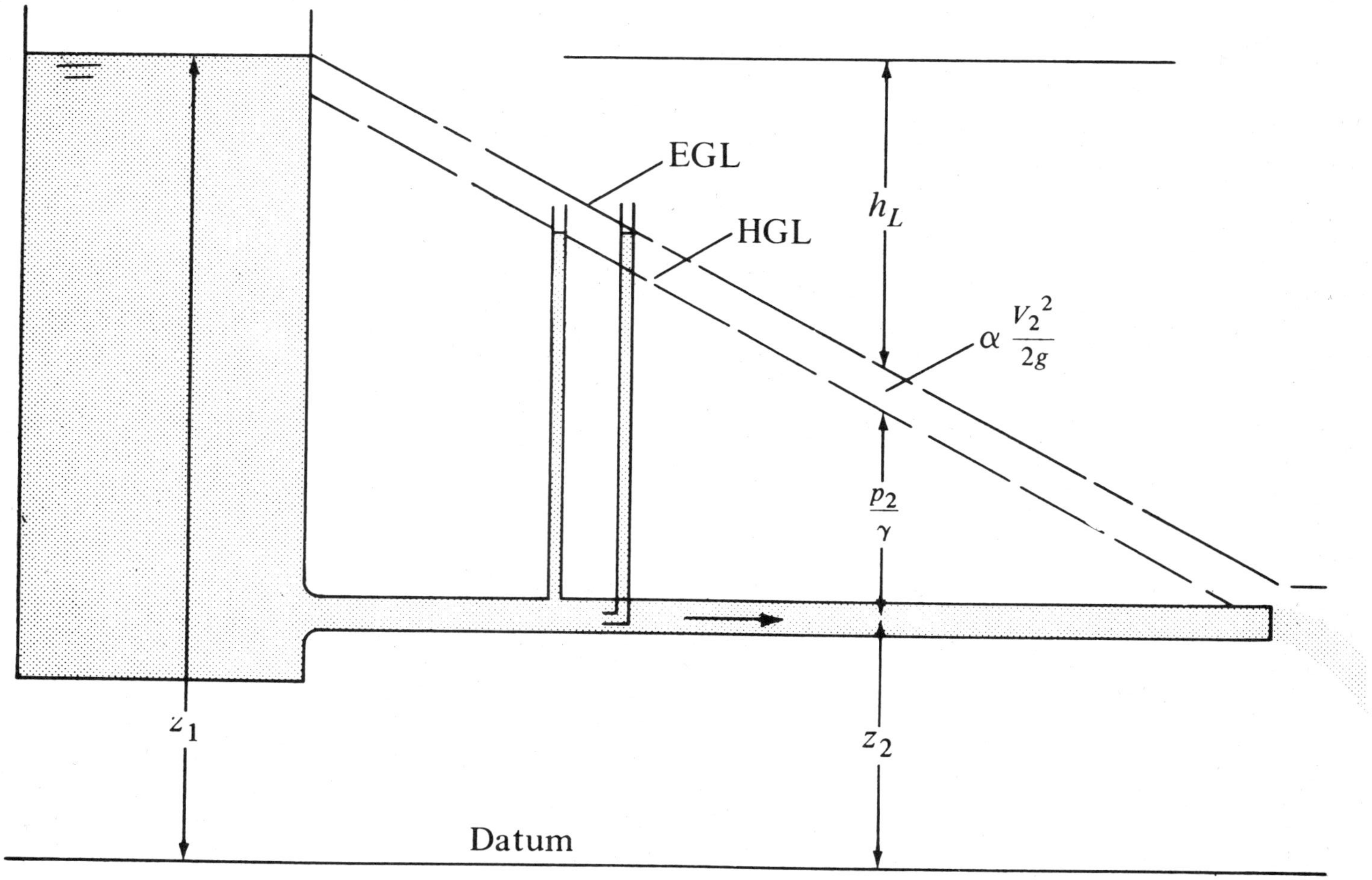

FIGURE 7-4 EGL and HGL in a straight pipe

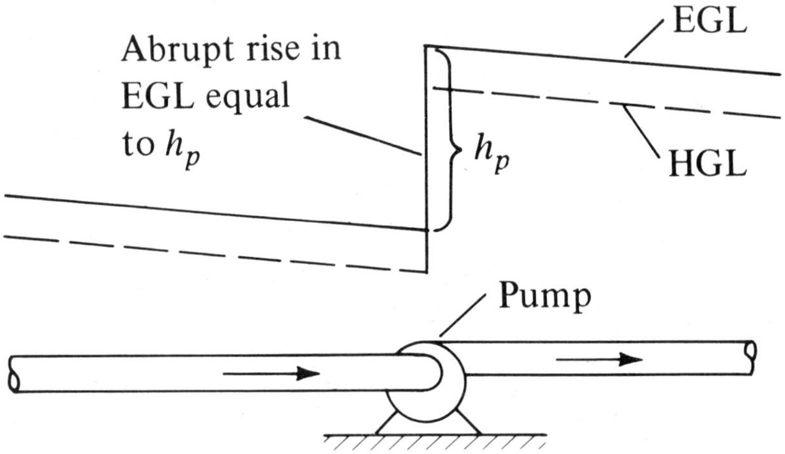

FIGURE 7-5 Rise in EGL and HGL due to pump

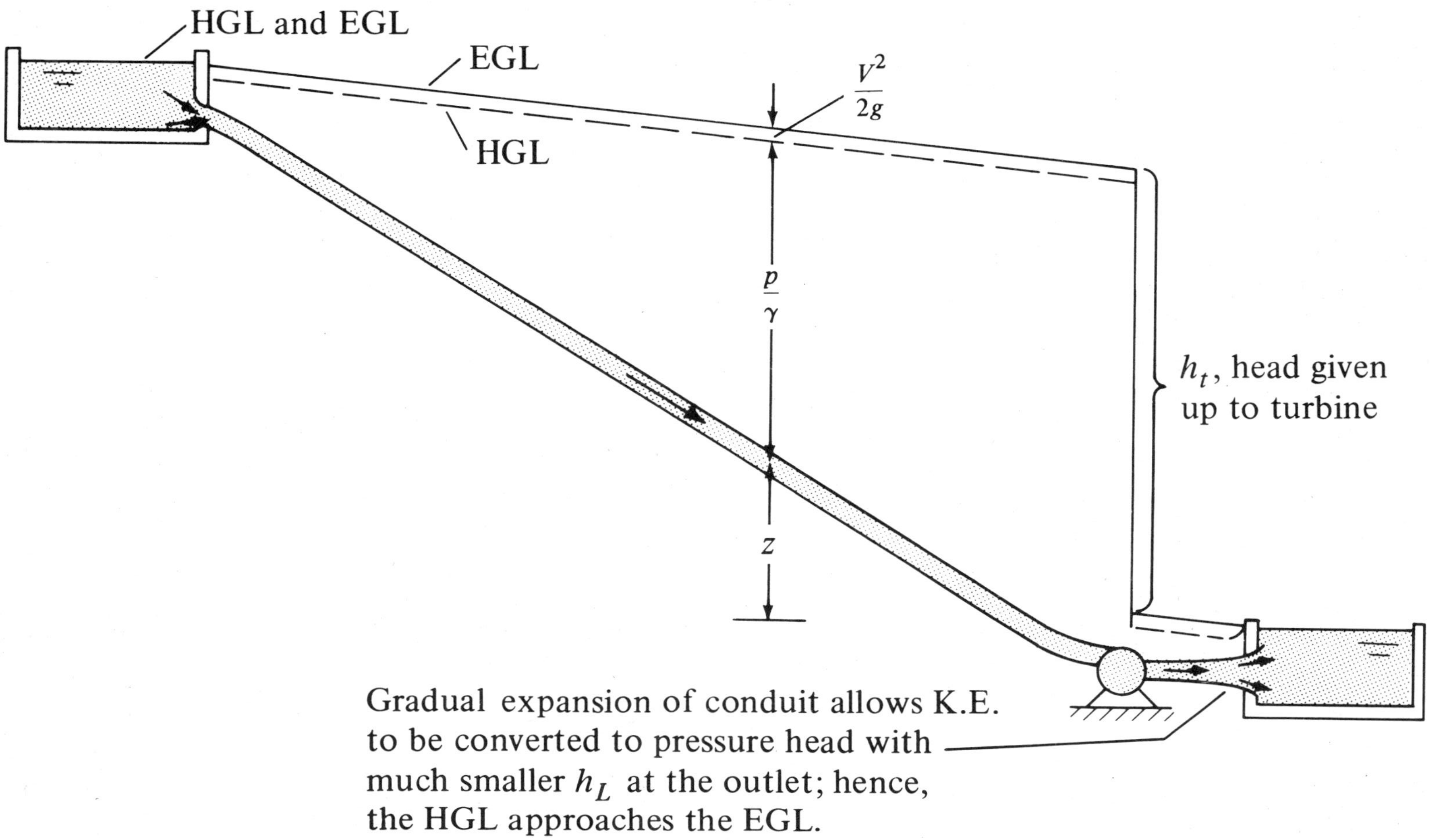

FIGURE 7-6 **Drop in EGL and HGL due to turbine**

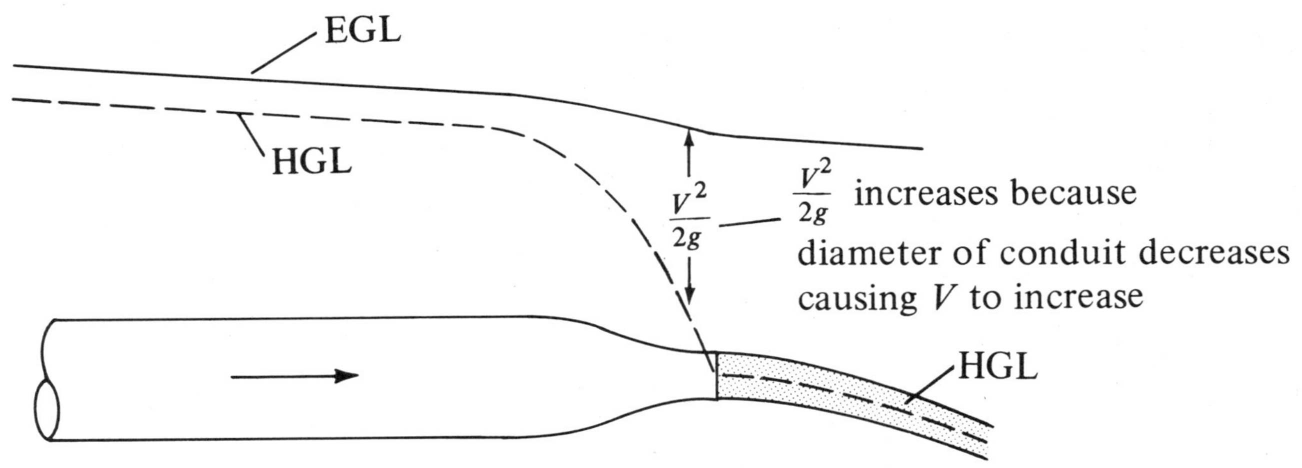

FIGURE 7-7 **Change in HGL and EGL due to flow through a nozzle**

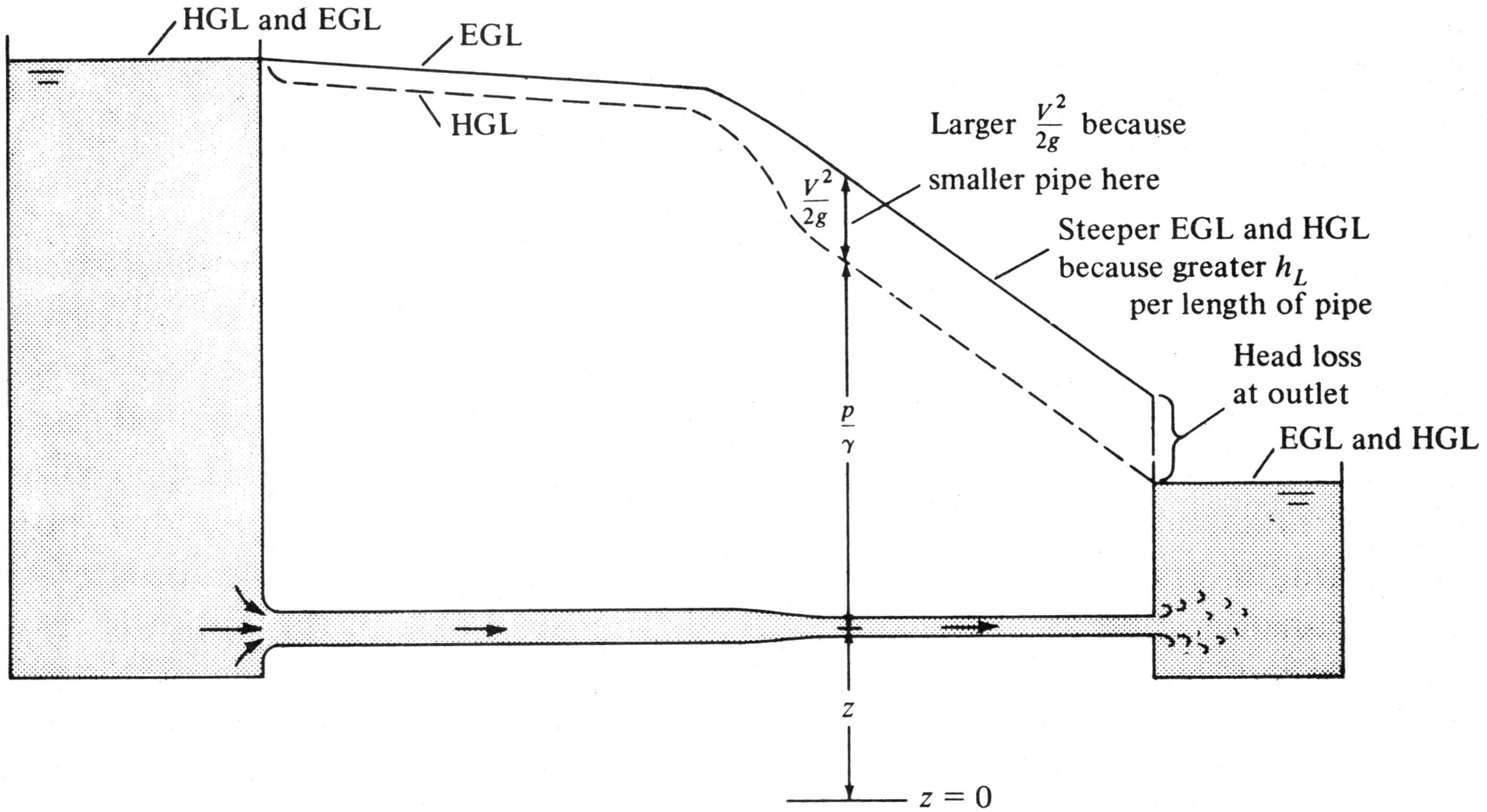

FIGURE 7-8 Change in EGL and HGL due to change in diameter of pipe

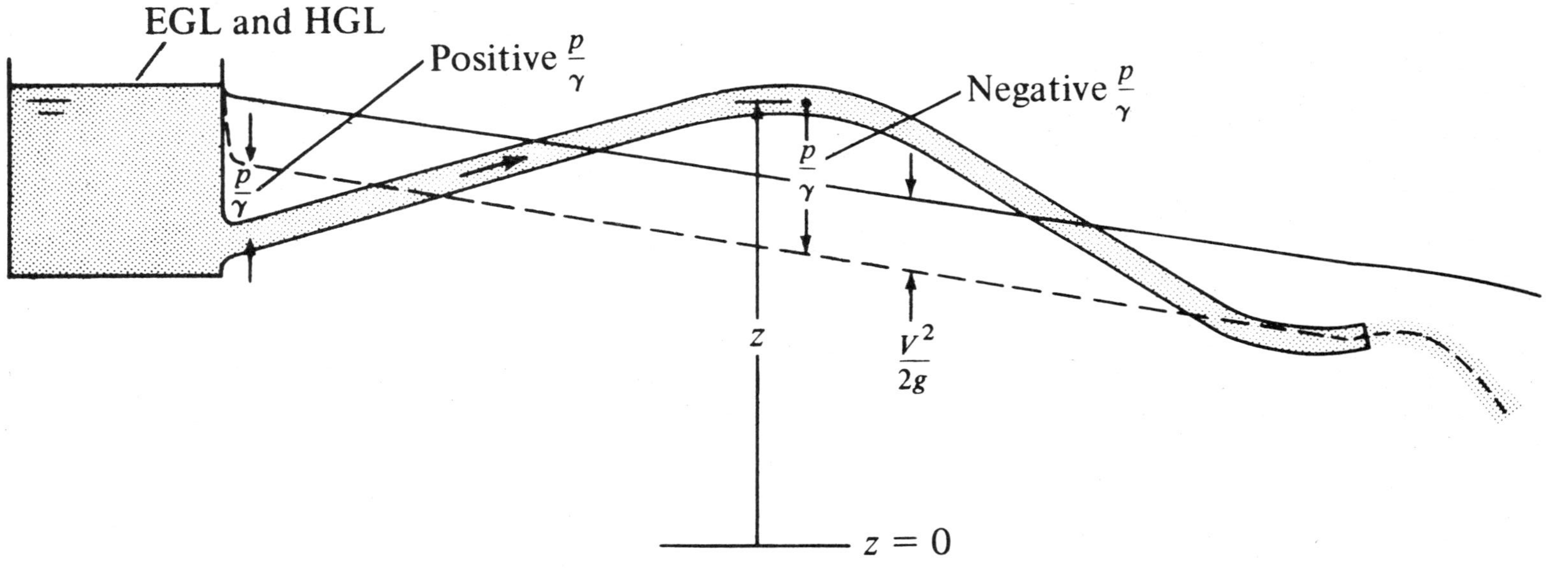

FIGURE 7-9 Subatmospheric pressure when pipe is above HGL

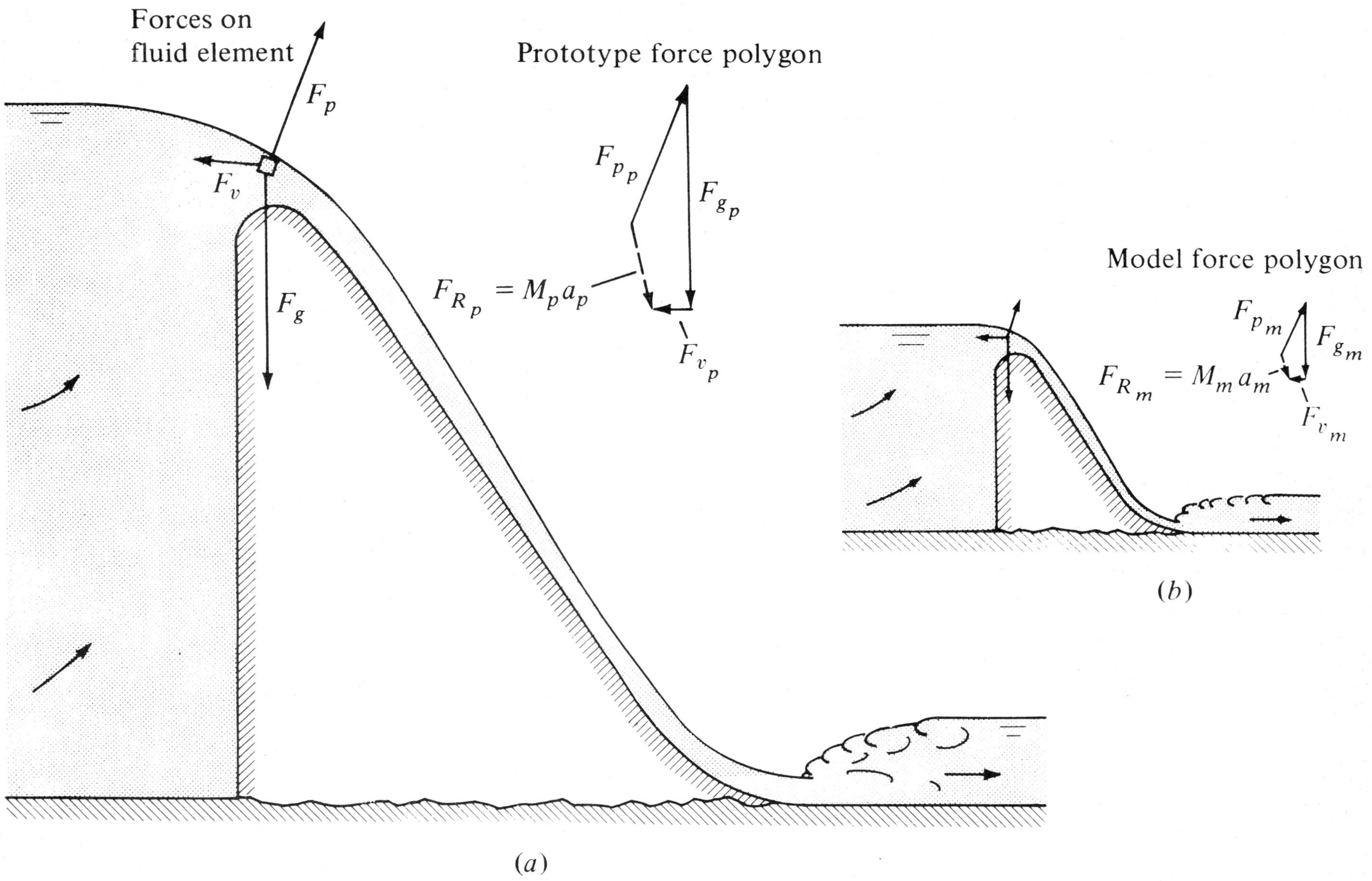

FIGURE 8-5 Model-prototype relations: view (*a*) and view (*b*)

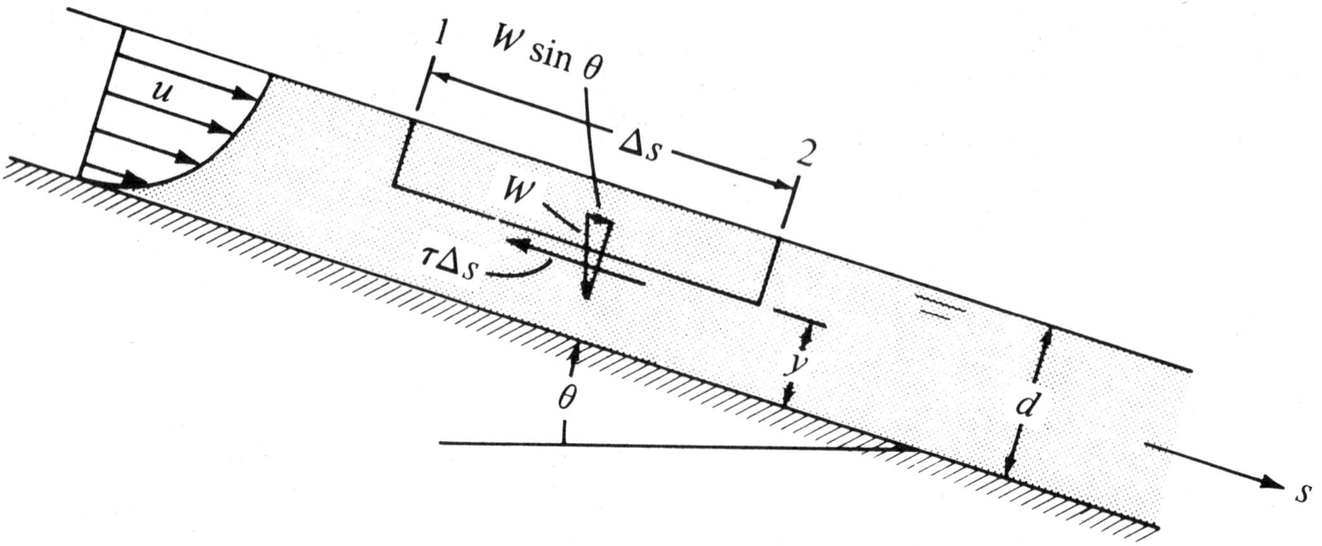

FIGURE 9-2 Free-surface flow down an inclined plane

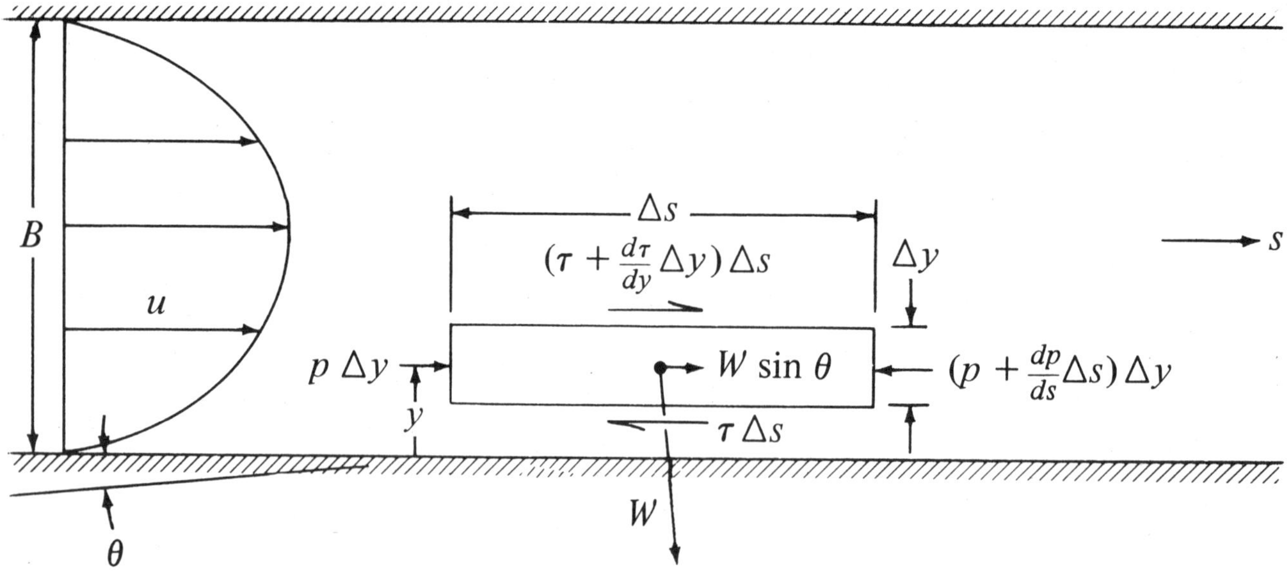

FIGURE 9-3 Flow between parallel boundaries with a pressure gradient

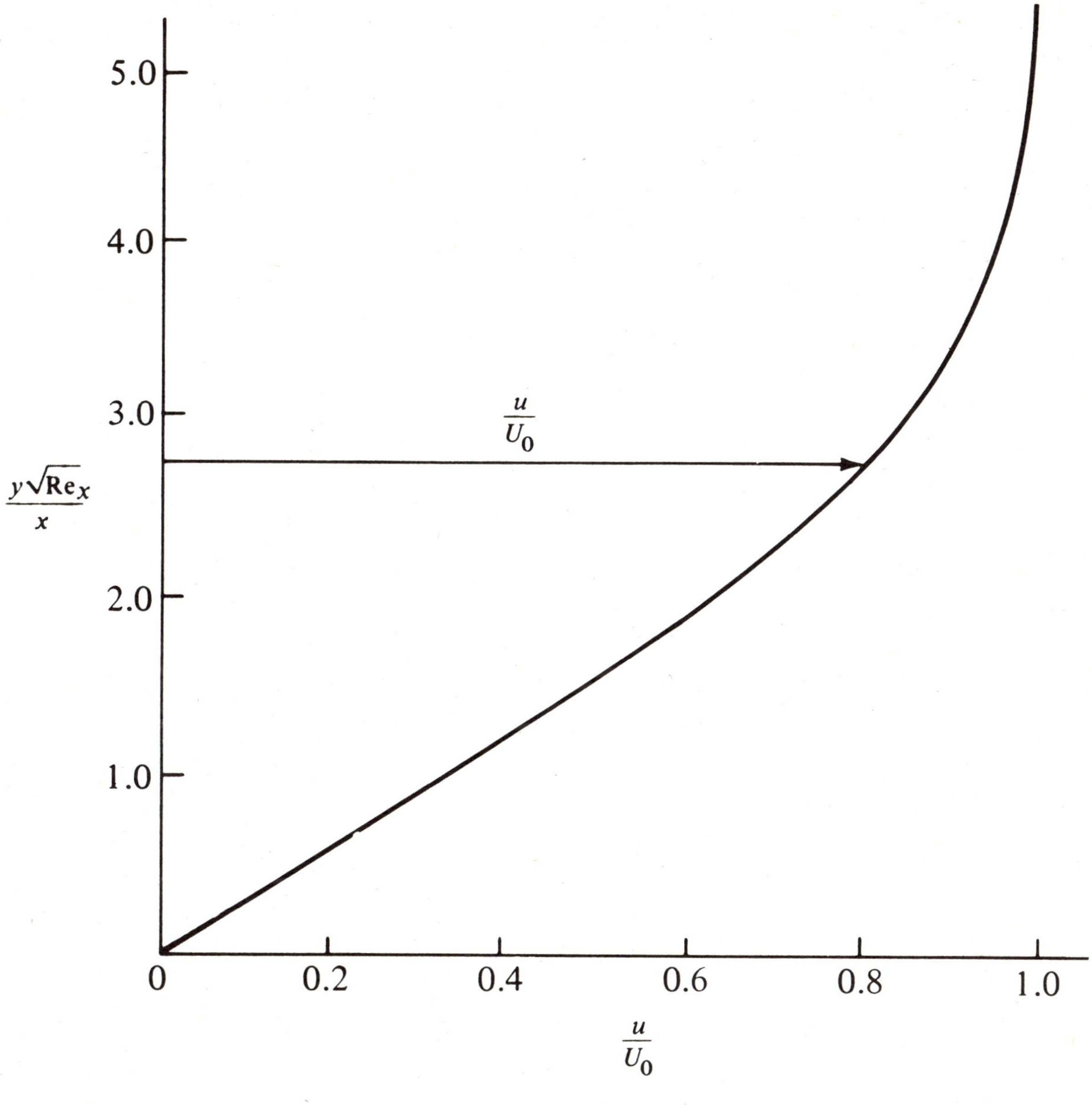

FIGURE 9-5 Velocity distribution in laminar boundary layer. [After Blasius (1)]

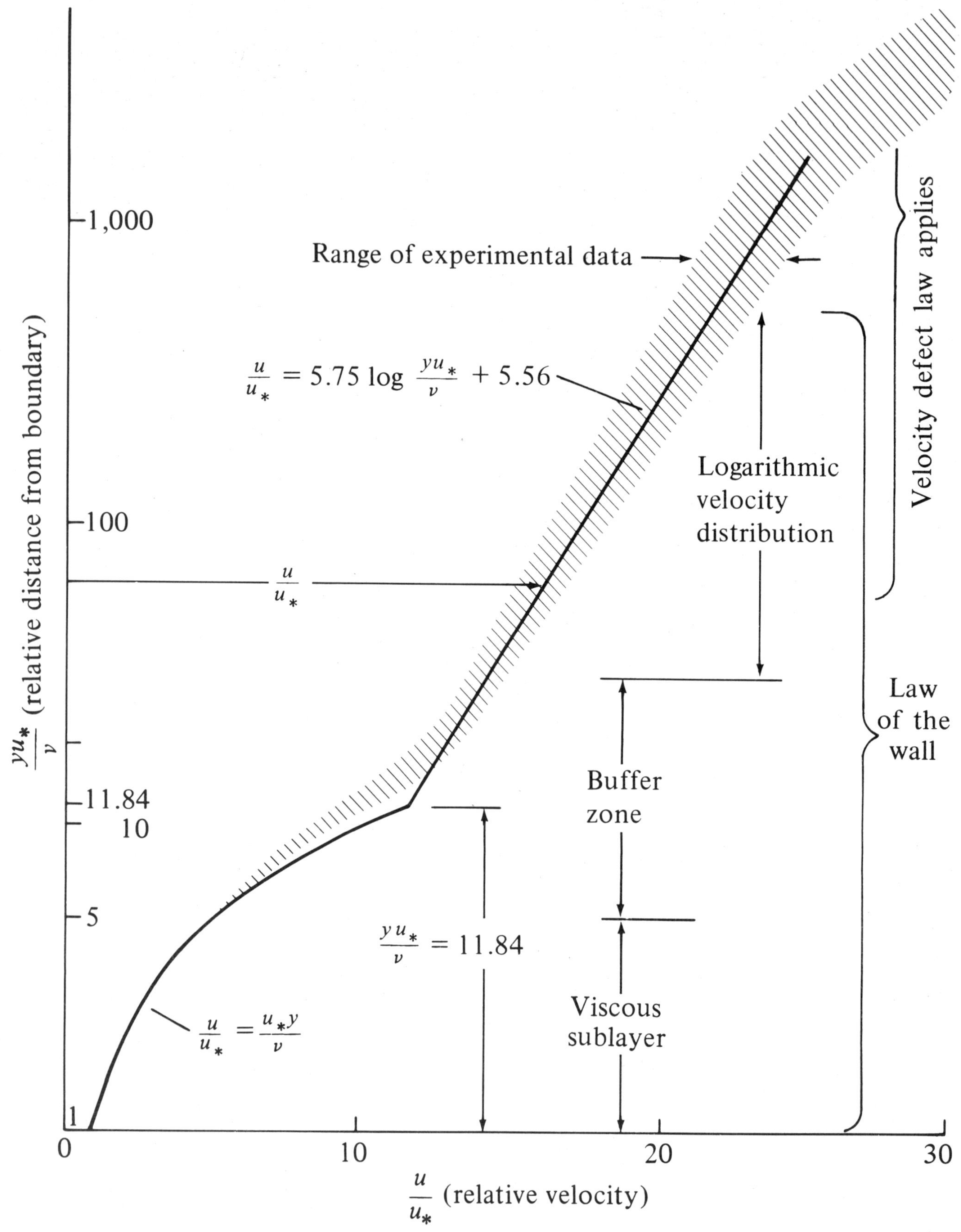

FIGURE 9-9 Velocity distribution in a turbulent boundary layer. [Adapted from Schlichting (8) and Daily and Harleman (3)]

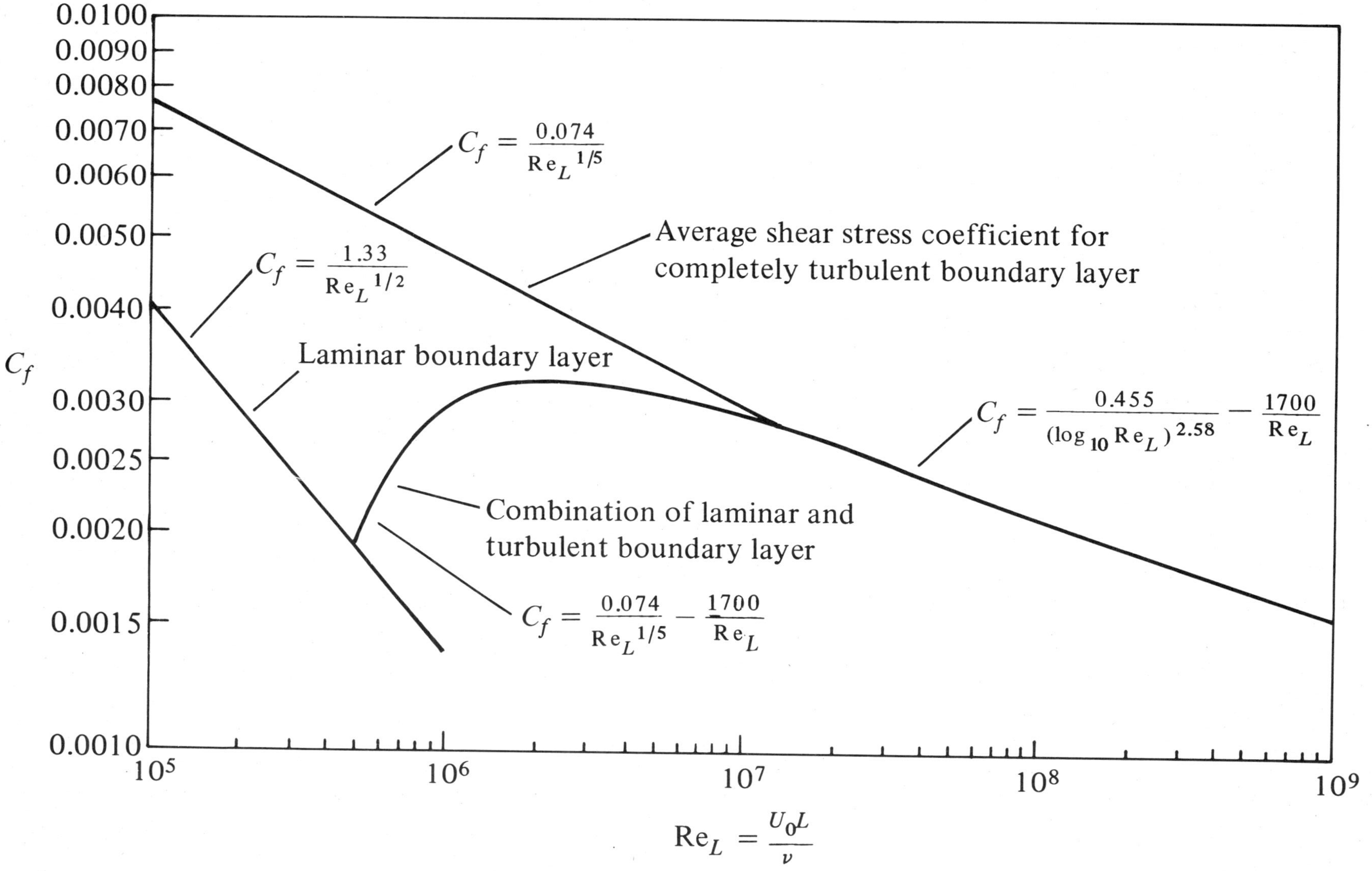

FIGURE 9-13 Average shear-stress coefficients. [After Schlichting (8)]

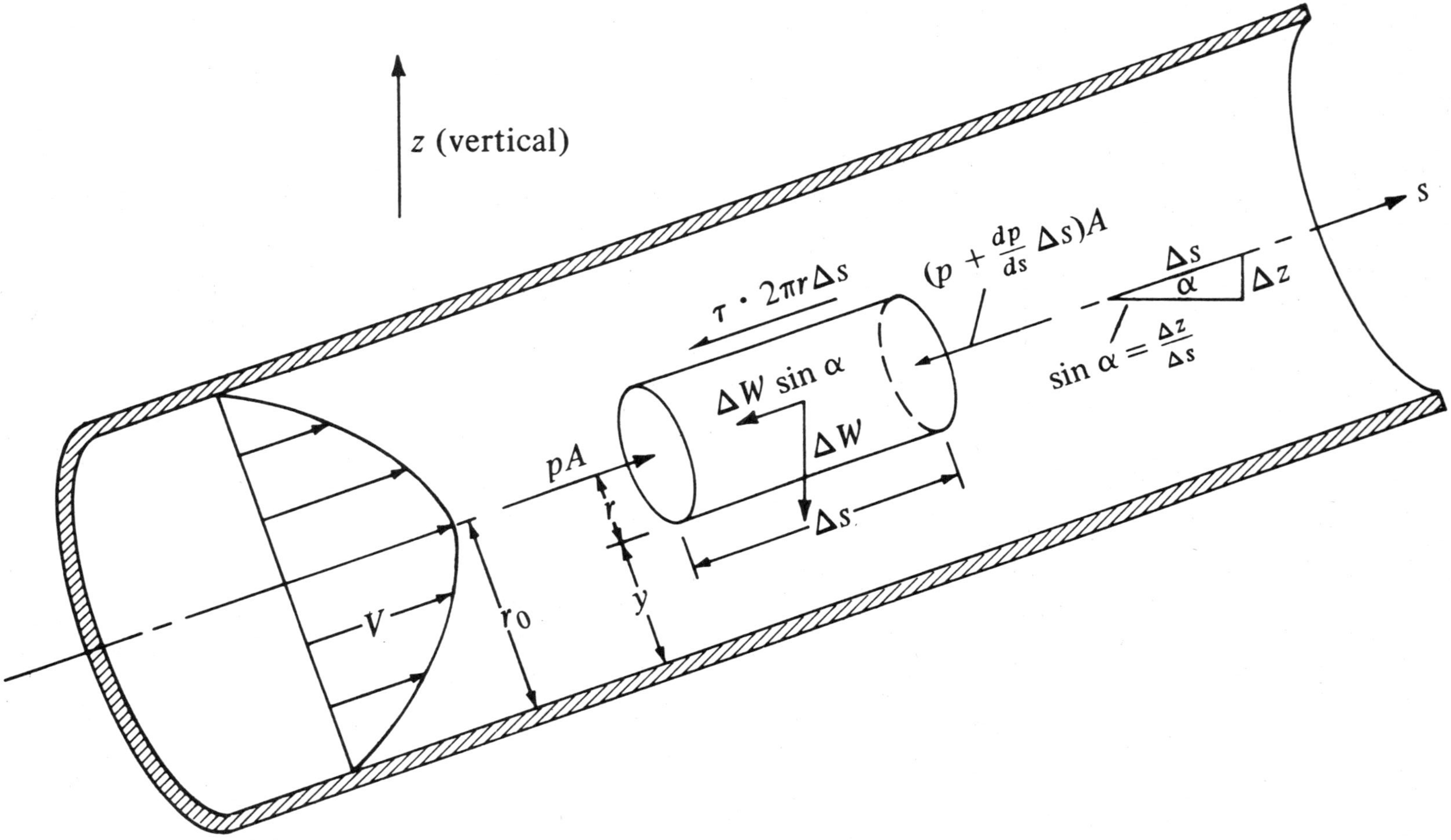

FIGURE 10-1 Variation of shear stress in a pipe

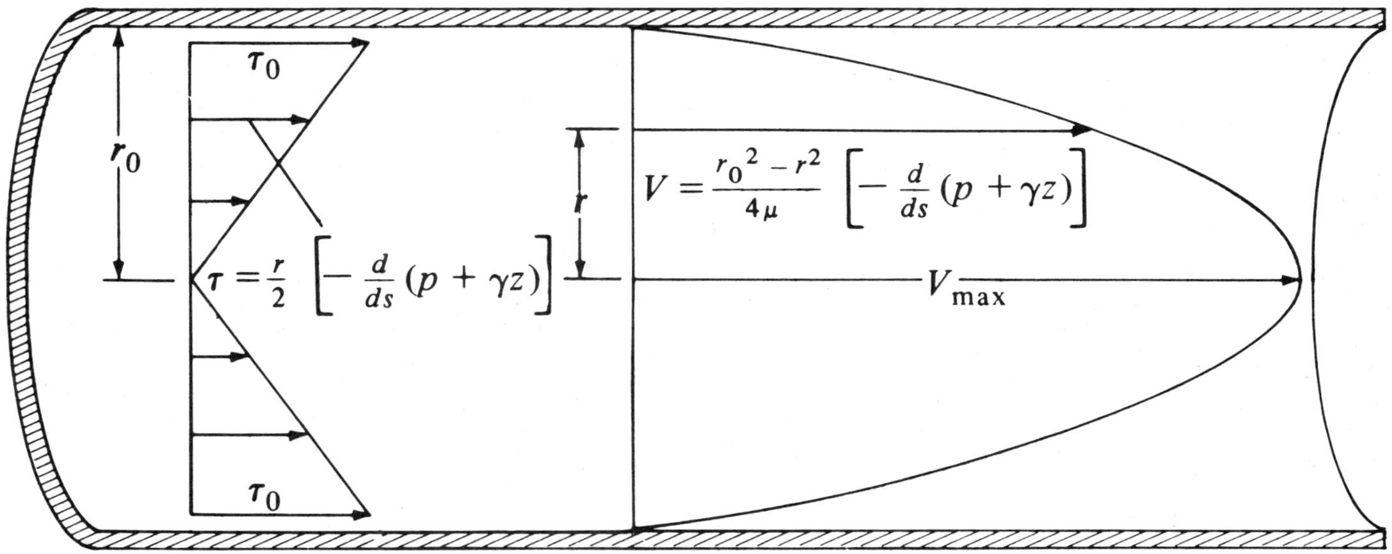

FIGURE 10-2 Distribution of shear stress and velocity for laminar flow in a pipe

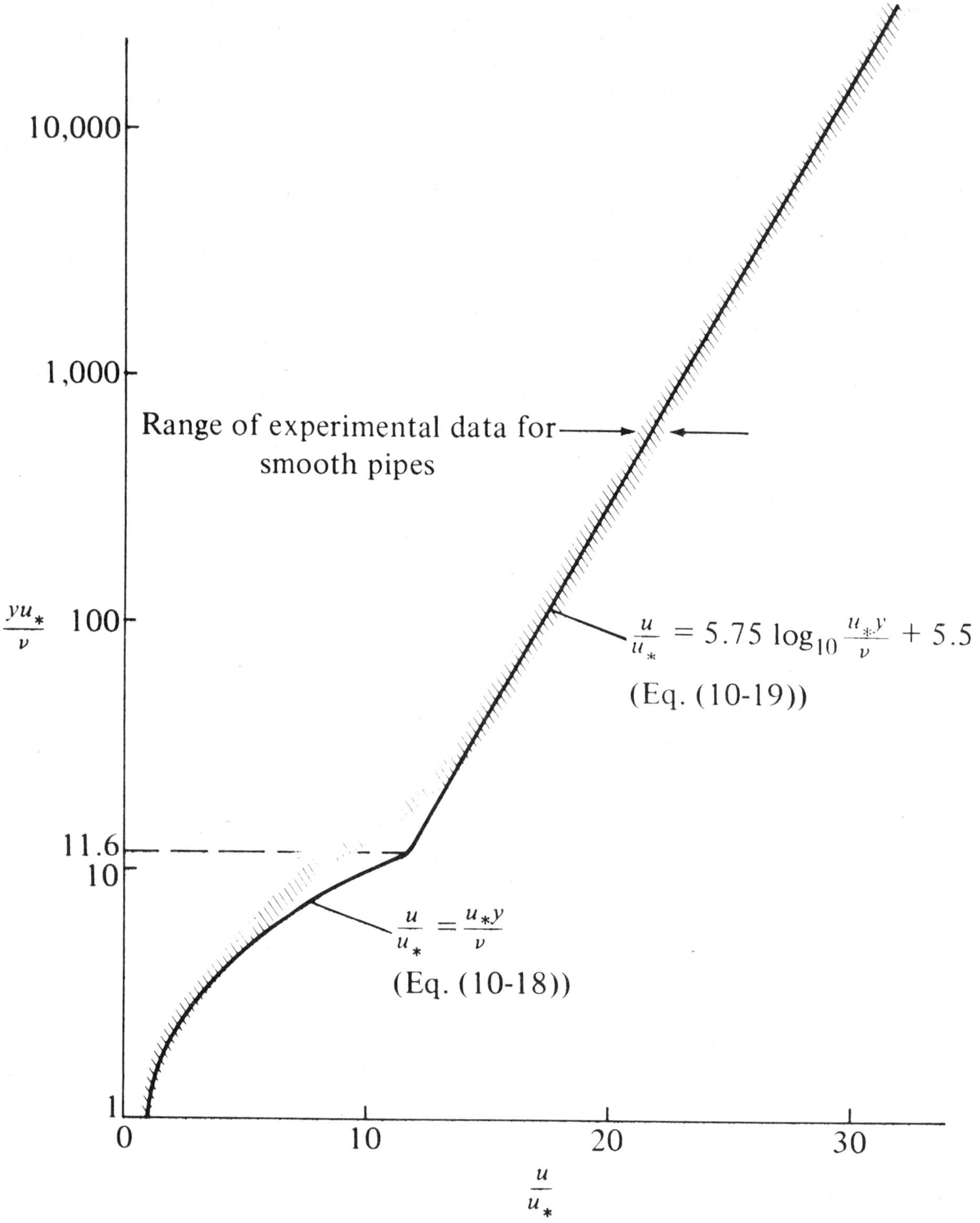

FIGURE 10-5 Velocity distribution for smooth pipes. [After Schlichting (26)]

FIGURE 10-7 Resistance coefficient f versus Re for sand-roughened pipe.

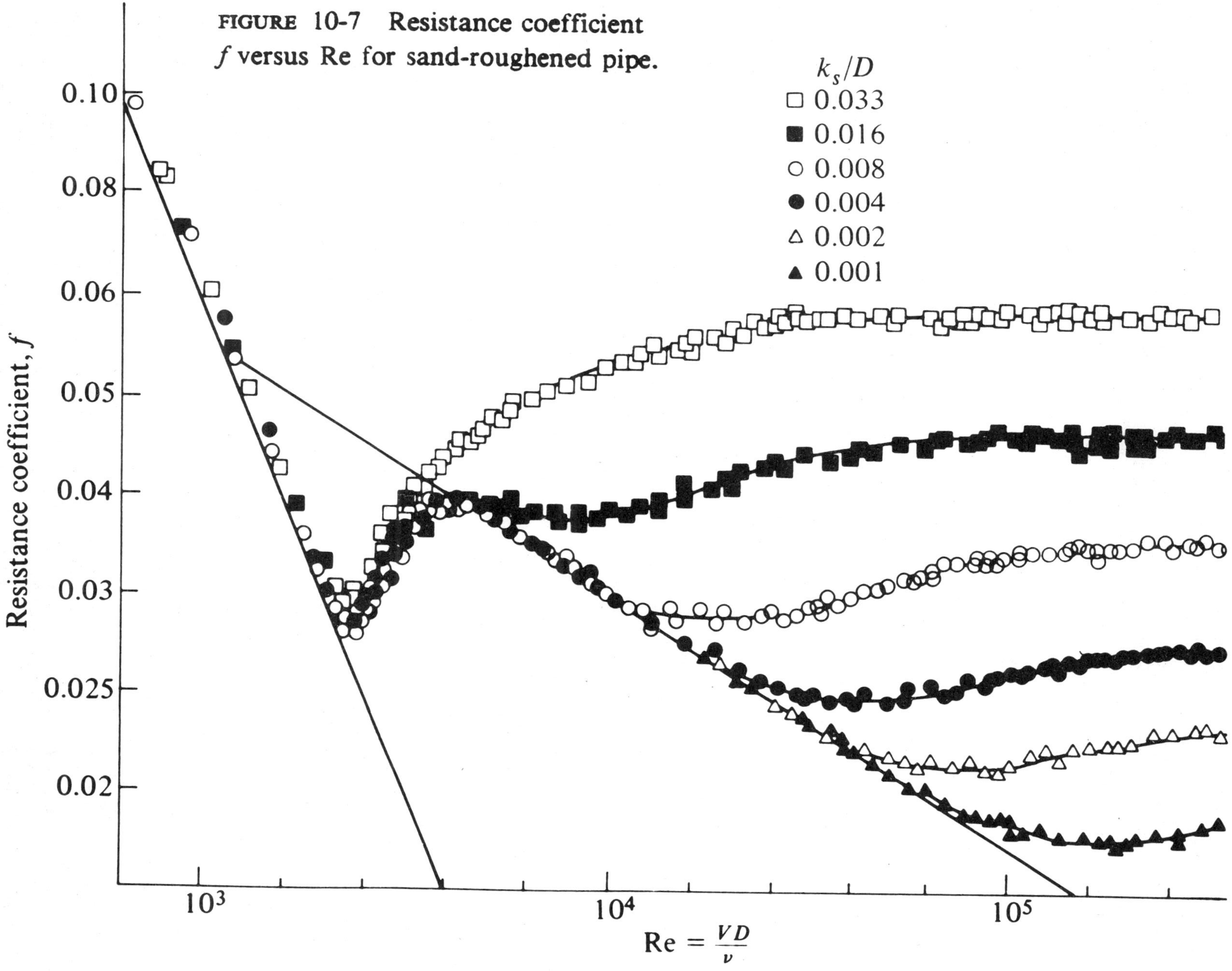

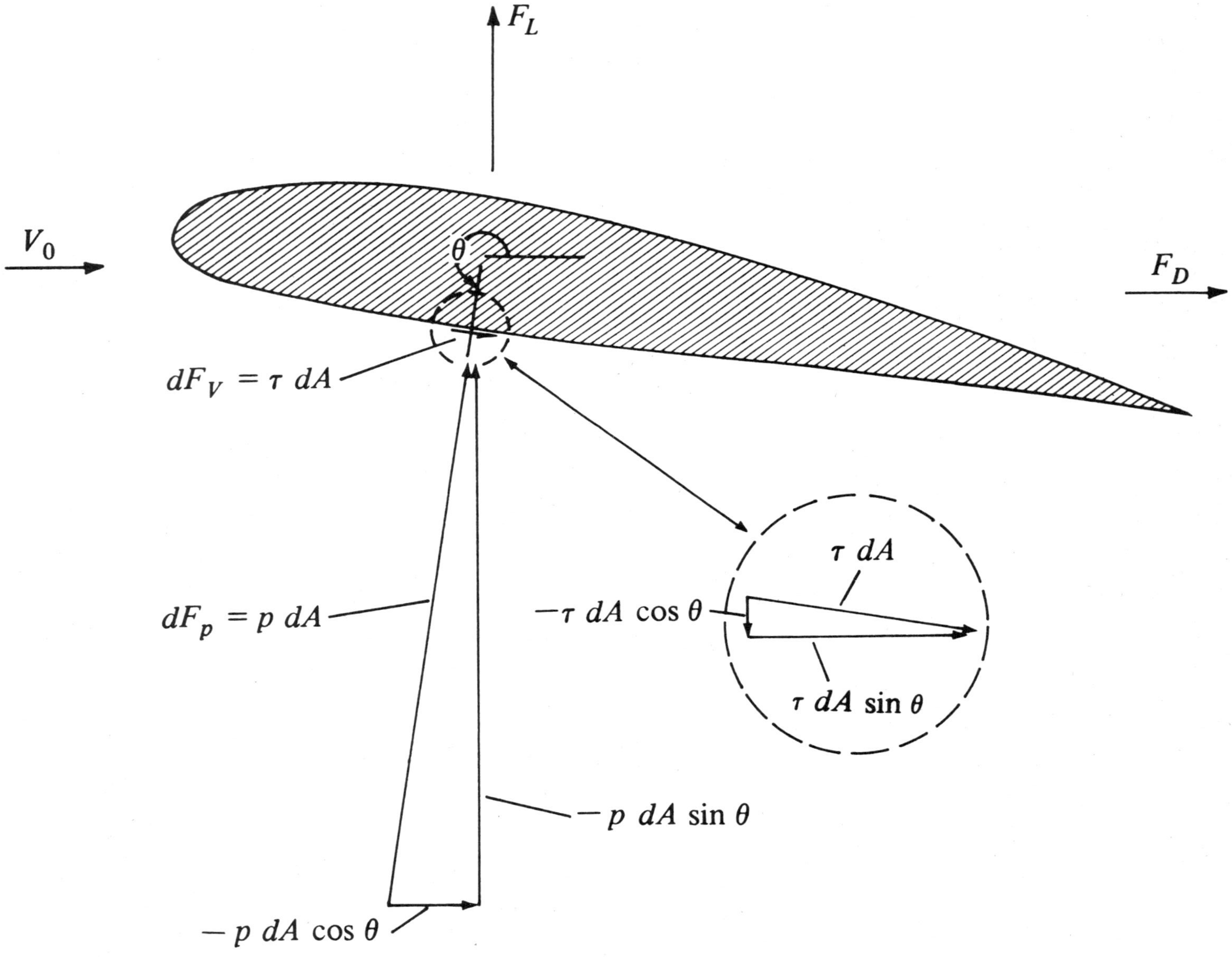

FIGURE 11-2 Pressure and viscous forces acting on a differential element of area

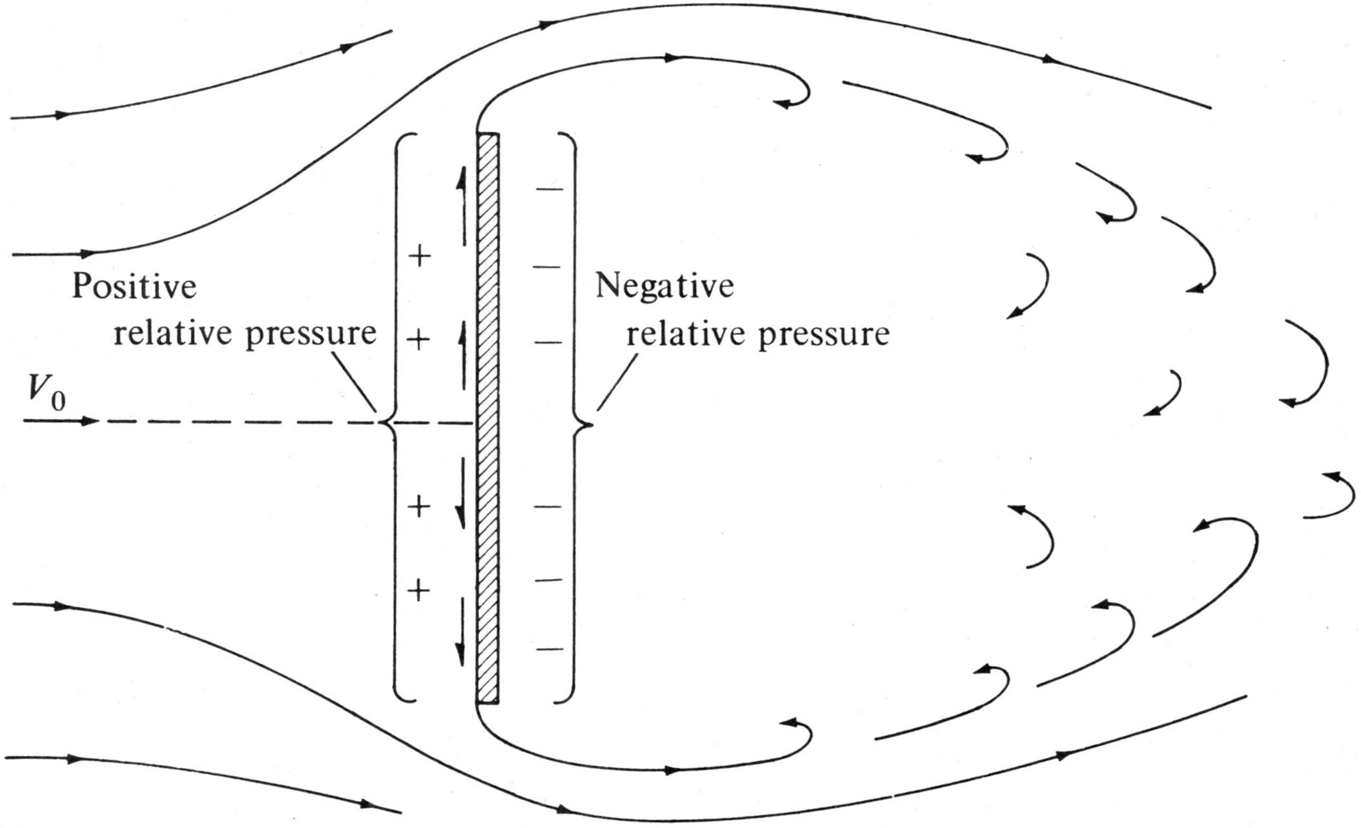

FIGURE 11-3 Flow past a flat plate

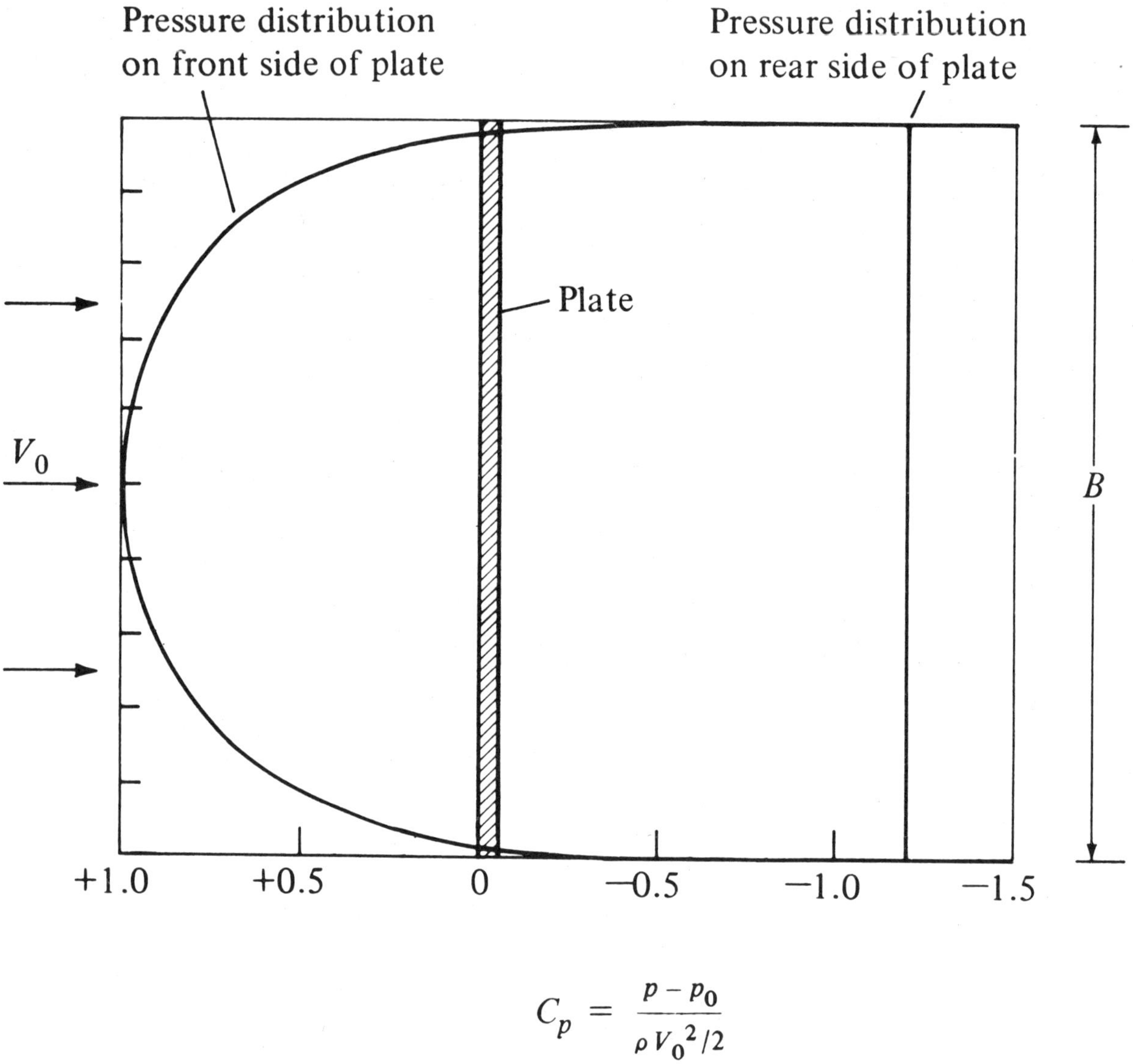

FIGURE 11-4 Pressure distribution on a plate normal to the approach flow for Re > 10^4

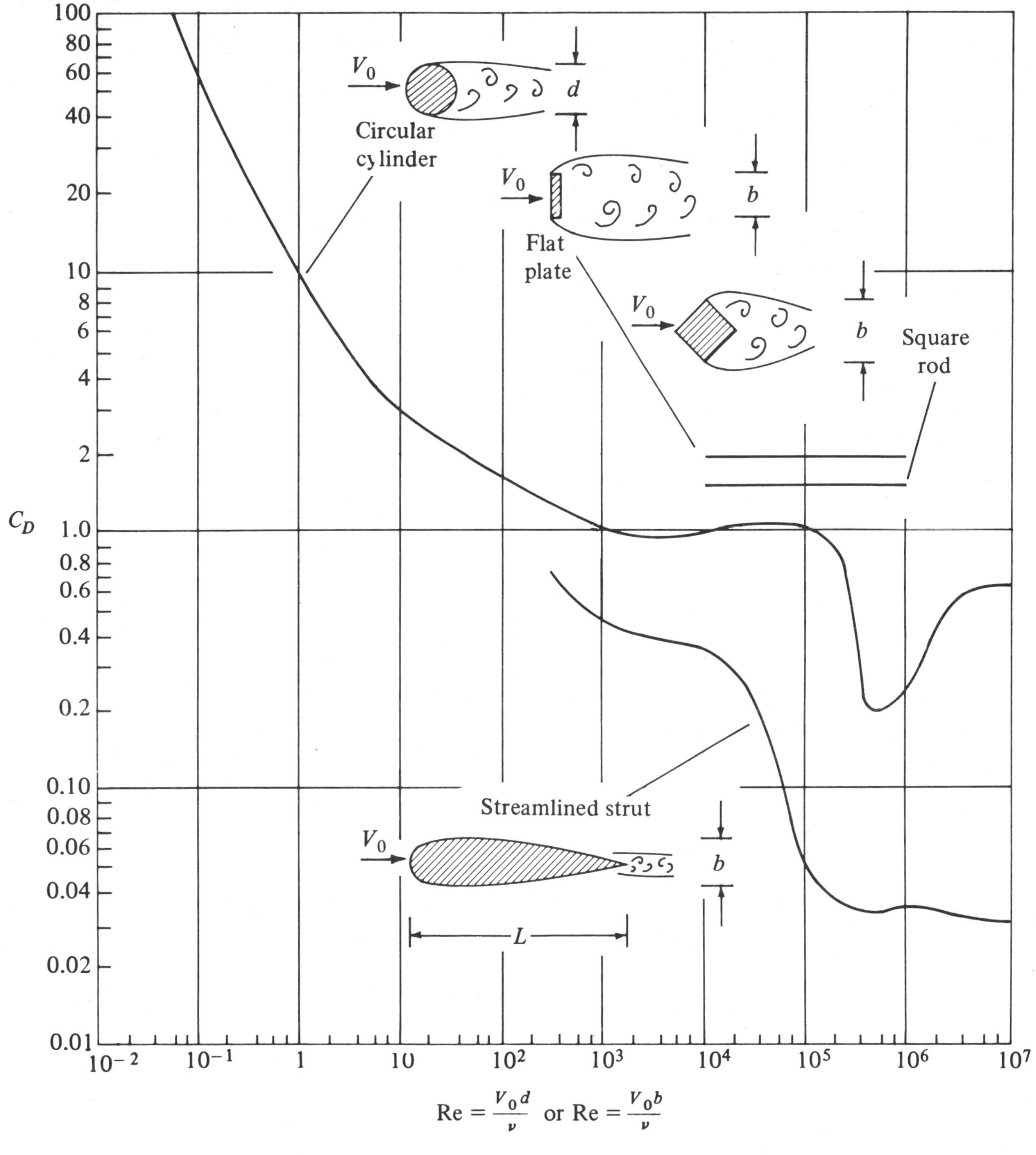

FIGURE 11-5 Coefficient of drag versus Reynolds number for two-dimensional bodies. [*Data sources*: Bullivant (5), Defoe (7), Goett and Bullivant (10), Jacobs (12), Jones (14), and Lindsey (18)]

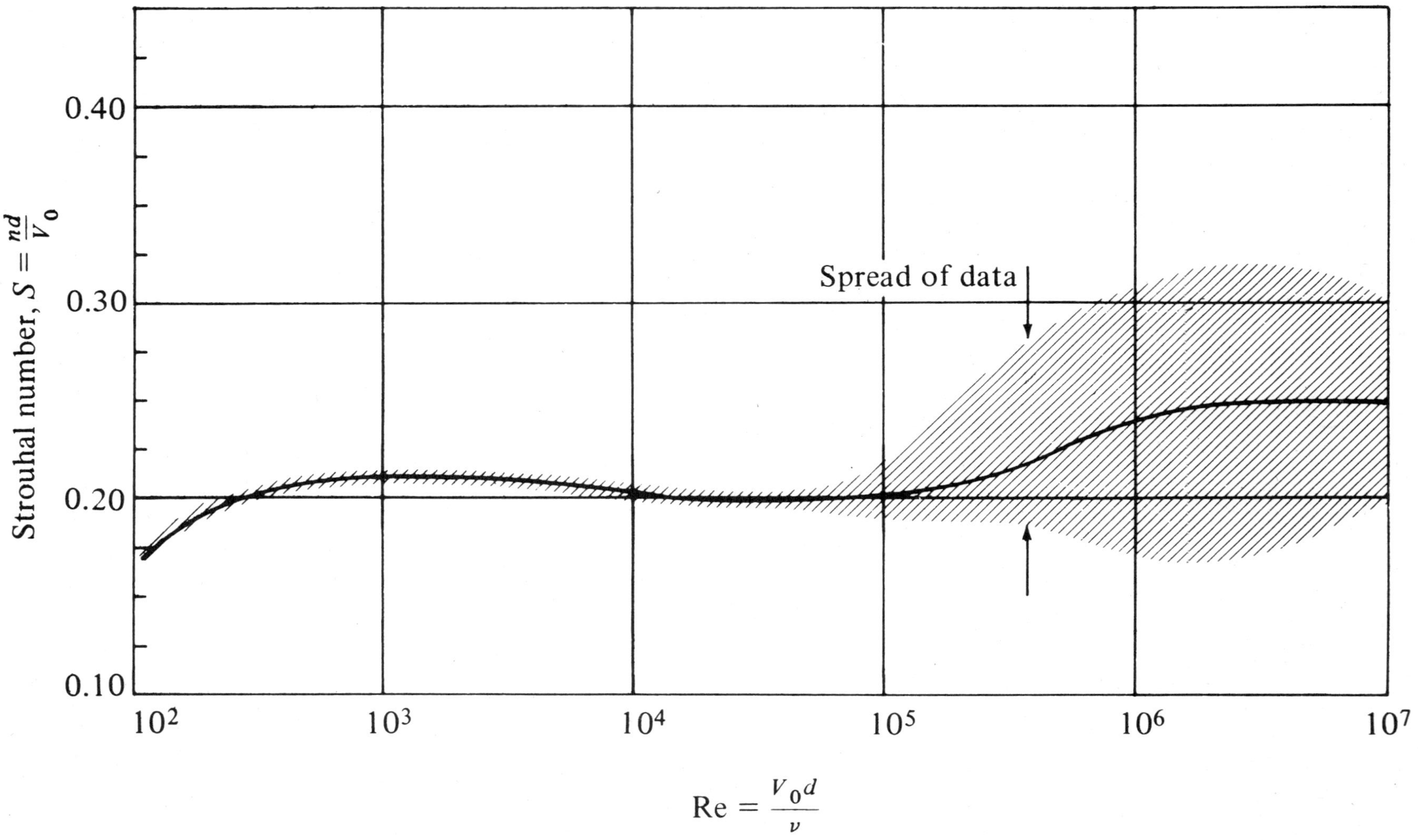

FIGURE 11-10 Strouhal number versus Reynolds number for flow past a circular cylinder. [After Jones (14) and Roshko (23)]

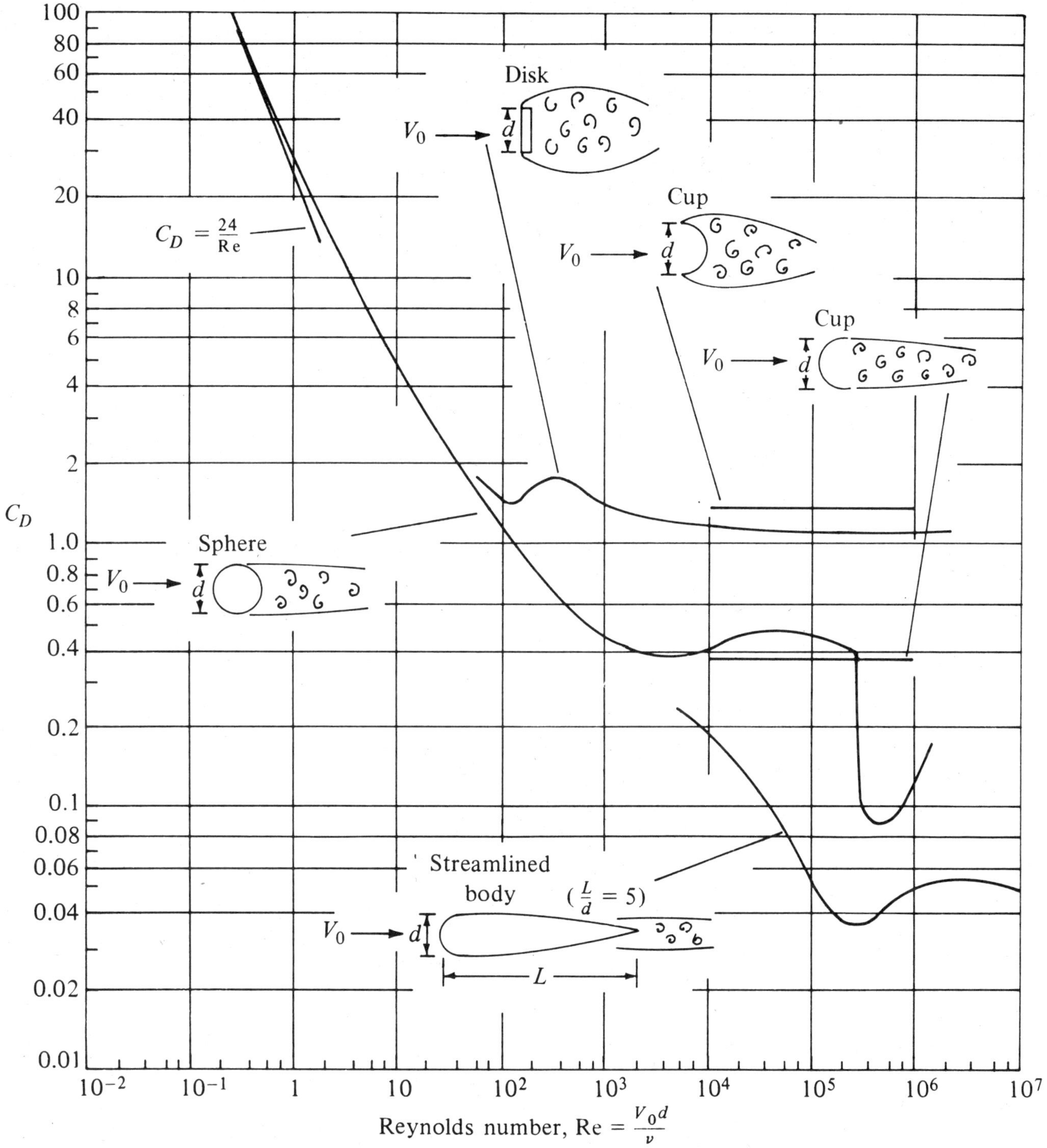

FIGURE 11-11 Coefficient of drag versus Reynolds number for axisymmetric bodies. [*Data sources*: Abbott (1), Brevoort and Joyner (4), Freeman (9), and Rouse (24)]

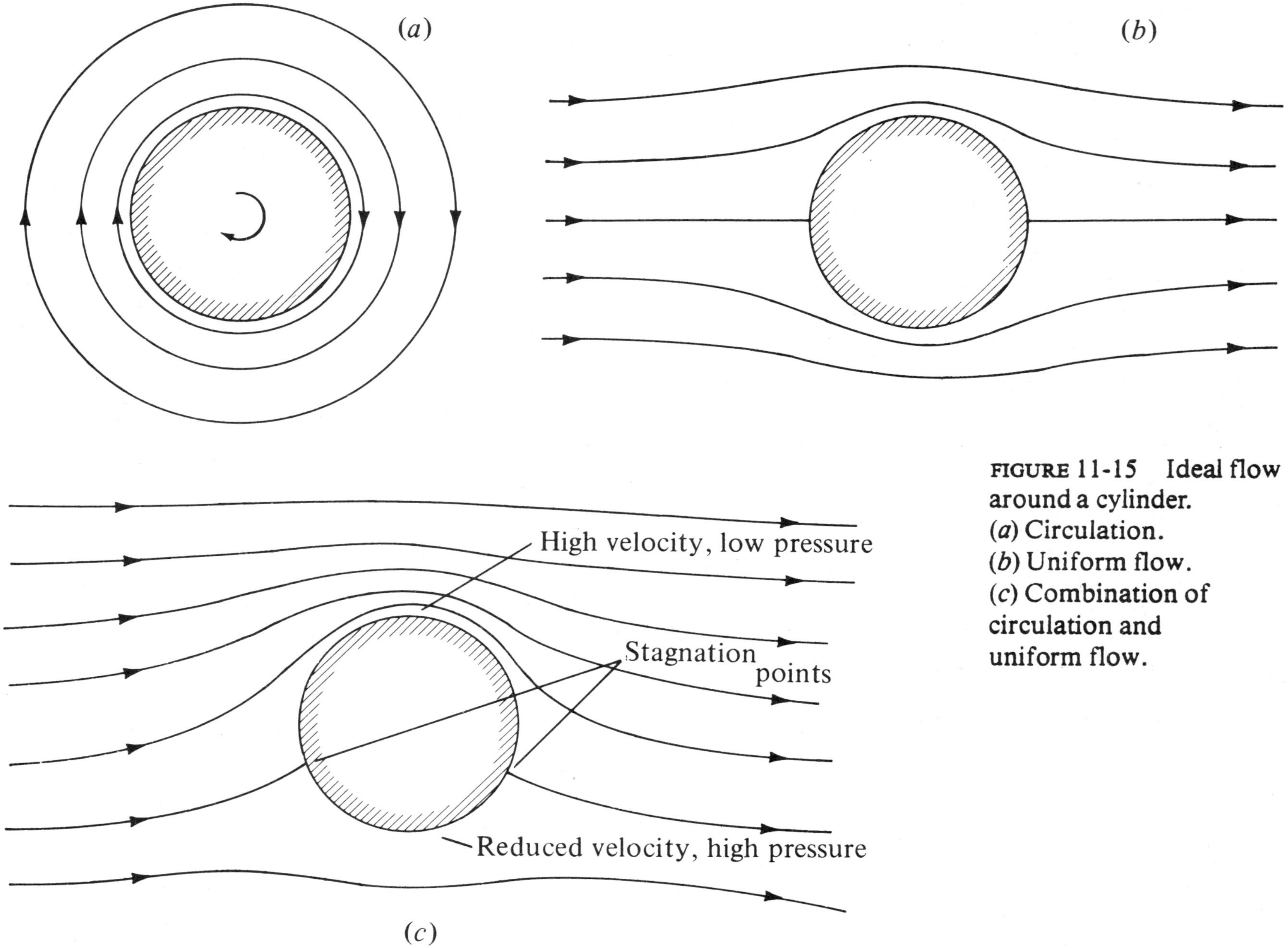

FIGURE 11-15 Ideal flow around a cylinder. (*a*) Circulation. (*b*) Uniform flow. (*c*) Combination of circulation and uniform flow.

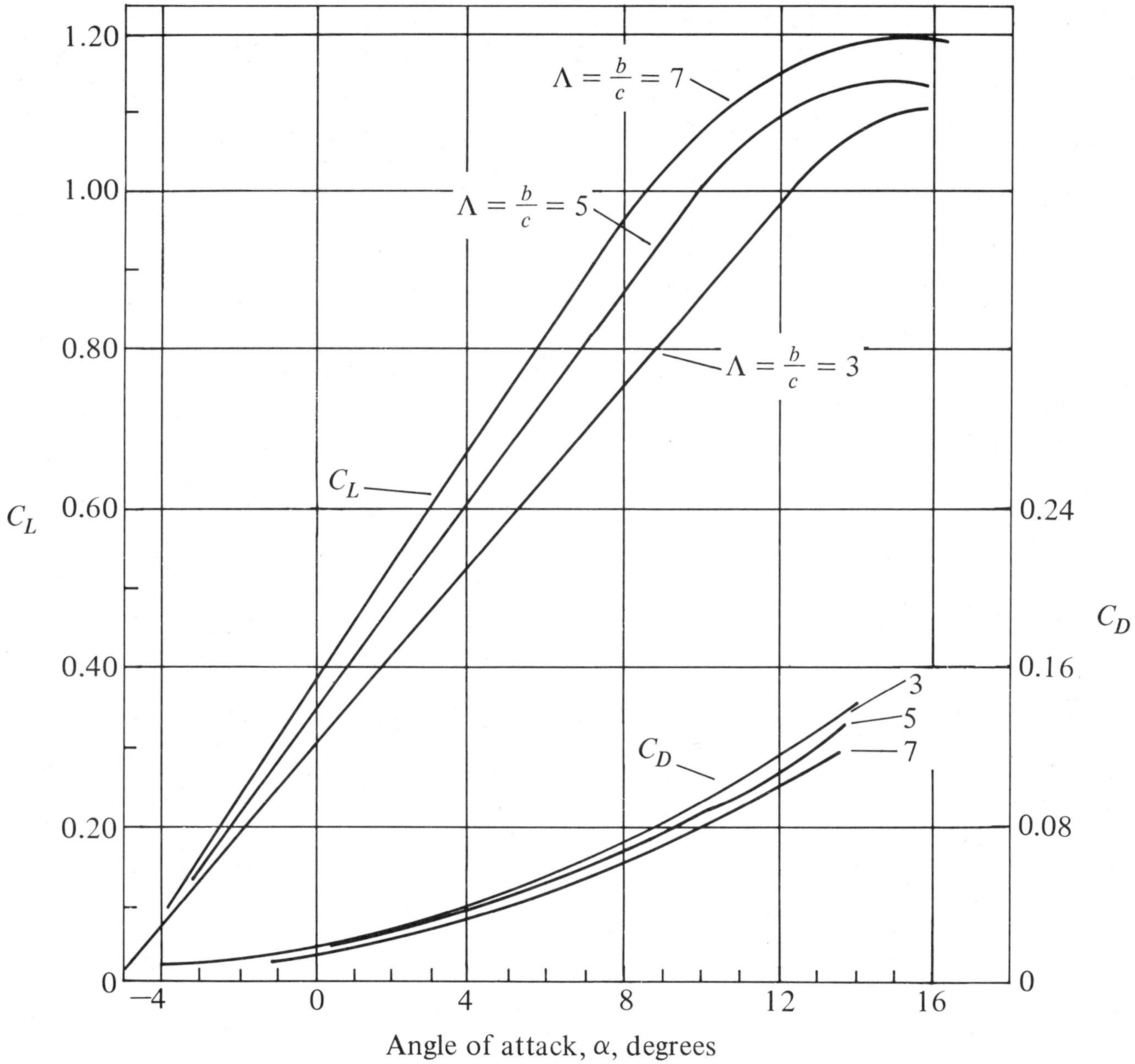

FIGURE 11-23 Coefficients of lift and drag for three wings with aspect ratios of 3, 5, and 7. [After Prandtl (21)]

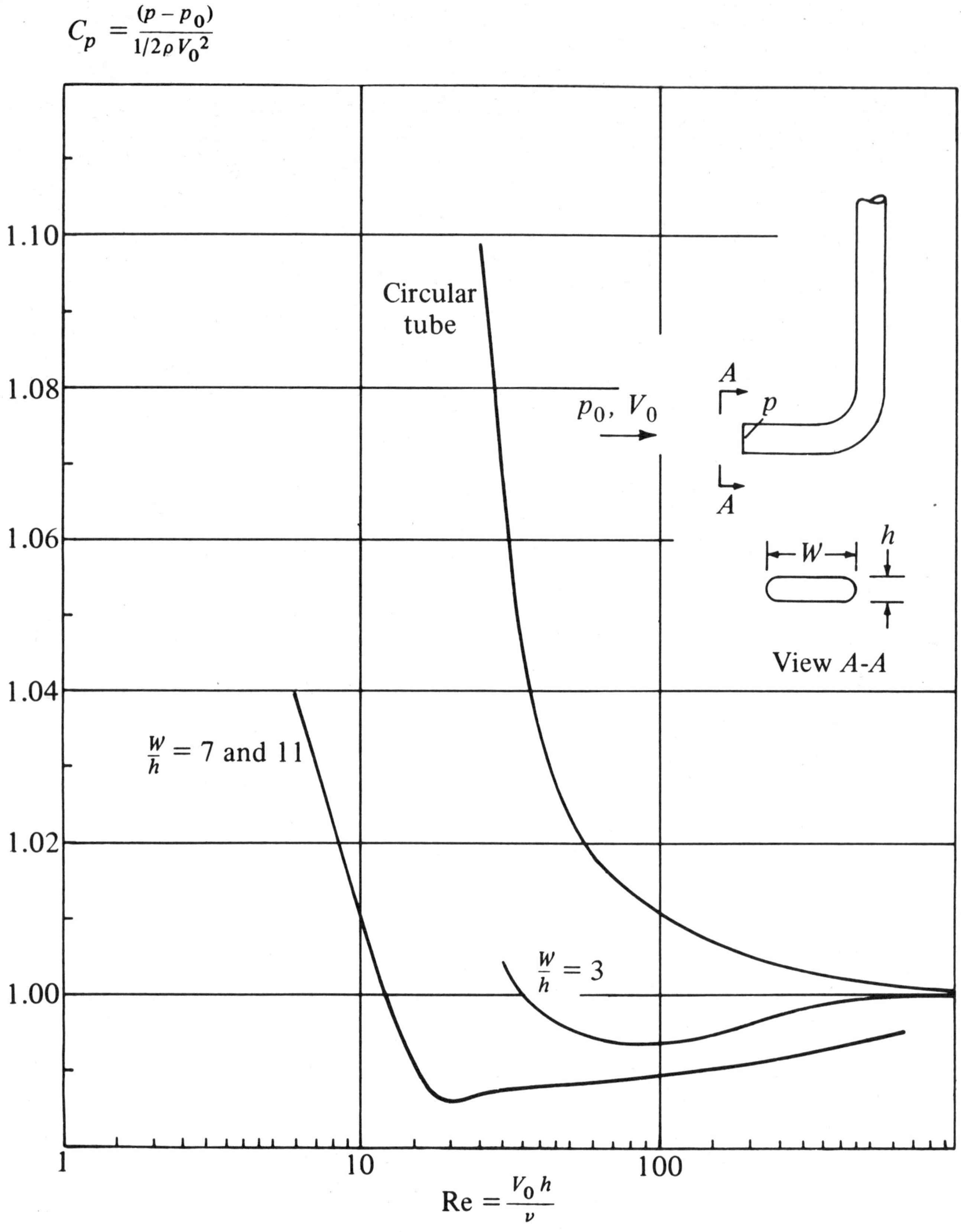

FIGURE 13-1 Viscous effects of C_p. [After Macmillan (12)]

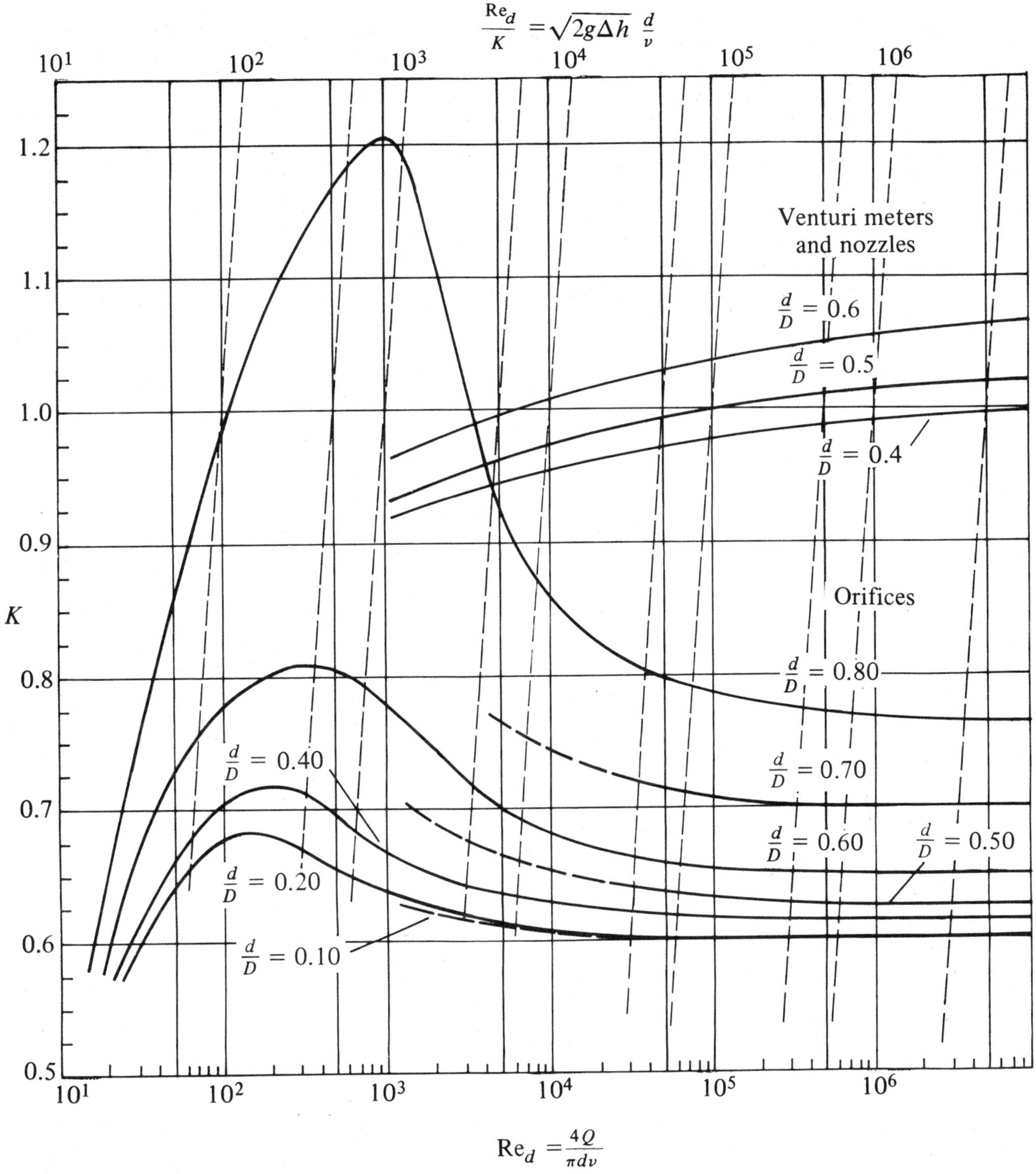

FIGURE 13-11 Flow coefficient K and Re_d/K versus the Reynolds number for orifices, nozzles, and venturi meters. [After Johansen (5) and ASME (1)]

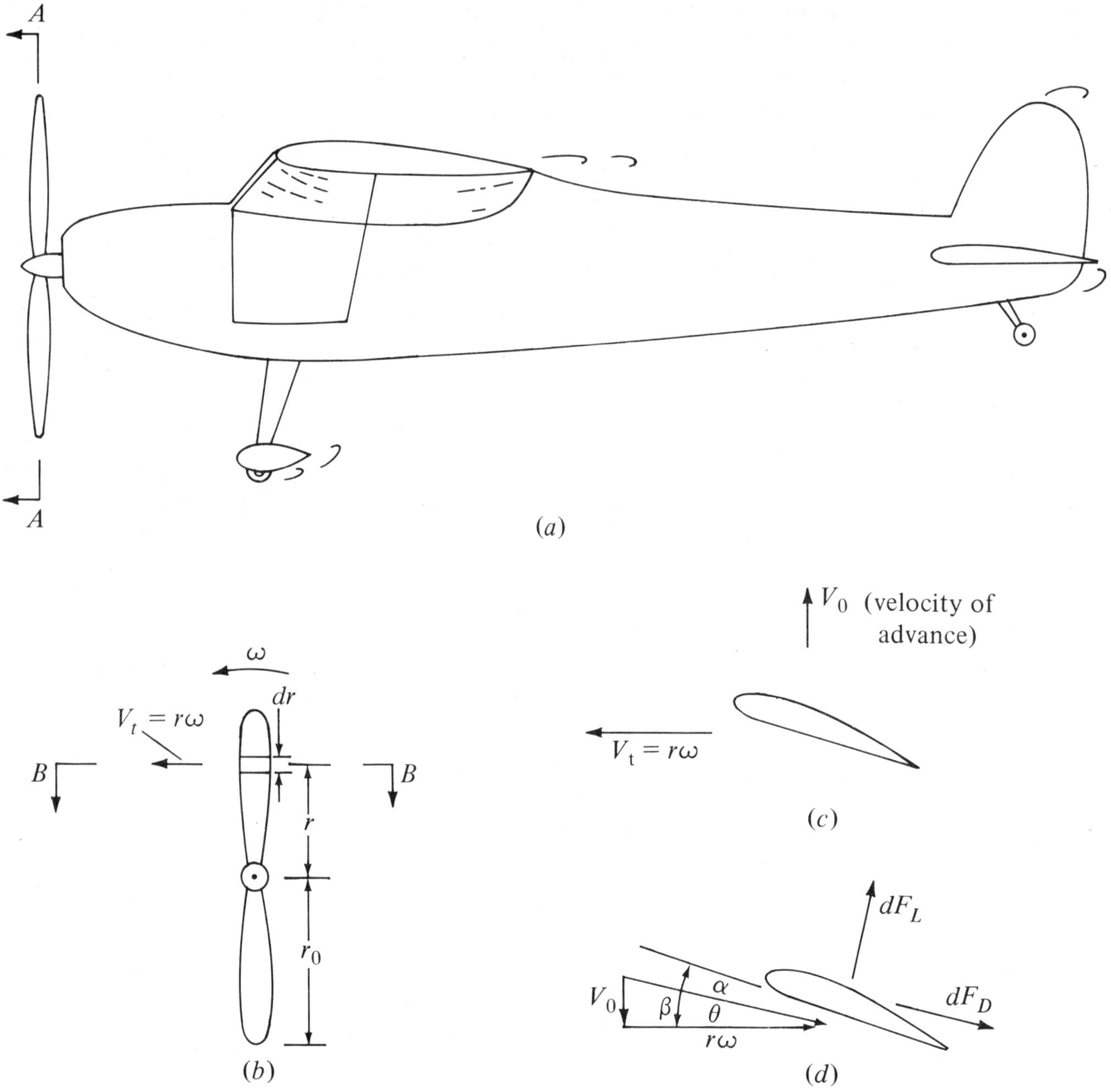

FIGURE 14-1 Propeller motion. (*a*) Airplane motion. (*b*) View *A-A*. (*c*) View *B-B*. (*d*) Velocity relative to blade element.

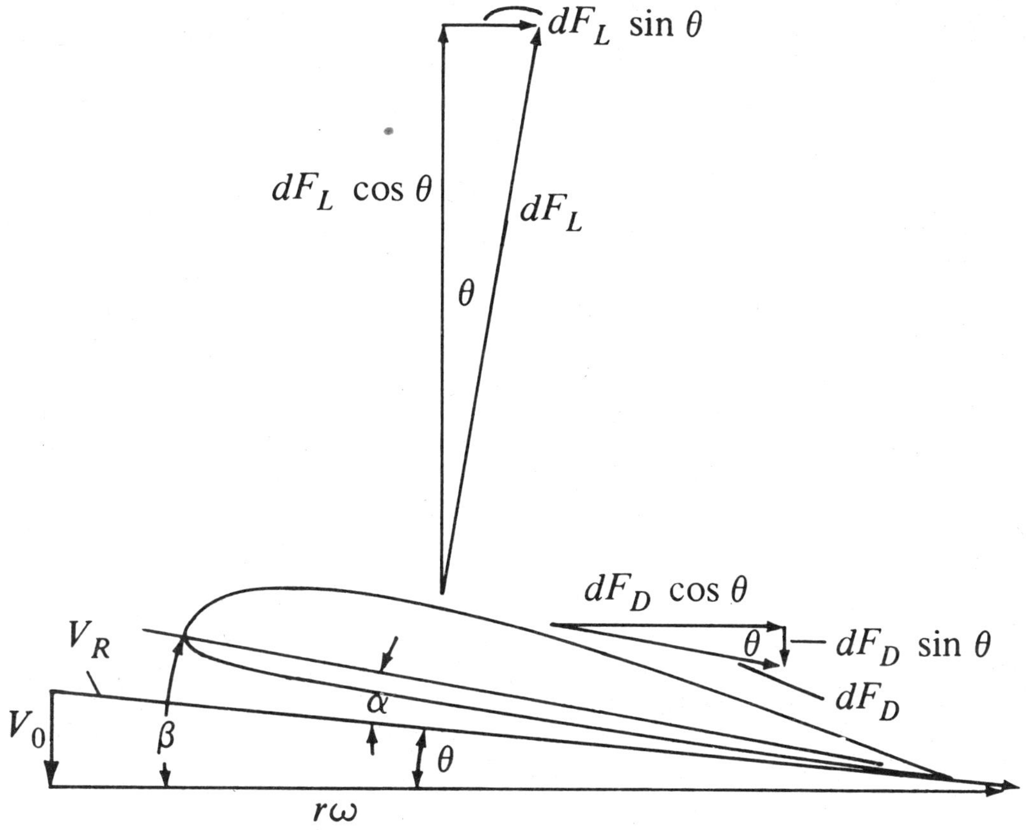

FIGURE 14-2 Definition sketch for propeller-blade element

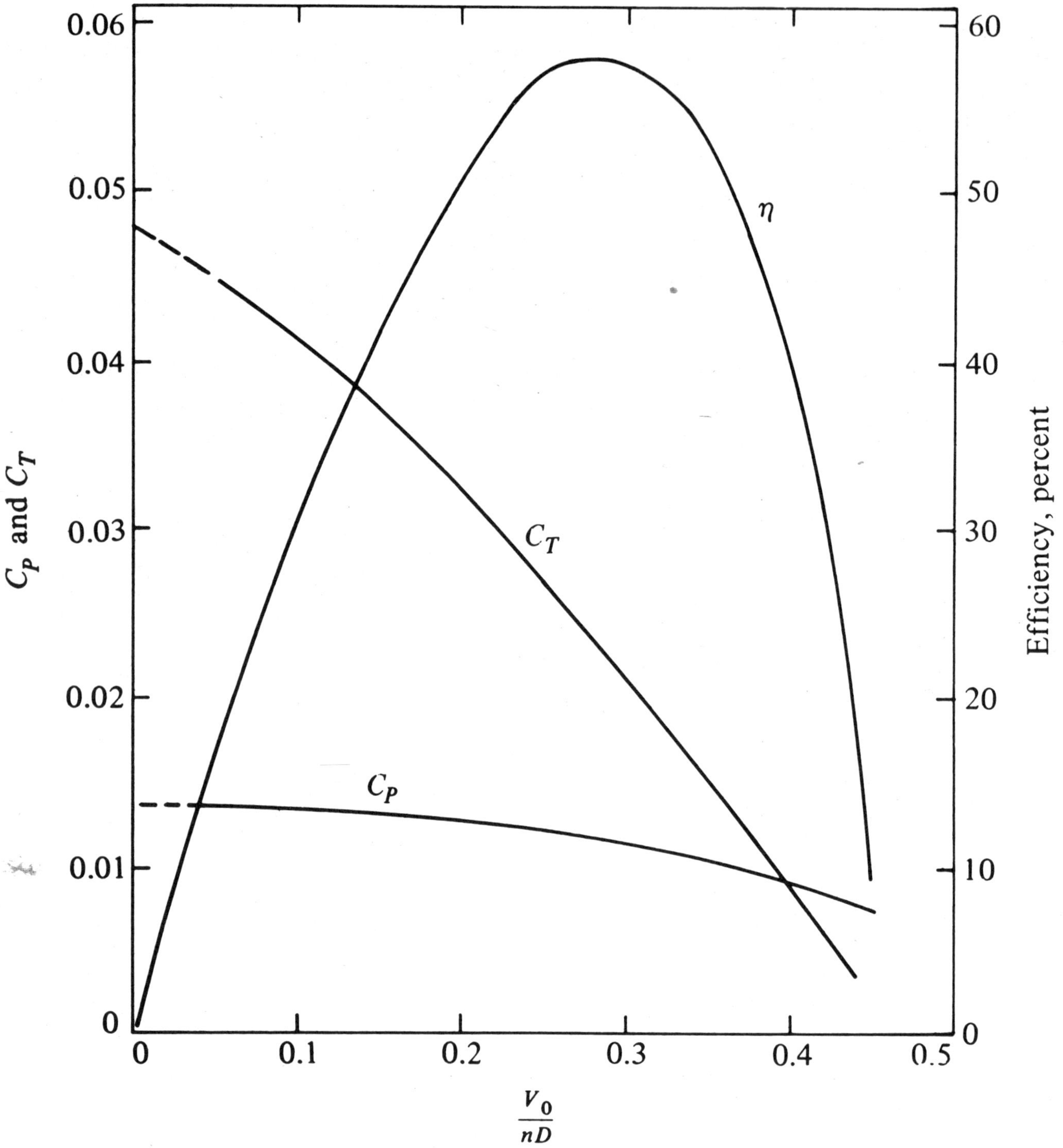

FIGURE 14-3 Dimensionless performance curves for a typical propeller; $D = 2.90$ m, $n = 1400$ rpm. [After Weick (16)]

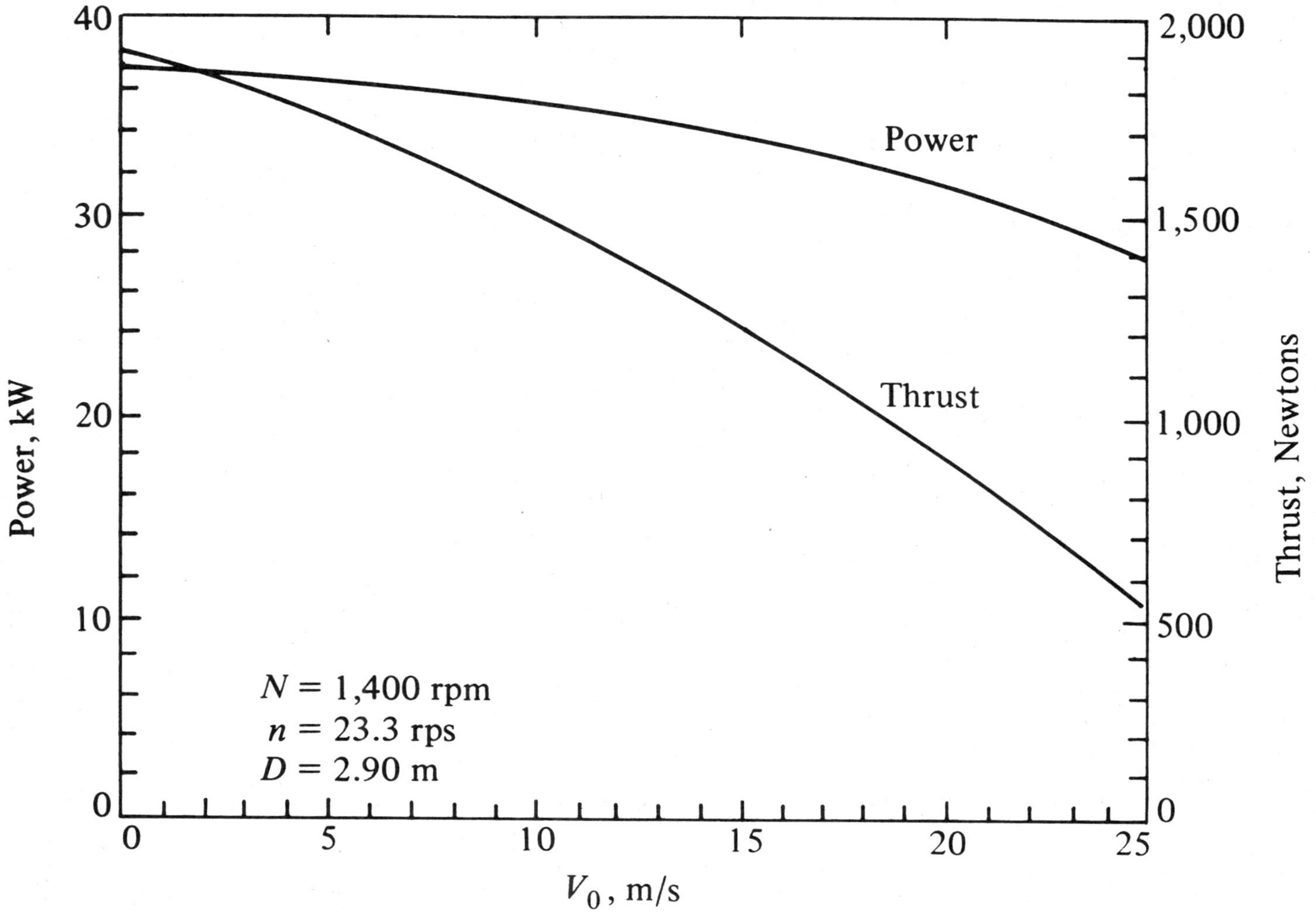

FIGURE 14-4 Power and thrust of a propeller 2.90 m in diameter at a rotational speed of 1400 rpm. [After Weick (16)]

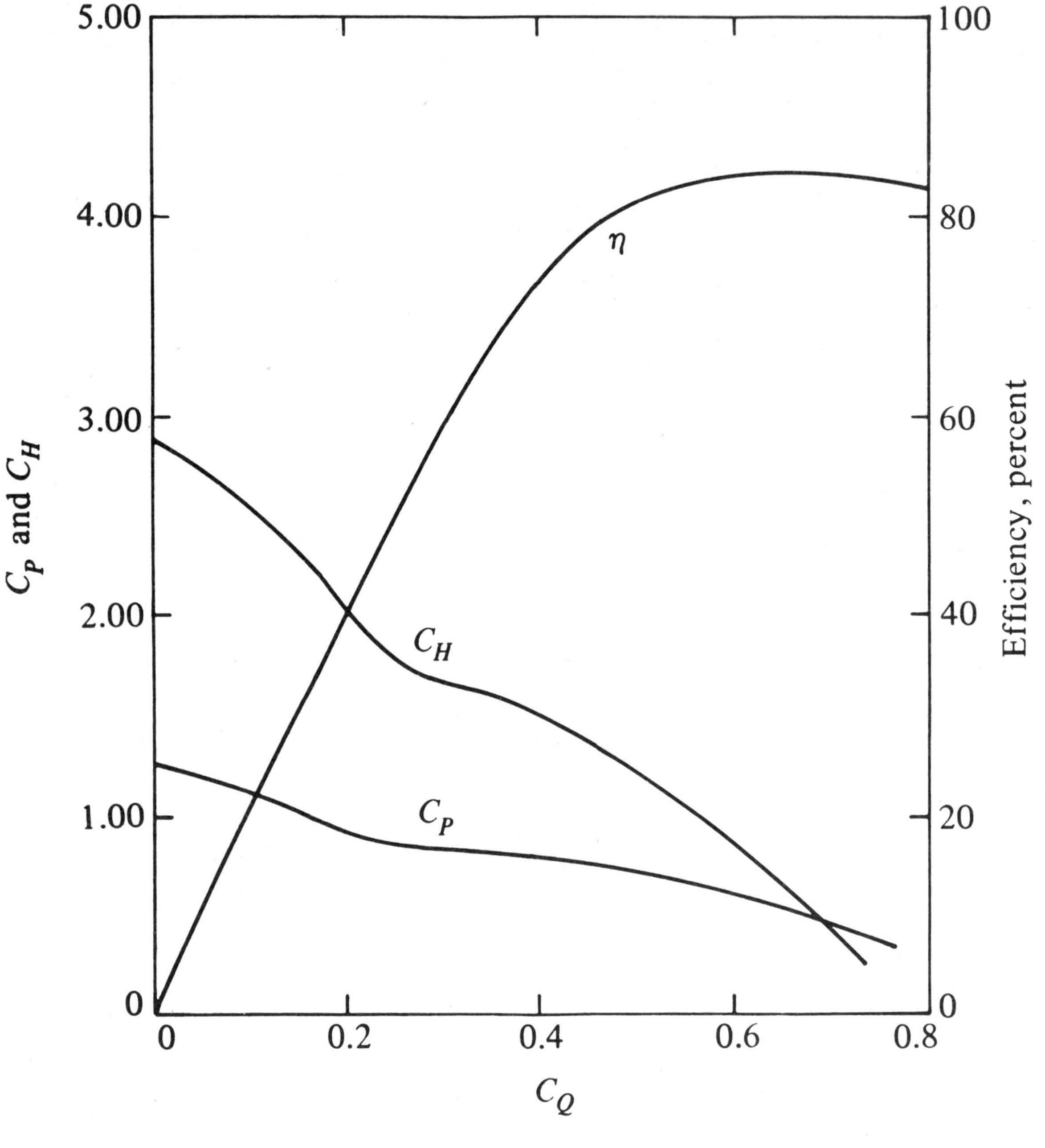

FIGURE 14-6 Dimensionless performance curves for a typical axial-flow pump. [After Stepanoff (14)]

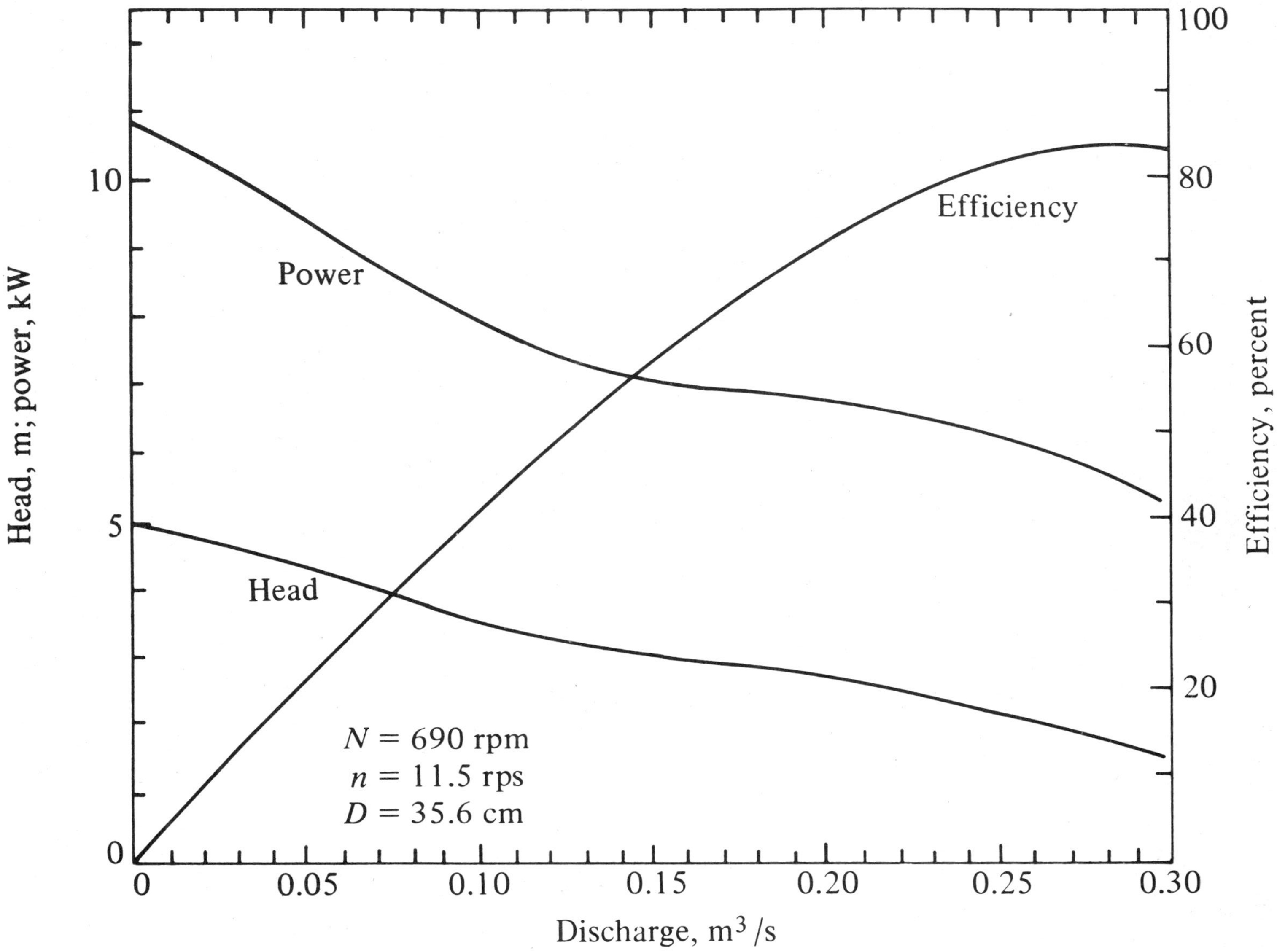

FIGURE 14-7 Performance curves for a typical axial-flow pump. [After Stepanoff (14)]

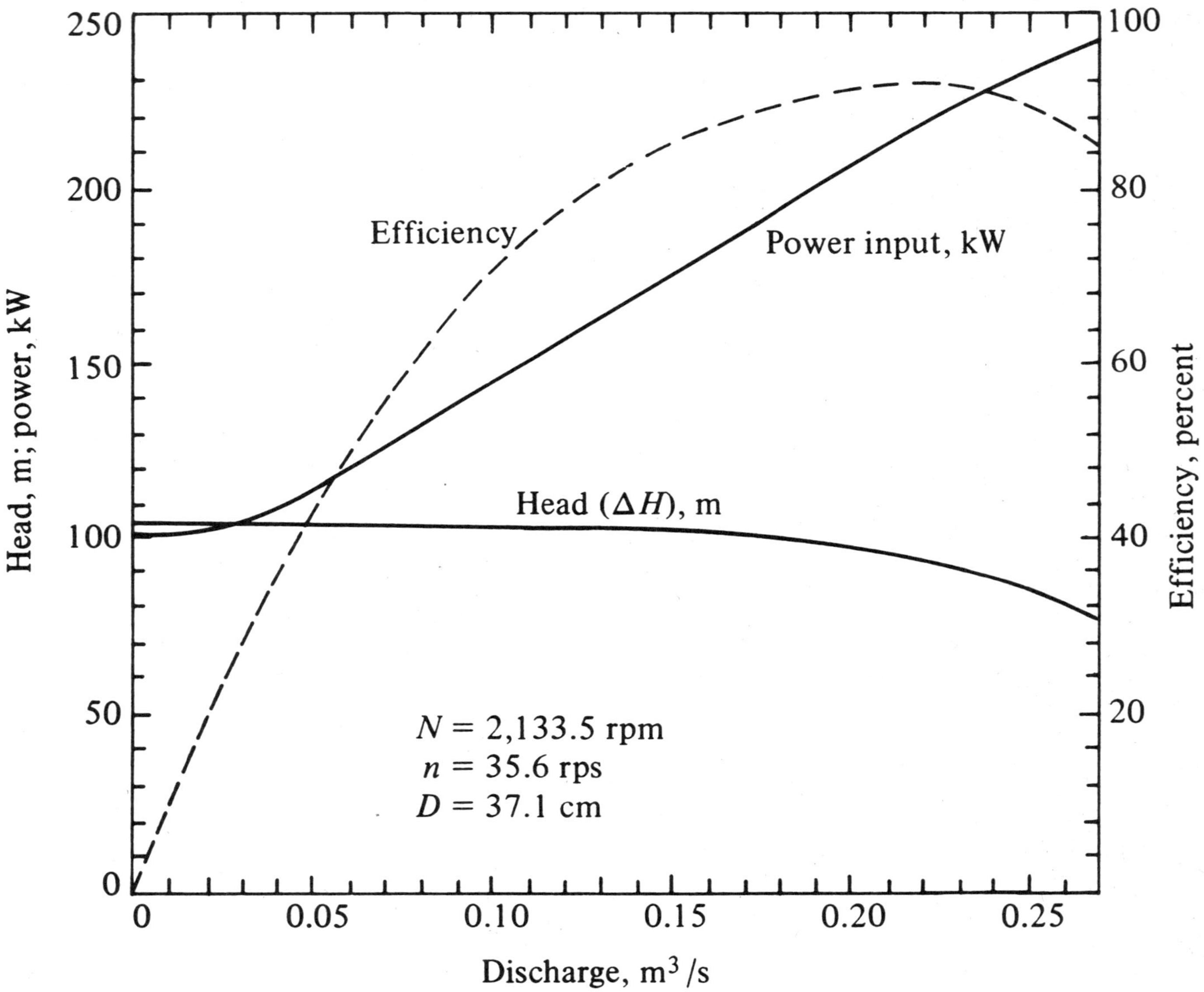

FIGURE 14-9 Performance curves for a typical centrifugal pump; $D = 37.1$ cm. [After Daugherty and Franzini (3)]

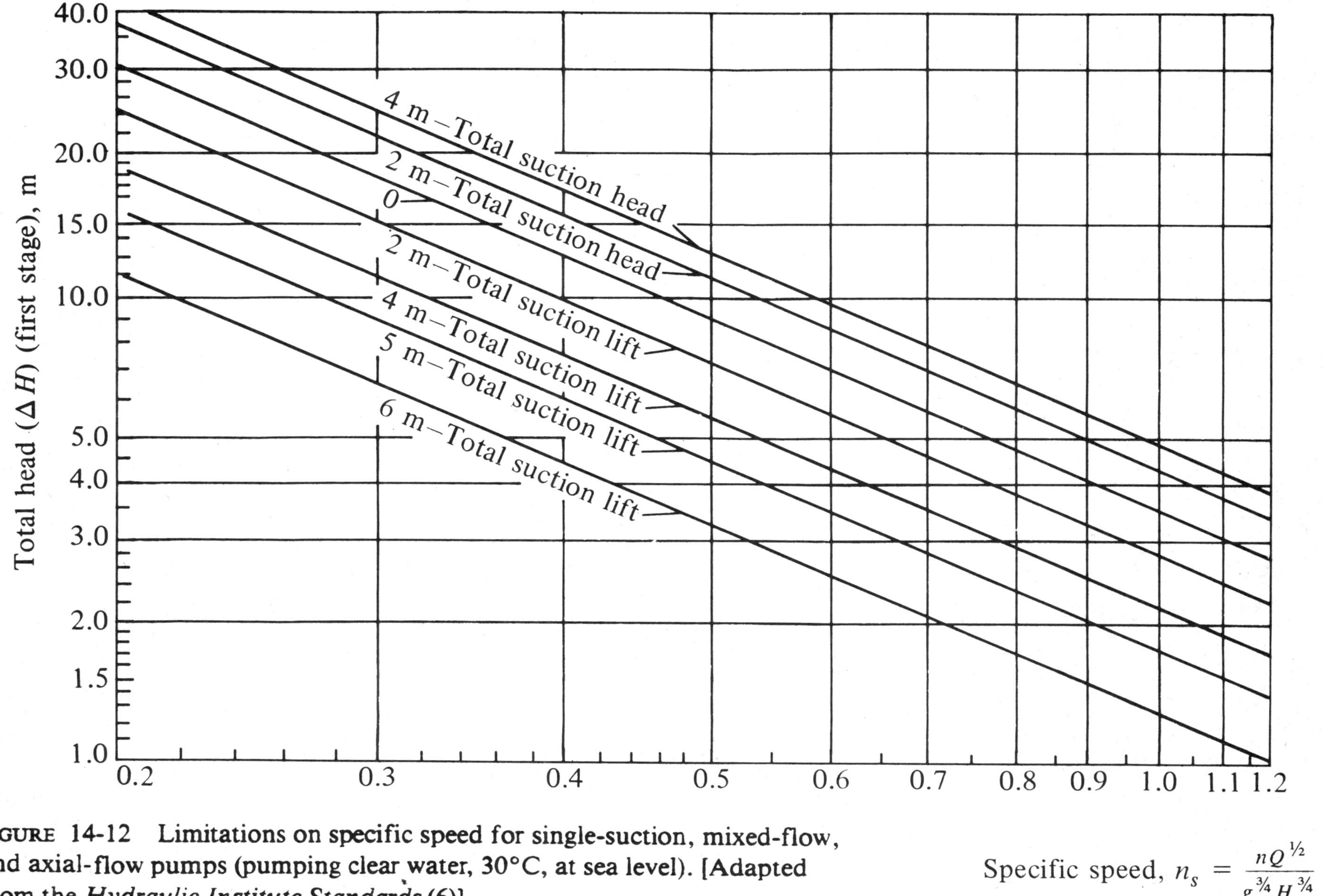

FIGURE 14-12 Limitations on specific speed for single-suction, mixed-flow, and axial-flow pumps (pumping clear water, 30°C, at sea level). [Adapted from the *Hydraulic Institute Standards* (6)]

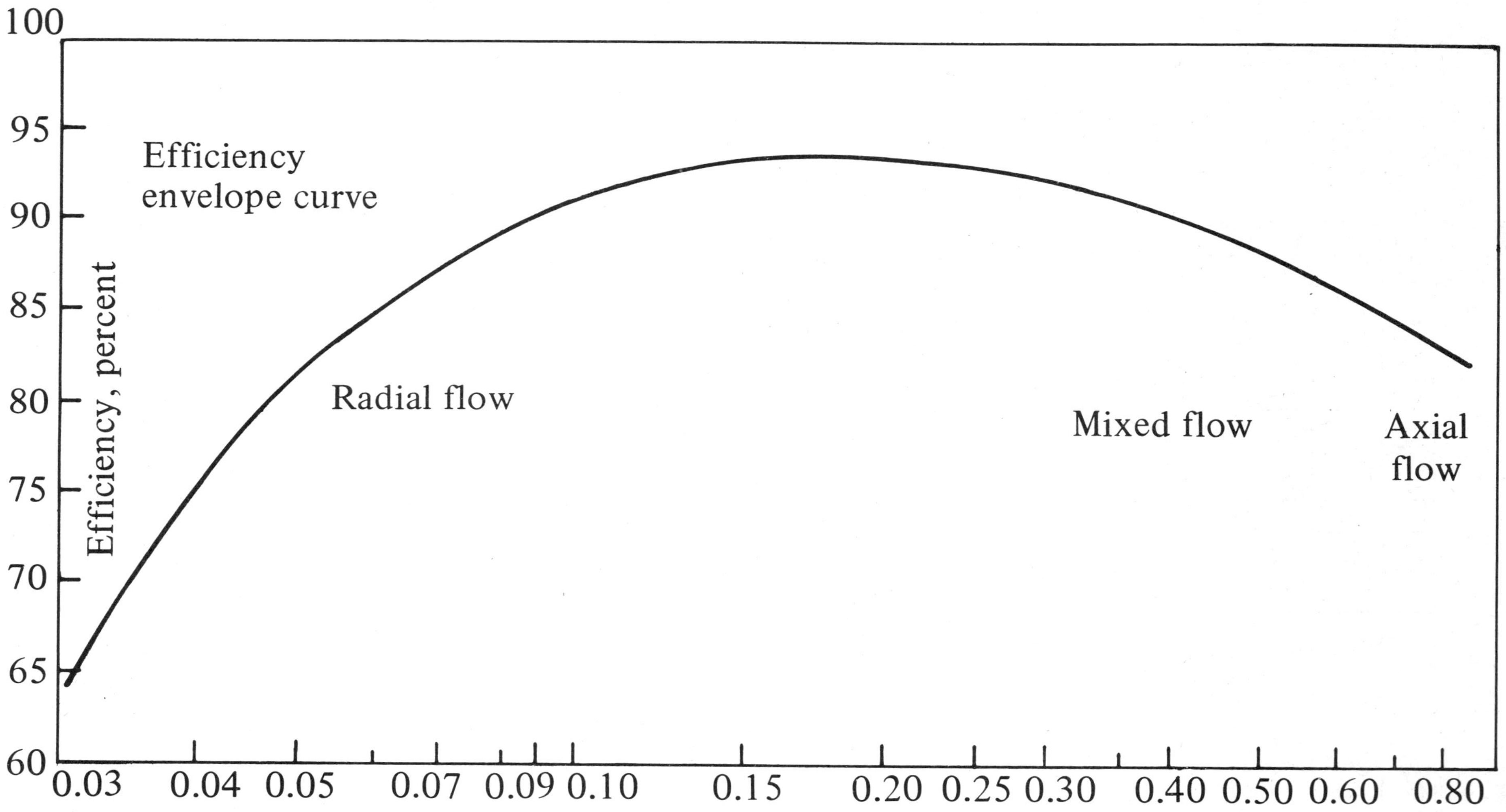

$$n_s = \frac{n\sqrt{Q}}{g^{3/4}h^{3/4}}$$

(*a*)

FIGURE 14-11 (*a*) Optimum efficiency and impeller designs versus specific speed n_s.

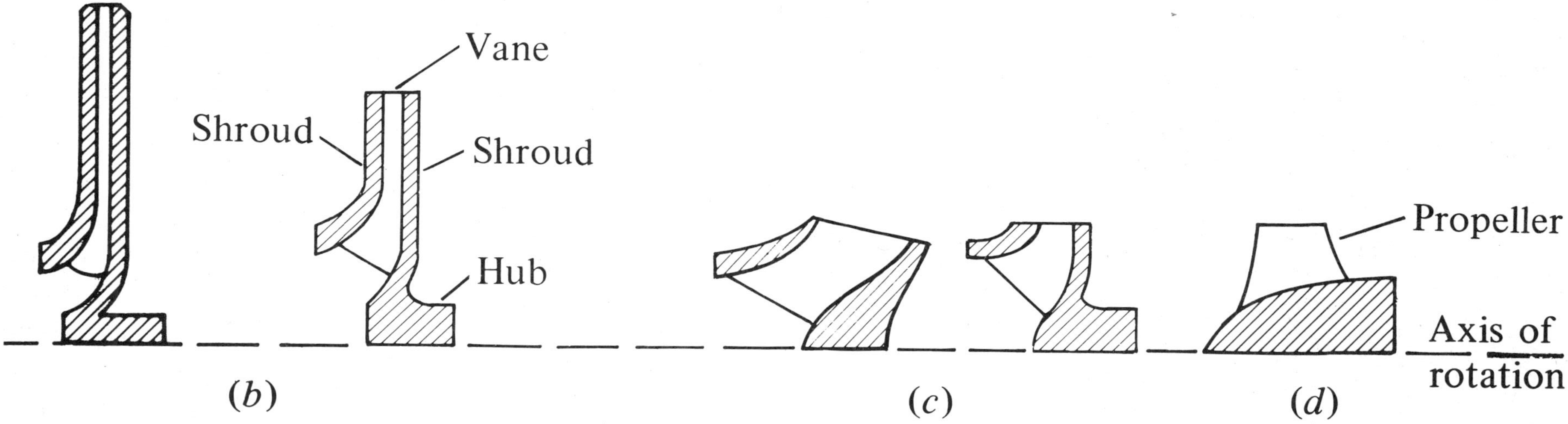

(*b*) Radial-flow impellers. (*c*) Mixed-flow impellers. (*d*) Axial-flow impeller.

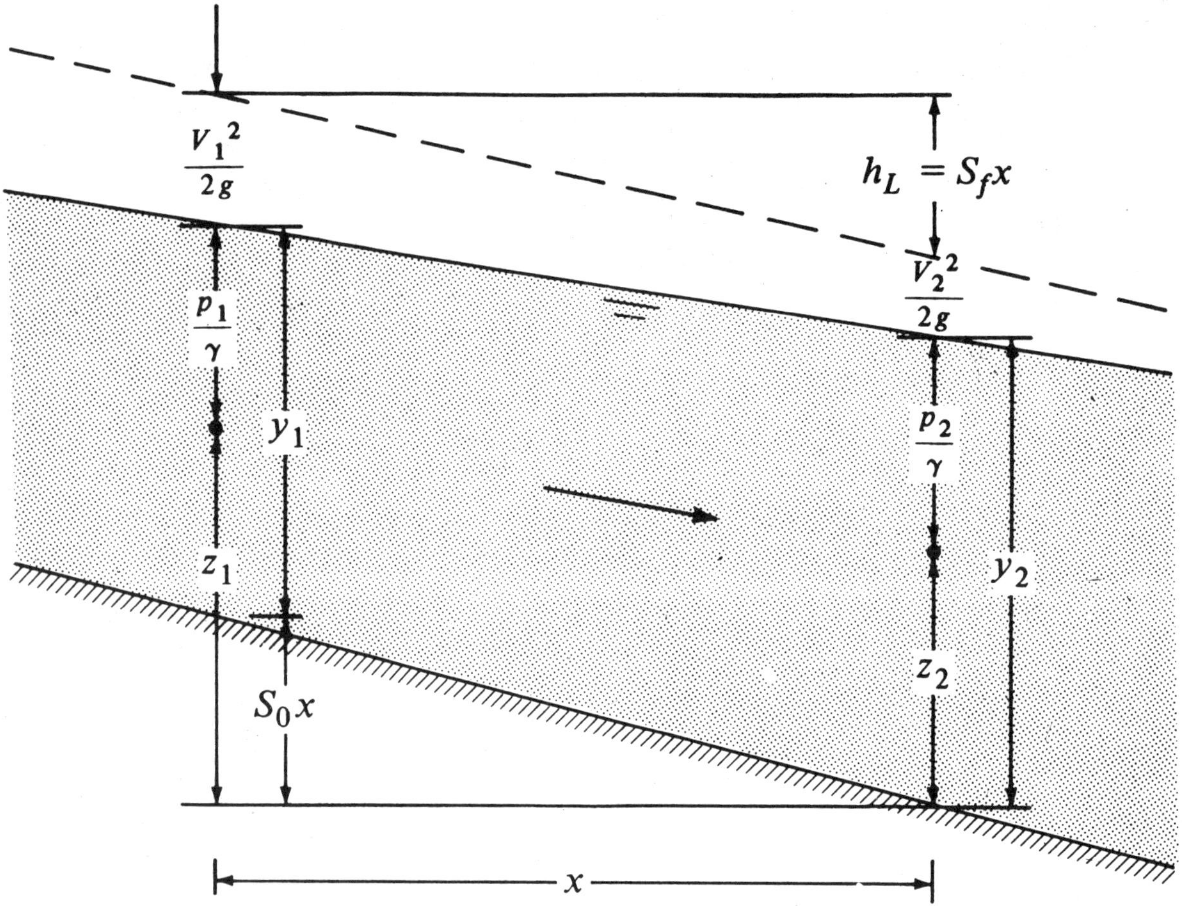

FIGURE 15-1 Definition sketch for flow in open channels

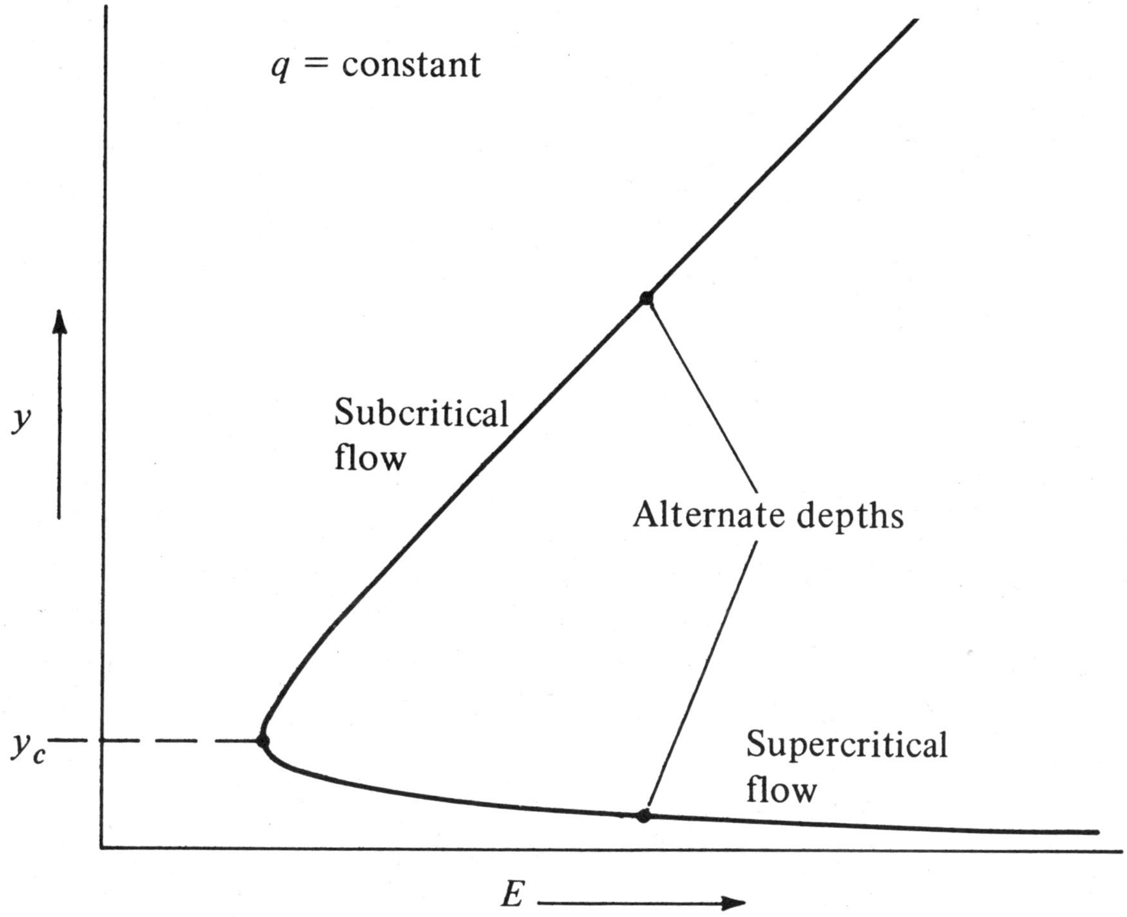

FIGURE 15-2 Relation between depth and specific energy

TABLE A-2 PHYSICAL PROPERTIES OF GASES AT STANDARD ATMOSPHERIC PRESSURE AND 15°C (59°F)

Gas	Density, kg/m^3 ($slug/ft^3$)	Kinematic viscosity, m^2/s (ft^2/s)	R Gas constant, J/kg K (ft-lbf/slug-°R)	c_p $\frac{J}{kg\ K}$ $\left(\frac{Btu}{lbm\text{-}°R}\right)$	$k = \frac{c_p}{c_v}$
Air	1.22 (0.00237)	1.46×10^{-5} (1.58×10^{-4})	287 (1716)	1004 (0.240)	1.40
Carbon dioxide	1.85 (0.0036)	7.84×10^{-5} (8.48×10^{-4})	189 (1130)	841 (0.201)	1.30
Helium	0.169 (0.00033)	1.14×10^{-4} (1.22×10^{-3})	2077 (12,419)	5187 (1.24)	1.66
Hydrogen	0.0851 (0.00017)	1.01×10^{-4} (1.09×10^{-3})	4127 (24,677)	14,223 (3.40)	1.41
Methane (natural gas)	0.678 (0.0013)	1.59×10^{-5} (1.72×10^{-4})	518 (3098)	2208 (0.528)	1.31
Nitrogen	1.18 (0.0023)	1.45×10^{-5} (1.56×10^{-4})	297 (1776)	1041 (0.249)	1.40
Oxygen	1.35 (0.0026)	1.50×10^{-5} (1.61×10^{-4})	260 (1555)	916 (0.219)	1.40

SOURCES: V. L. Streeter (ed.), *Handbook of Fluid Dynamics*, McGraw-Hill Book Company, New York, 1961; also R. E. Bolz and G. L. Tuve, *Handbook of Tables for Applied Engineering Science*, CRC Press, Inc., Cleveland, 1973, *Handbook of Chemistry and Physics*, Chemical Rubber Company, 1951.

TABLE A-3 MECHANICAL PROPERTIES OF AIR AT STANDARD ATMOSPHERIC PRESSURE

Temperature	Density	Specific weight	Dynamic viscosity	Kinematic viscosity
	kg/m^3	N/m^3	$N \cdot s/m^2$	m^2/s
−20°C	1.40	13.7	1.61×10^{-5}	1.16×10^{-5}
−10°C	1.34	13.2	1.67×10^{-5}	1.24×10^{-5}
0°C	1.29	12.7	1.72×10^{-5}	1.33×10^{-5}
10°C	1.25	12.2	1.76×10^{-5}	1.41×10^{-5}
20°C	1.20	11.8	1.81×10^{-5}	1.51×10^{-5}
30°C	1.17	11.4	1.86×10^{-5}	1.60×10^{-5}
40°C	1.13	11.1	1.91×10^{-5}	1.69×10^{-5}
50°C	1.09	10.7	1.95×10^{-5}	1.79×10^{-5}
60°C	1.06	10.4	2.00×10^{-5}	1.89×10^{-5}
70°C	1.03	10.1	2.04×10^{-5}	1.99×10^{-5}
80°C	1.00	9.81	2.09×10^{-5}	2.09×10^{-5}
90°C	0.97	9.54	2.13×10^{-5}	2.19×10^{-5}
100°C	0.95	9.28	2.17×10^{-5}	2.29×10^{-5}
120°C	0.90	8.82	2.26×10^{-5}	2.51×10^{-5}
140°C	0.85	8.38	2.34×10^{-5}	2.74×10^{-5}
160°C	0.81	7.99	2.42×10^{-5}	2.97×10^{-5}
180°C	0.78	7.65	2.50×10^{-5}	3.20×10^{-5}
200°C	0.75	7.32	2.57×10^{-5}	3.44×10^{-5}
	$slugs/ft^3$	lbf/ft^3	$lbf\text{-}s/ft^2$	ft^2/s
0°F	0.00269	0.0866	3.39×10^{-7}	1.26×10^{-4}
20°F	0.00257	0.0828	3.51×10^{-7}	1.37×10^{-4}
40°F	0.00247	0.0794	3.63×10^{-7}	1.47×10^{-4}
60°F	0.00237	0.0764	3.74×10^{-7}	1.58×10^{-4}
80°F	0.00228	0.0735	3.85×10^{-7}	1.69×10^{-4}
100°F	0.00220	0.0709	3.96×10^{-7}	1.80×10^{-4}
120°F	0.00213	0.0685	4.07×10^{-7}	1.91×10^{-4}
150°F	0.00202	0.0651	4.23×10^{-7}	2.09×10^{-4}
200°F	0.00187	0.0601	4.48×10^{-7}	2.40×10^{-4}
300°F	0.00162	0.0522	4.96×10^{-7}	3.05×10^{-4}
400°F	0.00143	0.0462	5.40×10^{-7}	3.77×10^{-4}

TABLE A-4 APPROXIMATE PHYSICAL PROPERTIES OF COMMON LIQUIDS AT ATMOSPHERIC PRESSURE

Liquid and temperature	Density kg/m^3 ($slugs/ft^3$)	Specific gravity (S) water at 4°C is ref.	Specific weight, N/m^3 (lbf/ft^3)	Dynamic viscosity, $N \cdot s/m^2$ ($lbf\text{-}s/ft^2$	Kinematic viscosity, m^2/s (ft^2/s)	Surface tension, N/m* (lbf/ft)
Ethyl alcohol(3)(1)	799	0.79	7,850	1.2×10^{-3}	1.5×10^{-6}	2.2×10^{-2}
20°C (68°F)	(1.55)		(50.0)	(2.5×10^{-5})	(1.6×10^{-5})	(1.5×10^{-3})
Carbon tetrachlo-	1,590	1.59	15,600	9.6×10^{-4}	6.0×10^{-7}	2.6×10^{-2}
ride(3) 20°C (68°F)	(3.09)		(99.5)	(2.0×10^{-5})	(6.5×10^{-6})	(1.8×10^{-3})
Glycerine(3)	1,260	1.26	12,300	6.2×10^{-1}	5.1×10^{-4}	6.3×10^{-2}
20°C (68°F)	(2.45)		(78.5)	(1.3×10^{-2})	(5.3×10^{-3})	(4.3×10^{-3})
Kerosene(2)(1)	814	0.81	8,010	1.9×10^{-5}	2.37×10^{-6}	2.9×10^{-2}
20°C (68°F)	(1.58)		(51)	(4×10^{-5})	(2.55×10^{-5})	(2.0×10^{-3})
Mercury(3)(1)	13,550	13.55	133,000	1.5×10^{-3}	1.2×10^{-7}	4.8×10^{-1}
20°C (68°F)	(26.3)		(847)	(3.2×10^{-5})	(1.3×10^{-6})	(3.3×10^{-2})
Sea water 10°C	1,026	1.03	10,070	1.4×10^{-3}	1.4×10^{-6}	
at 3.3% salinity	(1.99)		(64.1)	(3×10^{-5})	(1.5×10^{-5})	
Oils—38°C (100°F)						
SAE 10W(4)	870	0.87	8,530	3.6×10^{-2}	4.1×10^{-5}	
	(1.69)		(54.4)	(7.4×10^{-4})	(4.4×10^{-4})	
SAE 10W-30(4)	880	0.88	8,630	6.7×10^{-2}	7.6×10^{-5}	
	(1.71)		(55.1)	(1.4×10^{-3})	(8.2×10^{-4})	
SAE 30(4)	880	0.88	8,630	1.0×10^{-1}	1.1×10^{-4}	
	(1.71)		(55.1)	(2.0×10^{-3})	(1.2×10^{-3})	

* Liquid-air surface tension values.

SOURCES: (1) V. L. Streeter, *Handbook of Fluid Dynamics*, McGraw-Hill Book Company, New York, 1961; (2) V. L. Streeter, *Fluid Mechanics*, 4th ed., McGraw-Hill Book Company, New York, 1966; (3) J. Vennard, *Elementary Fluid Mechanics*, 4th ed., John Wiley & Sons, Inc., New York, 1961; (4) R. E. Bolz and G. L. Tuve, *Handbook of Tables for Applied Engineering Science*, CRC Press, Inc., Cleveland, 1973.